U0176001

国家社科基金
GUOJIA SHEKE JIJIN HOUQI ZIZHU XIANGMU
后期资助项目

科学与伦理

Science and Ethics

李醒民　著

中国人民大学出版社
·北京·

国家社科基金后期资助项目
出版说明

后期资助项目是国家社科基金设立的一类重要项目，旨在鼓励广大社科研究者潜心治学，支持基础研究多出优秀成果。它是经过严格评审，从接近完成的科研成果中遴选立项的。为扩大后期资助项目的影响，更好地推动学术发展，促进成果转化，全国哲学社会科学工作办公室按照"统一设计、统一标识、统一版式、形成系列"的总体要求，组织出版国家社科基金后期资助项目成果。

全国哲学社会科学工作办公室

摘　　要

春日入川讲学

春分入川非寻春，讲堂内外一时新。

娓娓道来心之语，春风化雨了无痕。

——李醒民

　　科学与伦理问题不仅是科学伦理学、科学哲学等学科中的一个重大理论问题，而且对于科学和技术政策的制定，对于科学家遵守科学研究的道德规范，对于端正社会对科学的态度，也具有切实的现实意义。笔者在研读大量中外文献的基础上，经过缜密的思考，紧紧围绕科学与伦理这个中心，针对其中包含的主要议题，如科学的善恶、科学与伦理的关系、科学家对社会的道德责任、科学与军事以及科学家与军事研究、科学家与政治、科学家的科学良心、爱因斯坦的伦理思想和道德实践等，进行了比较全面、比较深入的剖析和探讨，并且对有关紧迫的、敏感的科学伦理问题提出了自己独到的见解。笔者还涉及当代充满道德争端的基因和人工智能技性科学的前沿问题，分析、厘清了有关伦理争执，表明了自己具有启发意义的看法。最后论及中国学界的学术不端行为及其产生的原因，提出了学风整饬之道。

　　第一章（"善"究竟是什么？）界定了善的概念，讨论了善可否定义。笔者认为，可以把善分为形而上之善与形而下之善两大类。尽管难以定义（并非不可定义）善，但是这并不意味着我们对善的观念和善的行为缺乏识别与判断能力。我们凭借直觉和理性不仅可以辨别善恶，而且可以描述善的种种属性和特性，例如善的绝对性和相对性、共同性和特殊性、共时性和历时性、抽象性和具体性。

　　第二章（科学是善抑或是恶？）提出，科学在形而上之善或纯粹善或目的善的意义上，是善；在形而下之善或实践善或手段善的意义上，需要针对具体问题具体分析。作为知识体系的科学或科学知识基本上是价值中性的，至于作为研究活动的科学和作为社会建制的科学则包含多一些的价值，它必须在社会的法律框架下和人类的道德规范内运行，否则就会有意或无意地做出非善之举。当然，以此为理由为科学设置禁区，不仅于事无补，而且会损害人类的长远利益。不过，作为科学主体的科学家，应该对自己的社会责任和道德责任有清醒的认识，按照科学伦理规范行事，始终把人类的福祉放在第一位。这样一来，科学也就在总体上是善了。

第三章（科学与伦理的关系）在列举了关于科学与伦理的关系的形形色色的见解之后，着重就科学与伦理无关或科学无助于伦理，科学与伦理有关或科学有助于伦理，在无关与有关之间保持必要的张力，做出评介和阐发。笔者认为，最妥当的看法也许是采取一种稍微偏向前者的中和观点，这样才显得允执厥中、恰如其分。这就是：就作为研究活动和社会建制的科学而言，科学对伦理的作用以及伦理对科学的影响是比较直接的；就作为知识体系的科学或科学知识而言，伦理对科学基本不起作用，科学对伦理的影响则是间接的——从科学理论无法直接归纳或演绎出伦理规范，但是它可以对伦理的选择、确立提供某种知识背景和间接帮助，也可以提出新的伦理问题（环境伦理、生态伦理、生命伦理、基因伦理、人工智能伦理、互联网伦理等）供人们思考和研究。本章最后批判了两种极端的观点——"科学统德说"和"科学败德说"。

第四章（有关科学伦理学的几个问题）围绕科学伦理学，讨论了这样几个问题：什么是科学伦理学，科学与伦理学不同却相互作用，科学中的道德要素或伦理规范，科学家在道德上理应是社会上比较优秀的阶层，科学家的道德规范一览。

第五章（科学家对社会的道德责任）在陈述与比较科学家对社会无道德责任和有道德责任两种对立观点的基础上，认为科学家应该承担相应的道德责任。接着，讨论了科学家应该对社会承担道德责任的七大理由，表明科学家对社会必须承担以下道德责任：应该出自善良的意愿从事科学研究；应该把科学普及和启蒙教育作为自己的职责之一；应该适当参与政府的决策过程；应该经常对科学研究的课题或项目的可行性和风险性进行评估；应该满足社会就某些纷争和诉讼为法庭提交客观、可靠的科学证据与证言；科学家应该组织起来，发挥科学共同体的合力，以便更好地承担对社会的道德责任。

第六章（科学家的道德责任：限度与困境）强调，科学家应该对社会承担相应的道德责任（或伦理责任）。但是，这种承担是有限度的，而且在现实面前存在一些难以化解的困境。没有行之有效的途径从根本上摆脱困境。本章提出的一般性设想或建议只能在某种程度上起辅助和缓解作用。

第七章（科学家应该为科学的误用、滥用和恶用担责吗？）在界定科学的误用、滥用和恶用概念以及比较科学家应该为之担责和不应该为之担责这两种对立观点及其理由的基础上，认为不应该迫使科学家为（他人对）科学的不良使用承担直接责任，但是科学家在科学研究中必须有责任意识和自律精神，必须有所作为。科学共同体则要以高度的社会责任感和自觉性，或采取必要的预防措施，或制定相关的条规，对科学研究加以规范或约束。最后就解决科学的误用、滥用和恶用之道进行了讨论。

第八章（关于科学与军事或战争的几个问题）围绕科学与军事或战争的几个重要问题展开讨论。其中包括科学与军事或战争之关联的历史，军事科学研究建制的特点，军事或战争与科学的互动关系，军事科学研究中的伦理问题和政治争端，等等。笔者认为，无论从科学的本性来看，还是从战争的根源来看，战争的罪责都不在科学或科学家。

第九章（科学家可否从事军事科学研究？）在陈述科学家可以从事军事科学研究、科学家不应从事军事科学研究这两种对立观点的理由以及科学家面对军事研究的两难选择的基础上，认为唯一可行的方案也许是：科学家按照自己的良心行事，根据具体情况决定自己何去何从。本章最后讨论了从事军事科学研究的科学家应该承担的道德义务。

第十章（科学与政治刍议）在讨论科学与政治的特征和规范之差异的基础上，先后论述了科学与政治的分离（坚持科学自主），科学与政治的纠葛，政治对科学的影响（避免科学的政治化），科学对政治的影响，科学与民主、自由，科学家与政治。笔者认为，科学与政治大相径庭，但是又相互联系，必须在保持科学自主的前提下，使科学与政治二者良性互动，发挥各自的积极影响。科学与民主、自由是一体化的，它们珠联璧合、相得益彰。科学家要关心政治，但是一般不宜从政，富有创造力的科学家从政对科学与政治都没有好处。

第十一章（科学家的科学良心：爱因斯坦的启示）基于对科学良心的界定，以爱因斯坦为典型案例，从科学探索的动机（力图勾画世界图景，渴望看到先定和谐）、科学追求的目的（发现真理，为科学而科学）、维护科学自主（自觉抗争，保持相对独立）、捍卫学术自由（争取外在自由，永葆内心自由）、科学活动中的行为（道德高于才智，美德不可或缺）、对研究后果的意识（制止科学异化，杜绝技术滥用）、对科学荣誉的态度（实事求是，宽厚谦逊）等方面，论述了科学家的科学良心及其道德内涵和现实意义。

第十二章（爱因斯坦的伦理思想和道德实践）全面而细致地介绍和评论了爱因斯坦丰富而深邃的伦理思想，包含人生目的和意义、以人道主义为本的善意、科学与伦理的相互关系、科学家的社会责任和道德责任。同时，也描绘了这位"世界上最善良的人"切实而感人的道德实践。爱因斯坦不仅是 20 世纪最伟大的科学家和思想家，而且是一位伟大的人，这位知行合一的伟人不愧是世人做人的楷模。

第十三章（基因技性科学与伦理）在界定技性科学及其特点的基础上，论述作为最热门、最富有伦理意义的技性科学之一的基因技性科学的伦理通则（四项基本原则以及公正、互助、利益分享原则）和七项操作守则。然后依次讨论了基因技性科学几个研究分支即基因和基因组、干细胞、基因治疗和基因增强、转基因、克隆和克隆人、合成生物学中的伦理争端，分析了反对者和支持者的观点，并就每一个伦理争议陈述了笔者的看法。

第十四章（人工智能与伦理）涉及眼下最前沿的人工智能技性科学的诸多伦理问题。本章一开始先论述人工智能的定义、分类、发展现状和前景，接着讨论与人工智能伦理和安全有关的四个论题，然后依次分析了人工智能最活跃的三个领域——机器人、无人驾驶、赛博格——中的伦理争议，表明了笔者的观点，最后就"人工智能能否超越人"进行了深入探讨，提出了智能社会的综合应对策略。

第十五章（技性科学的伦理争执透视）主要以基因和人工智能技性科学为论域，就一些具有根本性的伦理争执从各个角度予以透视，以便进一步推进和加深对伦理争辩的理解。这些争执涉及扮演上帝或违背自然、人类中心主义与基因决定论、人的概念与人的尊严、技性科学的风险与伦理、学术自由与伦理到位、科学家和技术专家的社会责任、和谐发展与诗意生存。

第十六章（中国学界的学术不端行为及其整饬之道）转向科学研究或学术研究本身的伦理问题，主要围绕中国学界展开讨论。在定义了学术不端行为及其具体表现的基础上，描述了中国学界形形色色的学术不端乱象，从社会大环境失调、学界小生境失序、学人道德自律失却三个方面探究了乱象产生的原因，提出标本兼治、辨证论治的学风整饬之道。为了进一步在改善学术小生境和加强学人道德自律两个方面拓展议题、深化议论，本章在最后特别增加了两个小节——破除"七唯主义"刻不容缓、学会拒绝和舍弃。

目　录

第一章 "善"究竟是什么?

晨练小龙山有感

仰望寒山仁爱增，俯视冰湖智慧生。

静动寿乐随天意，君子向来两袖风。

——李醒民

在《忏悔录》中，奥古斯丁说过一句意味深长的话。这位古罗马基督教神学家在回答"时间究竟是什么?"时和盘托出:"没有人问我，我倒清楚，有人问我，我想说明，便茫然不解了。"① 对于"'善'究竟是什么?"这个问题，亦可作如是观。于是，我们就不难理解伏尔泰的下述表白了:"善恶问题对于诚心研究它的人始终是一个不可解的谜;对于争论的人简直是一场思想游戏:它们就好像一些被罚做苦役的人用他们身上的锁链玩耍一样。那种不知思考的人，又好像从河里移入盆里的鱼一样，不知它们在那里是供复活节吃斋时拿来吃的，所以我们一点也不知道支配我们命运的原因到底是什么。我们几乎要在所有形而上学的篇章末尾注上罗马裁判官当他们听不清一项诉讼时所用的两个字母: N. L.，拉丁文 non liquet 的缩写，意思就是'这个不清楚'。"②

"善"究竟是什么，这不仅是元伦理学的根本问题，而且与人们的日常生活和人生志向密切相关，同时也是我们力图理清某些重大问题(比如科学是善还是恶)的前提条件。因此，我们在此顾不得先哲的忠告了，还是想躬身献芹，在前人对这个问题所做回答的基础上呈现自己的一孔之见，尽可能使这个众说纷纭的概念不那么晦暝。

---

① 奥古斯丁. 忏悔录. 周士良，译. 北京:商务印书馆，1963:242.
② 伏尔泰. 哲学辞典:上册. 王燕生，译. 北京:商务印书馆，1991:242-243.

§1.1　关于"善"这个概念

在汉语语境中，"善"有多种含义。在与我们所论多少相关的意义上（以下皆就此而论），善指善良、慈善、善心、善行，是心地仁爱、品质淳厚的意思，其反义词是"恶"。《说文解字》曰："善，吉也"。与之相近或密切相关的词是"良""美"。《易·大有》中早就有"君子以遏恶扬善，顺天休命"之语，《易·坤》中亦有"积善之家，必有余庆。积不善之家，必有余殃"之语，《尚书·毕命》中也出现了"彰善瘅恶"一词。《左传·昭公十二年》中的"供养三德为善"，《论语·子路》中的"不如乡人之有善者好之，其不善者恶之"，都是在我们指称的意义上使用"善"的。与"善"相关的"良心"一词，出自《孟子·告子上》。宋人朱熹对其解释道："良心者，本然之善心，即所谓仁义之心也。"① 清人焦循也持有相似的说明："良之意为善。良心即善心。善心即仁义之心。"②

"善"的英语、法语、德语、拉丁语、希腊语的写法分别是 good、bon、gut、buono、α'γαθον。在英语词典中，对"善"一词是如下解释的：（1）某种好的东西；某种符合宇宙道德秩序的东西，值得称赞的特征；好的要素或部分。（2）繁荣或福利的促进，某种有用的或有益的东西。（3）某种具有经济功利或满足经济需求的东西；个人的具有固有价值而非通常价值的属性，不包括金钱、安全和可转让票据；制造或生产供出售的某种东西。（4）好人。（5）为达到目的需要的品质，不道德行为的证据。③

据说，在希腊语和拉丁语中，"善"从"勇敢"一词变化而来（而"恶"则从"怯懦"一词引申而来）。④ 麦金太尔考察了善的含义的演变。在古希腊《荷马史诗》中，"善的"是专门用于描述荷马贵族角色的述词（predicate）；它是一个赞美词，可以与史诗中描述理想人物的品质的词互换；它是一个评价词，一个人以某种方式行动或履行他的职责，就足以称

---

① 朱熹. 孟子章句集注//四书五经. 2版. 北京：中国书店，1985：88.

② 焦循. 孟子正义//诸子集成. 上海：上海书店，1986：457.

③ Merriam-Webster's Collegiate Dictionary. tenth edition. Springfield, Massachusetts, U. S. A. ；Merriam-Webster Inc. ，1999：502.

④ 哲学大词典：修订卷. 上海：上海辞书出版社，2001：1233.

他为善。在写于《荷马史诗》之后、前希腊古典时期的《神谱》的大部分诗篇中,"善"或"德性"的含义有惊人的变化。它不再具有以公认的方式履行社会认可的职责的意义,也不论个人品质是什么,有时仅仅是对社会职位的不偏不倚的描述,有时指完全可以脱离职责的人类的(非个人的)某些品质,类似于现代作家认为的道德品质。①

此后,善逐渐成为人性研究和伦理学研究的中心议题。在先秦时代,中国哲人认为"可欲之谓善",善就是人的欲望可以得到满足。这个时期善这个概念的含义比先前已经有了很大的扩展,已不再仅仅指羊多、食物多等原始含义,而是从对食欲的满足扩展到一切事物对人的生存、生命的欲望的满足。此时,还有关于人性善恶之争以及义利之辨。在古希腊,人们对善的认识同我们的祖先基本上是一致的。善不仅有好、可欲、有益的意思,还有幸福的含义。西方许多伦理学派的研究思路是以获得善的东西为中心,虽然另一些以做正确的事情为基础。确定一个目标的在先性无须排除另外的目标,但是可能形成它的内容或我们怎样追求它的界限。无论何时,善在道德心理学中都具有地位,因为它推动我们的行为,解释我们的激情。② 尤其是,"善是伦理道德所追求的存在特性,它所呈现的是人的思想行为符合内在的良知标准,同时又符合天命"③。而且,善牵涉到许多方面的自我决定与自我体验:善为目的,善为权力,善为创造性,善为发展和实现的过程,善为自律的理性,善为人间的相互关爱与完成,善为自由,善为全体,善为自我全体性的自觉与把握,善为满足、平衡与和谐④,如此等等,不一而足。

不过,学人总是力图在纷乱的杂多中理出头绪和条理。佩里(R. B. Perry)指出,"善"这个词归根结底有两种含义。在最一般的意义上讲,善意指由积极兴趣目标所派生的事物的特性:凡是所希望的东西,由此而言,都是善。在特殊的意义上讲,即道德的善,是和谐一致的利益所赋予目的物的特性。他说:"一个目的物,当利益能使它满足和谐的要求时,在特殊的意义上讲,它也就是道德的善,也就是无罪和合作。"⑤

---

① 麦金太尔. 伦理学简史. 龚群,译. 北京:商务印书馆,2003:28-39.
② 布宁,余纪元. 西方哲学英汉对照辞典. 北京:人民出版社,2001:416-417.
③ 邬昆如. 人生哲学. 北京:中国人民大学出版社,2005:222.
④ 成中英. 科学真理与人类价值. 2版. 台北:三民书局,1979:26.
⑤ 彼彻姆. 哲学的伦理学. 雷克勤,郭夏娟,李兰芬,等译. 北京:中国社会科学出版社,1990:504.

罗斯（Sir David Ross）认为，"善"主要在两种意义上使用："作为手段的善"与"作为目的的善"或"自在之善"。在他看来，第一种意义与伦理学关系不大，可以撇开不论。他把第二种意义再一分为二："值得关切"的善和"值得赞美"的善。善在这两种意义上都是一种性质的名称；但是在"值得关切"的意义上，善这种性质只能根据正当性来认识，因为一个事物在这种意义上是善的，当且仅当对它的兴趣（如果有兴趣的话）是"正当的或者说道德上是恰当的"。善的首要性质也即值得赞美的性质，只有用分离独立的直觉才能认识。最后，罗斯试图说明哪些事物具有善这种性质。他的回答是，各种各样的兴趣、动机和欲望都是具有这种性质的事物。① 吉奇（Geach）指出了归属性形容词和断定性形容词之间的区别。像"一幢红房子"这个短语，能被分析成"这是一幢房子并且它是红的"，但是像"一位好母亲"这样的短语就不能被分析成"她是一位母亲并且她是好的"，因为她作为母亲或许是好的，但在另外的方面可能不好。因此，"红的"这个形容词是断定性的，"好的"则是归属性的。在"一个善的 x"这个短语中，"善的"的含义与它所修饰的名词的含义具有内在的联系，至少部分地由后者决定。吉奇认为，我们应该把"一个善的 x"当作整体，对不同种类的 x 进行不同的理解。对善的说明可以区分为认知主义的理论和非认知主义的理论。认知主义的进路是把善认作"善"这个词适用的实在的特性。非认知主义的进路断言，我们构想善的东西或使用这个词是表达认可。②

　　"善"的不可割裂的对立面是"恶"（evil）。通过对这两个概念的对照和比较，可以更进一步把握善的含义。费尔曼（F. Feldman）表明："'善'和'恶'通常认为是互相反对的。这就是说，有些事物可以既不是善的也不是恶的，但没有一件事物能够同时既是善的又是恶的。"③ 有关辞书这样写到：善与恶是用以对个人的行为和行动，对人的集团、阶级的活动，以及在某种程度上对重大历史事件进行道德评价的最一般的概念。善与恶的内容受历史的制约。随着社会的发展，道德的评价也在具体化，它把全面衡量某一现象的社会效益（价值）包含在自身之中。评价对象自身也在复杂化。对善与恶做出道德上的判断，既依靠比较鲜明地表达阶级

---

① 沃诺克. 1900 年以来的伦理学. 陆晓禾，译. 北京：商务印书馆，1987：46-47.

② 布宁，余纪元. 西方哲学英汉对照辞典. 北京：人民出版社，2001：416-417.

③ 彼彻姆. 哲学的伦理学. 雷克勤，郭夏娟，李兰芬，等译. 北京：中国社会科学出版社，1990：507.

内容的政治、法律、经济的标准，也依靠对作为自然存在物的个人需要的知识。① 善与恶是伦理学的一对基本范畴，是对人们行为做肯定或否定评价的最一般的道德概念。善是对符合一定社会或阶级的道德原则和规范的行为或事件的肯定评价，恶是对违背一定社会或阶级的道德原则和规范的行为或事件的否定评价。在中文里，善具有吉、美、良、好的含义，恶具有凶、丑、歹、坏的含义。在中国伦理思想中，关于善恶来源的探讨往往和人性问题的论述联系在一起，而在善恶标准上则又与"义利之争"有密切关系。先秦儒家的主要代表孟子、荀子等认为，行为的善恶在于人性本身的善或恶，并主要以"义"作为善恶标准。在西方伦理思想史上，古希腊的苏格拉底、柏拉图等人从理性和灵魂中引申出道德，把知识和理念作为善。中世纪的宗教伦理学通常把善解释为上帝意志的表现，将是否信仰上帝作为善恶标准。在近代，持唯物主义观点的伦理思想家往往从人的自然本性来说明善恶的来源，把能否使人得到快乐或幸福作为善恶的标准；持唯心主义观点的伦理思想家则从善良意志、绝对观念等抽象精神中引申出善与恶，并以此作为善恶标准。马克思主义伦理学认为，善与恶反映一定社会经济关系中人们的利益和实践活动的要求，善恶观念是在人们的社会生活中形成的，并随着社会经济关系的变化而不断变化。评价善恶，最终必须以是否符合社会历史发展规律，是否符合最广大群众的根本利益和要求为标准。②

真、善、美是人类追求的最高境界和最终理想。分析善与真和美的关系，也可以加深我们对善这一概念的认识。汉语中的善乃吉、良乃善、美与善同义，已经传达出三者的紧密关系。"百度百科"这样解释："真、善、美是人脑在感官观察接触客观具体环境、现象、事物的基础上，通过对具体事物的分析比较从其中分解和抽象出来的，有利于人类生存发展的，对人类的生存发展具有正面意义、正面价值和正面意识的认识对象，是具体事物、具体现象、具体事情、具体行为具有的，能够引起人们对它产生兴趣并进行关注，使人在接受与获得该具体事物的作用和影响的过程中，生理和心理的需求得到满足，产生快乐、幸福、称心、如意等美好感觉的性质和能力，是和假、恶、丑相区别的相对抽象事物。"③ 这是三者

① 布劳别尔格，潘京. 新编简明哲学词典. 高光三，等译. 长春：吉林人民出版社，1983：182.

② 中国大百科全书（哲学）. 北京：中国大百科全书出版社，1987：749.

③ https://baike.baidu.com/item/%E5%96%84/23174571.

的共同之处或曰共性。

　　除了这些共同之处，三者也有不同之处或曰殊性。"有人认为，'真是指认识符合客观实际；善是指善行，是指人的行为对群体的价值；美是客体作用于主体，使主体产生一种精神上愉悦的体验'。这类观点把真、善、美的内涵分属于（真理）事实、（行为）价值、精神体验三个完全不同的主观和客观的哲学范畴。有人认为，'真者智力之理想，善者意志之理想，美者感情之理想'，'人的认识活动追求真，人的意志活动追求善，人的情感活动追求美'。这类观点把真、善、美分属于认识、意志和情感三个不同性质的范畴。有人认为，'真、善、美，分别是指知识价值、道德价值与审美价值，属于精神价值'。这类观点并没有把所有的价值囊括在真、善、美的内涵之中。有人认为，'真、善、美都是主客体的统一：真是主体认识与客体相符合，善是人们的行为与主体利益相符合，美是客体特性与主体本质力量的和谐统一'。"① 从这些各异的看法中，我们多少可以窥见善的别样含义。

§1.2　"善"无法定义

　　在上面讨论善的概念时，我们实际上已经接触到善的定义。但是，在学术界，关于善能否定义，存在截然对立的回答。当然，我们这里所谓的定义不能同义反复，比如说善是具有善性（goodness）的东西，善是善心、善良、善行等。

　　认为善无法定义者，其代表人物恐怕非英国杰出的哲学家和伦理学家穆尔（G. E. Moore）莫属。对"善是什么？"这个问题，穆尔区分了三种可能的意义。第一种，这个问题可能需要一个特称的回答。第二种，这个问题要求一般的回答，其形式是某种事物是善的这样一个陈述。第三种，这个问题可能是一种求取定义的要求。尽管这是伦理学的中心问题，但却是不能成立的。② 穆尔坦言："如果有人问我：'什么是善？'我回答说：'善就是善。'这就是全部答案。或者如果有人问我：'如何定义善？'我的回答是：'善不能定义。'这是我的全部回答。……我认为'善'是简单的

----

① https://zhidao.baidu.com/question/2055643408958353307.html.

② 沃诺克. 1900 年以来的伦理学. 陆晓禾，译. 北京：商务印书馆，1987：8.

概念，正如'黄色'是一个简单概念一样；正如你无论用什么方法都不能向不知道'黄色'的人解释清楚什么是黄色一样，你也不能解释什么是善。……由于概念的定义是合成的，因此我们对于那类简单的概念便没有进一步定义的能力了。"① 基于这种立场，穆尔把前人关于善的种种定义斥为"自然主义谬误"（naturalistic fallacy）。按照他的观点，哲学家以传统的方式用自然性质或属性，诸如快乐、可欲的事物、进化过程中的进步来定义善这个概念，在这么做的时候，他们混淆了"善"这个伦理概念和自然对象，忽视了善的意思和事物好的意思之间的区别——这就是自然主义谬误。穆尔不寻求自然主义的定义，而主张把"善"视为简单的、不可定义的、非自然的性质，我们是通过一种直觉来得到它的。他认为，所有从形而上学得到伦理学的哲学家都犯有这种错误。因此，伦理学被说成并非基于形而上学，不能还原为任何一种自然科学或社会科学，这种看法呼应了休谟的观点："应当"与"是"不同，"应当"不能从"是"推导出来。但是，对于穆尔指斥的善的定义是否为一种真正的谬误，学界还是颇有争议的。特别是有人证明从"是"这样的陈述推导出"应当"这样的陈述是有理由的。② 尽管穆尔的批驳有一定的道理，也取得了某些支持，但自然主义的进路仍然被后来者发扬光大。

穆尔试图区分道德哲学家自称要给予解答的两个问题："哪类事物在为它自己而存在?""我们应当采取哪种行动?"知道了对这两个问题的不同回答，我们进而才能发现用哪种证据（如果有的话）支持道德判断是适当的；我们才能知道哪些种类的伦理命题是能够证明的，哪些种类的伦理命题是无法证明的。关于第一个问题，穆尔指出，那些应当为自己而存在的事物是我们称之为本然善的事物。"善"是事物的一种简单的、不可分析的特征的名称，因此不可能给它下定义。但是这并不意味着，我们在看到那些本然具有这种不可分析特征的事物时不能认出它们。他的论点是，只要经过充分的深思熟虑，就一定能够认出本然善的事物。但是，这仅仅是个识别的问题，我们拿不出证据来证明某个事物是本然善的；这仅仅是个看出它是如此的问题。要确定哪些事物具有本然价值，以及它们有多大的本然价值，必须采取的方法是考察哪些事物是这样的：它们如果绝对孤

---

① 彼彻姆. 哲学的伦理学. 雷克勤，郭夏娟，李兰芬，等译. 北京：中国社会科学出版社，1990：520.

② 布宁，余纪元. 西方哲学英汉对照辞典. 北京：人民出版社，2001：661.

立地独立存在，我们还应当判定它们的存在是善的；而要解决价值大小的问题，我们就必须把这些孤立的事物加以比较。（在谈到本然恶时，穆尔认为重大的邪恶有三种：喜爱丑或恶的东西，憎恨美或善的东西，痛苦的意识。）穆尔对于第二个问题的回答是，能够加以证明或者反证的是属于经验性质的。因为我们应当总是采取那种会使最大多数善的东西存在的行动。所以，证明某个行动方针正确且必需的那种证据，也就是证明这个行动方针将导致某些结果或后果的因果证据。此外，还必须知道，这些本然善后果是本然善的。① 穆尔的意思很清楚：本然善既不可定义，也不可用经验证明，但是人们却可以通过直觉和理性的深思熟虑把握；而行为善则是可以通过经验证明的。

　　逻辑经验论的著名代表人物艾耶尔坚持认为，"一个句子既不表达形式上真实的命题，又不表达一个经验假设，那就是字面上没有意义的"②。这就是说，凡是非分析的命题，或者不能通过经验观察证实的陈述，都是无意义的陈述。伦理命题既不像逻辑和数学命题那样是形式的，也不像物理学和生物学命题那样是经验的，因而是不可证实或证伪的，无所谓真假。伦理命题表达的无非人的情感，仅仅可以激发行动，不具有认知含义。由这个大前提出发，艾耶尔似乎不赞同给善下定义，因为所下的定义肯定是无意义的。萨特则明确表示：你不可能像你能够把某事物描述为红一样地把它描述为善的。这种为英国哲学家屡屡感到困惑的事实也是萨特熟悉的。如果你把它描述为善的，则你是在说一种正规的语言，你是在暗示，这里有某个事物应当去追求。善是一种在通常意义上并不存在的性质；但是，说某个事物是善的、慷慨的或高尚的，等于把它看作一种始终被追求然而却永远达不到的性质的一个例子。在萨特看来，正是因为道德上完美的这种不可达到性，道德哲学家总是认为善之类的性质既是无条件地存在的，又在某种意义上是根本不存在的。③

　　当代一些学人也支持善无法定义的观点。霍尼（W. B. Honey）这样认为：善是直接地、径直地被知道的，美也是这样被知道的；人不断地为他们自己针对该实在检验它的存在，谈论它的本性。对于他们来说，有价值的不是为一些人的利益服务的东西，而是凭它自身的资格是绝对的、居

①　沃诺克. 1900 年以来的伦理学. 陆晓禾，译. 北京：商务印书馆，1987：6—7，30—31.
②　洪谦. 现代西方哲学论著选集：上册. 北京：商务印书馆，1993：597.
③　同①129.

统治地位的东西，也可以说是为它自己的缘故才有价值的东西。因此，毫不奇怪，人往往把自己对美和善的期望与上帝等同起来，几乎是用语言的抽象论据证明上帝的存在。上帝在反对物质的牵累和无生命的机械中帮助人。人发现了善和美，感受到它们的价值；但它们是如何出现的，什么是它们的目的，人却无法言说。① 若非要为"我们的根子善"下定义不可，最后得到的"善的观念相应地是粗糙的，尤其是自宗教改革和科学革命以来，对内部沉思的好处的意识在外部的行动奖赏之前就枯萎了"②。

§1.3 "善"可以定义

多数学者肯定"善"可以定义，并持续不断地为此而努力。逻辑经验论的主将石里克坚决反对穆尔的断言，他开门见山地说："借口'善'是一个意义单纯而不可分析的，因而不可能加以定义（即不能说出其内涵）的语词，于是放弃规定它的意义这个任务，那是非常危险的。这里要求的倒不必是'善'这个词的严格的定义。只要指出我们是这样知道这个概念的内容的，说明为了掌握它的内容该做些什么，也就足够了。"③ 他进而分析了"善的形式特点"和"善的实质的特点"。善的形式特点在于：善总是显现为某种被要求或被命令的东西，恶则显现为某种被禁止的东西。康德把他的道德哲学的全部重心都放在这个特点上，并且由于他的雄辩而使这个特点很出名。善行是要求我们或希望我们做的那一类行为，或者像康德以来人们通常所说的那样：我们应该做的行为就是善。要求、请求或欲望，是有要求、请求或欲望的人提出来的，所以道德律的创造者必定也是给定了道德律的，这样才能借助要求的形式上的属性，使特征的刻画成为清楚明确的。在神学伦理学中，这个创造者是上帝。在传统的哲学伦理学中，流行的意见认为创造者是人类社会（功利主义），或积极的自我（幸福论），甚至主张善没有创造者（绝对命令）。至于善的实质的特点，石里克认为，我们必须去发现的是：不同的人在不同的时间，把什么样的

---

① W. B. Honey. Science and the Creative Arts. London：Faber & Faber Limited，1945：Chapter Ⅲ.

② J. R. Ravetz. The Merger of Knowledge with Power：Essays in Critical Science. London，New York：Mansell Publishing Limited，1990：23.

③ 石里克. 伦理学问题. 张国珍，赵又春，译. 北京：商务印书馆，1997：17.

行动方式（或意向，或者随便使用什么术语）称为"善"。只有通过这一途径，我们才会真正达到对善这个概念的内容的理解。在搜集包含某些被认定为道德上善的东西的个别事物时，我们必须寻找它们的共同因素，亦即那些使这些事物显得彼此一致和互相类似的特征。这些类似的因素就是善这个概念的特性。它们构成善的内容，并且为什么善这个词会使用在各种不同的情况中，其理由就在这些因素之中。在石里克看来，我们归到诚实可靠、乐于助人、和蔼可亲这些美名之下的那些行为方式，总是到处被判定为善，而偷窃、谋杀、好争吵等则一律被认为是恶。所以，关于各种不同行为方式之共同特性的问题，是可以得到实际上普遍有效的回答的。

石里克还具体论述了如何给善下定义，亦即定义善的程序或方法。他说，一组善的行为或意向所展现出来的共同特点可以构成一条这种形式的规则：一种行为方式，一定要具有如此这般的特性才能叫作善（或恶）。这种规则也可以称为规范。但必须懂得，这种规范不过是对事实的表达，它只是告诉我们一种行为或意向或品性实际上被叫作善的条件是什么，也就是它被赋予一种道德价值的条件是什么。所以，建立规范就是确定伦理学所要理解的善的概念。在着手确立善的概念时，应搜集若干组新的被人们承认为善的行为，指明其中每一组都具有对其包括的所有行为都适合的规则或规范，然后把这样得到的那些不同的规范加以比较，把它们按不同的级别进行整理，使每一级别中的各个规范具有共同之处，从而都隶属于一个较高的亦即更普遍的规范。对于这更高一级别的规范，要重复进行这一过程；如果进行得彻底，就一直到得出一个最高、最普遍的准则才停下来。这最高、最普遍的准则包括了一切情况，因而适合于人类的任何一个行动。这样得到的最高规范就是善的定义，它表达了善的最普遍的本质。它就是哲学家称之为道德原则的东西。当然，道德原则不见得是唯一的。有时多个规范并未表现出相同的特征，人们只好把它们都当作最高原则，它们作为一个总体共同决定道德概念。不过，"最后得到的那个规范，即最高原则，是无论如何也不能再得到证明了，原因就在于它是最后的规范。要求对它作进一步的证明和进一层的解释，那是很荒唐的。其实，需要并且能够加以解释的倒不是规范、原则或价值，而是这些东西得以从中抽象出来的实际事实。这种事实也就是在人的意识中给出规则、进行评价和赞许的行为，因而完全是人们精神生活中的真实事件。'价值''善'只是抽象的东西，而评价、赞许是实际的心理现象。所以这一类个别的行为是完全可以解释的，就是说，可以相互归结"①。因此，"善"这个词在一种意义上说可能被假定为已知的。而且，"'善'这个词，当它（1）指称人的决定，并且（2）表达社会［对这个决定］的某种赞许时，才具有道德的意义"②。

正因为相信善可以定义，所以自古至今，诸多哲学家和思想家不约而同、前仆后继地力图定义善。苏格拉底指出回答"善是什么？"的一个必要条件是：如果什么事情要成为善的，要成为欲望的可能对象，那么它就必须是可以依据某种规则来阐明的，正是这些规则支配着行为。在他看来，既然同一件事情、同一种行为，不仅对于不同的人，而且对于同一种人（如对于朋友），可以是善行也可以是恶行，那么具体的、有条件的善行就是不真实的，只有一般善的行为才是真正的善行。于是，他认为对于任何人都有益的东西就是善。他甚至将善的知识称为"一种关于人的利益的学问"，而"一切可以达到幸福而没有痛苦的行为都是好的行为，就是善和有益的"。他还认为，美就是善，美德就是善。善是至高无上的宗教，是指导人们思想和行为的唯一东西，人们应该认识什么是善行。柏拉图把善的理念视为最高的理念。他认为，我们使用善的概念是为了评价我们所欲求和所渴求的对象并为其划分等级，不能把善的意思简单地理解为"人们所欲求的东西"。善必须是值得追求和欲求的，善必须是一个可以企求的和令人神往的对象。善因而必定在超验的、超出这个世界的客体即形式之中。③ 柏拉图在《国家篇》中断言，善在作为存在和知识之源时，就超出了概念分析。这种见解也被普罗提诺和阿奎那所发展。④ 亚里士多德一开始就把善定义为某物或某人活动的目标、意图或目的。称某物为善，就意味着它是在一定条件下被人追求的和人的目的之所在。有无数的活动，有无数的目标，因此就有无数的善目。因而，善被用于多种含义，属于每个范畴。他在其《尼各马可伦理学》中如此写道："各种技艺，各门学科，并且同样，每个行动和每个计划，似乎其目的都在于某种善，因此善已经清楚地表达在一切事物所求的目的中。"⑤ 他还指明达到善的最佳途径是："有一点是很明显的，即中道永远值得赞美，但有时我们应该偏于过度，而在另一些

① 石里克. 伦理学问题. 张国珍，赵又春，译. 北京：商务印书馆，1997：29-30.
② 同①79.
③ 麦金太尔. 伦理学简史. 龚群，译. 北京：商务印书馆，2003：62，87-88.
④ 布宁，余纪元. 西方哲学英汉对照辞典. 北京：人民出版社，2001：416-417.
⑤ 同③92-93.

时刻却偏于不及。只有照此方法，我们才能最迅速地达到中道，即善。"①

　　休谟在谈到人类感情的仁善与慈善性质时，列举了慷慨、仁爱、怜悯、感恩、友谊、忠贞、热忱、无私、好施等善的品行和行为。他把善视为人的愉快的、有益的情感："使人发生慈爱情感的那种倾向，就使一个人在人生一切部门中都成为令人愉快的、有益于人的；并且给他那些本来可以有害于社会的所有其他性质以一个正确的方向。勇敢与野心，如果没有慈善加以调节，只会造成一个暴君和大盗。至于判断力与才具，以及所有那一类的性质，情形也是一样。它们本身对于社会的利益是漠不关心的，它们所以对人类具有善恶的倾向，是决定于它们从这些其他的情感所得的指导。"② 他甚至认为，"慈善在其各种形式和表现中都有它的特殊的价值。因此，甚至慈善的弱点也是善良的和可爱的"③。

　　康德在《判断力批判》中力图对善做出详尽而完整的定义。他说："善是借助于理性由单纯概念而使人喜欢的。我们把一些东西称之为对什么是好的（有利的东西），这些东西只是作为手段而使人喜欢的；但我们把另一种东西称之为本身是好的，它是单凭自身就令人喜欢的。在两种情况下都始终包含某个目的的概念，因而都包含理性对（至少是可能的）意愿的关系，所以也包含对一个客体或一个行动的存有的愉悦，也就是某种兴趣［利害］。"④ 为了凸显善的含义，康德把善与相关的概念加以比较："快适、美、善标志着表象对愉快和不愉快的情感的三种不同的关系，我们依照对何者的关联而把对象或表象方式相互区别开来。就连我们用来标志这些关系中的满意而与每一种关系相适合的表达方式也是各不相同的。快适对某个人来说就是使他快乐的东西；美只是使他喜欢的东西；善是被尊敬的、被赞成的东西，也就是在里面被他认可了一种客观价值的东西。"⑤ "我们对于愉悦也许可以说：它在上述三种情况下分别与爱好、惠爱、敬重相关联。"⑥

　　康德"单凭自身就令人喜欢的"善也许就是他所谓的"绝对的善"或"最高的善"。他是这样讲的："绝对的善，按照它所引起的情感从主观上来评判，即（把这道德情感的客体）评判为主体的各种力量凭借某种绝对

---

① 彼彻姆. 哲学的伦理学. 雷克勤，郭夏娟，李兰芬，等译. 北京：中国社会科学出版社，1990：244-245.
② 休谟. 人性论. 关文运，译. 北京：商务印书馆，1980：647.
③ 同②648.
④ 康德. 判断力批判. 邓晓芒，译. 2版. 北京：人民出版社，2002：42.
⑤ 同④44.
⑥ 同④45.

强迫性的法则之表象而来的可规定性，它就首先是通过基于先天之上的、不仅包含每个人都赞同的要求，而且包含每个人都赞同的命令的某种必然性的模态来划分的，它本身诚然不属于感性的（审美的）判断力，而属于纯粹智性的判断力；它也是在一个规定性的判断中而不是在单纯反思性的判断中，被赋予自由而不是自然的。"① "道德律作为运用我们的自由的形式上的理性条件，单凭自身而不依赖于任何作为物质条件的目的来约束我们；但它毕竟也给我们规定并且是先天地规定了一个终极目的，使得对它的追求成为我们的责任，而这个终极目的就是通过自由而得以可能的、这个世界中最高的善。"② 在康德看来，"必须通过自由而产生出来的世上最高的善就是这样一类的东西（信念的事）；其概念是完全不能在我们所有可能的经验中因而在理性的理论运用中按照其客观实在性得到充分的证明的，但把它用来最大可能地实现那一目的，这却是由纯粹实践理性所命令的，因而必须假定为可能的"③。由于这种善是一种信念，是先天的必然性，是无法用经验证明的，所以康德不得不把其根据奠定在上帝之上："这样，我们就必须假定一个道德的世界原因（一个创世者），以便按照道德律来对我们预设一个终极目的，并且只要后者是必要的，则（在同样程度上并出于同一根据）前者也就是必然要假定的：因而这就会是一个上帝。"④

这种绝对的、最高的善是无条件的，它表征为人的"善良意志"（good will）。对此，有辞书这样加以说明和发挥：由实践理性产生的善良意志是康德使用的术语，它指一种会做出道德上值得称赞的选择的自我意识倾向。出自善良意志的行为是为了职责或为了遵照绝对命令而做的。对于康德来说，总是存在传统的道德性或善被误用的情形，但只有善良意志才是无条件的善——它不是达到有条件目的的手段，不具有社会性质，也不从社会功利出发，而是最高的道德意识。善良意志是唯一能保证正确使用传统德性的东西。它之所以为善，不是由于它的效果或收获；即使它选择的行为导致了伤害，它作为意志依然是善的。善良意志构成我们值得幸福的不可缺少的条件。康德的这个概念为道德哲学提供了新的基础。善良意志是人类所能达到的，因而与"神的意志"相对立；神的意志与道德规律在根本上一致，是对道德要求自发的、心甘情愿的接受，不受人类感性

---

① 康德. 判断力批判. 邓晓芒，译. 2版. 北京：人民出版社，2002：106-107.
② 同①107.
③ 同①328.
④ 同①307-308.

欲望的干扰。人的意志与道德规律不一致，所以善良意志要以"命令"或"应该"的方式使二者一致。人们感到的愉快为主观功利控制，不带有善的目标，善良意志隶属于客观的道德规律，是主观的、完善的意志，对一切人均有效，以道德规律为追求目标，力求达到至善。康德在《道德形而上学基础》中写道："在世界之中，甚至在世界之外，除了'善良意志'，完全不可能设想一个无条件的善的东西。"①

　　以穆勒、边沁等为代表的功利主义者把快乐或幸福看作善。穆勒在《功利主义》一书中直言不讳："任何能证明其为善的事物，必须通过表明它是取得那些没有证明而被认为是善的东西的工具而得到证明。"② "承认功利或最大幸福原则为道德的基础这一信条，就是坚持行为的正确与该行为增进幸福的趋向成比例，行为的错误与该行为产生不幸的趋向成比例。幸福是指快乐与避免痛苦，而不幸是指痛苦和失掉快乐。"③ 但是石里克对此不以为然，认为："功利主义者说，'人类社会的幸福'（穆勒）或'最大多数人得到最大幸福'（边沁）就是道德上的善。这个概念并未严格规定，是完全不中用的。第一，每一个行为的结果简直是无数的，它们随时间的推移而变得很不确定，结果难以预断，因为差别很小的行为也可以产生差别很大的结果。第二，这种说法是语词毫无意义的连缀，即使约定之后也具有任意性。"④ 罗尔斯在《正义论》中也对功利主义的善的定义颇有微词，而把善与正义协调起来："功利主义是一种目的论理论，而正义即公平却不是。那么根据定义，后者就是义务论理论，这种理论既不把善描述为独立于权利的，也不把权利解释为最大的善。"⑤ 但是，义务论并不是非目的的理论，因为所有值得重视的伦理学说在判断行为的正确性时都把效果纳入考虑的范围。罗尔斯关于善的窄理论，阐明了一切社会成员不论其欲求是什么都会需要的事物，因而为他的正义论提供了基础。他的自由主义允许各种关于为不同社会成员寻求的善的充分阐发的理论，只要对这些善的追求是在正义论界定的范围内进行的。⑥

　　① 布宁，余纪元. 西方哲学英汉对照辞典. 北京：人民出版社，2001：417-418；哲学大词典：修订卷. 上海：上海辞书出版社，2001：1233.
　　② 彼彻姆. 哲学的伦理学. 雷克勤，郭夏娟，李兰芬，等译. 北京：中国社会科学出版社，1990：111.
　　③ 同②112.
　　④ 石里克. 伦理学问题. 张国珍，赵又春，译. 北京：商务印书馆，1997：83.
　　⑤ 同②169.
　　⑥ 布宁，余纪元. 西方哲学英汉对照辞典. 北京：人民出版社，2001：416-417.

施韦泽从生命意志的角度定义善："善的本质是：保存生命，促进生命，使生命达到其最高度的发展。恶的本质是：毁灭生命，损害生命，阻碍生命的发展。"① 在他看来，"一切力量本身都是有局限的。因为它们产生着迟早将和它同等的或超过它的力量。善良则简单地和始终在起作用。它不产生阻碍它的对立关系。它消除现存的对立关系，它排除误解和不信任，通过唤来善良，它强化自身。因此，它是合目的的和最强有力的力量"②。施韦泽还把善与人道联系在一起："人们把人道理解为人对他人的真正善行。人道这个词表达了这样的含义，我们应该努力行善，这不仅是伦理命令的要求，而且与我们的本质相符。人道促使我们，事无大小都要听从我们心灵的启示。通常，我们更愿意做那些我们的理性认定是善和可行的事。但是，心灵是比理智更高的命令者，它要求我们去做符合我们精神本质的最深刻冲动的事。"③

在这里，我们列举"百度百科"关于善的两个定义。善的伦理学定义：在被动个体的自我意识出于自愿或不拒绝的情况下，主动方对被动个体实施精神、语言、行为的任何一项的介入，皆为善。善的哲学定义：善是具体事物的组成部分，是具体事物的运动、行为及存在对社会与绝大多数人的生存发展具有的正面意义和正价值，是具体事物具有的有利于社会与绝大多数人生存发展的特殊性质和能力，是人们在与具体事物密切接触、受到具体事物影响和作用的过程中，判明具体事物的运动、行为及存在符合自己的意愿和意向，满足了自己的生理和心理需要，产生了称心如意的美好感觉后，从具体事物中分解和抽取出来的有别于恶的相对抽象事物或元实体。"百度百科"还罗列出佛教对善的理解或定义。佛教认为善行是对自己有益亦对他人有益的行为，是在今世好的亦在来世好的行为。这四个条件具备，才能算是纯善的行为。佛教所说的善法就是指包含善的行为，善法就是善行。善法有世间的，有出世间的，种类繁多，但简单地讲，最基本的善法不出十种，叫作"十善"。这十善法，即是十恶法的反面：不杀生，不偷盗，不邪淫，口不妄言，不绮语，不两舌，不恶口，意不贪，不嗔，不痴。若再从心理上研究分析，这善法（善行）的心理，可得十一种，在唯识学上叫作"善心所法"。善行是善意、善心的存在和表现形式，善意、善心是善行的内容和本质。善心、善

---

① 施韦泽. 敬畏生命. 陈泽环，译. 上海：上海社会科学院出版社，2003：92.
② 同①62.
③ 同①108.

意不是凭空在人脑中形成和产生出来的，而是由十一种社会知识作为根据的。此外，还有所谓四善、十一善、十三善之说①，其含义多半大同小异。②

关于善特别是最高善的本原或源泉，柏拉图提出，善不是普通人能够从他们今生的日常事务中寻求到的，善的知识或者通过专门的宗教启示，或者通过权威教师之长期的理智训练而获得。③ 按照斯多亚派的伦理学观念，善是自然（good being nature），即自然（神）是道德的本原。自然是物质性和精神性相统一的实体，自然的一切都按必然规律运行，即由神的旨意决定。人是自然的一部分，是神的作品，人的本性在于神，在于理性，人应当由理性来支配生活，亦即顺应自然而生活，这就是至善。善源于自然，自然是道德的标准。顺应自然也就是服从神的旨意，忍受命运的一切安排。④ 中世纪的神学家和哲学家把善的源泉归于上帝。康德亦秉持这种观念。这种看法一直延续到现在。正如普罗克特（R. N. Proctor）所言："对于现代人来说，我们也发现了新的自然概念和价值的源泉——什么是事物中的善。上帝之善在人的劳动果实中被复制。自然或上帝眼中的价值变成人眼中的价值。"⑤

石里克则把社会视为善的起因。他说："（1）'善'这个词（就是说，被认为是有道德的东西）的意义是由社会舆论决定的，社会是制造道德要求的立法者。既然就一个社会集团来说，只能有一种多数平均的或占优势的舆论，人们也就不能因为存在着对某些通常规范的偏离，而反对我们的这个观点。（2）社会是以这样一种方式来决定'善'这个概念的内容的：凡是社会相信是有助于它的幸福和生存（这的确是它的幸福的前提）的行为方式，而且仅仅是这些行为方式都归到善这个概念之下。把命题（1）和（2）一起加以考虑，我们从中推演出下面的论断，即（3）社会确立道

① 四善：《大毗婆沙论》卷五十谓善有胜义善、自性善、相应善、等起善四种。其中，胜义善又名真实善，指胜义谛门中之被称为善者，即涅槃法。自性善谓不借他缘，其体自善者，指惭、愧及无贪、无嗔、无痴三善根。相应善又名相属善、相杂善，指意业之善，即与无贪、无嗔、无痴善根相应的心所法。等起善又称发起善，指意业所起之善，即身、口二业及不相应行之善。十一善指信、精进、惭、愧、无贪、无嗔、无痴、轻安、不放逸、行舍、不害等十一种善。乃唯识宗所立六位心所之一，此心所顺益现、未二世，故名为善。十三善，《阿毗达摩杂集论》卷三将善分为十三种，即自性善、相属善、随逐善、发起善、第一义、生得善、方便善、现前供养善、饶益善、引摄善、对治善、寂静善、等流善。

② https://baike. baidu. com/item/%E5%96%84/23174571.

③ 麦金太尔. 伦理学简史. 龚群，译. 北京：商务印书馆，2003：87-88.

④ 哲学大词典：修订卷. 上海：上海辞书出版社，2001：1233.

⑤ R. N. Proctor. Value-Free Science Is？：Purity and Power in Modern Knowledge. Cambridge，MA：Harvard University Press，1991：21.

德要求，仅仅是因为这些要求的实现在它看来是有益的。对于命题（3）我们还可以这样来表述：'善之所以为善，仅仅是因为它被社会认为是有用的'；归根结底就是说：认为它会导致快乐。或者还可以这样说：'道德的'这个词的内容上的意义是，在社会上占优势的舆论看来，完全是指有利的东西（它在形式上的意义则在于被社会所要求）。"① 丁文江似乎持有类似的看法：善的行为是以有利于社会的情感为原动力，以科学知识为向导的；凡能够满足最大多数人最大部分欲望的行为，就是有利于社会的行为。② 考尔丁（E. F. Caldin）把善的来源归结为人的本能、理性和社会作用的综合产物。③ 也有人将其归功于进化的结果：进化过程的目的总是被假定（因为这好像几乎是无意识的）具有伦理的价值，它是朝向某种"善"进步的。霍尼不同意这种见解，他反驳道："一些科学家无疑反对讨论如此抽象而苍白的善性（goodness）概念。让我们再次写出这些善的形式的名字：宽容和宽恕、仁慈和同情、公平分配、有礼貌、无私、服务和相互忠诚。这些都是我们同意称之为善的品质，它们在生存斗争中没有一个给出任何好处，即使我们把在共同体中合作的概念与它们联系起来；因为服务的观念被证明在该群体（例如蚂蚁和蜜蜂）中是合理的和经济的，那么相反的概念即敌对的追求私利的概念还会在它与其他群体的关系上强加于该群体。"④ 布什（V. Bush）也把善的根源归于人的心智而非进化：

---

① 石里克. 伦理学问题. 张国珍，赵又春，译. 北京：商务印书馆，1997：89—90.

② 丁文江. 我的信仰//中国科学文化运动协会北平分会. 科学与中国. 北平：中国科学文化运动协会北平分会，1936：86—91.

③ E. F. Caldin. The Power and Limit of Science. London：Chapman & Hall Ltd.，1949：137. 考尔丁是这样讲的："人具有某种确定的本性以及确定的潜力；他是有理性的，有认知真理、向往善和相应去行动的能力；他也是动物的，用动物的本能武装起来；他是社会的人，不是孤立的个人；因此，他的潜力是这样的动物的、理性的、社会本性的潜力。现在，在伦理学中像在形而上学中一样，我们在考虑潜力实现时，可以找到关键。在这里，实现是有意识的和自我引导的。如果一个人与这种本性一致地生活和发展，如果他力求充分发展同时是动物的和理性的、个人的和社会的人的存在，那么他的生活和行为就必须显示出某些方式。诚实和智慧是适宜用智力武装起来的人的目标；爱和自律（self-discipline）使人变得用对善的理性欲望武装起来；公正、正直、忠诚、利他主义和互爱适合于人，因为它们就其本性而言也是社会的。相反地，欺骗、憎恨、贪心和残忍对于人的本性中隐含的目的来说是不利的，它们与发展方向是对立的。健全的生活涉及追求与我们本性一致的目标；涉及实现、充实有助于我们的东西；这决定人和社会应该对准的道德品质，以及在个人和社会层面我们行为的指导原则。"

④ W. B. Honey. Science and the Creative Arts. London：Faber & Faber Limited，1945：ChapterⅢ. 霍尼认为：有效的功能是不够的，因为功能隐含着确定的意图；我们也不能认为目的的善是理所当然的。提出善是极其普遍的概念几乎好像是擅自进入价值世界大门的尝试，因为承认这样一个概念不可信确实是不科学的；必须先证明（从科学的观点来看）它是合理的，与迄今进化表明的趋势是一致的，这显然与科学家接受的大多数"美德"有不一致之处。

"在人产生同情之前，在世界上没有同情。在他如此引起美感或德行之前，在那里也不存在美或德行。他的价值并非全都从他的爱的意志或从选择的过滤中导出。人愿意把他的生命奉献给他的同胞的利益，并非总是进化的产物，或者是追求私欲被纯化的产物。利他主义是他的心智的产物，而不是他的卑劣的历史的产物。"①

§1.4　一点粗浅看法

关于善的定义众说纷纭、莫衷一是，更有人坚持善不可定义。因此，要给善下一个确切的、公认的定义，肯定是相当困难的，是吃力不讨好的差事。我们还是知难而退，只好作罢。不过，尽管善难以定义，但是这并不意味着我们对善的观念和善的行为缺乏识别与判断能力。我们凭借直觉和理性不仅可以辨别善恶，而且可以描述善的种种属性和特性。

我觉得，不管善的界定或种类多么杂多，其不外于两大类——形而上之善和形而下之善，或纯粹善与实践善。形而下之善诸如仁、义、礼、智、信，温、良、恭、俭、让，博爱、人道、宽容、谦逊之类。相形之下，它们不仅便于描绘和把握，而且与我们的实践和经验密切关联。我们在此不详细论述。形而上之善是绝对的善、最高的善、终极的善、本然的善、自在的善，是先验的、抽象的、整体的，本身时时处处都是目的而非手段，是内在价值②或固有价值。孔子的"己所不欲，勿施于人"（从否定的角度讲）和"己欲立而立人，己欲达而达人"（从肯定的角度讲）的箴言③，就是形而上之善的典型表达。在西方，所谓的"金规"（golden rule）（肯定性表达："对待他人如你愿他人对待你一样"。否定性表达："你不愿意他人怎样待你，你也不要那样待人"）亦是，它与孔子的言论可谓"心有灵犀一点通"。金规中的"金"是早期英语的一种惯用法，意思是"不可估量之价值"。金规作为行为的第一原则而被广泛接受，它体现

---

① V. Bush. Science Is Not Enough. New York: William Morrow & Company Inc, 1967: 189.

② 彼彻姆说："内在价值是由于其自身的缘故而不是因其会导致某物而为我们希望占有和享受的价值。这些价值自身就是善的，而不仅仅是作为借以达到其他事物的手段才是善的。财富就是一个作为获得其他事物的手段才有价值的'善'的例子。"（彼彻姆. 哲学的伦理学. 雷克勤、郭夏娟、李兰芬，等译. 北京：中国社会科学出版社，1990：120）

③ 这两句话分别出自《论语·颜渊》和《论语·雍也》。

信科学本善、科学为善的观念。哥白尼径直点明:"一切高尚学术的目的
都是诱导人们的心灵戒除邪恶,把它引向更美好的事物,天文学能够更充
分地完成这一使命。这门学科还能提供非凡的心灵欢乐。"① 在化学家玻
意耳(Robert Boyle)看来,科学是为"上帝的更大荣耀和人类之善"②。
拉维茨(J. R. Ravetz)中肯地指出,近代科学的早期版本在培根那里明显是
至福千年的(millennium),在伽利略和笛卡儿那里显然也是如此(在他们
各自风格的限度内)。从他们的著作中,我们可以获取先知的音信:通过研
究自然的抽象方面,以与对象疏远的但却对所有人开放的探究风格,错误
会被排除,无知会被取消,容易达到这一点的真理会是强有力的、有益的
和安全的。于是,对自然的径直的和狭窄的探究道路,必然是改善人类物
质和道德的入口。换句话说,科学的这种风格允诺,通过在特定实在中的
发现获得真理(和避免错误)的安全性;它的社会实践对所有参与者和结
果都是公开性的实践;对于它的外部资助者而言,它允诺它的学说在意识
形态上是清白的,在应用中它的力量是实际行善的。③ 汉金斯(Thomas
L. Hankins)表明,有一种办法能使道德价值转移给科学而没有矛盾,这种
办法就是把传统的善归于科学事业。丰特奈尔(Bernard Le Bovier de Fon-
tenelle)不仅描述了那个时代的主要科学成就,而且赞扬科学研究动机的纯
洁。1688 年,他写了一篇关于牧歌或田园诗本质的论文。乡村习俗把单纯、
谦卑、简朴、缺乏野心以及自然之爱归于受赞美的人。同样的善出现在丰
特奈尔对已故法国科学院院士的颂词中。他们的生活是无私地探寻真理,
而这本身就是善的。除了乡村习俗的善之外,丰特奈尔还把普卢塔克(Plu-
tarch)归于罗马世界伟人的那些善(刚毅、责任、英勇、果断这些斯多亚
式的善)赋予他们。他用牧歌和普卢塔克的《希腊罗马名人比较列传》中
表达的价值,使自然哲学成为善的事业。尽管科学自身也许是完全客观的,
没有伦理内容,但正是其客观性与自私自利和野心奢望是对立的;自然哲
学家为人类而不是为自己服务。④ 17 世纪末的一部专著的作者爱德华兹
(J. Edwards),甚至以惊人的方式把他的科学功利主义推向了极端:罗盘是

① 哥白尼. 天体运行论. 叶式辉,译. 武汉:武汉出版社,1992:2.

② S. Rose, H. Rose. The Myth of the Neutrality of Science//R. Arditti, et al. Science and Liberation. Montreal:Black Rose Books,1986.

③ J. R. Ravetz. The Merger of Knowledge with Power:Essays in Critical Science. London, New York:Mansell Publishing Limited,1990:301-302.

④ 汉金斯. 科学与启蒙运动. 任定成,张爱珍,译. 上海:复旦大学出版社,2000:8.

有用的，因为它使我们得以走访"广袤的世界"，并无限地增进贸易和商业；火药与枪炮的发明是有用的、有效的、经济的，因此它们都是善的，因为用它们能更节省、更经济地杀死敌人，更快地结束战斗。①

在其后18世纪的启蒙运动中以及19世纪，科学即善一直是世人的坚定信念。在科学新范式内发现的进步似乎无疑地保证，这是通向真的唯一安全道路。虽然新科学的善行花了很长时间物质化，但情况似乎是，它的公众普遍地准备不加深究地接受这一点。新科学的力量也有清白的性质：随着巫术技艺的衰落，不再有过于强有力的以至未被揭示的秘密了。所有结果都与它们的自然原因相称，产生真实的恶的科学观念直到我们的时代之前几乎在逻辑上不可能。② 启蒙运动晚期，孔多塞侯爵成为法国科学院秘书，接过了撰写颂词的任务，改变了颂词的风格。孔多塞有对人道的热情、"做好事"的愿望以及改革的嗜好。对于他来说，自然哲学家在乡间静居就不再能够保持善。履行通过理性改革社会的责任变得十分紧迫。尽管必须履行的责任变了，但结论仍然相同——自然哲学事业是道德上的善。最善的事业应该是人学的创造，这种创造会通过理性消除偏见和迷信，并且根据客观的科学原理建设一个新社会。③ 当时，有人问富兰克林（Franklin），科学新发现有何用处？他回答："一个新生儿有什么用处呢？"这个回答在后一个世纪即19世纪的巴斯德（Louis Pasteur）和法拉第（Michael Faraday）那里得到了回响。这种新态度表达出一种双重的信心：基础的科学知识是一种自足的善，而且作为一种剩余价值，它到了一定时候就会导致各式各样的实用结果，为人类的其他利益服务。④ 尤其典型的是，诗人雪莱（Percy Shelley）把科学描绘为近代的普罗米修斯（Prometheus）——他会唤醒世人惊奇之梦。⑤ 哲人科学家彭加勒（Henri Poincaré）言近旨远："人的伟大之处在于有知识，人要是不学无术，便会变得渺小卑微，这就是为什么对科学感兴趣是神圣的。这也是因为科学能够治愈或预防不计其数的疾病。"⑥ 就这样，近代科学的意识形态获得

---

① 默顿. 十七世纪英格兰的科学、技术与社会. 范岱年，吴忠，蒋效东，译. 北京：商务印书馆，2000：291.

② J. R. Ravetz. The Merger of Knowledge with Power：Essays in Critical Science. London，New York：Mansell Publishing Limited，1990：302.

③ 汉金斯. 科学与启蒙运动. 任定成，张爱珍，译. 上海：复旦大学出版社，2000：8-9.

④ 同①19.

⑤ J. Bronowski. Science and Human Values. New York：Julian Messner Inc.，1956：12，14.

⑥ 彭加勒. 最后的沉思. 李醒民，译. 北京：商务印书馆，1996：123.

现不也就是精神上的或价值论上的成果了吗？"① 他以自己的心理学研究
为例，说明科学具有真、善、美三者统一的本性："拿我来说，我从自己
和他人的研究中得到的'诗意'体验比我从诗歌中得到的多，我阅读科学
刊物获得的'宗教般的'体验比我阅读'圣书'获得的多。创造美的激动
来自我的试验、研究和理论工作，而不是绘画、作曲或舞蹈。科学可以是
与你热爱的、让你着迷的、你愿意为之献身的神秘事物的一种结合方
式。……正如达瑞尔所说的，科学可以是'智者的诗'。对优秀科学家的
隐秘的内心世界的探索可以为一个世界运动奠定基础，借以把科学家、艺
术家、教徒、人道主义者和其他一切热衷于某项事业的人团结为一个整
体。"② 不过，莫尔也明确表示："科学法规并不意味着善、美、神秘。"③

　　早在 1980 年代，我就论证过"科学是真、善、美的统一"的命题：
科学之真表现在科学的客观性、自主性、继承性、怀疑性之上，科学之善
呈现在科学的公有性、人道性、公正性、宽容性之上，科学之美体现在科
学的独创性、统一性、和谐性、简单性之上。由此可见，科学是真、善、
美三位一体的统一体。真、善、美既是科学的内在本性，也是科学家始终
如一追求的目标。在科学共同体内部，它们也构成科学活动的格局，成为
一套具有感情情调的约束科学家的价值和规范的综合。在这种意义上也许
可以说，现代科学的精神气质就是真、善、美。④ 后来我又这样写道：
"真、善、美是人追求的最高的、终极的价值，人们是通过各种途径逼近
这一理想境界的，科学活动是途径之一。作为科学活动结果的知识体系，
本身就是真、善、美三位一体的统一体。科学知识之真是毋庸置疑的，因
为科学就是以求真为目的的事业。科学知识也是至善的，是一种自我包含
的善，因为科学知识与迷信和教条势不两立，与愚昧和偏见水火不容。也
就是说，科学的客观知识在任何情况下都比迷信、教条、愚昧、偏见更有
意义。科学知识在内容和形式上的美也为越来越多的人所承认。这是因为

　　① 马斯洛，等. 人的潜能和价值. 林方，主编. 北京：华夏出版社，1987：227.
　　② 马斯洛. 科学家与科学家的心理. 邵威，等译. 北京大学出版社，1989：168-169.
　　③ 莫尔的意思是："多数科学家……认识到，科学的道德规范主要是一种局部适用的，而
不是普遍适用的行为准则，只是在他作为科学家工作期间才具有约束力。只要我们的工作目标是
增加经过验证的客观知识的财富，就必须遵守科学法规。因此，对科学家来说，科学法规并不意
味着善、美、神秘，也不意味着他必须从他的思想感情中消除爱和怕、敬畏和谦恭、幽默和讽
刺、羡慕和憎恨、喜悦和绝望、温柔和同情。"［莫尔. 科学伦理学. 黄文，摘译. 科学与哲学，
1980（4）：95］
　　④ 李醒民. 科学家的科学良心. 百科知识，1987（2）：72-74.

科学也是一种为求美所激发的活动，科学家在科学创造中力图按照美的规律塑造自己的理论。其实，科学知识的真、善、美本性本来就是科学家借助科学方法（实证方法、理性方法、臻美方法）所导致的必然结果。"①我在最近发表的一篇论文中进一步阐明，科学具有真、善、美的底蕴，是真、善、美三位一体的统一体，并在详细分析科学之真、科学之善、科学之美的基础上，进而揭橥三者何以生发、引导、统摄、联结，从而达成三位一体的。② 而且，科学的这种特性不是虚无缥缈的，我们的论述也不是空洞的概念游戏。爱因斯坦及其相对论就是一个活生生的典型："爱因斯坦在科学中求真以至善为目的，以完美为标准；他在为善的同时，也激励了探索的热情，焕发出审美的情趣；他从臻美中洞见到实在的结构，彻悟出道德的目标。他终生为追求三位一体的真善美而奋斗，为的是自然、社会、人、人的思维更加有序与和谐。"③

§2.2　科学是恶：暂禁科学

与科学是善针锋相对，也有一部分人断定科学是恶——起码认为科学非善或不是善的。进入 20 世纪，特别是在二战之后和 1960 年代以来，随着科学的技术应用范围的扩大和程度的加深，特别是由于原子弹阴影的威胁和环境污染的加剧，人们对科学的赞同评价和乐观看法来了个大转弯。拉波波特（A. Rapoport）注意到了这种潮流的变化。④ 卡瓦列里（L. F.

---

① 李醒民. 关于科学与价值的几个问题. 中国社会科学，1990（5）：47.

② 李醒民. 科学：真善美三位一体的统一体. 淮阴师范学院学报（哲学社会科学版），2010，32（4）：449-463＋499.

③ 李醒民. 爱因斯坦：伟大的人文的科学主义者和科学的人文主义者. 江苏社会科学，2005（2）：16.

④ A. Rapoport. Appendix One//I. Cameron, D. Edge. Scientific Image and their Social Uses: An Introduction to the Concept of Scientism. London, Boston: Butterworths, 1979：67-74. 拉波波特写道："与占上风的看法相反，我应该乐于捍卫如下观点：科学像工业资本主义一样，不是基督教和种族主义，只不过是西方文明的另一个与文化有关的产物，尽管无疑地，西方文化独有的某些发展给科学以最大的动力。在文化的通常成分中，典型的成分是它们的功能的相互关系。即使我们对功能主义人类学的极端立场——它把每一种文化看成十分和谐的整体——打了折扣，一般来说，还必须承认，朝向和谐的趋势还是持续的。信念、实践和建制按照它们趋向于支持还是破坏文化复合及其支持的世界观，而倾向于被支持或被排斥。科学似乎是一个值得注意的例外。科学曾经对欧洲社会秩序具有破坏性的影响。第一，它摧毁了封建主义及其支撑物、已经建立起来的教会的精神霸权；现在，它通过怀疑坚持殖民主义、国家主义、自由资本主义和权威主义的家族结构是必要的信条来继续破坏它。的确，三百多年间，科学借助西方文明对世界进行了可能的统治。但是现在，潮流反过来了，做出这种统治的科学被看作一种时代错误。"（同前，39）

Cavalieri）具体地描绘了这种转变的原因："在最近一个时期，在科学圈子内，采取所有知识都应该被追求的立场变得流行了；人们可以称其为珠穆朗玛峰综合征。这种综合征对培根和笛卡儿而言是可以原谅的，他们没有觉察到人对自然控制的限度；之所以可以原谅，是因为履行的工具还不在手上。无论这些人，还是他们的哲学，在他们的时代都没有威胁社会。但是在我们的技术社会，由于它的实质性的科学资源，这样的态度带有傲慢的、愚蠢的味道。这是因为，人凌驾于自然之上的权力（力量）的限度和向这些限度推进的后果赫然耸立在我们面前。"①

在这里，有两位哲人科学家的见解很有代表性。罗素明示：如果真像柏拉图说的那样，善等同于知识，伦理与科学最终合而为一，那当然太令人欣慰了。"然而不幸的是，柏拉图的观点十足地过于乐观。那些最富有知识的人，有时也许将知识用之于邪恶的利益。"② 玻恩（Max Born）阐释："今天，有可能在客观知识和对知识的追求之间作出明确划分的信念，已经由科学本身摧毁了。在科学的作用以及科学的道德方面已经发生了一种变化，使科学不可能保持我们这一代所信仰的为科学本身而追求知识的古老理想。我们确信，这种理想决不可能导致任何邪恶，因为对真理的追求本身是善的。那是一个美梦，我们已经从美梦中被世界大战惊醒了。即使是睡得最熟的人，在 1945 年 8 月第一颗原子弹掉在日本城市里时也醒了。"③

正是在这种社会背景和流行思潮的影响下，一些激进人士甚至提出了中止科学、暂禁科学（moratorium of science）或限制科学的口号。早在 1927 年，里彭（Ripon）主教就在英国科学促进协会这样一个令人意想不到的地方发表演说："我甚至甘冒被听众中某些人处以私刑的危险，也要提出这样的意见：如果把全部物理学和化学实验室都关闭十年，同时把人们用在这方面的心血和才智转用于恢复已经失传的和平相处的艺术和寻找使生活过得去的方法的话，科学界以外的人们的幸福也不一定会因此而减少。"④ 斯坦普爵士（Sir Stamp）也在 1934 年主张暂停发明和发现，以便

① L. F. Cavalieri. The Double-Edged Helix：Science in the Real World. New York：Columbia University Press，1981：135-136.

② 罗素. 西方的智慧. 翟铁鹏，殷晓蓉，王若翔，等译. 上海：上海人民出版社，1992：11.

③ 玻恩. 还有什么可以希望的呢//马小兵. 赤裸裸的纯真理. 成都：四川人民出版社，1997：168-169.

④ 贝尔纳. 科学的社会功能. 陈体芳，译. 北京：商务印书馆，1982：35.

人们有一段喘息时间，调整社会和经济结构来适应不断变化的、被越来越多的技术产物所困扰的环境。① 随着大萧条（1929—1939）的加深，加之反科学思潮的影响，这种"暂禁科学"思潮盛极一时。某些宗教的、政治的和工会的领导人纷纷要求禁止科学，他们害怕更多的科学会产生较大的技术失业。② 有位科学家在 1940 年代反对美国国家科学基金会资助科学，并提出了一个别出心裁的建议：政府应该仿效农业调整署，付钱给不从事科学研究的人！③

范伯格（G. Feinberg）注意到，要求对科学实行社会控制的意志出自下述这些人群：基要主义的信仰者，他们感觉受到了科学发现的威胁；对社会公正的热情使之失去判断力的人，他们忘记其他人也有冲动和需要的满足；不相信一些追求是用自己的地位辩护的，而不是用作为达到其他一些社会目的的手段辩护的人；更重要的是这样一批人，他们害怕尝试利用科学知识改变环境的可能后果。④ 除了科学的技术应用带来的负面后果以及其他社会原因，格雷厄姆（Graham）还揭示出暂禁科学的思想根源，即科学对价值发生的根本性影响，从而引起认识论的转变和伦理学的转变。⑤

但是，有相当多的学者表明暂禁科学是不现实的。莫尔明确表示：受迷惑的公民要中止科学、暂禁科学的白日梦是完全不现实的；但是，即使设想它能够实现，这样解决问题也必然迅速导致人类文明不可逆转的衰落。这种陈述是被证明了的，因为我们的技术文化不可避免的倒退现

---

① 默顿. 科学社会学. 鲁旭东，林聚任，译. 北京：商务印书馆，2003：354−355.

② I. B. Cohen. Commentary: The Fear and Destruct of Science in Historical Perspective. Science，Technology，and Human Values，1981，6（3）：20−24.

③ R. N. Proctor. Value-Free Science Is?: Purity and Power in Modern Knowledge. Cambridge，MA：Harvard University Press，1991：238.

④ G. Feinberg. Solid Clues. New York：Simon and Schuster，1985：238−239.

⑤ R. Graham. Between Science and Values. New York：Columbia University Press，1981：2−3. 格雷厄姆指出人类思想发生了两次突出的转变，这二者都是由于科学对先前关于自然界和人在其中的地位的哲学假定的损伤性瓦解引起的。第一次转变发生在 20 世纪头几十年，主要出现在物理学中。这次转变可被称为认识论的转变，相对论和量子力学的新发展引起了 19 世纪下述假定的破坏：世界的物质性，作为自然事件在其中发生的绝对框架的空间和时间的意义，作为科学说明普适性原理的因果性和作为世界观的决定论。第二次转变是在 20 世纪初逐渐发生的，主要出现在生物学领域，在 20 世纪中期之后戏剧性地加速了。这次转变可被称为伦理学的转变，是围绕包含科学和技术对作为客体的人的反作用的含义旋转的。因为遗传学、优生学、心理学、动物行为学和社会生物学一系列发展的结果，科学家获得了诠释且有时改变人的生理和行为的能力，这一切都与伦理学密切相关，以至传统的价值系统作为指导日益显得不适宜。在对此的反应中，最终产生了一些机制和课程，它们集中在生物医学伦理学这样的论题上，甚至出现了"被禁止的知识"的可能性。

象只能由新技术来克服。没有回头路。我们已经把世界改变得太多了。要求暂禁科学就是自杀，因为明天为提高和改进技术，尤其是为人道主义的生物工程所需要的真正知识还没有得到。自由思想，即自由探讨和自由出版的传统，在制定科学真理的标准时是必不可少的。任何种类的"知识禁区"都将使我们回到中世纪，是对人类成熟思想的怀疑，将使文化发展的最美好产物真正的知识服从个人偏见、迷信或集体偏见、意识形态的控制。① R. H. 布朗（R. H. Brown）明确地指出："由于科学的许多误用，一些人不可避免地争辩说，科学和技术具有它们特有的邪恶力量，在为时不算太晚之时，我们应该放弃利用它们促成进步的全部观念，而返回到简单得多的'自然'生活。但是，正如我们之中的大多数人所知道的，这是一种不起作用的政策，现代世界中的任何社会更不会劝告人们采纳它！我们的许多困难，例如污染和人口过量，实际上是由于科学的应用，而这种应用往往出于良好的意图，但是我们必须面对这样一个事实：我们解决困难的唯一希望是利用更发达的科学，或者更广泛地利用我们已经知道的东西。"②

布罗诺乌斯基（J. Bronowski）揭橥了两条理由，表明暂禁科学是受迷惑的公众特别喜爱的白日梦，在严格的字面意义上这个提议是不现实的，而且往往事与愿违。因为它只能通过科学家所在的政府强加给科学家（科学家需要谋生和做事），而政府不会在军备竞赛的中途那样做。即使它是可行的，关心知识成长的科学家也不会接受禁止科学。自由探究和发表的传统在确立科学的真理标准中是必不可少的：它已经受到政府和工业中的保密的腐蚀，我们要阻止这种腐蚀的任何扩大。流行的禁止之梦是肤浅的，它只能导致操纵权力的人利用科学。要想使科学用于善，只有通过科学家共同体自愿的集体行动才有可能。③ 贝伦布卢姆（I. Berenblum）表达了同样的意见：暂禁科学是一种绝望的意见，它既不合逻辑，同样也不

① 莫尔. 科学和责任. 余谋昌，摘译. 自然科学哲学问题，1981（3）：86-89.

② R. H. 布朗. 科学的智慧——它与文化和宗教的关联. 李醒民，译. 沈阳：辽宁教育出版社，1998：110-111. 布朗接着举例说："我们的工业污染环境，并不是因为我们过多地利用了科学，而是因为我们过去用得太少了；由于消灭疾病而引起的人口过量问题不能通过拒绝治疗合理地加以解决，但是通过发展更有效的节育方法和农业则有助于这些问题的解决。哎，消除核战争威胁这一更为紧迫的问题却不能用完全相同的方式去处理。大多数科学家所能做的最有效的事情似乎是，清楚地说明核战争可能后果的可怕细节。事实上，我们的许多问题可以借助于各种各样的信息来解决，唯有科学家才能够提供这类信息。"（同前，111）

③ J. Bronowski. The Disestablishment of Science//Fuller Watson. The Social Impact of Modern Biology. London：Routledge & Kegan Paul，1971：233-246.

切实际。它也许是对思想自由的否定和对进步的否认——责备是潜在之善的东西，因为那些基于效用滥用它的人是愚蠢的。它预设，曾经享受追求真理的方法的完美的人，愿意在模糊的价值的抽象利益中抛弃它。这类限制性的措施只能使诚实的人（他们打算为人类的利益利用科学）服从，而不讲道德和不诚实的人会秘密地继续探索，以便为罪恶的意图利用它，政治实际上会增加的，正是该措施力求根除的不稳定性。①

　　上述反驳暂禁科学的论述中已经透露出社会无法逆转的事实。多尔拜（R. G. A. Dolby）把这一点讲得更为明确："科学为未来提供了希望。在它的限度内，它是新理解之源泉的强有力的创造者，也是处理威胁我们的问题之源泉的强有力的创造者，我们对这些威胁忍无可忍。实际上，我们现在已经被锁定在只有通过连续的科学知识增长才能维持下去的生活形式中。我们不可能在没有某种相干灾难的情况下削减我们的物质期望和人口数量，返回到我们浪漫地重构的前科学的过去。"② 实际上，人类历史上根本就不存在暂禁科学论者所描绘的前科学时代的田园诗般的桃花源，或充满浪漫情怀的伊甸园。斯诺则径直指出："没有人会感到真的可能谈得上什么前工业的伊甸园，我们的祖先正是由于应用科学搞的阴谋诡计而被野蛮地从那里驱逐出来。这个伊甸园什么时候存在于什么地方？追求神话的人是否愿意告诉我们他所相信的地方究竟坐落在哪里？不要根据随心所欲的想象，而是根据历史事实和地理事实，表明时间和地点。这样社会历史学家才能进行考察，才能有值得重视的讨论。"③

　　暂禁科学是不可能的。一是时间不可倒流，人的思维不可遏止，社会发展不可阻挡。霍金把这一点讲得再明白不过了："无论如何，即便人们向往也不可能把时钟扳回到过去。知识和技术不能就这么被忘却。人们也不能阻止将来的进步。即便所有政府都把研究经费停止（而且现任政府在这一点上做得十分地道），竞争的力量仍然会把技术向前推进。况且，人们不可能阻止头脑去思维基础科学，不管这些人是否得到报酬。防止进一步发展的唯一方法是压迫任何新生事物的全球独裁政府，但是人类的创造力和天才是如此之顽强，即使是这样的政府也无可奈何。充其量不过是把

　　① I. Berenblum. Science and Modern Civilization//H. Boyko. Science and Future of Mankind. Bloomington: Indian University Press, 1965: 317-332.

　　② R. G. A. Dolby. Uncertain Knowledge: An Image of Science for a Changing World. Cambridge: Cambridge University Press, 1996: 1.

　　③ 斯诺. 两种文化. 纪树立，译. 北京：三联书店，1994：80.

变化的速度降低而已。"① 二是科学研究无法筹划和控制，企图这样做往往适得其反——诚如巴尔的摩（D. Baltimore）所说。② 我曾在分析基础科学或基础研究的本性（祛利性、个人主义、出于兴趣和好奇）后表明，由于它以个人（至多是数人组成的小组）为主、目标模糊、探索性强、偶然性多、失败远多于成功、兴趣易变、课题频移、周期漫长、前景难料、结果未知等特性，所以无法像工程技术和某些应用研究那样制订详尽的计划和采取周密的措施。即使人为地制订出计划，也难以按部就班地贯彻执行，最终大半是一纸空文，形同虚设。因此，基础科学是无法计划的，计划科学往往事与愿违，往往导致不良后果乃至恶果。③ 三是不可能阻止科学发现，因为这不符合科学发现的规律。人们经常提出建议，禁止科学家发现可能派作危险用途的知识，或者禁止他们公布研究成果。这种建议是令人惊讶的。你即使事先知道什么发明是危险的，也无法阻止这种发明进程。产生这种想法的原因是混淆了科学创造和艺术创造之间的差别。只有贝多芬能创作出第五交响曲，因为那是他独特天赋的产物。科学天才仅仅能够揭示早已存在的自然界的一部分。如果知识的金字塔已经到达这一级，要求下一级用特别的发现来建造，那么可以相信，不止一人能够独立地做到这一点，问题只是谁能第一个做到。科学发明只有公开地进行，人们才能开始考虑如何防止这一发明被用来导致灾难性的结局。④

暂禁科学亦是无道理的。莫尔申明：任何"知识禁区"都不可能与科学伦理学的基本原则相调和。⑤ 范伯格强调，限制或控制科学是没

---

① 霍金. 公众的科学观//马小兵. 赤裸裸的纯真理. 成都：四川人民出版社，1997：281-282. 霍金接着说："如果我们都同意说，无法阻止科学和技术去改变我们的世界，至少要尽量保证它们引起在正确方向上的变化。在一个民主社会中，这意味着公众需要对科学有基本的理解，这样做的决定才能是消息灵通，而不会只受少数专家的操纵。"（同前）

② 巴尔的摩认为，禁止某些研究领域实际上是不可能的。重大的突破是不能预先筹划的。这些突破由谁做出、来自哪个研究领域，是不能预测的。因此，当你砍掉某个基础研究领域时，你怎样才能设计这种控制呢？这是不可能的。你可以关闭国立衰老研究所，但是这不见得能够防止在这个领域取得重大进展。只有取消所有的科学研究，才能确保这种结果的出现。虽然严格控制基础研究方向不能达到预期的结果，但是这种企图是难以容忍的。试图确定某个科学家什么时候在得到认可的方向上从事研究工作，什么时候不是这样，反而会招致分裂和道德沦丧。如果知道在某些领域内人的创造力会受到规范和限制，富于创造性的人就会避开整个学科领域，以至严重削弱该学科。社会可以选择多一些科学还是少一些科学，但是具体选择某一种科学却是不行的。[巴尔的摩. 限制科学：一位生物学家的观点. 晓东，译. 科学学译丛，1986（2）：15-20]

③ 李醒民. 学术科学可以被计划吗？. 学习时报，2004-12-20（7）；李醒民. 科学自主、学术自由与计划科学. 山东科技大学学报（社会科学版），2008，10（5）：1-16.

④ 英国《经济学家》编者. 科学的本质. 陈奎宁，译. 科学学译丛，1983（1）：22-30.

⑤ 莫尔. 科学和责任. 余谋昌，摘译. 自然科学哲学问题，1981（3）：86-89.

有理由的，无法得到辩护。他认为，对任何社会而言，都没有有效的理由限制科学家可能研究的问题的类型，或者约束科学家可以针对使他们感兴趣的问题寻找答案的类型。社会只应限定会直接伤害他人的科学研究。与社会控制科学家的吃饭习惯或控制艺术家的表达不会得到辩护相比，社会控制科学家的好奇心绝不会得到更多的辩护。社会能够合法关注的领域之一是科学研究的技术后果，但这种关注不是禁止某种类型的研究的理由。直到科学研究完成，往往在科学研究完成之后好久，我们还不能十分明确地知道，能够从这一研究中出现什么新技术，以至尝试通过控制科学而控制技术很可能是无效的，除非我们限制所有研究。控制技术本身是有效的：在它的可能性被揭示出来之后，在它被大规模地发展或实施之前。更何况，这种做法会损害追求真理的好奇心和人的自由。①

　　暂禁科学更是危险的——这绝不是危言耸听。巴尔的摩较为全面地列举了这种危险：有人认为，有些科学研究领域应该予以禁止，例如重组DNA、衰老、地外文明等研究，因为其研究成果可能会对稳定的社会关系起损害作用，甚至造成灾难性的后果。对科学研究类型的限制不仅限制了知识自由和创造性，而且会引起三个方面的危险。（1）能够预测社会的未来，哪怕是最近的未来，这是一种危险的想法。这种限制研究的论据可以被称为未来主义的谬误。（2）更为严重的一种危险是：尽管我们经常对维持社会稳定极为关注，但是社会实际上需要有某种形式的变动和更替才能保持活力。科学上的新观点和新见识提供了变动的要素，从而使生活充满魅力。自由就是给个人一系列机会——所能选择的越多，选择就越自由。科学扩展了我们理解的范围，从而也就创造了自由，创造了我们所能选择的可能性。（3）按照政治或社会考虑划定科学界限的企图还有另一个不幸的后果。当政治领袖惧怕真理逐渐危及自己的权威时，科学的正统观

---

　　① 范伯格是这样论述的：科学的目的从来都不是通过此类强制得以满足的。当然，对劝服某些研究路线不恰当的科学家来说，也许存在有效的理由，虽然尖锐的理智批评完全在科学家可接受的边界之内，但是对人们不赞同其研究的科学家的过分骚扰则远远超出了边界。作为一个群体，当这样的强制在科学内部出现时，科学家应该阻挡它。那些经常参与它的科学家应该被视为歪曲研究的科学家。无论他们有什么其他优点，他们在职业上都应该受到同行的处罚。假如我们容许任何人——不管其动机是什么——用力量压制科学家的好奇心，那么科学教导人类的最大教训之一将被丢失：除非我们完全自由地表达我们追求真理的好奇心，不管它把我们引向哪里，否则我们没有一个人是自由的。（G. Feinberg. Solid Clues. New York：Simon and Schuster，1985：239-240）

念通常会受到国家的支配。而且，禁止或限制科学研究这种做法本身也是违背自然的。①

　　数年前，我写过一篇短文，明确表示暂禁科学肯定是不行的，此举无异于因噎废食、饮鸩止渴。因为对于禁什么科学、由谁来禁，我们茫然无知，更无法操作。暂禁某一科学问题的研究，往往会殃及其他科学分支的进展。这样一来，面对未来的各种可能挑战（包括病毒的侵袭、小行星撞击地球等），人类由于缺乏知识储备和技术手段，从而显得束手无策，只能坐以待毙。更不必说暂禁科学与科学的自由探索精神格格不入了，而自由则是比任何事物都要宝贵的东西。② 我的观点很清楚：科学无禁区，技术应节制。③ 在这个方面，R. H. 布朗教授有详尽的论说："为了得到更多的我们所需求的东西和更少的我们所不需求的东西，我们必须改善我们对于科学应用的控制，因为这些应用最终会以新技术的形式向我们体现出来。情况愈来愈清楚，要从这些新技术中得到好处，我们必须在引入它们之前，提出更好的预测和评估它们的后果的方法。我们当前的许多问题，诸如核电和废料处理、有毒化学制品的使用、遗传工程实验的可能危险、电子计算机和微处理机对于失业的影响、新的国外技术对于'发展中国家'的社会影响，都太新奇了、太复杂了、对社会的影响太深刻了，以致无法仅仅通过立法或某种机构来控制，这种机构是狭隘的技术机构，它主要关心的是能够容易定量化的、仅有成本与利润的短期预测。"④ 不过，他也意识到："更好地利用科学的实际应用，是一个最紧迫的、最值得花时间的问题，完全可以证明，这比实际从事科学本身还要难。"⑤

---

　　① 巴尔的摩. 限制科学：一位生物学家的观点. 晓东，译. 科学学译丛，1986（2）：15－20. 巴尔的摩是这样论述的："在那些驱使我们去全面了解自然（包括了解我们自身）的愿望中，是否有某些从根本上是违反自然的、本质上错误的或是有损于人类的？我并不相信这一点。如果认为我们生来就有好奇心、脑子里就装满了问题、在追求弄清问题时天生多才多艺，因而可以无所作为，甚至去压制这些问题，凡此种种，在我看来都是不自然的，甚至是对自然的一种冒犯。把自己等同于另一种动物，不需要满足我们的好奇心，不需要去探索去实验，并且以为简单地去宣称有许多事情无须了解就可以使人类摆脱精神上的无知状态，这些才是人类的最大危险。"
　　② 李醒民. "暂禁科学！"——行吗?. 科学时报，2004－09－03（B2）.
　　③ 李醒民. 科学无禁区，技术应节制——从《下一个洞口在哪里?》谈起. 科学时报，2002－07－19（B3）.
　　④ R. H. 布朗. 科学的智慧——它与文化和宗教的关联. 李醒民，译. 沈阳：辽宁教育出版社，1998：111.
　　⑤ 同④113.

§2.3　科学知识是中性的：保持必要的张力

还有一种见解：科学知识是中性的[①]——在价值或道德上是中性的，既非善亦非恶，却可以用以行善或作恶。[②] 也就是说，科学知识虽然包含少许价值，但基本上可以说是价值中性的。这就是说，科学知识本身就禀性而言无所谓善或恶：牛顿的力学定律 $F=ma$ 既不善也不恶，爱因斯坦的质能关系式 $E=mc^2$ 同样既不善也不恶，亦无法依据其对具体的行为和言论做出善恶判断。

不少学者注意到并赞同科学中性的观点。伯姆（Boehm）看到："目前通行的观点认为，科学操纵自然的方式在道德上是中性的，既非善，亦非恶，完全取决于人类运用它的方式。"[③] 普罗克特（R. N. Proctor）明察："科学价值中性作为真的和善的东西之间的本体论的二元论受到捍卫。在 20 世纪有关的系统阐述中，关于'应该是什么'的命题从来也不能从关于'是什么'的命题中推导出来，价值不能从事实中推导出来。……价值中性也被用来否认真的东西必然是合理性的或善的东西。"[④]

对于科学的副产品或具体的技术应用而言，情况截然不同——它具有两面性，或者说是双刃剑，所以我们必须认真对待和谨慎权衡。萨顿洞若观火，他说："就其本身而言，知识是没有什么价值的，但其价值在与其他事物的关系中显示出来。和权力、力量的其他形式一样，它可以（常常是）被滥用，在这种情况下知识就是罪恶和危险的。知识若不被误用也可

---

① 利普斯科姆比（J. Lipscombe）和威廉斯（B. Williams）关于科学中性的界定，可以作为我们的参考。他们说："基本的科学中性论题可以被有用地分解为两个子观点。如果科学实际上不能就应该做什么或不应该做什么进行言说，那么就可以称其为在道德上是中性的。如果它不能就什么是善或恶、对或错进行言说，那么就可以称其为在评价上是中性的。"（J. Lipscombe, B. Williams. Are Science and Technology Neutral?. London, Boston: Butterworths, 1979: 41）

② 例如，朱利安·赫胥黎（Julian Huxley）就秉持这种看法："科学的进展对于我们思想的许多中枢有一种奇怪的双刃剑式的影响——用这只手施予，同时又用那只手夺去；追求抽象的真理，它常常反而产生了实地的矛盾。纷扰和骚乱大都由此而生。"（J. S. 赫胥黎. 科学与行动及信仰. 杨丹声, 译. 台北：台湾商务印书馆, 1978: 91）

③ 伯姆. 后现代科学和后现代世界//格里芬. 后现代科学——科学魅力的再现. 马季方, 译. 北京：中央编译出版社, 1995: 76.

④ R. N. Proctor. Value-Free Science Is?: Purity and Power in Modern Knowledge. Cambridge, MA: Harvard University Press, 1991: 7-8.

能被糟蹋，没有宽容和博爱，过度骄傲可以把知识弄得一钱不值。我们必须努力按照事物的本来面目去认识事物，这是基本的，但不是最终的。一方面是我们所认识的世界，另一方面是我们所在和所为的世界，这两个世界是有区别的。完全的人文主义者应该把这两者都总计在内。"① 沙赫纳扎罗夫（Shakhnazarov）在《人类向何处去》中写道："没有知识便不会有毁灭的危险，这种认识难道没有一点道理吗？……人自从变成有理智的动物的初期，他所创造的一切都有'毁灭的一面'。……几乎各个知识领域，甚至是和战争相去甚远的知识领域的任何思想进展本身都有双重作用，即可用于办好事，也可用于办坏事。最常见的情况是又办好事也办坏事。"② 不过，他得出的结论是："核战争危险来自知识，也必然葬身于知识。"③

　　R. S. 科恩（R. S. Cohen）也认识到，完满的真理是有苦味的。科学不再是它曾经是的那样，不再是人类进步的完全有启发性的助手。无论依据马克思主义者对当前发达工业社会的人际关系的批评，还是依据存在主义者对现代大量的无根基社会中个人的孤立状况的批判，或者依据宗教对流行的缺乏爱和真正的友谊的批判，我们最终都可以得到下述认识：唯有科学本身在道德上是中性的，而且令人烦恼地是中性的。它对善并非自动地、自发地是一种力量。因此，无论个人或社会，都不能依赖像科学这样的中性的社会建制。知识并非必然地是自由的。事实上，在一种详细的阐明中，一只手用于善的东西，用另一只手就可用于恶。正是由于对科学应用之善、恶双重效应的洞察，他才明确表示：科学本身若不受约束，那么它是危险的，也是强有力的、不负责任的。没有责任就没有伦理学。④

　　正是基于科学知识在价值和道德上是中性的认识，许多思想家提出一种折中——或恰当地讲是保持必要的张力——的应对策略。圣奥古斯丁在《忏悔录》中哀叹：由于"在科学和学问名义下伪装的好奇心"把对自然秘密的研究比作着魅，我们发现它赞成该圈子内的任性和奇迹。感觉经验是"目欲"；为了保持虔敬，人们必须勤勉地警惕"目欲"。圣托马斯·阿

---

①　萨顿. 科学的生命. 刘珺珺，译. 北京：商务印书馆，1987：157.

②　王治河. 扑朔迷离的游戏——后现代哲学思潮研究. 2 版. 北京：社会科学文献出版社，1998：33.

③　同②.

④　R. S. Cohen. Ethics and Science//R. S. Cohen, et al. For Dirk Struck. Dordrecht-Holland：D. Reidel Publishing Company，1974：307－323.

奎那和圣哲罗姆（Saint Jerome）描绘了对获得知识的三种态度：（1）对知识没有一点兴趣是应受谴责的无知、罪孽；（2）对知识的谨慎的兴趣是勤学、美德；（3）对知识过分热切是好奇、罪恶。"罪恶的好奇"包括为骄傲或为某种邪恶的意图追求知识，以被禁止的方法（如巫术或占卜）追求知识，窥探上帝的奥秘——信仰的秘密、世界的终结、基督隐藏的意图。① 布罗诺乌斯基和盘托出的正确态度是：我们既要抵制人文学者把科学看作讨厌的之偏见，同样也要抵制科学家理解他们自己的工作和他人工作的偏窄观点。②

莫尔从伦理方面全面地描述了科学和技术之间的关系，以及对待它们的比较公允的态度。（1）真实的科学陈述在伦理的意义上是善的。（2）每一个真命题、每一项真正的知识，都能潜在地作为技术行为的工具，即能够潜在地应用于技术。（3）每一项技术成就，包括人类创造的（人造的）生态系统，总是并且必然是使人又爱又恨的。因此，人类的每一项文化都不可避免地隐含人对自然的技术行为，它总是并且必然是使人又爱又恨的。（4）把技术内在的伦理的和事实上的又爱又恨的矛盾感情解释为科学知识的矛盾情感，是对科学的可悲误解。（5）尽管发展新技术和坚持旧技术必然从属于政治决定，但是科学的进步不必受政治权力的控制。科学共同体不能接受任何"知识禁区的法规"。另外，社会决策者如果确信特定的目标不值得冒险的话，那么就一定能够而且必须禁止技术的发展。（6）在必然是多元化的自由社会，你将总是发现有关许多目标的多种观点，包括

① R. N. Proctor. Value-Free Science Is?：Purity and Power in Modern Knowledge. Cambridge, MA：Harvard University Press, 1991：233.

② J. Bronowski. Science and Human Values. New York：Julian Messner Inc., 1956：12, 14. 布罗诺乌斯基在此语之前发表了一番议论："雪莱把科学描绘为近代的普罗米修斯——他会唤醒世人的戈德威特（Godwit）的惊奇之梦——的时候，他太单纯了。但是解读那时作为梦魇发生的事情，也是无意义的。不管是美梦还是梦魇，我们都不得不按原状经历我们的经验，都不得不警觉。我们生活在处处被科学渗透的世界，这个世界是整体的和实在的。我们不能仅仅通过把它放在一边而把它转化为游戏。这种假装的游戏也许会使我们丧失我们最珍视的东西：我们生活的人性的内容。蔑视科学的学者可能开玩笑地说，但是他开的玩笑不完全是可笑的事情。把科学视为特殊的诡计的集合，把科学家视为稀奇古怪的技艺的操纵者，这是有毒的曼德拉草之根。……没有比下述幻想更危险、更退化的学说了：我们可以以某种方式暂缓考虑我们社会做出决定的责任，而把它传给用特殊魔法装备的少数几个科学家。这是另一种美梦，H. G. 威尔斯之美梦，其中高大而讲究的工程师是统治者。"在这里，我们对这段话中涉及的几个名词加以说明。戈德威特是英国政治哲学家。曼德拉草（mandrake）属于玄参科植物，在古代被认为具有某种魔力，其叉式根与人形相似，据说由地下精灵控制。威尔斯（H. G. Wells）是英国小说家、未来预言家和社会改革家，写过科幻小说。

风险评估在内。因此,任何一个与技术有关的政治决定都必然是折中方案,从来也不能使每一个人满意。①

§2.4 简短的结语

作为知识体系的科学或科学知识基本上是价值中性的,也就是说它在道德上和评价上是中性的。因此,就知识本身而言,无所谓善恶。这就像老子所说的"天地不仁,以万物为刍狗"(《道德经·第五章》)的现代诠释一样——自然及其规律无所谓善恶,关于自然及其规律真相的表述即科学知识亦无所谓善恶。顺理成章的是,科学家力图发现这些规律也无所谓善恶。但是,作为一个整体的科学知识,就其能够愉悦创造者(科学家)的心灵而言,就其能够满足大众心智的欲求(就像人的肠胃的饥渴需要用食物填充一样,人的心智的空虚需要用知识填补)而言,就其直接的精神价值或精神功能而言,应该说是善的,是有益于社会进步和人的自我完善的。当然,科学知识转化而成的技术应用则有善恶之分。也就是说,科学在形而上之善或纯粹善或目的善的意义上,是善;在形而下之善或实践善或手段善的意义上,需要针对具体问题具体分析。至于作为研究活动的科学和作为社会建制的科学则包含多一些的价值,它必须在社会的法律框架下和人类的道德规范内运行,否则就会有意或无意地做出非善之举,从而有可能贻害社会和人类。当然,以此为理由为科学设置禁区,不仅于事无补,而且会损害人类的长远利益。不过,作为科学主体的科学家,应该对自己的社会责任和道德责任有清醒的认识,按照科学伦理规范行事,始终把人类的福祉放在第一位。这样一来,科学也就在总体上是善了。

我们曾在总结"科学和技术:天使抑或魔鬼?"的学术讨论时这样写道:"科学和技术知识作为世界3中的成员,不用说有其自身自主的运行逻辑。但是,科学和技术知识是人为的(by the people),它也应该是为人的(for the people)。决定一切的全在于人,全在于应用它们的人。遗憾的是,我们的社会在诸多方面是一个手段日益强大、目标每每混乱的社会,我们自己的良心和智慧的缓慢增长赶不上知识的迅疾暴涨。于是,科

---

① H. Mohr. Lectures on Structure and Significance of Science. New York: Springe-Verlay, 1977: 157−158.

学和技术在某种程度上被异化了，被异化的人异化了——这是我们时代的悲剧。不过，我们也不必过于悲观，秉持一种谨慎的乐观主义外加一点警惕性也许是恰如其分的。我们这样想和这样做并不是没有理由的：真正的科学的历史仅有短短的三百多年，足以对自然环境和人类构成威胁的现代技术的历史比科学的历史还要短一些，在今后漫长的发展时期，科学和技术难道不能纠正自己在短时间内所犯的偏差和错误吗？更何况，人类的良心和智慧难道在未来不进反退吗？历史对此做出了否定的回答，我们预期将来也会如此。当然，列举历史证据并不是充分的证明，但是历史无疑能够给我们以有益的启示。"①

在探讨了什么是善和科学是否善之后，我们自然而然地转入本书有待讨论的一个主要论题，即科学与伦理的关系问题。

---

① 李醒民，孟建伟，陈阵."科学和技术：天使抑或魔鬼"编后语. 自然辩证法通讯，2005，27（6）：12.

第三章 科学与伦理的关系

东天朝云

红云两片琪花开，函谷紫气从中来。

神游瑶池玉液泛，德秀眉宇何爽哉。

——李醒民

　　二十年前，我曾就科学与伦理的关系写过一篇短论。当时我认为，科学对伦理规范的评价和决定不能起直接作用，这是由科学与伦理学的本性决定的。首先，由于两个学科的目标、对象和方法差异很大，科学与伦理没有直接相通的渠道。其次，科学无法为道德抉择提供经验证据。最后，人们也无法以科学结论为前提逻辑地证明伦理规范。但是，科学毕竟能对伦理产生间接影响：科学能够提供解决道德论题所需要的事实的信息，这样的信息总是需要的；借助于影响个体或群体采纳伦理价值体系的心理学诸学科的研究，科学能够以十分不同的方式说明某些伦理评价和选择问题；与科学知识某些根本方面的比较，有助于阐明关于道德评价和选择的一些进一步的问题，尤其能为相对价值的判断提供某种基础。有趣的是，从科学中我们虽然不能直接推出伦理体系，但却可以推出反价值。所谓反价值，指的是可以不再相信或不再做的事情的陈述，它能间接影响我们的道德评价和选择。① 后来，我又撰写了一系列关于科学和价值的论文，其中也涉及科学与伦理的关系。② 在论述跨越把科学与伦理分开的鸿沟休谟原理（Hume's principle）或休谟论题（Hume's

---

① 扈丁（李醒民）. 科学和伦理. 哲学动态，1991（8）：26-27.

② 李醒民. 关于科学与价值的几个问题. 中国社会科学，1990（5）：43-60；李醒民. 科学价值中性的神话. 兰州大学学报（社会科学版），1991，19（1）：78-82；李醒民. 论科学中的价值. 社会科学论坛（A版），2005（9）：41-55.

thesis）或休谟叉子（Hume's fork）的文章中，我试图通过下述六条途径在科学与伦理之间架设桥梁：（1）引入历史关系；（2）用审美作为弥合裂痕的中介；（3）在优秀人物的巅峰体验中合二为一；（4）以确立普遍价值和认识增长的极限而实现跨越；（5）通过事实与价值的相互负荷而消解对立；（6）设法从逻辑本身寻找连接之道。这些途径虽然不能完全、彻底地跨越休谟原理，但是无疑在很大程度上缓解了科学与伦理或事实与价值之间的截然对立，削弱了休谟的二元论，对于进一步的哲学思考具有启发意义。①

§3.1　形形色色的看法

现在，我想依据手头的资料，再论科学与伦理或伦理学（关于伦理的学说）之间的关系。作为研究活动的科学和作为社会建制的科学渗透着价值判断、道德规范与伦理抉择，这是比较明显的事实，我们拟不多着墨。对于科学知识是否与伦理相关，一直以来是众说纷纭、莫衷一是，这正是本章所要讨论的主要论题。一般言说科学与伦理有无关系，大都指涉科学知识与伦理的关系。在这里，我们事先申明，由于伦理是价值的集中体现，所以在引用他人或阐述自己的观点时，在提到科学与价值的话语时，一般也适用于科学与伦理。确实，有的论者就把科学与伦理的关系视同事实与价值的关系。另外，本章所论科学与伦理的关系，主要论及科学对伦理是否有作用，而不把重点放在伦理对科学的反作用上——当然这种反作用仅仅表现在伦理对科学的研究活动和社会建制的影响上，而对科学知识本身似无作用。

关于科学与伦理的关系，的确"是一个复杂的问题"②。有许多问题

---

① 李醒民. 跨越休谟原理. 光明日报，2005-08-09（8）.

② 在谈到科学与道德的关系时，陶伯（A. I. Tauber）认为：这是一个复杂的问题，因为我们必须厘清两个经常混淆的争论点。第一，科学明显的价值是什么，它们如何支配科学实践？第二，科学如何影响我们更广阔的道德？这些关注的每一个都与边界问题有关，因为科学伦理学是在更广泛的文化理想中出现的，而文化本身可以受到科学建制的影响，科学建制的道德规则可以作为扩展到其他领域的行为模式起作用。不管科学的论述与道德的论述之间的密切历史联系，我们必须回想起，科学明显地诞生于努力使自己摆脱事实与价值、自然与超自然、身体与心灵之间的合并。（A. I. Tauber. Science and the Quest for Reality. New York：New York University Press，1997：1-49）

需要回答①，更有诸多不同的看法——可谓众说纷纭，难以定于一尊。拉契科夫（Петр Алексеевич Рачков）揭橥："某些哲学家和社会学家把科学和道德说成是彼此之间毫无共同之处的、独立存在的意识范畴；而另一些人却认为，客观的科学知识和道德的评价不可能并存，甚至是敌对的；第三种人说，道德意识胜于科学而占第一位；第四种人恰好相反，认为科学较之道德占领先地位；还有第五种人，他们反对所有其他人的看法，认为真正的道德和真正的科学是相同的；如此等等。"② 概括地说，这几种观点即是：科学与道德分离，科学与道德对立，道德的绝对化，科学的绝对化，科学知识与道德知识等同。克莱姆克（E. D. Klemke）等人指出，关于科学与伦理有两种观念。一是试图把伦理学转化为科学，或者用科学解释价值判断（例如借助条件决定论或历史决定论或经济决定论）。后者通常导致伦理虚无主义或某种形式的极端伦理相对主义：我们能够做的一切就是，借助某种客观的科学理论来解释道德行为的起源。按照这种看法，价值判断的观点和内容失去了或失色了。二是价值中性的观念，尤其是在社会科学和政治科学中表现出的这种观念，通过限制科学理论，消除"客观的"科学和"主观的"道德的影响，以便拯救道德和人的自由。按照这种观点，科学与道德不能冲突（它们是"补充的"），因为它们相互无关，各自支配不同的经验领域（这与"人作为客体"和作为行动者之间的差别有关）。但是，付给这一立场的代价恰恰是下述观念：科学是（而且必然是）价值中性的，价值判断只不过是意志的主观的和非理性的行为。③ 拉波波特也认为，就二者的关系而言，目前有两大阵营（但是所指有所不同）。在一个阵营中，人们认为科学在伦理上是中性的，它只涉及是（is）什么，而不涉及应当是（ought to be）什么。在另一阵营，这样的一致却不盛行，人

---

① 例如，亨佩尔就提出了这样的问题：科学使得对我们有用的任何技术手段都可以以不同的方式使用，决定如何利用则把我们卷入道德争端中。这样的评价问题能够借助经验科学的客观方法来回答吗？这些方法能够用来建立正确与错误的客观标准吗？从而能够为我们个人和社会事务的恰当行为提供可靠的道德规范吗？（C. G. Hempel. Science and Human Values//E. D. Klemke, R. Hollinger, D. W. Rudge, et al. Introductory Readings in the Philosophy of Science. New York: Prometheus Books, 1980: 254-268）

② 拉契科夫. 科学学——问题·结构·基本原理. 韩秉成，陈益升，倪星源，等译. 北京：科学出版社，1984：255.

③ E. D. Klemke, R. Hollinger, D. W. Rudge, et al. Introductory Readings in the Philosophy of Science. New York: Prometheus Books, 1980: 228.

们认为科学与伦理学之间存在着关联。①

　　其实，不管学者的看法如何五花八门，归根结底无非以下三种：
（1）科学与伦理无关，或科学无助于伦理；（2）科学与伦理有关，或科
学有助于伦理；（3）在无关与有关之间保持必要的张力，或直接无关而
间接有关。下面，我们围绕这三个论题展开论述。

§3.2　科学与伦理无关或科学无助于伦理

　　这里所说的科学与伦理无关，并不是指伦理对科学不起一点作用或不
产生一点影响。很明显，伦理与科学的研究活动和社会建制是有关系的：
伦理规范引导与制约科学活动和建制，科学活动和建制也有自己的道德戒
律与精神气质。但是，一般而言，伦理对科学知识没有什么作用和影响。
也就是说，价值判断、文化偏好、政治立场、伦理取向不以任何方式影响
或决定科学知识。伽利略早已明确地提出："如果我们争论的这个观点是
某个法律观点，或者是所谓的人文学科研究的其他部分——在那里既没有
真理也没有错误，那么我们可以充分信任才智的敏锐、答案的敏捷和作家
的较大成功，并希望在这些方面最精通的他将使他的理由更可几和更可
能。但是，自然科学的结论是真的和必然的，人的判断与它无关。"② 而
今，除了后现代主义的一些过头观点之外，这几乎是一种公认的看法。这
个问题不是我们讨论的重点。

　　我们讨论的焦点在于，科学与伦理无关是指科学知识与伦理是分离
的、独立的，二者存在原则性的差异，即科学知识无助于伦理，对伦理不
起作用或没有影响（作为研究活动和社会建制的科学对伦理有直接影响，
我们将在后面论及）——有为数不少的学者坚持这样的看法。例如，罗素
认为，科学不讲价值，它不能证实"爱比恨好"，或"仁慈比残忍更值得
向往"诸如此类的命题。科学能告诉我们许多实现欲望的方法，但它却不
能断定一个欲望比另一个欲望更可取。③ 实证论哲学家维特根斯坦、艾耶

---

　　① 　A. Rapoport. Appendix One//I. Cameron, D. Edge. Scientific Image and their Social Uses: An Introduction to the Concept of Scientism. London, Boston: Butterworths, 1979: 67-74. 拉波波特接着说：毫不奇怪，那些否认这样的关联存在的人容易达成一致，因为一旦宣布某物不存在，就不再进一步谈论它了。但若某物存在，人们的观点就很可能有更多的争论。

　　② 　J. Lipscombe, B. Williams. Are Science and Technology Neutral?. London, Boston: Butterworths, 1979: 6.

　　③ 　罗素. 宗教与科学. 徐奕春，林国夫，译. 北京：商务印书馆，1982: 104.

尔（Alfred Jules Ayer）、卡尔纳普（Rudolf Carnap）也在科学与道德之间筑起一堵墙壁。他们断言，作为事实领域的科学与作为价值领域的道德是分离的。依照他们的看法，道德判断中除了我们的感觉和愿望以外，并不表现出任何东西；道德判断不给事实增添任何东西，道德判断中既没有真理也没有谬误。英国社会学家 J. 巴特勒（J. Butler）坚决反对"时时处处"把科学与道德混为一谈，并断言科学研究不会对道德问题做出任何有充分根据的回答，具有道德价值的东西不可能有科学根据。① 马根瑙（H. Margenau）批评了一些科学家的一种惯常看法：科学知识在被充分把握时，将产生人的合适行为的准则；由苏格拉底的知识即美德的学说开始，他们就在各个时代榨取 is（是），希望它会产生 ought（应当）。他揭示这种理解是无效的，因为它包含自然主义谬误。即使我们通晓物理宇宙、人的生理、人的天然气质、人的动力、人的本能和人对一切刺激的道德反应，即使我们能够预言普通人在所有能够详细说明的环境下（在进化过程的一个给定时期）如何按科学事实行动，我们还是没有立足点去判断人的行为的道德之质。如果幸存和个人幸福的动力是绝对普适的，我们还是不能用科学的定律证明，人不应当去死或在某些状况应当是不幸的？他得出的结论是："在科学的实质和伦理学的实质之间缺乏亲密关系。"②

在当代，相当一批哲学家和科学家仍然坚持，科学知识与伦理无关。拉契科夫表明，科学的内容、科学的定律和事实，如同客观物质世界本身一样，在道德上是中立的。正如 B. 凯勒（B. Kenee）和 M. 科瓦里宗（М. Квольэон）所写，科学知识与伦理没有关系，有特殊联系的是科学活动。③ 贝伦布卢姆表示，科学只能作为人的活动的方法，而不能作为人的活动的动机或灵感起作用。④ 诺贝尔物理学奖得主温伯格（Steven Weinberg）强调："尽管我们会在基本的自然定律中发现美，但

① 拉契科夫. 科学学——问题·结构·基本原理. 韩秉成，陈益升，倪星源，等译. 北京：科学出版社，1984：255-256.

② H. Margenau. Ethics and Science//International Cultural Foundation Press. The Search for Absolute Values：Harmony among the Science：Volume II. New York：International Culture Foundation Press，1977：85-162.

③ 这两位学者的原话是："存在道德对科学的特殊关系，因为道德涉及的是人的关系，而科学则是提供无须作道德评价的客体的知识。道德同科学发生联系时，科学不是作为一种反映现实的形式，而是作为任何一种人类的活动。人们在实现这种活动时彼此发生一定的关系。"（同①253-254）

④ I. Berenblum. Science and Modern Civilization//H. Boyko. Science and Future of Mankind. Bloomington：Indian University Press，1965：317-332. 贝伦布卢姆继续说："那么，什么应该作为动机的力量起作用呢？是宗教、政治哲学，还是作为文化的连续传播结果可以自发出现的伦理原则？似乎都不可能。"

我们不会发现关于生命和智力的特殊地位。一句话，我们不会发现价值或道德的标准。并且，我们不会发现任何关心这些东西的有关上帝的线索。"①

认定科学知识与伦理没有关系，理由何在？理由当然是多方面的。第一，在于二者的领域和范畴不同。哲人科学家彭加勒说得好："伦理学和科学各有它们自己的领域，其领域虽相接而不相犯。伦理学向我们表明我们应该追求的目标，在指出目标之后，科学教导我们如何达到它。由于它们从来也不能相遇，因而它们永远不会发生冲突。不可能有不道德的科学，正如不可能有科学的道德一样。"② 美国物理学家 E. 特勒（E. Teller）陈言，良心是道德范畴，在任何情况下都不是科学范畴。科学、科学活动同道德观念没有任何相同之处。如果一个科学家用道德观念来看待科学活动，那么他就会分不清自己是科学家还是道学家。英国社会学家马格努斯·派克（Magnus Parker）陈说，伦理学如同美学和其他同人的意志有关的领域一样，是"科学家的外部界限"，处在科学的范围之外。③

第二，在于二者的对象、内容、性质、社会功能等有原则性差异。拉契科夫把这一点讲得相当周全："科学是研究自然、社会和思维的客观规律的；道德与科学不同，是与人的行为标准和人的行为评价有关的。科学所发现的和组成的科学基本内容的规律，就其本质和形式而言，是不以人们的意志为转移的。可是在道德标准中，在道德的明文规定中，却总是表现出社会或某些阶级的意志和要求。由于这个原因，如果科学知识真正是名副其实的科学知识，那么这种科学知识就是'永恒的'，即包含着绝对真理的一些方面和因素，并且代代相传。道德关系则随着社会关系的变化，随着阶级和社会对人们行为的要求的变化而变化。因而，科学和道德不管是在其对象上，还是在反映对象的方法上，都是不相同的。科学的对象是规律和客观世界的本质联系，它们以科学定律、方程式、公式、理论、假设的形式反映出来。道德的对象是在个人同社会集团、社会之间所形成的关系。这些关系以道德标准和规则的形式表现在道德评价中，编写在善、恶、公正、良知、荣誉等范

① 列维特. 被困的普罗米修斯. 戴建平，译. 南京：南京大学出版社，2003：108.
② 彭加勒. 科学的价值. 李醒民，译. 纪念版. 北京：商务印书馆，2017：2.
③ 拉契科夫. 科学学——问题·结构·基本原理. 韩秉成，陈益升，倪星源，等译. 北京：科学出版社，1984：257.

畴中。"① 此外，科学与道德之间的区别还鲜明地表现在它们的社会作用上。科学的使命是指出人们最合理的活动途径，使这种活动与客观过程的规律一致；道德必须调节人们的行为，以符合阶级和整个社会的利益与要求。科学说的是应该怎样去做，而道德说的是为什么应该或不应该去做，以及人的职责是什么。② R. S. 科恩也承认科学与伦理之间有巨大的裂痕，即一个是事实的知识，一个是价值的知识。③ 普罗克特亦基于科学价值中性和道德价值主观性，认为"科学不受道德批判的干扰，道德和宗教不被科学知识的进展打上印记"④。

第三，在于道德的原因不同于科学事件的原因。考尔丁言之凿凿："道德原因不同于心理的、生物的和物理的原因。"道德哲学由于亚理性的原因与行为无关，也与执行理性决定的肉体和物理的动因无关，即它不精确地涉及自然科学所处理的那类原因。相反，经验科学的结论没有充分提升人的行动的理性方面，它们从一开始就不考虑这一点。它们没有一个处理理性的行为，要求分开研究的，正是道德哲学。因此，我们必须否认伦理学能够建立在自然科学的基础上，因为自然科学不处理伦理学的问题，即涉及谨慎完成的正确行为的问题，而且为了善的目的起见，只涉及执行

---

① 拉契科夫. 科学学——问题・结构・基本原理. 韩秉成，陈益升，倪星源，等译. 北京：科学出版社，1984：253.

② 同①254.

③ R. S. Cohen. Ethics，Science//R. S. Cohen, et al. For Dirk Struck. Dordrecht-Holland：D. Reidel Publishing Company，1974：307-323. 科恩是这样讲的："在许多欧洲思想家看来，这是自然和超自然的东西之间、肉体和精神之间，更微妙的也许是负责任的个人和不承担责任的、非理性的大众社会之间的巨大裂痕。……我们常说，科学处理事实，伦理学处理价值，该裂痕不可逾越。简洁些，据说应该（ought）不能从是（is）中推出，命令不能从陈述中推出。我将把这作为两种知识的对照：事实的知识和价值的知识。甚至在常识的基本伦理学内，问题也是清楚的。如果我们知道我们想要什么，那么事实的知识或有助于我们达到我们的目标，或有助于告诉我们不能达到。这样一来，如果科学被认为是相关事实的知识，那么科学将告诉我们达到我们目的的手段，但并不因此给这些目的的学问照射光亮。今天，无情的事实依然是，人不仅在他们的目的方面因人、因阶级、因民族不同而异，而且他们的目的往往是不相容的。"

④ R. N. Proctor. Value-Free Science Is?：Purity and Power in Modern Knowledge. Cambridge，MA：Harvard University Press，1991：266. 普罗克特的具体说法如下："价值中性为科学和道德二者的本性与限度问题提供了自由的解答。中性原则的正面和反面是价值主观性原则：对韦伯和新古典经济学家来说，价值是'人只能够最终就其斗争'的东西。道德和科学被区分，不仅是为了保持科学的自主性，而且是为了把价值领域与理性的图谋分开。在科学和社会的关系的自由概念中，自然科学和主观价值在一起的互补原理提供了关键要素。科学不受道德批判的干扰，道德和宗教不被科学知识的进展打上印记。"（同前）

这样的行为的手段和达到这样的目的的手段。①

　　第四，在于逻辑和语法上的理由。休谟叉子认为，如果前提是事实性的并且不包含规范的因素，那就不能从中推出规范的结论。这就是普朗特（Plant）所说的，"任何试图从纯事实描述的前提得出道德结论的论证，都存在一种逻辑上的缺陷"②。彭加勒完全赞同休谟的观点，并进而论述："不可能有科学的道德，也不可能有不道德的科学。其理由很简单，这纯粹从语法上就可以得到说明。如果三段论中的两个前提都是陈述句，那么结论也将是陈述句。要使结论用祈使句表述，至少一个前提本身必须是祈使句。可是，科学原理和几何学公设都是陈述句，并且只能是陈述句。实验真理也是同样的语气，在科学的基础上，没有并且也不能有其他语气。既然这样……逻辑学家……能由此推出的一切将是陈述语气。他永远也不能得到这样表述的命题：做这个或者不做那个；也就是说，他从未获得肯定道德或违背道德的命题。"③

　　第五，在于二者的研究方法和思维方式不同。科学主要基于实证方法（观察、实验、定量测量、归纳等）以及理性方法（逻辑、数学、取样统计、演绎等），其思维方式与之类似；而伦理则主要基于权威（宗教经典和先哲箴言）、情感、直觉、自省、沉思等。考尔丁注意到，科学陈述与道德哲学处理的更根本的问题无关；尝试把伦理学原则建立在科学或科学方法的基础上，只不过是忽视了基本因素。他详细列举了科学的归纳法不适合道德哲学的课题和观点的理由。这个课题是理性的生活；观点是人的动因和人的目的的道德善，人的谨慎行为的道德正确性。道德哲学的恰当方法必须与此一致。但是，归纳法的结论、程序和预设对它们都是不合适的。（1）归纳法给我们关于现象过程的概括，但是在道德哲学中，我们不能寻求这样的概括。道德原则并不描述人事实上如何行为，而是提出人应该如何行为。它们不是描述的，而是规范的。（2）归纳概括受到若干例子的支持，但是告诉我们一个行为正确还是错误、动机是好还是坏的，不是若干例子，而是洞察和理性。无论有多少人毒杀他们的母亲或憎恨他们的兄弟，这样做都是错的。一个理性行为的例子只要被彻底理解了，就足以引起我们对道德原则的注意。（3）归纳法预先假定在它处理的现象背后存

　　①　E. F. Caldin. The Power and Limit of Science. London：Chapman & Hall Ltd.，1949：141-142.

　　②　布宁，余纪元. 西方哲学英汉对照辞典. 北京：人民出版社，2001：450-451.

　　③　彭加勒. 最后的沉思. 李醒民，译. 北京：商务印书馆，1996：118.

在必然的关联，但是道德生活中不存在铁的必然性。人们总是能够拒绝做正确的事，有些人宁愿像莎士比亚戏剧《奥赛罗》中阴险而奸诈的反面人物雅各那样去做邪恶的事。自然不能选择，而只能遵守规律。人与自然不同，对于人来说，选择不是必然的，但却是道德生活中的第一件大事。"I ought"（我应当）不仅意指"I can"（我能够），而且意指"I don't need"（我不需要）。因此，归纳法不能被应用于道德原则。实际上总是被遵循的方法是沉思的方法——对理性生活的道德方面的沉思，通过与生活事实的比较，得出一致解释的推理构造。道德哲学家诉诸经验，并从观察中学习，但他并不像科学家那样去做；他判断行为正确或错误，指出行为或多或少实现了人类的潜力。他批评有人应用科学方法如下构造新伦理即所谓"科学的"伦理。这些人认为，正像我们借助自然科学中的观察和概括能够从结果推断原因的性质一样，在伦理中我们也能通过它的结果来判断行为的价值。在这里，除了类比的松散，它没有为伦理理论提供任何基础，因为行为的道德不能仅仅通过它的结果来判断。[①]

　　沃尔拉特（J. Vollrath）对科学与伦理之间的不同思维方式做过详尽而深入的研究，我们拟用较多的笔墨着重介绍一下他的思想。他断定，关于世界运行的科学结论一般比基于激情、直觉或权威的结论可靠。接着，他提出这样一些问题：如果我们需要关于道德的正确与错误的结论，能否采用科学的思维方式？科学家在决定接受或拒绝一个假设时，考虑的一个重要因素是假设的确认。确认或不确认的最简单的形式是直接观察。我们能够通过直接观察确认道德判断吗？休谟是这样处理道德价值的可观察性的：我们从未以观察日常的物理性质——例如某物是高的、长方形的或缓

---

　　① E. F. Caldin. The Power and Limit of Science. London：Chapman & Hall Ltd. ，1949：143-144. 考尔丁论证：我们如何判断行为的结果呢？或者，我们必须借助善（最终是人的善良）从道德上判断它们；在这种情况下，我们没有避免对于独立的伦理理论的需要。或者，我们将通过权宜之计（有利）——有助于富有、健康、安逸等——来判断它们；在这种情况下，我们只不过是否认存在伦理问题，只不过是对人的生活的所有资料置之不理，这些资料使我们深信，存在独特的道德实在的责任和目的，我们借助于非道德的概念无法设想它们。再者，行为的道德不能仅仅通过它的结果来判断。我们不能因善可来而作恶，也不可使用恶的手段达到善的目的；当我们做本身正确的行为时，我们不可沉溺于憎恨。理由在于，目的、手段、环境和意图在人的行为以及它的可能结果的评价中都是重要的。鲁莽开车本身是错误的，尽管事故发生的概率仅为 1/20，因为此行为存心不关心他人的幸福。不加审判就枪毙犯罪嫌疑人本身是错误的，尽管人们五次有四次是为了除掉杀人犯，因为目的不能证明手段有正当理由，倘若手段本身是恶的。于是，成为新伦理基础的巧妙建议直接导致权宜之计和对伦理学本质的否定。

慢的——的方式来观察道德的性质。我们在审查蓄意谋杀并发现它的邪恶时，没有发现任何贴上了"邪恶"标签的可观察的性质。如果我们在这里观察到了任何东西的话，那就是我们对谋杀的主观反应，例如我们不满的情感。在谈到我们能够直接观察到线的倾向性的张力，能够间接观察到恐龙的存在时，他又发问：道德上的错误和邪恶能够像张力或恐龙那样存在吗？我们能够检验它们的存在吗？他引用了科学哲学家亨佩尔的否定回答：价值判断是不能用经验检验和确认的，这可以通过考察如何使用它们而得知。我们是为了表达道德评价的标准和行为规范而使用它们的，不是为了做事实的断言或描述的断言而使用它们的。亨佩尔说，我们使用诸如"杀人是恶"这样的表达，为的是指导行动，表达不赞成以及其他规范的使用。我们并未用它来描述任何直接或间接可观察的事实。价值判断不是描述，所以是不可检验的事实主张。在沃尔拉特看来，道德价值判断不可以通过我们用之检验任何科学假设的程序来确认。许多科学假设服从测量器械的检验，例如测量辐射的辐射仪。但是，认为我们能够建造测量仪器来检测错误或美德的存在或不存在，这是没有意义的。原因何在？这在很大程度上是由于以辐射为一方，以错误或美德为另一方，二者之间的两个重要差异。（1）辐射是借助一组精确的、定量的物理条件被定义的。但是，不存在单一的一组精确的物理条件，使我们能够把错误或美德与某个事物联系起来而囊括无遗。有时，我们判断一个人的行为是正确还是错误，是因为那人的动机。在另一些场合，我们判断一个人的行为是正确还是错误，是因为行为没有违背或违背了准则。（2）"辐射"被用来命名某种对物理测量仪器有物理效应的事物。它是对暴露的感光底片和电子装置产生可预言的效应的原因。它在世界的因果关系中具有确定的位置。但是，大多数道德范畴似乎并没有在世界中标示任何特定的因果范畴。美德和非美德之间的边界更多是由我们人的利益（兴趣）决定，而不是由物理世界中的因果规则决定。它可能是杂草植物和不是杂草植物之间的边界上的某种东西。它部分地是参照我们的意图和关注被定义的，而不是唯一参照客观世界的特征被定义的。科学假设能够以不同的方式被检验，并且能够被组织到一个较大的理论或体系中，从而与其他假设发生关联。由于道德判断一般不是描述物理原因的范畴，所以它们并不能如此容易地被整合到物理学或化学那样综合的和精确的体系中。如果它们中的一些（如包含威廉斯的密集的伦理概念）可以被观察资料检验，那也是在相当低的伦理理论水平上是可检验的。①

　　在论述了科学和道德在可观察与不可观察、可测量与不可测量上的原则性区别后，沃尔拉特讨论了科学的非私人思维与道德的私人思维。他说流行的看法是，科学的内容是客观的，科学的观点是非私人的。我们的道德思维方式是否应该像科学中那样，是非私人的思维方式？科学对我们能够相信的东西设置界限。道德也提出能够做的界限，没有让我们自由地追求我们癖性感兴趣的一切。因此，有理由询问：加于我们行为上的道德限制是否类似于加于我们信念上的科学限制，我们应该力图摆脱癖性和私人偏见而达到道德的结论吗？他给出的答案是："有一个明显的理由使我们不应借助这些术语思考道德。在科学是非私人的方面，它似乎是冰冷的、没有情感的。从科学的观点来看，引起肿瘤的病毒并非没有价值，它也许比最终被它破坏的有机体更有趣，即使那是人的有机体。当科学家力图采纳私人观点时，他们谨慎地不让他们的私人情感影响对事实的描述和说明。这是我们在道德生活中需要的东西吗？我们需要冰冷的、没有情感的和非人性的道德决策吗？……道德不应该基于人的情感吗？"他进而引用了当代哲学家伯纳德·威廉斯的见解：科学的客观性与道德的客观性之间存在重要差异。我们前理论的世界观由我们对世界的印象（或者世界通过我们的感官向我们显示的方式）和我们对世界的私人信念构成。我们如何超越自己的主观印象和信念而达到非私人的科学的世界观？威廉斯说，我们是通过理论方式超越我们的私人观点的。我们具有关于物理实在本身的知识，因为我们具有关于物理实在的科学理论。科学理论由于两个理由而产生知识。（1）科学理论说明了我们为什么像我们经验的那样经验事物。

---

　　① J. Vollrath. Science and Moral Values. Lanham，Boulder，New York，Dorondo，Plymouth，UK：University Press of America，1990：197—201. 沃尔拉特也列举了相反的观点：另外一些哲学家不同意亨佩尔的观点。他们相信，某些表达能够被用于描述的和规范的意图。例如，希拉里·普特南（Hilary Whitehall Putnam）认为，当你称某人不替他人着想时，你不仅正在评价那个人的行为，而且正在描述它。在他看来，"不替他人着想"表明，事实与价值的区分在现实世界是多么绝望地模糊。伯纳德·威廉斯相信，像背叛、残忍、勇气或感恩这样的特定道德概念也表达了事实与价值的统一。他称它们为"密集的"（thick）伦理概念。休谟的"邪恶"一词落入了威廉斯考虑的范畴。如果你判断一个人是邪恶的，那么我们能够发现，通过收集关于那个人的人格和行动的信息，可以确定你是不是对的。情况也许是，普特南和威廉斯是正确的。存在一些经验条件，在这些条件下，我们应用、阻止或收回一些道德价值概念的应用。如果你听到一个人的行为特征被概括为残忍的、不替他人着想或慈善的，那么你就会期望看到此人做某些事而不做另外的事。当我们用威廉斯的密集的伦理概念来概括人或行为的特征时，我们是借助我们就该人或行为所知的东西做这种概括的。当我们知道得更多时，我们可以修正我们的估价。当我们挑战一些价值概念的应用时，经验的信息显然是有关系的。

（虽然威廉斯没有进入细节，但一般观念是，科学理论把我们的感官接收器和神经系统描绘为物理世界的一部分，这一部分受到物理世界其他事物的因果影响，像折射定律或透视定律这样的定律说明了事物为什么在我们看来像其所是的样子。）（2）科学理论为那些基于经验的信念辩护。也就是说，它们说明了我们如何能够有错误的信念，例如基于光学幻觉的信念，并向我们表明了我们如何避免和矫正这些错误。当我们矫正时，我们的信念倾向于汇聚在统一的世界图像上，我们有健全的理由相信图像近似于真理。因此，我们的理论信念给我们世界像它所是的那样的知识，而不仅仅是从特殊的视角看到的关于世界的信念。但是，威廉斯认为，不存在在道德中构造类似的非私人观点的前景。在科学中，我们通过理论方式获得客观实在的知识。与此类似，在道德中，我们通过理论方式获得客观价值的知识，这种理论能够说明从我们的视角——我们的痛苦是坏的印象——来看，事物为什么似乎具有它们具有的价值，能够为我们关于事物实际上具有这些价值的某些主张辩护。也就是说，这种理论必须说明，我们为什么认为某些事物具有我们赋予它们的价值，我们价值属性中的一些为什么是错误的，我们如何矫正这些错误，以至我们赋予的价值汇聚在事物本身的价值上。然而，威廉斯不认为存在这样的理论。①

在结束本小节时，我们想通过进化论的例子说明科学知识与伦理无关，或者伦理准则不能建立在科学知识的基础上。考尔丁这样写到：活着的有机体通过现代意义上的进化达到它们的现在形式，即通过突变以及小的变异，通过这些变异的遗传以及在给定环境中有利于变异的类型的竞争选择，这是一个具有强有力基础的科学理论，受到古人种学和实验遗传学的广泛证据的支持。生物进化最终导致有理性能力的人的出现。正是理性能力，是把人和其他动物区分开来的其他特征的源泉。人的理性能力包括：能够比较和抽象；构造和理解概念；运用概念进行推理；从证据得出

---

① J. Vollrath. Science and Moral Values. Lanham, Boulder, New York, Dorondo, Plymouth, UK:. University Press of America, 1990：207-211. 沃尔拉特在这里同样列举了相反的意见：莱布尼茨当时提出，道德结论是通过数学运算推演出来的。对于他来说，道德思考像数学运算一样，是非私人的，产生可接受的、与私人的癖性和激情的偏狭无关的结论是长处。在这个方面，功利主义原则看来好像是非私人的。托马斯·内格尔（Thomas Nagel）是一位不同意威廉斯评价的哲学家。他相信，非私人的道德观点不仅是可能的，而且是需要的。他同意威廉斯的下述看法：当我们决定做什么时，我们的观点不应该事实上也不可能完全与我们的私人观点分离开。如果我们力图以完全客观的观点来考察世界，那么我们就会被诱使相信（内格尔认为这是错误的），实际上根本不存在价值。不过内格尔却认为，客观的观点——比我们的私人生活更客观的观点——虽然不如物理学客观，但仍然是道德必不可少的组成部分。

结论；系统地形成原则，并以此控制自己的行为；把自己的生活指向遥远的目标，选择手段达到这些目标；依据经验改变手段；等等。这启示我们，似乎应该把我们道德进步的概念建立在进化论上。它假定，正确的行为就是与进化方向一致的行为。如果这些东西被接受的话，那么就不需要详细处理这个概念。即使设想目前生物进化的方向已被科学发现了，也不能假定理性行为是受与生物发展一样的规律支配的；事实上，相反的情况也是事实，因为在理性生活中，协作代替了竞争，自然的弱者受到了保护。因此，"那些力图从进化论中抽取伦理原则的人，尽管详细阐明了道德哲学问题，也肯定没有提供答案。他们只是企图使自然科学做哲学的工作，它的方法不适合这项任务"[1]。拜尔茨（Kart Bayertz）在形象地列举了"大自然既冷酷无情又充满爱心"的诸多事例后，得出了如下结论："自然既不是按照某种目的安排的，也不能作为我们的道德榜样。自然给我们提供的值得效仿的范例和我们不应当效仿的例子一样多，但哪些值得我们效仿，哪些我们不应当效仿，必须由我们自己决定；在进化中并不存在人们需要遵奉的'目的'和内在'价值'。假如人们在其行为中确实按照自然取向，那么，既可以从中推导出应当保护环境的要求，也可以推导出允许破坏当时生态平衡的假定。如果有一天人类破坏了他的环境，甚而至于（比如通过一次核战争）整个生态系统，也许人就彻底地不是'非自然的'了；就像我们这个星球上早期生命中的那些绿色植物所做的一模一样，它们通过光合代谢作用释放出大量氧气（由此形成了今天的大气层），从而造成了全球范围内的环境中毒，并因此导致当时占统治地位的厌氧生物体的灭绝。"[2] 霍尼甚至一口咬定：自然和进化过程并没有给大多数的美德以鼓励。像智力和计划才能这样的能力受到奖赏，但在生存斗争中其余的肯定是不利条件。自然奖赏奸诈和狡猾，而没有奖赏诚信和公平分配；奖赏侵略的和占有的一意孤行，而没有奖赏无私、同情和对同胞的爱；奖赏掠夺式的竞争和对对手的冷酷破坏，而没有奖赏宽容和不谋利益的服务。如果科学不得不说，它接受在自然和进化的发展过程中不能发现任何价值标准，那么这些价值就必然是所讨论的价值。[3]

---

①　E. F. Caldin. The Power and Limit of Science. London：Chapman & Hall Ltd.，1949：146－147.

②　拜尔茨. 基因伦理学. 马怀琪，译. 北京：华夏出版社，2001：168－169.

③　W. B. Honey. Science and the Creative Arts. London：Faber & Faber Limited，1945：Chapter Ⅲ.

§3.3　科学与伦理有关或科学有助于伦理

　　科学与伦理有关当然意含二者相互有关。不过，我们在前面已经稍微涉及伦理对科学的研究活动和社会建制有作用，而对科学知识本身无影响。这里，我们讨论科学与伦理有关，主要指科学有助于伦理。这不仅包含字面上的含义，有时也蕴含一些进一步的含义。

　　和科学与伦理无关的看法迥异，许多学者秉持针锋相对的见解。罗素开门见山地说："科学不讲'价值'，这我承认；但是如果推断说，伦理学所包含的真理是科学无法证实也无法反驳的，那我不同意。"[①]沃尔拉特和盘托出："科学影响道德价值，道德价值影响科学。这是如何发生的？实际上，用一般术语不难描述这一状况。例如，道德价值通过设立道德界限在科学家研究的路线上做决策而影响科学，科学通过增强或减弱我们的某些道德信念或道德标准而影响道德价值。"[②]R. S. 科恩将我们道德思想的起源追溯至希伯来和古希腊文明。他在那里观察到，知识论与伦理学理论不仅是类似的，而且联系密切。这种密切显然遍及西方思想，从培根到康德再到以后。科学在塑造认识论，安置科学可能和不可能之间边界的概念，当然还有人的本性、社会结构和全世界的派生概念中，起支配性的作用。道德思想反过来也深刻影响科学。在科学思维中如此集中的因果性概念，在伦理报应概念中有重要的起源。[③]

　　科学对伦理的作用有哪些表现？其表现是多方面、多角度的。霍尔丹(J. B. S. Haldane)在《科学和伦理》（1932 年）一文中认为，科学至少在五个方面影响我们的道德价值。（1）科学应用造成新的道德状况。科学改变了世界，改变了我们应对世界的能力。它教给我们能够做更多事情的工具，使我们寻求我们应该做其中的哪一个。例如，我们的技术容许以先前不可能的方式延长人的生物学寿命。我们总是应该这样做吗？（2）科学揭示我们以前未曾预料到的我们行为的后果，从而创造了新的道德责任。科学创

　　① 罗素. 宗教与科学. 徐奕春，林国夫，译. 北京：商务印书馆，1982：135.
　　② J. Vollrath. Science and Moral Values. Lanham, Boulder, New York, Dorondo, Plymouth, UK：University Press of America, 1990：Ⅶ.
　　③ A. I. Tauber . Science and the Quest for Reality. New York：New York University Press，1997：1-49.

正直、谦虚、勇敢等道德品质，也在科学活动的动机中占有显著的地位。虽然科学本身不包含伦理的标准，但是科学发展的成就必然要求诚挚、正直、谦虚和自我批评精神。这些品质的发展是科学活动永不衰竭的重要源泉。"科学活动的特点要求科学家正直、谦虚、无私、对事业无限忠诚以及满怀强烈的道德责任感。这些品德是不断力求认识真理和勇敢坚持真理所必需的，甚至当这违背科学家本人的利益和心愿时也是如此。"[①]

关于科学方法和科学思维对伦理的影响，马根瑙指出："能使我们从特定的事实提高到普遍定律的抽象的科学方法论包含重要的线索，这些线索与从事实的道德 is 到有条理的道德 ought 的可能过渡联系起来"——"它们抽象的方法却是类似的"[②]。R. S. 科恩的下述论断大都是针对科学方法和科学思维而言的：在伦理学的王国中，科学能够以若干方式给这种十足的有价值的客观性核心做出贡献。（1）内在于证实假设的程序中的逻辑必然性。（2）所提出的系统的伦理规范中的逻辑一致性。（3）人的态度和行为的经验特征给出的特点的事实客观性，这是道德评价的题材。（4）关于手段与目的、条件与结果的陈述的事实客观性。（5）当人在社会与境中出现时，关于人的需要、兴趣和理想的陈述的事实客观性。（6）系统提出的规范与人基本的生物的、社会的和心理的本性，与维护人的存在，与成长、发展和进化的事实的一致。（7）正如在某些群体，也许在不多的跨越所有群体的人的意识中，所表现出来的某些道德规范可以实现的普遍性主张的事实客观性。[③] 沃尔拉特特别表明了我们科学思维

① 拉契科夫. 科学学——问题·结构·基本原理. 韩秉成，陈益升，倪星源，等译. 北京：科学出版社，1984：202-203.

② H. Margenau. Ethics and Science//International Cultural Foundation Press. The Search for Absolute Values：Harmony among the Science：Volume II. New York：International Culture Foundation Press，1977：85-102. 马根瑙的原话是："我在结果中将提出，如果恰当应用的话，我们有一些原则可以产生一些工具，用以客观地判断人的道德行为，并独立于局部的价值标准判断这些工具，但是我在探索人的行为准则时不提出科学事实的任何概括。不管怎样，我正在提出，能使我们从特定的事实提高到普遍定律的抽象的科学方法论包含重要的线索，这些线索与从事实的道德 is 到有条理的道德 ought 的可能过渡联系起来，与在文化上和关系上构想的价值转移到使超文化的规范具体化的价值联系起来。""尽管伦理学和科学在其实质方面（ought to be 对 is）和在其语言方面（命令句对陈述句）是不同的，但它们抽象的方法却是类似的。这种类似能够用来阐明传统伦理学的许多问题。"

③ R. S. Cohen. Ethics and Science//R. S. Cohen，et al. For Dirk Struck. Dordrecht-Holland：D. Reidel Publishing Company，1974：307-323.

模式的三个突出特点是如何被结合到道德决策中去的。①

　　至于科学的精神气质或科学精神对伦理的影响，巴伯预言，合理性、普遍性、个体性、公有性和袪利性如此卓有成效地服务于科学，它们甚至能够在某天变成整个社会占统治地位的道德价值。拉波波特走得更远，他说科学伦理学必须变成人类的伦理学。布罗诺乌斯基极力争辩说，自从科学在社会中兴旺地培育了像"独立性和独创性、异议、自由和宽容"这样的"科学的价值"以来，对于其他社会努力而言也应该采纳这样的规范。② 沃尔拉特提出这样一个问题：由于科学假设或理论的暂定性以及资料对它的不充分决定性，怀疑论在科学中是有理由的和健康的，可是，在道德思维中它是否也是健康的？他的回答是：科学的怀疑态度也可以成为伦理信念推荐的态度。他一一指明了在我们的道德思维中，作为科学精神气质之一的有组织的怀疑论能够服务的四个意图。③ R. S. 科恩表示：完善的科学将迫使人们做出某些道德

---

①　沃尔拉特说："第一，除非假设被观察事实确认，否则科学家不接受它。……这导致我们询问道德判断是否也能被观察事实确认。我们能用观察事实确认或不确认我们关于考问无辜的人在道德上是错误的信念吗？我们甚至应该尝试利用事实以那种方式为我们的道德结论辩护吗？第二，科学家一般尝试性地引出结论，并认为这些结论是暂定的、服从可能的矫正或在未来被更好的结论取代。健全的科学家认识到，总是存在与科学结论联系起来的怀疑。这种健全的态度必须朝向我们的道德结论吗？如果我们将按照我们的道德原则行动，那么我们对它们需要做出比科学家给予它们的结论更强的承诺吗？对道德中的尝试性态度而言，存在任何好处吗？第三，科学的描述、说明和检验方法倾向于非私人的。它们不是借助任何特定研究者私人的或独有的环境来定义。科学家典型地相信，他们是从非私人的观点引出他们的结论的。这是健全的道德思维模式吗？道德观点也应该是非私人的吗？对于赞成和反对这种观念，我们能够给出什么理由？"(J. Vollrath. Science and Moral Values. Lanham, Boulder, New York, Dorondo, Plymouth, UK: University Press of America, 1990: 156)

②　W. W. Lowrance. Modern Science and Human Values. New York: Oxford University Press, 1985: 4. 但是，布罗诺乌斯基也注意到，科学对创造性、诚实或宽容没有专有权，它也不是这些品质的唯一定义者。科学的惯例几乎不能成为设计社会伦理的充分模型。

③　首先，怀疑论在道德上的第一个意图是，它作为自以为有道德的人和道德狂热者的解毒剂服务。自以为有道德的人相信，他们在道德上优于他们周围的人。道德狂热者完全深信他们的道德原则是正确的，他们愿意按照这些原则行动，即使他们的行为对他们自己和他人产生了伤害。如果我足够强烈地相信资本主义、人工堕胎、卖淫、共产主义或者无论什么是不道德的，那么我就可能行动起来，或者消灭我看到的这些恶，或者惩罚我认为应该为这些恶负责任的人。如果我能够引导我的怀疑论朝向我的道德信念的话，那么怀疑论就能与这种倾向针锋相对。如果我乐于考虑我可能是错误的，那么我就不大可能按照我的信念行动，去伤害他人。如果我认为道德是在合作的基础上解决不一致的工具，那么某种数量的道德谦卑就似乎使那项工作比自以为有道德或道德狂热变得容易些。其次，怀疑论在道德上的第二个意图像它在科学中的长处一样，它创造了我们道德信念改善的可能性。教条地坚持道德信念的人像教条地坚持科学信念的人一样，对新信念不开放。但是，如果他们能够把某种怀疑与他们目前的信念联系起来，那么他们就将更善于接受其他信念，其他信念中的一些可能比他们目前拥有的信念要好。当然，我们能够在什么使一个道德信念比另一个道德信念更好上不一致，但那是另一个论题。假定道德信念的矫正是可能的，那么我们就能看到怀疑论是该过程的一个重要组成部分。再次，怀疑论在道德上的第三个意图是反对接受偏狭的道德信念或仅仅基于权威的信念的倾向。但是，这是不是怀疑论的优点，人们尚存在某种不一致。科学家往往偏爱超越国家、肤色、阶级界限的伦理原则和实践。最后，怀疑论在道德上的第四个意图是，它作为轻信的解毒剂在道德事务中有帮助。轻信恰恰是一种太轻易地相信事物的倾向。道德轻信是一种毫无批判地接受道德结论的倾向。(J. Vollrath. Science and Moral Values. Lanham, Boulder, New York, Dorondo, Plymouth, UK: University Press of America, 1990: 204-206)

决定和政治决策，因为摆脱必要的、非人性的劳动而获得的自由确实重新提出了知识和道德的根本性的问题，倘若这种自由被看作文明的特征而不是有闲阶级的特征的话。即使我们的科学不能导致我们通向新伦理的"生活实验"，它也将是新的传统，这种实验的可能性将从这种新传统中生长出来。在一个历史时期一个新的下降或衰落之前，我们并非面临单一的达到目的的道路，而宁可说面临另外的选择，面临正在形成自己新方式的转变。① 西恩特-居奥吉（Syent-Güorgi）甚至提出"在科学精神中重建我们政治的和社会的思维与体制"②。

　　我曾经揭示，科学的实证方法、理性方法和臻美方法可以使人养成求实、尚理、爱美的情操与心理品质③——这无疑有助于伦理规范的建构与确立。我还在先前诸多研究的基础上概括出科学精神的规范结构："科学精神以追求真理作为它的发生学的和逻辑的起点，并以实证精神和理性精神构成它的两大支柱。在两大支柱之上，支撑着怀疑批判精神、平权多元精神、创新冒险精神、纠错臻美精神、谦逊宽容精神。这五种次生精神直接导源于追求真理的精神。它们紧密地依托于实证精神和理性精神，从中汲取足够的力量，同时也反过来彰显和强化了实证精神和理性精神。它们反映了科学的革故鼎新、公正平实、开放自律、精益求精的精神气质。科学精神的这一切要素，既是科学的精神价值的集中体现，实际上也成为人的价值，因为它们提升了人的生活境界，升华了人的精神生命，把人直接导向自由。在这种意义上可以说，科学精神是科学的生命，也是人的生命。"④ 显而易见，这些科学规范对于伦理准则的确立和伦理体系的建构无疑是有密切关联与积极意义的。

　　作为知识体系的科学或科学知识可以对伦理起间接作用。彭加勒从逻辑的角度系统地阐明，科学能够通过某些机制起作用，对伦理施加间接影

---

　　① R. S. Cohen. Ethics and Science//R. S. Cohen, et al. For Dirk Struck, Dordrecht-Holland: D. Reidel Publishing Company, 1974: 307-323.

　　② 西恩特-居奥吉是这样讲的："科学打开的新世界不能在由旧的伤感的政治秩序、对权力和统治的贪婪与贪欲引起的致命危险的情况下继续下去。它只能用建立科学自身的精神继续下去。我们如果想保持活力的话，就必须从头做起，在科学精神中重建我们政治的和社会的思维与体制，这就是人的团结一致和相互尊重的精神。我们常常听说科学没有道德内容。这是错误的。如果说世界今天处于烦恼之中，那正是因为它对科学的结果失去了控制，把科学精神和背后的道德丢弃了。"（I. Cameron, D. Edge. Scientific Image and their Social Uses: An Introduction to the Concept of Scientism. London, Boston: Butterworths, 1979: 16）

　　③ 李醒民. 简论科学方法. 光明日报, 2001-05-08（B4）.

　　④ 李醒民. 科学的文化意蕴——科学文化讲座. 北京: 高等教育出版社, 2007: 275.

响，从而间接地有助于伦理。科学能够激发人身上天然存在的感情，即不仅能唤起新的感情，而且能在自发地从我们心中产生的旧有感情上建造新的大厦。"感情向我们提供了行动的一般动力。它将向我们提供三段论的大前提，在适当的场合下，这种大前提将是祈使语气的。科学就其作用而言，将向我们提供小前提，这种小前提是陈述语气的，而由它推出的结论则可能是祈使语气的。"① "在三段论中，设想两个前提是陈述语气而结论却是祈使语气，这是不可能的。但是我们能够设想根据下述类型构成的一些东西：现在做这个；可是，如果我们不做那个的话，我们也不能做这个；因此就做那个。这样一种推理并未超出科学的范围。"② 此外，科学能够在道德教育中起十分有益的和十分重要的作用，这是众所周知的，也是了解和热爱科学的老师谆谆教导的。

亨佩尔虽然承认科学不能为无条件的价值判断提供评价，但是他强调，科学方法及知识肯定能在阐明与解决道德评价问题和道德决定问题中起间接作用。他从三个方面阐述了自己的断定。首先，科学能够提供解决道德论题所需要的事实信息。不管我们采用什么道德价值体系，这样的信息总是需要的。需要用事实信息断言：在给定情况下，期待的目标能否达到；如果能够达到，用什么可供选择的方法达到，有多大的概率达到；除了可能产生所要求的目标，选定已知手段还可能有什么其他后果和未来的结局；几个目标是否可以同时实现，或者它们是否不相容，即一些目标的实现会妨碍另外目标的实现。其次，科学能够以十分不同的方式说明某些评价问题，在说明中它借助影响个体或群体采纳价值的客观心理因素和社会因素之研究，信奉这样的评价的变化方式之研究，以及采纳给定价值系统可以归因于群的个体或确保在情感上功能稳定的方式之研究。评价行为的心理学、人类学和社会学的研究当然不能"确认"任何道德标准系统，但是它们的结果能够影响我们对于道德问题观点的改变。通过拓展我们的眼界，促使我们意识到没有设想过的或未包含的可供选择的方案，提供抵制道德教条主义或地方观念的保护措施。最后，与科学知识某些根本方面的比较，有助于阐明关于评价的一些进一步的问题。健全的评价和合理性的选择与科学知识的某些根本方面是并行的。为了在一些行为过程之间做

---

① 彭加勒. 最后的沉思. 李醒民，译. 北京：商务印书馆，1996：120. 彭加勒也明白，认为只有科学才有这种作用，那就错了。科学能唤起仁慈的情感，这种情感能够作为一种道德力量；但是，其他学科也能如此。

② 彭加勒. 最后的沉思. 李醒民，译. 北京：商务印书馆，1996：124.

科学对伦理的影响则是间接的——从科学理论无法直接归纳或演绎出伦理规范，但是它可以对伦理的选择、确立提供某种知识背景和间接帮助，也可以提出新的伦理问题（环境伦理、生态伦理、生命伦理、基因伦理、人工智能伦理、互联网伦理等）供人们思考和研究。

在这里，我们拟就科学对伦理的作用批判两种激进的或极端的观点。其一：认为科学是伦理原则的基础，科学可以对道德问题做出评价，从科学命题可以推出伦理准则；甚至认为科学能够并且应当解决人类面临的伦理问题，进而企图把科学伦理学（ethics of science）作为一般伦理学，或把伦理学还原为科学，建立所谓的科学的伦理学（scientific ethics）。我们不妨称其为"科学统德说"，即科学或统摄、或统辖、或统领、或统率、或统管、或统制、或统治、或统合道德的说法或学说。

马赫（Ernst Mach）早就表示，应该把伦理建立在可检验的事实的基础上。① 尽管他没有肯定唯一建立在科学事实的基础上，也许他所说的事实主要指社会事实，但他无疑采取的是科学方法的进路。法国化学家贝特洛（Berthelot）则明确主张，应该把科学作为伦理的基础。他认为：除了科学为道德提供基础，道德别无其他基础；道德的成就，特别是在制定道德准则方面的成就，无论是过去还是将来，无论对个人还是对社会，曾经一直是而且将永远是同科学成就连在一起的。拉契科夫附和这一观点，认为在科学与道德的相互作用中，起主要作用的不是道德，而是科学。科学是一切道德原则发生和发展的基础。②

拉波波特不满足于科学是道德的基础，进而认定伦理学即是科学伦理学。他坚定地认为，科学不仅与伦理学相关，而且正在变成伦理学的决定因素；也就是说，科学伦理学必须变成人类伦理学。他之所以坚持这种观点，是因为他不相信人们能够把是什么的知识和应该是什么的要求分开，或把手段和目的分开。在赋予科学伦理学绝对地位之后，他还积极倡导建

---

① 马赫. 认识与谬误——探究心理学论纲. 李醒民，译. 北京：华夏出版社，2000：108. 马赫说："把伦理学建立在其正确性不能被检验的基础上，肯定不是理性的；但是，一个阶层的人被宣判为永久的奴隶，而另一个阶层的人旨在把这个世界上的一切生活利益都弄到自己手中，在这个地方来世报应的伦理观对第一个阶层的人具有不可估量的安慰作用，对第二个阶层的人则是十分合乎一时需要的。然而，如果伦理建立在事实的基础上，它就是比较健康的，就像高度发达的中国人的学说那样。伦理学和法是社会文化技巧的部分，其水准越高，粗俗思想的成分从这些部分之中被科学思想代替的就越多。"（同前）

② 拉契科夫. 科学学——问题·结构·基本原理. 韩秉成，陈益升，倪星源，等译. 北京：科学出版社，1984：261.

立这种伦理学。在论及"什么是科学伦理学的元素"时，他承认关于它们无法说起，因为这种伦理学迄今为止还没有充分深入地渗入人的共同体，以至没有实际的实践结果。但是，他强调科学和科学的伦理基本是同一的。他论述说：追求"它可以导致的无论什么"真理是至高无上的目标。人们被诱使假定，这些伦理原则中的大多数是这个目标的导出物，并且与宗教、人的尊严和兄弟情谊的伦理体系的原则重合。大多数伦理体系或依赖于强制，或依赖于排除经验。强制和排除经验二者唯有通过坚持神圣不可侵犯的虚构才能得以坚持。因此，所有强迫的、偏窄的伦理体系关键性地取决于支持它们的虚构。当虚构被粉碎时，它们才能崩溃。一旦科学探究的基本成分反对它们，它们的虚构便很容易被粉碎。在科学的视野和科学的伦理之间没有尖锐的差异。二者避开了权威即任何形式的强迫。正因为如此，二者作为把人从因无知、恐惧和种族中心主义而强加在自己身上的镣铐中解放出来的工具，具有不可抗拒的吸引力。① 梅思内（E. Mesthene）主张，应当从成功的科学中学习伦理的训诫。他对做出道德决定或伦理决定的过程与科学实验的过程做了直接类比。在面对道德两难时，实践科学的伦理就是实验，使该场合的事实和可以得到的（潜在不相容的）伦理准则进行比较，其方式与科学家力求把他的实验资料和可以达到的理论进行比较基本相同。这种灵活的探究容许我们在与伦理有关的事情中学习，正如容许科学家在他的领域中学习一样。再者，科学原理和道德原则是类似的，因为它们与它们被应用于其中的具

---

① A. Rapoport. Appendix One//I. Cameron，D. Edge. Scientific Image and their Social Uses：An Introduction to the Concept of Scientism. London，Boston：Butterworths，1979；67-75. 拉波波特在批驳人们能够把是什么的知识和应该是什么的要求分开，或把手段和目的分开时还说：确实，这样的分开似乎能够暂时有效。人类学家在一段时间内能够描述和洞察各种伦理体系，同时继续他自己的体系。物理学家能够在一个时期内在科学上使用伦理手段（即追求客观的真理）以服务于科学上非道德的目标（例如用战争强迫接受高压统治）。但这些状况是不稳定的，是注定要灭绝的。在一段长时间内，不可能在追求知识时坚持偏窄的观点。比较伦理学或平心静气地审查达到任意选择的目标的工具，并非单纯的追求。相反，它们严肃地影响研究者和他服务的社会。它们把疑问的火焰对准现存伦理体系的真正基础——如果没有疑问向它们开火，那么基础就依然完好。我知道，现存的文化或伦理体系（正如这些按惯例理解的那样）至少在某种程度上并没有依赖欺骗。这根本用不着奇怪，因为包含科学知识在内的每一个知识体系最终都依赖于某种虚构。然而，科学知识按照定义是这样一种知识：它能够经受住它的虚构的粉碎。正是在这个意义上，科学知识是独特的。在所有认知系统中，唯有科学认知系统不从它自己的基础的毁坏中退缩。当这种情况发生时，它悖谬般地变得更有组织了，而不是无组织地陷入混乱之中。因此，可以希望相同的"超稳定性"将刻画出来自科学实践的伦理体系的特征。确实，这个伦理体系像其他伦理体系一样，必须依赖于虚构，但这种虚构并不是神圣不可侵犯的。它在体系没有发生毁坏的情况下能够被粉碎。

体情况处于同一类关系之中。它们在先前的情况中原来是大体上成功的探讨，并且在过去的这些运用中没有任何独立的存在性。按照梅思内的观点，借助这样的科学的伦理学来看，传统道德无法解决的问题是无意义的。①

　　还有一些人并没有停留在科学的视野和科学的伦理之间没有尖锐的差异、科学原理和道德原则是类似的、科学和科学的伦理基本是同一等见解之上，他们走得更远，以至把科学知识和道德知识完全等同起来：科学知识和道德知识的意义相同，科学起作用的程度应以科学从事道德问题的研究为准。托尔斯泰坚持和发展了这种观点。他在其《我们究竟应该做什么？》一书中肯定地说，如果科学解决的任务与人的使命和道德责任无关，那么科学就不会带来益处。物种起源和组织内部结构等理论研究对人类没有任何意义，而只能掩饰科学家的无所事事。科学无力解决这样的重大社会问题：什么是人生的真正目的？什么是人应该追求的真正幸福？他认为，科学只有随着这些问题的解决才能证明自身有效，才能找到确定其他一切知识的意义的主导线索。他说，真正的科学应当确定"什么东西时时处处对一切人都确实是好的，什么东西时时处处对一切人都是坏的。……什么应该做和什么不应该做"②。换言之，科学应该表明，"每个人和一切人的使命和真正的幸福何在"③。

　　我们不敢苟同上述的激进观点，因为有三大障碍使得人们难以完全逾越科学与伦理之间的鸿沟。首先，科学主要以自然为研究对象，即使涉及人，也主要关注人的自然属性；人的其他属性属于社会科学和人文学科研究的对象——这是科学各部门之间的天然分别和人为分工。当然，我们强调科学的统一，关心学科的交叉，但是这毕竟不同于把社会科学和人文学

　　① I. Cameron, D. Edge. Scientific Image and their Social Uses: An Introduction to the Concept of Scientism. London, Boston: Butterworths, 1979: 20-21. 梅思内继续说："它们之所以无意义，是因为它们不是真实的问题。正如我们看到的，它们来自两个或更多道德原则的冲突。但是我们也看到，只有假定这样的原则在冲突中没有变和不能变，原则的冲突才能发展。这种立场本身是把原则和成问题的状况分开的结果，但分开在历史上和逻辑上都是假的。道德原则的发展超出了具体的经验状况，而不能认为脱离了这些状况。对这些步骤的参照表明，科学是在许多假设中选择一个假设，原因是它最符合观察到的事实。因此，事实决定选择。在物理学研究中，作为最终选择行为之基础的正是物理学事实；在社会伦理学研究中，作为最终选择行为之基础的正是社会事实。正是事实提出问题，正是事实提供解答。探询是把称之为问题的事件与称之为答案的事件联系起来的活动。伦理理论的功能就是锻造和增强这种联系，从而使探询活动更理智、更有用。但是，只有彻底的科学的伦理学才能履行这种功能。"（同前，75）

　　② 拉契科夫. 科学学——问题·结构·基本原理. 韩秉成，陈益升，倪星源，等译. 北京：科学出版社，1984：263.

　　③ 同②264.

科统统划归于科学（当然指的是自然科学）。这样的划归或还原既没有必要，也没有可能。其次，科学与伦理之间存在一条众所周知的逻辑鸿沟。我们可以设法在二者之间架设便桥，以削弱休谟原理或部分弥合隔阂，但是毕竟没有畅通的阳关大道能跨越这条鸿沟。最后，科学立足于客观事实，最终以事实为依据决定科学理论的取舍；同时，科学是高度理性化的，理论内部以及各种理论体系之间绝对不能出现逻辑矛盾和理性的不连贯；而且，科学具有普遍性和公有性，可谓放之四海而皆准。但是，伦理在很大程度上基于直觉、习俗、权威的主观约定和主观评价，有悖伦理规范的诸多社会事实一时也难以撼动这些规范；而且，这些规范彼此之间的矛盾和冲突屡见不鲜，尤其是它们不见得都具备科学的普遍性和公有性。这就是我们反对"科学统德说"这一极端观点的强硬理由。

　　另一种与之相反的激进观点是所谓的"科学败德说"。该说法或学说认为，科学损害道德，科学的发展会引起道德滑坡和美德消失。① 卢梭也许是科学败德说最有影响的首倡者。他在 1749 年第戎科学院的获奖征文中一口咬定：科学与艺术的复兴有助于伤风败俗。他说："它们窒息人们那种天生的自由情操——看来人们本来就是为了自由而生的——使他们喜爱自己被奴役的状态。"② "我们的灵魂正是随着我们的科学和我们的艺术之臻于完美而越发腐败的……随着科学与艺术的光芒在我们的地平线上升起，德行也就消逝了。"③ 他接着从科学的诞生揭橥科学的原罪："天文学诞生于迷信；辩论术诞生于野心、仇恨、谄媚和撒谎；几何学诞生于贪婪；物理学诞生于虚荣的好奇心；所有这一切，甚至于道德本身，都诞生于人类的骄傲。因此，科学与艺术都是从我们的罪恶诞生的。"④ 最后，卢梭指出了一条自视返璞归真、实则倒行逆施的解救之道："我们对风尚加以思考时，就不能不高兴地追怀太古时代纯朴的景象。那是一幅全然出于自然之手的美丽景色，我们不断地向它回顾，并且离开了它我们就不能不感到遗憾。那时候，人们清白而有德，并愿意有神祇能够明鉴他们的行为。"⑤

　　科学败德说不仅受到一些哲学家和文学家的支持，而且赢得一些科学

　　① 拉契科夫. 科学学——问题·结构·基本原理. 韩秉成，陈益升，倪星源，等译. 北京：科学出版社，1984：257.
　　② 卢梭. 科学与艺术的复兴是否有助于敦风化俗？//卢梭哲理美文集. 李瑜青，主编. 合肥：安徽文艺出版社，1997：160.
　　③ 同②164.
　　④ 同②173.
　　⑤ 同②179.

家的青睐。玻恩昌言，由于现代科学技术的发展，"伦理的贬值"正在发生，世世代代创立的、可使保持应有的生活方式的一切伦理原则都正在遭受破坏。例如，生产中使用机器和自动装置降低了个人贡献的意义，毁灭了个人尊严的情感。军事的"科学化"消除了以往士兵的勇敢、坚强、对被战胜者的宽容等道德品质的意义。科学本身和现代科学发展的性质使许多科学家的伦理判断变得粗俗可怕。因此，他得出了如下结论："伦理的彻底崩溃"是科学发展的必然后果，"科学和技术在破坏文明的伦理基础，同时这种破坏可能已经是不可挽救的了"①。罗伯特·奥本海默（Robert Oppenheimer）断言，精神惶惑之感是他们那代人固有的特点，"它主要是由近年来科学的伟大进步引起的"②。

　　撇开科学败德论者把科学和技术混为一谈③，进而把技术的两面性加之于科学的错误做法不谈，这些人实际上先入为主，被虚幻的表象迷惑了，其观点和论证存在致命的缺陷。在这个方面，彭加勒的经典论述可被视为对科学败德说最有力的间接批驳。彭加勒充分肯定科学在道德上是高尚的："科学使我们与比我们自己更伟大的事物保持恒定的联系；科学向我们展示出日新月异的和浩瀚深邃的景象。在科学向我们提供的伟大的视野背后，它引导我们猜测一些更伟大的东西；这种景象对我们来说是一种乐趣，正是在这种乐趣中，我们达到了忘我的境界，从而科学在道德上是高尚的。尝到这种滋味的人，即便是远远地看到自然规律先定和谐的人，他会比其他人善于自处，不去理会他的渺小的、个人的利益。他将具有他认为比他自己更有价值的理想，这正是我们能够建立伦理学的唯一基础。为了这一理想，他将不遗余力地忘我工作，并不期望任何庸俗的报偿，而对某些人来说，报酬却是最重要的；当他养成了无私的习惯时，这种习惯将处处伴随着他；他的整个一生将始终散发出无私的芳香。"④ 除了科学的景象和视野能够使我们达到忘我的境界、散发无私的芬芳之外，科学家表现出来的对真理的热爱、科学方法体现的绝对真诚也是货真价实的道德准则："对这种人来说，鼓舞他的主要是对真理的热爱，其次才是激情。

---

　　① 拉契科夫. 科学学——问题·结构·基本原理. 韩秉成，陈益升，倪星源，等译. 北京：科学出版社，1984：258.

　　② 同①257.

　　③ 我在下述文献中对科学和技术做出了严格的区分：李醒民. 科学和技术异同论. 自然辩证法通讯，2007，29（1）：1-9.

　　④ 彭加勒. 最后的沉思. 李醒民，译. 北京：商务印书馆，1996：120-121.

这样一种热爱不是地道的道德准则吗？因为欺骗在纯朴的人看来是卑鄙的罪恶和最严重的堕落，所以难道有比反对欺骗更重要的事情吗？好了！当我们养成了科学方法、它们的严格的精确性、对歪曲实验过程的所有企图极端厌恶的习惯时；当我们习惯于担心把稍微损害我们的成果的非难——即使这样是无害的——视为最大的丑行时；当这一切在我们身上已经变成永不磨灭的职业习惯和第二天性时；于是，在不再了解促使其他人进行欺骗的原因限度内，我们将不能在我们所有的行为中揭示出对绝对真诚的这种关心吗？而且，这不是获取最珍贵的、最难得的真诚——这种真诚在于不欺骗自己——的最好方法吗？"①

彭加勒还指出，科学的普遍性本性具有道德影响，它使我们有远见，以特殊利益服从普遍利益，同心协力为人类的利益而工作，使人性变得可爱。针对有些人认为科学将是破坏性的，他们为科学将要引起的毁灭而惊恐不安，他们担心科学所及之处人类将不再能幸存下去的杞人忧天之举，他反问："在这些担心中，没有几分自相矛盾吗？如果从科学上证明，这样一种曾被认为是对人类社会的真正存在必不可少的习惯实际上并不具有赋予它的重要意义，我们只是为它的悠久历史而蒙蔽，倘若这一点被证明，并且承认这种证明是可能的，那么人类的道德生活将会削弱吗？"②他的回答是明快的："二者必居其一：或者这种习惯是有用的，那么真正的科学就不能证明它是无用的；或者它是无用的，因而无须为它悲叹。当我们把这些促成道德的高尚情操用作我们演绎推理的基础时，如果它是在与逻辑规则一致的情况下作出的，那么正是这种情操以及道德，我们将在我们推理的整个链条的终点遇到。遭到破灭危险的并不是本质的东西，而只是我们的道德生活中的一种偶然的东西。本质的东西一定能在结论中找到，因为它已包含在前提中。我们必须担心的仅仅是那种不完备的科学、错误的科学，这种科学以其空洞的外观诱惑我们，煽动我们破坏那些不应该破坏的东西，当我们懂得更多时，才知道这些被破坏的东西以后仍需重建，可是此时已为时过晚。……道德并不害怕被真正的实验精神所推动的科学，这样的科学是尊重过去的，它与那种容易被新奇的东西蒙骗的科学上的势利行为针锋相对。它是一步一步地前进的，但总是在相同的方向上

①　彭加勒. 最后的沉思. 李醒民，译. 北京：商务印书馆，1996：121.
②　同①126.

于一尊。有的学者把它分为两大门类：理论科学伦理学（研究科学伦理学的理论部分）和实践科学伦理学（研究科学伦理学的应用部分）。也有学者按照抽象程度，由高向低把它分为科学伦理学元论（研究科学伦理学最基本的原理）、科学伦理学通论（研究科学伦理学的一般规范或准则），科学伦理学个论（研究科学伦理学在各个科学学科或不同科学活动中的伦理要求或行为戒律，比如生态伦理、医学伦理、动物活体实验伦理）。还有学者按问题列举科学伦理学的研究内容，比如历史上科学与伦理之关系的演变，科学与伦理的相互作用和反作用，科学家的科学良心[①]和道德规范，科学家对社会的道德责任，科学家道德责任的困境和限度，遗传基因研究的伦理，大科学、高技术中的伦理，军事科学研究中的伦理，等等。

　　在这里必须强调的是，科学伦理学不是科学的伦理学（scientific ethics），正像科学哲学（philosophy of science）不是科学的哲学一样（scientific philosophy）。科学的伦理学是按照科学的范式和方法严格要求伦理学，企图把伦理学变成自然科学的一个分支或部门。其实，这只是实证论者的幻想而已，是难以实现的，甚至是根本不可能达到的。虽然有人认为伦理学是科学的一部分[②]（于是科学伦理学当然也就是科学的一部分了），但是大多数人对此不以为然。在他们看来，伦理学属于社会科学[③]（现今，社会科学只有一小部分是科学的，比如数量经济学）和人文学科，它不可能变成科学的；也就是说，没有科学的伦理学，也无法建立科学的伦理学。

　　彭加勒断言："伦理学和科学各有它们自己的领域，其领域虽相接而不相犯。伦理学向我们表明我们应该追求的目标，在指出目标之后，科学教导我们如何达到它。由于它们从来也不能相遇，因而它们永远不会发生

---

　　① 李醒民. 科学本性和科学良心. 百科知识，1987（2）：72-74；李醒民. 科学家的科学良心. 光明日报，2004-03-31（B4）；李醒民. 论科学家的科学良心：爱因斯坦的启示. 科学文化评论，2005，2（2）：92-99.

　　② 例如，斯克里文（M. Scriven）断定：证明价值判断在科学中占据地位的最强有力的方式是证明伦理学是科学。他认为，这至少是潜在的，尽管没有通常的理由。它是科学的一部分，尤其是社会学和人类学的一部分，是对社会建制做功能性的分析。（M. Scriven. The Exact Role of Value Judgment in Science//E. D. Klemke，R. Hollinger，D. W. Rudge，et al. Introductory Readings in the Philosophy of Science. New York：Prometheus Books，1980：269-294）

　　③ R. S. 科恩就是这样看的，起码他把伦理学的子学科视为社会科学的一部分。他说："人们相互之间将如何生活是伦理学的论题。在这里，我的意思是：除个人伦理学之外，还包括作为政治学的另一个名字的社会伦理学。"（R. S. Cohen. Ethics and Science//R. S. Cohen，et al. For Dirk Struck. Dordrecht-Holland：D. Reidel Publishing Company，1974：307-323）

冲突。不可能有不道德的科学，正如不可能有科学的道德一样。"①　彭加勒认为，之所以不可能有科学的伦理学：其理由之一是语法的或逻辑的，即前面已经述及的从科学的陈述句前提不能推出伦理的命令句的结论；理由之二是，科学是经验的，至少它的公理是在经验的启示下提出的约定，它的推论必须接受观察和实验的严格检验，但道德原理的基础部分却是超验的："道德能够建立在大量理由的基础上；这些理由中的一些是超验的；它们可能是最好的，并且确实是最高尚的；但是它们却是受到挑战的理由。"②

　　有趣的是，拉波波特探讨了科学伦理学的优越性问题。他提出了一个问题：科学实践的伦理学是否能够概括普遍的伦理核心？关于这个问题，在认为科学和伦理有关联的人中间出现了差异。有人认为，职业科学家的行为准则的确具有伦理含义，但是这样的"科学的"伦理学局限于作为科学家的科学家的行为，它不应该影响他在其他角色中的行为。也有人坚持，从科学行为中抽出的伦理事实上可以变成整个文化的品行的伦理基础，但是这个基础在原则上与其他可能的基础并无差别。还有一种极端的观点（我赞成它）认为，从科学行为中得出的伦理体系在质上不同于其他伦理体系——事实上它在我将要定义的意义上是"优越的"伦理体系。在他看来，科学伦理学的"优越性"是难以定义的，因为优越性只能在标准的基础上建立起来，而人们选择的标准无论是什么，为了证明所主张的优越性，都易于指控被选择的东西。科学的视野是唯一能够自我审查的视野，它是唯一就它自己的断言和探索方法提出质疑的视野，是唯一能够揭露我们信念的狭窄、偏颇的视野，从而至少给我们避免这样的偏见提供了机会。科学寻求能够还原为每一个人的经验的答案。这些答案不能建立在秘密的或神秘的经验基础上，因为这样的经验只对少数几个人是共同的。这些答案也不能以毋庸置疑的权威为基础，因为这样的权威只在产生疑问的经验的范围内才是毋庸置疑的。这些答案也不能从被狭隘地限制了的经验中推导出来，因为科学并没有对经验提出限制。简而言之，科学问题之不可还原的（irreducible）答案是与所有人类都能潜在地共同具有的不可还原的经验相联系的答案。对于科学家来说，交流行为是基本的伦理行为。正是在细微的级别上我们可以保证完善的交流。科学是人的唯一一种

---

① 彭加勒. 科学的价值. 李醒民，译. 纪念版. 北京：商务印书馆，2017：2.
② 彭加勒. 最后的沉思. 李醒民，译. 北京：商务印书馆，1996：132.

这样的活动：该活动从根本上要求人的经验的普遍共有性。引人注目的事情是，在这些地基上正在建设的知识大厦是所有参与建设的人共同具有的，在相同的、完全的共有性程度上共同具有。科学伦理学对于普遍接受的要求依赖于，科学的主张是关于人的环境的普遍观点，即不是通过强迫，甚至不是通过劝服或戏剧性的、人格的榜样，而是通过它的内在的、诉诸普遍的人的经验，通过根植于可信赖的知识强加的。然而，伦理学是不完善的，除非它包含人关于他自己和他的环境的视野。从科学视野到科学伦理学视野，只不过是科学研究的论题从人的环境推广到人本身。因此，我们关心的正是这种推广的结果。①

§4.2　科学与伦理学不同却相互作用

科学与伦理学（或道德哲学）是不同的东西，在一些重要之点上差异很大。但是，二者却可以相互作用，有时联系还很密切。我们先从它们的区别讲起。

第一，虽然作为研究活动和社会建制的科学含有价值，但是作为知识体系的科学一般而言是中性的；伦理学则是充满价值因素的，伦理学命题是关于价值的判断。马根瑙指出：传统上，道德哲学家注意的中心是价值概念。人的行为被说成极力朝向"价值"的获取、或达到、或实现，他还指出了下述希望：如果价值只能按照某些可靠的原则来分类，或者按照某种普适的尺度来衡量，那么行为的道德的质便能同时决定行为实现的或要去实现的价值或价值的高度。② 考尔丁也表明，道德哲学的传统是围绕评价进行的。③

---

① A. Rapoport. Appendix One//I. Cameron, D. Edge. Scientific Image and their Social Uses: An Introduction to the Concept of Scientism. London, Boston: Butterworths, 1979: 67-74.

② H. Margenau. Ethics and Science//International Cultural Foundation Press. The Search for Absolute Values: Harmony among the Science: Volume II. New York: International Culture Foundation Press, 1977: 85-102.

③ E. F. Caldin. The Power and Limit of Science. London: Chapman & Hall Ltd. , 1949: 137. 考尔丁是这样讲的："道德哲学把人看作应该负责任的动因，看作他自己行为的原因。尽管恰当的道德原则的存在是为了在实际事务中做我们的指导，但是它本身与原则应用的特定场合无关，而与原则本身的评价有关：分析健全生活和正确行为的特征；在我们谈论责任、权利、善、幸福和其他道德概念时，精确地处理我们模糊提及的东西。我们必须看看，这样的概念如何建立在现实的基础上，我们如何达到它们。"

　　第二，科学不能提供目的，只能提供达到目的的手段；伦理学正是要确定人的行动的目的，而不是追求达到目的的工具。爱因斯坦一锤定音："科学本身并不是解放者。它是创造手段，而不是创造目的。它适合于人利用这些手段达到合理的目的。"① 德罗勃尼茨基（O. Г. Дробницкий）揭示，科学至多只能提供关于目的的前提条件和实现目的的外部因素的确切知识。② 伦理学是关于价值判断的集合，其任务在于确定我们需要或必须达到的目标而非手段。拉波波特指明，伦理学在追求目标时选取的规则不完全是工具的。③

　　第三，科学是理性的和实证的，这是科学立足的两大根基；伦理学主要是情感的和权威的，不见得需要理性和实证的支持，它的原理可以是先验的、由权威设定的、非实践的。利维（Levy）认为，伦理价值和道德判断不是观念，而是由深厚经验直接唤起的情感。伦理命题关注社会群体的情感，因为还不存在统一的人类社会，故没有羽毛丰满的国际伦理。伦理学关注人类必须如何行动的发现，如果人类必须作为一个共同体在一个地球上生活的话。④ 德罗勃尼茨基表示："道德有时不需要人'解释'就其后果超出他理性理解范围的东西。道德有时命令人做'不可能的事情'，即迫使他去意识到这样一些行动的必要性（应该和尊严），而实施这些行动的历史条件却尚未成熟，相应的，这些历史条件还不是这些行动的明确的根据。道德绝对命令可以完全是'非实践的'，可以要求人做出在当时

<hr>

　　① 爱因斯坦. 巨人箴言录：爱因斯坦论和平：上册. O. 内森，H. 诺登，编. 李醒民，刘新民，译. 长沙：湖南出版社，1992：413-414.

　　② 德罗勃尼茨基. 科学真理与道德善. 哲学译丛，1993（1）：53-59. 德罗勃尼茨基是这样说的："科学和道德决定着实践活动的目的和准则，但是是以不同的方式做到这一点的。科学只有在认识人类存在的现实条件的范围内才能够提出人的目的，即提出这些目的本身的前提条件的确切知识（这个目的服务于什么，为什么需要这个?），提供实现这些目的的外部因素的确切知识（达到这一目的是可能的吗，为此需要哪些手段?）。换言之，科学决定的只是人的有计划的行动，预报它们的结果和证明这些结果的必然性。在调节人类行动的道德形式中，目的的这些条件和前提可能是不清楚的。与科学相比，道德的'弱点'就在于此，但这也是它的'优越性'。"（同前，56）

　　③ I. Cameron, D. Edge. Scientific Image and their Social Uses：An Introduction to the Concept of Scientism. London，Boston：Butterworths，1979：67. 拉波波特的原文在：A. Rapoport. Scientific Approach to Ethics. Science，1957，125：796-799. 拉波波特是这样表述的："伦理学和伦理系统意味着什么呢? 依我之见，在每一种伦理学中，似乎都包含一组选择和一组支配选择的规则，条件是这些规则在追求明晰的、确定的目标时不完全是工具的规则。这最后的限定有助于区分伦理学与战略学。"

　　④ J. Monod. On the Logical Relationship between Knowledge and Values//Fuller Watson. The Social Impact of Modern Biology. London：Routledge & Kegan Paul，1971：17.

条件下不可能成为普遍准则的行动。但是，如果人类总是为自己提出在当时才能够达到的目的和要求，人类简直就无法向前发展了；它永远再现同样的存在条件。"①

第四，科学方法是经验方法（观察、测量、实验、计算机模拟方法等），理性方法（逻辑、数学、统计方法等），臻美方法（直觉、卓识、想象、灵感、对称、类比方法等）②，而伦理学的方法则主要是（对生活经历的）沉思和直觉洞见。考尔丁的论述包含了对伦理学的方法的一些认知。③

关于科学与伦理学的关系，R. S. 科恩追溯了二者密切关系的历史沿革：传统上，哲学通过认识论把自然知识与道德知识联系在一起。自认识论通过它与科学的相互依赖而产生和进化以来，伦理学也被科学统治了。这种占统治地位的影响采取了几种形式：如何完全思考概念；什么构成说明的哲学概念；在这个世界上什么是可能的，什么是不可能的实际的科学观念；在科学上已知的关于人的本性、社会本性和世界的事实；科学也常常重述神学，以至在几个关键阶段，自然规律被看作神的立法，就像政治

---

① 德罗勃尼茨基. 科学真理与道德善. 哲学译丛，1993（1）：56.

② 李醒民. 简论科学方法. 光明日报，2001-05-08（B4）；李醒民. 科学方法概览. 哲学动态，2008（9）：8-15.

③ E. F. Caldin. The Power and Limit of Science. London：Chapman & Hall Ltd.，1949：139-140. 考尔丁是如此论述的：这预先假定，我们有人的本性和人的目的的本性的清楚概念。但是，经验表明，这样的概念是模糊的、难以阐明的；如果它们是我们能够依赖的一切，那么对于那些不是从完全确定的传统中培养出的人来说，健全的生活实际就是很难的。无论如何，道德行为中存在其他成分，即辨认责任，理解"应当"一词，决定某种行为在这里和现在是正确行为的能力是三个其他成分之一，即列举的第三个成分。在我能够辨认我不应当为摆脱邻居小孩吵闹而杀死他之前，我不需要构造完美的人的理论。我会知道，我不应当这样行动，我应当以其他方式行动，尽管我的人的本性及其目的的概念是模糊的、不精确的。在发现的序列中，辨认责任、辨认道德命令，似乎先于人的生活目标的任何连贯的观点。恰恰是道德义务的经验，对于各种情况下正确行为的最终考虑，能使人弄清自己关于自己的本性和目的的观念。正是辨认责任、正确行为的习惯的发展、对"应当"的意义的日益增长的洞察，为形成关于善的概念和人生目的的概念的结论提供了资料。只有通过对这类经验——自由地做出正确的行为——的沉思，才能完全达成道德哲学的概念。当我们沉思时，我们对责任和目的、正确和善的理解均扩展了，加深了。我们在给定场合下的行为，可以最终建立在追求善和做似乎意味着善的行为的基础上；或者以我们知道我们应该做的事为基础，这将肯定地导致善。（出自责任的行动与针对生活目的的进步的观点的行动并非不相容；作为一个例子，我们仅仅沉思追求知识，这可以是责任，也能够使人聪明。）两种进路是相互补充的：一方面，追求善是不充足的指导，因为我们关于善的概念起初太模糊了，我们可能迈上自我中心的道路；另一方面，仅依赖辨认责任是不能令人满意的，因为它没有给我们提供在两种观点或两种责任是自明的、不相容的作为之间做出决定的标准；需要把两种互补原则结合起来使用。

法和个人伦理学一样。许多科学与伦理学的相互作用恰恰反映了 law
（法、规律、定律）的概念可做两种解释，人的法可以违背，自然法不可
违背。在科学世界观中处于中心地位的因果概念来自伦理学的报应（re-
tribution）概念。而且，他还提出了这样一个命题：在整个文明史上，科
学与伦理学似乎是一起前进的。①

　　谈到伦理学对科学的作用，需要知道的是，伦理学特别是科学伦理学
规范科学共同体的秩序，约束科学家的行为，是科学建制正常运转、科学
活动顺利进行、科学理论健康发展的重要保障之一。这一点十分明显，无
须多费笔墨，我们在下面还要涉及。反过来说，科学也有助于伦理学②，
伦理学本身也渗透着科学的一些要素，并且可以从科学那里借鉴和学习许
多东西，从而促进自身的进步。这主要表现在以下五个方面。

　　第一，科学可以为伦理学开拓新的研究领域或提出新的伦理问题。比
如，进化伦理学就是随着达尔文生物进化论的确立而逐渐形成的。诚如卡
梅伦（I. Cameron）和埃奇（D. Edge）所言，自达尔文的《物种起源》
发表以来，许多作家都力图从达尔文关于生命自然界"自然选择"作用的
描述中引出伦理的和政治的结论。在这里，科学通过发现和揭示实在是倾
向于某一方向、倾向于被视为正确行动的行为的进化过程，能够为伦理学
提供可靠的基础。这是把科学作为权威性和客观性的源泉而诉诸，以使伦

---

　　①　R. S. Cohen. Ethics and Science//R. S. Cohen, et al. For Dirk Struck. Dordrecht-Hol-
land: D. Reidel Publishing Company, 1974: 307-323. R. S. 科恩是这样展开他的命题："有像
柏拉图这样的观念论者，他们提出了绝对洞察的、先验的伦理学，这与他们对自然的绝对知识之
著名的、富有成效的、洞察的数学探讨密切地联系在一起。有像亚里士多德这样的物质论者，他
们是成功的关于分类学的和发展的经验论者，在社会伦理学和政治伦理学中，他们像在生物学中
模型化地理解和探讨自然一样，也是经验论者。有像希波克拉底（Hippocratēs）这样的人文经验
论者，针对他们的诊断和治愈之概率与可能性的合理科学估价，从经验中提出经验证据和其他训
诫。有像普罗塔哥拉（Protagoras）、第欧根尼（Diogenēs）和塞克斯都·恩披里柯（Sextus Em-
piricus）这样的人，他们从逻辑上批判关于自然的每一个信念的充分性，证明感官知觉和理性不
值得相信。知识论和伦理学不仅是类似的，而且是密切联系的。后来，与这些倾向的类似是十分
明显的。我们有柏拉图主义者笛卡儿和莱布尼茨在科学中追求逻辑与数学确信及以此确信来追求
几乎在数学上绝对严格的伦理确定性，后来又有康德提出自然律与道德律的先验平行论。其中我
们有纯粹的经验论者、科学的实验者和观察者，有培根的伦理学。我们有关于人的知识的合理基
础的彻底怀疑论者蒙田和休谟，他们同样怀疑地放弃了伦理学的合理基础。在整个文明史上，科
学与伦理学似乎是一起前进的。"

　　②　沈清松在谈到科技时代伦理关系之特征时说：科技发展加强了存在（人、自然、社会）
的联系性，使得伦理关系变得愈益严密复杂；科技发展增加了人的自由程度，因而提高了人的道
德责任；科技发展使得工具理性过度膨胀，人本身容易丧失其目的性；科技发展造成了产业结构
的变迁与社会分工的细化。（沈清松. 解除世界的魔咒——科技对文化的冲击与展望. 台北：时
报文化出版有限公司，1984：第 3 章）

理学是"可靠的"，并指出了"新方向"。生态伦理学也是伴随生态问题的研究和生态学的建立而出现的，并且从中获得了诸多背景知识和思想启迪。① 现今遗传学和基因研究的发展，也就转基因作物和食品安全、试管婴儿、代孕、干细胞器官培养、基因隐私和基因疾病治疗等问题提出相当多值得认真研究的伦理问题。

第二，科学的精神气质可以启迪或强固伦理准则。彭加勒以科学的普遍性和集体性为例表明："正如亚里士多德所说，科学以普遍性作为目的。在特殊事实面前，它将要认识普遍的规律；它将要追求愈来愈广泛的概括。乍看起来，这似乎只不过是一种智力习惯；但是，智力习惯也具有它们的道德影响。如果你变得习惯于不怎么去注意特殊的、偶然的东西，因为你对它不感兴趣，那么你将自然而然地认为它几乎没有什么意义，不把它看作是值得追求的目标，甚至不屑一顾。作为始终高瞻远瞩的结果，可以这么说，我们变得有远见了；我们不再盯着微不足道的琐事了，由于我们再也不理会它，我们不会陷入使它成为我们生活目标的危险之中。于是，我们将自然而然地发现我们自己倾向于使我们的特殊利益服从普遍利益，这确实是伦理学的一条准则……科学是一项集体事业，而不可能是其他。正像一座不朽的丰碑，建成它需要数世纪，为此每个人必须携带一块石料，在某些情况下，这块石料需要耗费人的毕生精力。因此，这使我们感到，科学需要必要的合作，需要我们和我们同代人同心协力，甚至需要我们的祖先和我们的后继者共同奋斗。我们理解到，每一个人只不过是一个战士，仅仅是整体的一小部分。正是我们共同感到的这种纪律，造就了军人的精神，把农民的粗俗灵魂和冒险家的无耻灵魂改造成使他们能够具有各种各样的英雄主义行为和献身精神。在十分不同的条件下，科学能够以类似的方式导致慈善行为。我们感到，我们正在为人类的利益而工作，结果在我们看来，人性变得更可爱了。"②

<hr>

① 卡梅伦和埃奇在论及生态伦理学时说："从生态上看，伦理是在为生存而斗争中对行为自由的一种限制。作为伦理，从哲学上看，它则是社会行为与反社会行为的区别。通过发现和揭示实在是一种具有与认为是正确的行为一致的式样行为的生态过程，为伦理学提供可靠的基础。一事物在倾向于保持生命共同体的完整、稳定和美时，是正确的；在是另外的样子时，是错误的。新、旧自然伦理学有许多共同之处，然而值得注意的变化在于，一个世纪前压倒一切的关心是人类将是否进步，而现在的关心则是人类将是否幸存。进化伦理学是在一个长时水平建立的，而在生态伦理学中，甚至我们能否幸存到 21 世纪都有疑问！"（I. Cameron, D. Edge. Scientific Image and their Social Uses: An Introduction to the Concept of Scientism. London, Boston: Butterworths, 1979: 35）

② 彭加勒. 最后的沉思. 李醒民，译. 北京：商务印书馆，1996：122.

第三，借助科学达到伦理设定的目标，这是科学对伦理学的莫大支持。沃尔珀特表示："确实，对于某些人来说，科学可以杀死上帝，但是许多科学家都具有宗教信仰。对于许多人而言，神秘信念的接受力似乎还是十分强大的。有关这方面的证据，人们只要考察一下占星术异乎寻常地流行就可以了。科学知识和方法也许令人不自在，但是不自在确实比无知要好。虽然科学没有办法告诉我们如何生活，但是一旦目的被选择后，它就可以帮助我们达到特定的目的。如果作为一个整体的社会发觉遗传工程是可以接受的，那么科学就能被用来减缓遗传病。如果安乐死不可接受，那么科学就能被禁止应用于其中。"①

第四，伦理学与科学有一定的相通之处，它不能完全脱离理性和经验。科学是实证精神和理性精神的典型代表与集中体现。伦理学虽然不像科学那样以实证和理性为根基而立足，但是它在其发展中也把某些经验和理性的要素包括进来。利维指出：伦理命题追求人的自然律的相似物。无论哪一个也不会先验地演绎出来，二者都需要有才智的经验。② 考尔丁阐明："我们在能够沉思道德概念之前需要的资料是通过实践中道德生活的现实经验得到的。一旦相关资料开始积累起来，我们就能系统阐述人的主要目的的概念、人应当作为目标的终极善的概念。当我们通过经验实现了道德区分的意义时，例如利己主义和利他主义、责任和自我利益、幸福和高兴之间的区分，我们将不会有把生命的终极目的与财富或权力或舒适或健康等同起来的危险。"③ 此外，伦理学对经验的沉思无疑包含理性的沉思，对伦理原则的直觉洞见也包含事先对各种资料和现实状况的理性分析。

第五，虽然伦理学方法与科学方法有重大差别，但是伦理学也可以借

① L. Wolpert. The Unnatural Nature of Science. London，Boston：Faber & Faber Limited，1992：173.

② J. Monod. On the Logical Relationship between Knowledge and Values//Fuller Watson. The Social Impact of Modern Biology. London：Routledge & Kegan Paul，1971：17.

③ E. F. Caldin. The Power and Limit of Science. London：Chapman & Hall Ltd.，1949：140. 考尔丁还说："我用责任和目的的观点处理人在社会生活中的行为，它的资料是道德生活的经验，例如道德义务；它的方法是沉思的方法。无论如何，它不涉及理解力；在道德中，理解是为实践起见，它指向行动；理论和实践的统一具有至高无上的意义。出于善的动机，在好的社会中导致好人的正确行为是道德指向研究的目的。……真理的标准也是经验；正如亚里士多德所说，在实际事务中，真理是由经验事实判断的，道德观点必须通过引入实际生活来审查。于是，我们讨论道德哲学，只处理先验概念或任意命令的主要部分；我们的处理是以经验为根据的，涉及人的潜力实现的思想理性本体。"

鉴和尝试运用科学方法。彭加勒论述了科学的证明方法对伦理学能够有所帮助。他说:"能够作为伦理学基础的感情具有截然不同的本性,它们在各个人身上的表现也千差万别。在一些人身上,某些感情占优势;而在另一些人身上,另外的情弦总是易于振动。……所有这些倾向都是值得称赞的,但是它们是不同的。冲突也许可以由此产生。如果科学向我们证明这一冲突无须害怕,如果科学证明这些目标之一在不对准其他目标的情况下便不能达到(并且这是在科学的范围内),那么科学便完成了有益的工作;科学将给道德家以宝贵的帮助。"① 至于逻辑方法的运用,彭加勒是这样表述的:提供行动的一般动力的情感能够向我们提供三段论的祈使语气的大前提,科学能够向我们提供陈述语气的小前提,由它推出的结论有可能是祈使语气的。②

§4.3 科学中的道德要素或伦理规范

作为知识体系的科学是不负载价值的,它本身不包含道德要素,与充满价值判断的伦理学判若鸿沟;但是,作为研究活动和社会建制的科学则包含道德要素或伦理规范。因此,科学也具有自己的伦理基础,作为科学共同体的成员的科学家也是道德共同体的成员。③

我们知道,默顿的科学社会学研究表明,科学作为一种社会建制具有鲜明的精神气质。科学的精神气质是有感情情调的一套约束科学家的价值和规范的综合。这些规范用命令、禁止、偏爱、赞同的形式来表示,它们借助建制性的价值而获得合法地位。这些通过格言和例证来传达、通过称许而增强的规范,在不同程度上被科学家内在化了,于是形成他的科学良心,或者用现在人们喜欢的术语来说,形成他的超我。虽然科学精神气质

---

① 彭加勒. 最后的沉思. 李醒民,译. 北京:商务印书馆,1996:124-125.

② 同①120.

③ 本-戴维(J. Ben-David)就是这样看问题的:"按照科学在过去三百多年间被理解的,科学是一种社会行为。科学家除了是物理学家、化学家或经济学家之外,也是道德共同体的成员。正如爱德华·希尔斯(Edward Shils)指出的,这个共同体的特征之一是,在原则上,它'批判性地估价科学传统中的每一个单个要素'。涉及这种估价的建制和过程是科学史的一个重要部分。它们具有它们自己相互作用的逻辑和结构,而不是由科学的认知内容和研究组织决定的。"(J. Ben-David. Scientific Growth: Essays on the Social Organization and Ethos of Science. Berkeley: University of California Press,1991:342)

未被明文规定，但是从科学家在习惯中，在无数论述科学精神的著作中，在由于触犯精神气质而激起的道德义愤所表现出来的道义上的意见一致方面，可以推断出科学的精神气质。默顿把科学的精神气质概括为普遍性、公有性、祛利性和有组织的怀疑主义。① 不难看出，这些精神气质本身是规范性的，是科学家自觉或不自觉地遵循的规范——难怪默顿亦称其为科学的规范结构。这些规范的道德意义和伦理因素是显而易见的。

　　科学中的道德要素或伦理规范最集中、最明显地体现在科学的研究活动中。莫尔开门见山地说："科学家的活动受到有力的社会控制，行使控制的是科学界同人，其合法依据源于科学内在的价值体系，即科学道德。"② 他把追求真理或真知视为科学家从事科学研究活动的道德起点。他说："为知识而知识是科学家的崇高理想：为增进认识而探求知识，而不光是为出人头地而探求知识，这是科学态度的最高本质。一位提倡知识伦理学的可敬人物雅克·莫诺把他的观点阐述如下：我们必须承认，唯一的目标，至高无上的品德，不是一个人的愉快，甚至不是他的世俗权力和舒适，也不是苏格拉底的'了解自己'，而是客观知识本身。这是一条严格的、有约束力的规矩。"③ "科学界只有在增进真正的知识方面才存在。唯有以钻研和维护客观知识为目标，科学道德才是一个严格的指南。因此，对科学家来说，看来任何希波克拉底式的誓言都不大可能使我们受到很深的影响。"④ 拉波波特也指出："内在于科学实践中的伦理原则是：相信存在客观的真理；相信存在发现它的证明法则；相信在这一客观真理的基础上，一致同意是可能的和合乎需要的；一致同意必须通过独立达到这些信念——通过审查证据而不是通过强迫、个人论据或诉诸权威——来完成。"⑤ 这一伦理准则比任何可供选择的职业伦理或传统道德都要优越和可行。他的这些看法来自关于"追求科学真理"的本性的信念，并称此为科学的"战略原理"。

---

　　① 默顿. 科学的规范结构. 文心（李醒民），译. 科学与哲学，1982（4）：119-131. 该文最初的标题是《论科学与民主》或《民主秩序中的科学和技术》。

　　② 莫尔. 科学伦理学. 黄文，摘译. 科学与哲学，1980（4）：84.

　　③ 同②85.

　　④ 同②98.

　　⑤ I. Cameron，D. Edge. Scientific Image and their Social Uses：An Introduction to the Concept of Scientism. London，Boston：Butterworths，1979：17. 拉波波特的原文在：A. Rapoport. Scientific Approach to Ethics. Science，1957，125：796-799. 按照拉波波特的见解，科学建立在"一元客观真理"的假定上，这能够通过"证明法则"的应用而达到。任何人（原则上）都能把握这些法则，并运用它们在特定的资料集合的基础上导向同一理论。正是这一假定而不是其他方法，把科学家导向所追求的价值并使之趋向一致同意。

为知识而知识，为真理而真理，这是科学活动的伦理起点和道德指南。此外，为人道主义理想而应用科学——当然为科学而科学也是人道主义的——也充满道德要素。沃尔拉特表明，当科学家的决策典型地或好或坏地影响他人时，他们会做出在道德上有意义的决定。这能够以两种方式中的任何一种发生。（1）影响能够出现在科学研究的过程中。例如，医学和心理学研究能够对受试者产生积极的或消极的影响。（2）影响能够出现在科学研究的应用中。例如，大脑化学的研究能够改变治疗心理错乱的方法，复制机制的研究为先前不能生孩子的夫妇提供了新的选择。在这些状况中，继续进行研究的决定能够是科学的决定和道德的决定。[1]

有些学者列举了科学活动中的一些具体的伦理准则或道德要求。例如，彭加勒提出了用活体动物做实验的伦理："即使对低等动物，生物学家必须仅仅从事那些实际上有用的实验；同时在实验中必须用那些尽量减轻疼痛的方法。但是，在这方面，我们必须凭我们的良心，任何法律上的干预都是不合适的，都多少有点可笑。"[2] 拉契科夫认为，科学活动一定要以自由的批评、严格的论证、判断的客观性、不自以为掌握了绝对真理、劳动的共同性和集体性等为前提，这就决定着科学活动与道德联系在一起。"道德行为的首要原则——使个人的行为符合他人、集体、社会的利益——也是科学家的工作准则。"[3]

对科学中的道德要素或伦理规范论述得最为全面的学者，大概非雷舍尔（N. Rescher）莫属。他说，伦理问题，即关于行为的正确和错误的问题，产生于人们的相互交往，并且必然地与存在于每一种人际关系中的责任、权利、义务有关。科学研究的集体化倾向导致越来越显著地强调在科学本身内的伦理考虑。这主要表现在以下七个方面。（1）关于研究目标的伦理问题。与此有关的选择的伦理问题出现在国家、研究机构、个人三个层面。在国家层面，由于政府充当研究主持者，科学公共政策的制定无疑

---

　　① J. Vollrath. Science and Moral Values. Lanham，Boulder，New York，Dorondo，Plymouth，UK：University Press of America，1990：3.

　　② 彭加勒. 最后的沉思. 李醒民，译. 北京：商务印书馆，1996：123. 彭加勒进一步说："虽然比较低等的动物无疑没有人的感觉灵敏，可是它们也值得怜悯。只有通过大致的折衷方案，我们才能够使我们自己从责任冲突中解脱出来。……在英国有句话，除了不能把男人变成女人，议会无所不能。我要说，议会是无所不能的，唯独不能在科学事务中作出合格的判决。没有哪个权威能够制定一种法规来裁决实验是否有用。"（同前，123-124）

　　③ 拉契科夫. 科学学——问题·结构·基本原理. 韩秉成，陈益升，倪星源，等译. 北京：科学出版社，1984：239-240.

是最大的伦理问题。由于涉及政治考虑，于是问题复杂化了。在研究机构层面，最普遍的方式是纯粹研究或基础研究与应用研究或实用研究之间的典型争端。这个问题总是纠缠着我们，并且总是困难的。应用研究投入越多，对人能产生的直接效益就越大。基础研究的意义更基本、更深刻，对科学本身的发展贡献更大。情况常常是不幸的，由于世俗的、不可避免的事实，研究往往偏向于应用一端。在个人层面，有研究目标和精力分配的伦理问题。这呈现出非常痛苦、非常敏感的困难抉择：是献身纯粹工作还是献身应用工作，是从事军事研究还是从事非军事研究。(2) 关于研究活动中工作人员配置的伦理问题。征集与分配研究人员到特定的项目和活动中，形成整个伦理性质的问题。因为科学的集体化，形成了新的管理人员阶层以及利用研究生的问题，其存在产生了一些实际问题和伦理问题，诸如被管理者从事的科学不是管理者理解的科学，利用研究生工作对训练学生是否总是适宜。(3) 关于研究方法的伦理问题。这类问题在利用动物的生物学和医学或心理学实验中最为实际。比如，如何控制作为人的观察者的倾向而不歪曲他的观察，如何防止受试者的痛苦和残忍后果。(4) 关于证据标准的伦理问题。科学证据的标准问题不仅仅是理论问题或方法论问题，它跨越了科学理智和行动、想和做之间的鸿沟，因而也是伦理问题。这包括研究者在陈述自己特定的科学结果时，在强烈的诱惑下不能公正地估价其确定性或不确定性的程度。(5) 关于研究发现传播的伦理问题。科学家有责任把自己的发现通告科学共同体，以便其结果在公开的思想市场的竞争中被取舍。伦理问题在以下这样的交换信息的范围和趋向中显示出来：是彻底公开，还是共谋交换或保密；是在科学共同体内披露，还是召开新闻发布会。(6) 关于控制科学"误传"的伦理问题。在对科学传播的控制、审查、查禁中，科学家负有明确的责任，尤其在医学和营养学这样的领域，因为这些领域与公众的健康、福利有关。科学出版物的编辑也有责任使读者免除事实的错误和思想的浅薄。但是，这必须与思想自由和追求新奇的价值的感受性保持平衡。另外，如何判断合理的科学和伪科学之间的界限，也是一个困难的、棘手的伦理问题。(7) 关于科研成果荣誉分配的伦理问题。在科学发现优先权的争论以及集体研究或不同研究者之间的荣誉分配中存在诸多伦理问题。①

---

①　N. Rescher. The Ethical Dimension of Scientific Research//E. D. Klemke, et al. Introductory Reading in the Philosophy of Science. New York：Prometheus Books，1980：238-253.

对科学深层的道德要素揭橥得最深透的，恐怕要数 R. S. 科恩了。他洞彻科学活动中的感恩因素（造反也是另一种形式的感恩）："科学唯一地把感恩和造反联合起来了。不感恩于过去的工作者和目前的同行，我们不可能有科学；不感恩于未来的科学家，我们将没有科学。……我们也寻求社会批判，因为对保证科学存在的其他人的真正感恩是相互批判得以发生的保证。事实上，科学的累积本性含有反叛复发的主题，因为在探究和解释的危机点，我们恰恰是通过拒斥我们的大师、老师和英雄以及学会遗弃他们而尊敬他们的。……爱因斯坦取代牛顿，是对牛顿的最大尊重。"他还洞见到，科学伦理就是一个合作的共和国的民主伦理："我们都忠实于科学不受阻碍地追求知识的目标时彼此相处的方式，是可以用一种具有明显积极特征的伦理学来加以描绘的。我们形成了一个民主社会，它的公民决定将要采取的政策，即公认的指导公共财富的真理。……在科学中，我们把主观态度和客观要求结合起来，例如把审美的乐趣与要求合理性地结合起来。我们把美与有用性、自豪与谦逊结合起来。我们把权威和领导与个人判断和持续的个人批判结合起来。而且，我们应该相互尊重。除了因傲慢及其他弱点违反这些做法之外，科学家的国际共同体的伦理是尽人皆知、持久永存的。科学伦理就是一个合作的共和国的民主伦理。迄今为止它自己的特征可以成为其他人事业的模式，因此科学与伦理行为具有高尚的关系。的确，如果科学教师使他们的学生有意识地注意科学史和目前科学实践中的这些因素，那么这些学生便会在道德上以及在技能上受到教育。"①

§4.4　科学家在道德上理应是社会上比较优秀的阶层

科学家在道德上并非高人一等，也不具有天生的道德优势。在科学共同体或科学家群体中，的确不乏道德平庸者和道德拙劣者，有时也会发现学术不端者，甚至偶尔会出现犯罪分子。诚如默顿所说："爱好争论，自我吹嘘；秘而不宣，唯恐被人占先；只报道支持假说的数据；虚假地控告别人剽窃，甚至时而偷盗别人的思想；编造数据——所有这些都已在科学

---

① R. S. Cohen. Ethics and Science//R. S. Cohen, et al. For Dirk Struck. Dordrecht-Holland: D. Reidel Publishing Company, 1974: 307-323.

中出现。这是在科学文化中对创造性发现的巨大强调同许多科学家在作创造性发现时所经历的实际困难不相称的一种反应。在有这些压力的情况下，各种形式的适应行为出现了，有些大大违反了科学道德。"① 莫尔也披露："科学家在其个人生活中一般都是并不特别有涵养或谦虚的，没有理由期望他们的表现比其他人更好或有太大的区别。科学家当中也确实存在着腐化堕落，特别是门户之见。当事关竞争、排座次、威望，有时牵涉到金钱问题时，有些科学家对待同行科学家甚至表现极其恶劣。有时，科学家们彼此之间矛盾很大，互不买账。"②

人们出于对科学和科学家的盲目崇拜，或基于对科学的道德作用的恣意夸大，或由于对科学的本性和功能缺乏全面了解③，往往对科学家抱有不切实际的幻想。人们以为，科学家可以而且应当成为崇高道德的体现者。德国哲学家费希特宣称，世界上科学家的使命"好像是在重复圣徒的命运"；"基督教创始人对学生所说的话其实也完全是对科学家说的：你们是最优秀的分子，如果最优秀的分子失去力量，那还有什么可说的呢？如果人中杰出者堕落了，那还应该到哪里寻找道德慈善呢？"他断言：科学家就其使命而言是人类的老师，因而也是道德行为的楷模；科学家"应该是同时代的道德最优秀的人……应该是自己所处时代道德发展可能达到的最高典范"④。这种看法有不少追随者。例如，拉波波特提出："基于在科学实践中体现的价值——例如宽容、对真理的热爱、协作等价值，科学共同体可以被看作道德共同体的模范。"⑤

尽管费希特等人的观点有些言过其实甚或夸大其词，但并非没有一点道理。事实上，由于科学的规范结构的有力制约，科学精神⑥的长期熏陶，以及科学实践的反复磨炼，总的来说，科学家在道德上还是社会上比

---

① 默顿. 十七世纪英格兰的科学、技术与社会. 范岱年, 吴忠, 蒋效东, 译. 北京：商务印书馆, 2000："科学、技术与社会：科学社会研究的预示" 14.

② 莫尔. 科学伦理学. 黄文, 摘译. 科学与哲学, 1980 (4)：94.

③ 齐曼（John Ziman）有言："从长远观点看，科学必须依靠自己的价值而生存。科学是什么，科学能干什么，都必须受到珍视。捍卫科学的道德基础必须对科学的本质和力量有一个清晰的认识。"（齐曼. 真科学——它是什么，它指什么. 曾国屏, 匡辉, 张成岗, 译. 上海：上海科技教育出版社, 2002：2）

④ 拉契科夫. 科学学——问题·结构·基本原理. 韩秉成, 陈益升, 倪星源, 等译. 北京：科学出版社, 1984：262-263.

⑤ T. Sorell. Scientism, Philosophy and the Infatuation with Science. London, New York：Routledge, 1991：2.

⑥ 李醒民. 科学的文化意蕴. 北京：高等教育出版社, 2007：第 5 章 "科学精神".

较优秀的阶层，起码就他们在科学活动中的表现而言是这样，起码在道理上应该如此。

斯诺深中肯綮地说："真理就是科学家所努力寻求的。他们要寻求存在着的东西。没有这种愿望就没有科学。这是整个活动的原动力。它迫使科学家每走一步路都必须不顾一切地着眼于真理。就是说，如果你想寻求存在着的东西，你就决不能自欺欺人，你决不能对自己撒谎。最低限度，你决不能伪造经验。"① 拉契科夫也道出了同样的意思：如果科学活动确实同客观地、科学地分析诸过程和追求真理联系在一起，那么道德上的纯洁、正直、谦虚和善意就总是符合科学活动的象征的；严格遵循事实和结论的逻辑性的科学家与专家，大都是正直的、诚实的人。②

不仅在追求真理的科学起点上，而且在追求真理的过程中，也就是在科学理论的发明、检验、论证、审查和接受的过程中，科学家也不敢背离科学中的伦理的道德规范。拉波波特注意到：科学实践也具有伦理原则，科学实践的伦理原则也与战略原则密切地纠缠在一起。科学家在对什么为真的定义中受某些证明原则的指导。而且，科学家保证坚持和承认下述观点（至少在与科学研究有关的事情上）：自己必须按照那些证明原则承认哪个为真。由于这些原则显著的一致且相当容易应用（与支配伦理决定的其他规则比较），在科学权限内对事情的看法普遍一致的观念在实践中似乎是可以得到的。因此，科学家（如果他始终如一的话）必须力求在科学家中间对这些问题取得普遍一致。而且，这种一致既不能通过压制得到，也不能通过个人乞求的力量得到，而只能通过审查证据得到。如果对手对个人观点的"皈依"是迫切需要的（这样的迫切需要实际不包括在科学实践伦理学内，而且从来也不从其他领域传给科学实践），那么在科学事务中皈依的满足就是完美的，仅当观点的改变独立于任何权衡证据之外的压力。因此，我们特征化的人的倾向——即希望他人像我们一样思想和行动——在科学实践中也变得缓和了，因为对这些目的的强制衡量是无效的。除非转化是通过证据的力量做出的，否则达到它就只是虚幻的胜利。③ 即使在追求基础知识时充满竞争和比赛，这种竞争通常也是在自由

① 斯诺. 两种文化. 纪树立，译. 北京：三联书店，1994：210.
② 拉契科夫. 科学学——问题·结构·基本原理. 韩秉成，陈益升，倪星源，等译. 北京：科学出版社，1984：240.
③ A. Rapoport. Appendix One//I. Cameron, D. Edge. Scientific Image and their Social Uses: An Introduction to the Concept of Scientism. London, Boston: Butterworths, 1979: 67-74.

交流思想和积极讨论的气氛中进行的。[①] 难怪拉维茨明示:"我选择的箴言是:'科学不是肥皂'——科学知识的产品要求十分专门的道德和义务条件,倘若坚持产品的质量的话。"[②]

科学活动有严格的审查程序,任何背离科学道德的做法都难以逃过科学共同体的法眼。科学杂志就是这样的守门人——伦纳德·K. 纳什(Leonard K. Nash)教授把"科学杂志的编辑和评议人"称为"科学的'高尚品质'的主要维护者"[③]。那些严重违背科学中的伦理规范的人必将受到严厉的惩罚,这也是科学家不敢轻易越雷池一步的原因。莫尔言之凿凿:"科学界预测,当一个人做科学界的工作时,将会理所当然地遵守规范。科学界会毫不犹豫地以严厉的惩罚来处置道德上不拘小节的行为。这些惩罚包括撤回对某人的评价直至将其开除出科学界。时刻悬在头上的惩罚威胁是基本的:一个科学家不会搞欺骗,因为他日常工作的性质就给了他诚实的训练。几乎可以肯定,他不会在科学发现上弄虚作假,因为这样做承担着极大的个人风险,而且最后又不可能成功。"[④]

§4.5 科学家的道德规范一览

科学家应该遵守哪些道德规范呢?在这里,比较抽象的原则(比如默顿所谓的科学精神气质,我们所列举的科学精神的规范结构的某些成分)并不多,主要还是一些具体的行为规范。我们在本章第三、四小节直接或间接地涉及了这个问题。现在,我们集中展示一些学者开列的以及有关科学机构制定的比较有代表性的科学家的道德规范。

苏联科学家亚历山大德罗夫(Александр Васильевич Александров)院士把科学伦理学的标准或科学家的行为准则归结为下列五项内容:(1)要探索真理,而不要被偏见、权威和个人想象蒙住自己的认识;(2)要论证,而不要光是断言;(3)要接受并捍卫已被证明的东西,而不要歪曲它;(4)不要成为固执己见和自以为是的狂热者,而要准备重新审查自己

---

① 爱德索尔. 科学责任制的两个方面. 重原,译. 科学学译丛,1985 (2):4-8.

② J. R. Ravetz. The Merger of Knowledge with Power:Essays in Critical Science. London, New York:Mansell Publishing Limited,1990:7.

③ 默顿. 科学社会学. 鲁旭东,林聚任,译. 北京:商务印书馆,2003:634.

④ 莫尔. 科学伦理学. 黄文,摘译. 科学与哲学,1980 (4):93.

的甚至是有根据的信念，倘若从大量论证方法中得出的新的论据要求这样
做的话；（5）真理是由论据而不是由权势、命令、训斥和任何压制别人批
判能力的东西确立起来的。① 莫尔开列的实际戒律如下："要诚实！绝不
胡凑瞎编数据！要一丝不苟！要公平对待轻重缓急次序和思想！对竞争对
手的数据和思想不存偏见！不要凑合，而是力求解决问题！"② 这几条基
本戒律发展成为以下六条更明确的原则：（1）避免片面性，认真考虑与你
自己的看法不同的另一种可能性；（2）使用你的读者和听众易于理解的、
有明确定义的词语与符号；（3）把观测和实验所得的数据视为最高权威；
（4）对任何理论，一旦发现不能自圆其说的内在缺陷，或被实验事实否
定，则随时准备修正或以新的理论取而代之；（5）应当时刻记住，科学界
的成员应在物质和思想方法的可靠性、数据、结论和理论等方面互相依
靠；（6）视简明扼要为最高价值，非绝对不可避免时，不要创造新的结
构。③ 温伯格强调：在使科学家取得学术地位的所有品质中，最重要的是
责任心。有的人才气焕发、想象丰富、心灵手巧、知识渊博，但如缺乏责
任心，他就不能算是一个真正的科学家。科学责任的精髓在于富有探求真
理的内驱力和内在的需要，锲而不舍、追根究底而绝不半途而废或满足于
一知半解，能够全面地和开诚布公地发表自己的意见，随时准备承认自己
的错误。④

　　世界科学工作者联合会在 1948 年通过的《科学家宪章》，规定了科学
家个人或群体应该担负的社会责任和道德义务。它们可以归结为以下三大
点。第一，对于科学。（1）维护科学研究的健全性，抵制对科学知识的压
制和歪曲。（2）全部发表科学上的成果。（3）跨越种族乃至民族的障碍，
与其他科学家协力合作。（4）适当考虑基础科学和应用科学的平衡，以确
保科学的发展。第二，对于社会。（1）对科学特别是对自己所在领域的科
学，要研究其在经济、政治、社会诸方面具有的意义，使这些知识被广为
理解并转向实用。（2）为与疾病和饥饿做斗争，为平等地改善所有国家的
生活和劳动条件而寻找运用科学的新方法。为此，最终要与具有相同目的
的所有组织和个人合作。（3）尽力研究公共行政的所有方面，确保充分利

　　① 拉契科夫. 科学学——问题·结构·基本原理. 韩秉成，陈益升，倪星源，等译. 北京：科学出版社，1981：243.
　　② 莫尔. 科学伦理学. 黄文，摘译. 科学与哲学，1980（4）：92.
　　③ 同②.
　　④ 爱德索尔. 科学责任制的两个方面. 重原，译. 科学学译丛，1985（2）：4-8.

用科学方法。经常向国民和政府宣传本领域中科学进步的意义。第三，对于世界。（1）维护科学的国际性。（2）研究战争的根本原因。（3）支持为消灭战争、维护和平而争取建立安定基础的力量。（4）反对将科学家的努力引向准备战争的方向，特别是反对使用科学提供的破坏力很大的手段。（5）抵制由非理性主义、神秘主义、种族差别、赞美权力之类的反科学思想煽起的运动。①

　　1953年美国心理学联合会通过一个伦理规范，并于1973年为涉及人体的心理研究要掌握的十条原则做出决定。生物学家格拉斯（Bentley Glass）写下了构成科学伦理的四条戒律："珍视完全的真实性；避免为了抬高自己而贬低别的同行；无所畏惧地保卫科学探索及科学思想的自由；通过发表、综评、讲授，使新发现得到全面的传播。"② 1984年1月，在瑞典乌普斯拉发表的"科学家的伦理规范"做出了如下规定：（1）应该保证所进行的科学研究的应用及其他后果不引起严重的生态破坏。（2）应该保证所进行的科学研究的后果不会对我们这一代及我们的后代的安全带来更多的危险。因此，科学成就不应该应用于或有利于战争和暴力。应该保证所进行的科学研究的后果不与在国际协议中提到的人类基本权利（包括公民、经济、政治、社会和文化等权利）相冲突。（3）科学家对认真估价其研究将产生的后果并将其公开负有特殊的责任。（4）科学家在断定他们正在进行或参加的研究与这一伦理规范相冲突时，应该中断所进行的研究，并公开声明做出这一判断的理由；做出判断时应该考虑不利结果的可能性和严重性。③

　　为增强全体科学工作者的科学道德意识，防止学界出现不正当行为，日本政府下辖的学术会议于2007年制定了《科学工作者行为规范》（暂定版）。该《行为规范》共11条，其具体内容是：（1）科学家的责任。科学家的责任首先是保护自己创造发明的专业知识和技术性行为，其次是更进一步自觉活用自己的专业知识、技术、经验，针对社会安全、安宁，保护人类健康和福利，保全人类的生存环境，促进社会进步。（2）科学家的行为。科学家应自觉维护科学的尊严，在得到社会信赖和重托的基础上，要

　　① 世界科学工作者联合会. 科学家宪章（1948）. 张利华，译. 科学学译丛，1983（3）：75—79.
　　② 戈兰. 科学与反科学. 王德禄，王鲁平，等译. 北京：中国国际广播出版社，1988：107.
　　③ 古斯塔夫森，赖登. 试析科学家的乌普斯拉伦理规范. 金占明，译. 科学学译丛，1987（2）：26—27.

正直、诚实地进行科学研究并约束自己的行为，尽最大努力科学而客观地展示科学研究产生的智慧火花，正确而正当地展开作为科学家的行为。科学家除积极参与科学家团体活动外，还要特别对自己所属的专业领域进行调查，在专业间开展互相评价和监督。（3）业务钻研。科学家在努力提高和维持自己专业知识、能力、技艺的同时，要从宽广的角度，毫不松懈地用敏锐而长远的眼光观察科学技术和社会的发展，了解科研与自然环境的关系，以良好的姿态展示最好的判断和科研能力。（4）公开说明和诠释科学的奥秘。科学家应积极说明和诠释科学的奥秘，公开自己从事科学研究的意义和任务，研究、评价那些引起人类、社会、环境发生变化的原因，中立而客观地公布研究结果，同时努力构建科学与社会的建设性平台。（5）研究活动。科学家本人在从事课题立项、计划、申请和制定实施报告的过程中，要用本规范诚实地规范自己的行动，彻底而严肃地处理和保存研究调查的数据记录，杜绝捏造、窜改、盗用等违法行为的发生，努力整顿容易产生违法行为的研究环境。（6）遵守相关法令。科学家在使用研究设施、研究费用时，应遵守国家法令和相关规则。（7）保护研究对象等。科学家不仅应遵守针对研究对象（包括动物等）或合作研究者的法令和相关规则，而且要关心福利和保护相关福利关系。（8）合作关系的协调。科学家在研究方面要排除不加批判地接受权威关系，在建设性地接受他人研究成果的同时，也要虚心地接受他人的批评，用真挚的态度与他人交换意见，正当评价他人的知识成果等业绩，尊重他人的名誉和知识产权。（9）消除歧视。科学家在从事科学研究、教育、学会活动中，要根据不同人种、性格、地位、思想、宗教等，消除个人歧视，公平地对应交流，尊重个人的自由和人格。（10）回避不当利益。科学家在自己的行为方面，要充分注意回避不当利益的获取，对不当利益尽可能采取回避立场，不能回避时应将不当利益对外公布。在公开自己的研究见解时，要基于研究成果返还给社会的原则，坚持公益利益优先于私人利益。（11）创造公平的研究环境。创造公平的研究环境是科学家的责任，自觉承担这个责任，是为了提高研究的质量。在这种公平的研究环境下，科学家应积极参加学术团体或研究组织，努力提高自己的研究水平。①

　　为了弘扬科学精神，加强科学道德和学风建设，提高科技工作者的创

① 日本学术会议的《科学工作者行为规范》（暂定版）。http://bbs. topenergy. org/thread-23730-1-1. htmlh.

新能力，促进科学技术的繁荣发展，中国科学技术协会根据国家有关法律法规制定了《科技工作者科学道德规范（试行）》，并于 2007 年公开发布。其中"学术道德规范"内容如下：进行学术研究应检索相关文献或了解相关研究成果，在发表论文或以其他形式报告科研成果中引用他人论点时必须尊重知识产权，如实标出。尊重研究对象（包括人类和非人类研究对象）。在涉及人体的研究中，必须保护受试人合法权益和个人隐私并保障知情同意权。在课题申报、项目设计、数据资料的采集与分析、公布科研成果、确认科研工作参与人员的贡献等方面，遵守诚实客观原则。对已发表研究成果中出现的错误和失误，应以适当的方式予以公开和承认。诚实严谨地与他人合作。耐心诚恳地对待学术批评和质疑。公开研究成果、统计数据等，必须实事求是、完整准确。搜集、发表数据要确保有效性和准确性，保证实验记录和数据的完整、真实和安全，以备考查。对研究成果做出实质性贡献的专业人员拥有著作权。仅对研究项目进行过一般性管理或辅助工作者，不享有著作权。合作完成成果，应按照对研究成果的贡献大小的顺序署名（有署名惯例或约定的除外）。署名人应对本人做出贡献的部分负责，发表前应由本人审阅并署名。科研新成果在学术期刊或学术会议上发表前（有合同限制的除外），不应先向媒体或公众发布。不得利用科研活动谋取不正当利益。正确对待科研活动中存在的直接、间接或潜在的利益关系。科技工作者有义务负责任地普及科学技术知识，传播科学思想、科学方法。反对捏造与事实不符的科技事件，及对科技事件进行新闻炒作。抵制一切违反科学道德的研究活动。如发现该工作存在弊端或危害，应自觉暂缓或调整，甚至终止，并向该研究的主管部门通告。在研究生和青年研究人员的培养中，应传授科学道德准则和行为规范。选拔学术带头人和有关科技人才，应将科学道德与学风作为重要依据之一。该文件还列举了诸多学术不端行为，并提出了具体的监督和惩戒措施。①

在讨论了科学中的道德因素和科学家自身的道德规范之后，我们现在把注意力转向科学家对社会的道德责任，这可以说是水到渠成的。

_____

① 科技工作者科学道德规范（试行）［2021-01-08］. kexie. hust. edu. cn/xsdd/zgkxkjgzz-kxddgf. htm.

第五章　科学家对社会的道德责任

述　怀

素来卓立不同流，兴至戏与强权牛。

独善其身分内事，兼济天下岂敢丢。

——李醒民

在讨论本章的论题之前，让我们先简要地说明一下什么是道德（或伦理），什么是责任（或义务）。所谓道德，是体现在文化和历史传统中的一种意识形态或规范，它通过个人的自律、良心和社会的舆论、监督，来支配人们的品格和行为，对社会生活发挥积极的调节和约束作用。所谓伦理，指人与人相处、人在社会中生活的道德准则。在一般情况下，我们把道德和伦理当作同义词使用，不严格加以区分，于是道德责任即伦理责任。需要注意的是，道德与法律是不同的。它有两个特征与法律相区别，并赋予它独特的社会目的。这两个特征是：法律准则是以惩罚的威胁从外部强加的，而道德准则是由人的良心、理性或道德情操从内部强加的；法律对我们的限制典型地覆盖我们不能由自己解决争执的那些情况，道德能够非正式地和自愿地解决冲突。①

---

① J. Vollrath. Science and Moral Values. Lanham, Boulder, New York, Dorondo, Plymouth, UK: University Press of America, 1990: 3. 沃尔拉特的具体说法如下：第一，法律准则是以惩罚的威胁从外部强加的。社会告诉你法律所说的事情，不管你是否赞同它。但是，道德准则是由你的良心、理性或道德情操从内部强加的。你做道德告诉你的事情，因为你认为它是正确的，或者因为你的良心不会让你做其他任何事情。因此，当我们在道德的水准上而不是在法律的水准上对待他人时，我们主要按人格信赖行事。我们设想，他人将被他们的信念和情感而不是被法律上的力量促动或强使。第二，法律对我们的限制典型地覆盖我们不能由自己解决争执的那些情况。社会无法期望行凶抢劫者和他的受害人通过他们自己解决他们的冲突。但是，道德准则覆盖对于争执各方通过交谈而自愿地解决他们之间的争端来说有效的那些情况。道德覆盖我们生活的这些领域：在其中我们作为人——共同具有讲理能力的人——相处，我们在不招来警察的情况下能够解决我们的争执。道德最重要的意图之一恰恰是以下这一点：在冲突变得有害于被卷入的各方之前，道德能够非正式地和自愿地解决冲突。

　　责任（responsibility）是人们应该做的分内事，或者是对自己的行为及其后果应该承担的义务。莫兰（Edgar Morin）明确指出："责任性是一个人道主义的伦理学的概念，它只对自觉的主体有意义。"①"具有良好的意图并不能保证真正地负责任。责任心不得不面对可怕的不确定性。"② 义务（duties，obligations）在这里指道德上应尽的责任。由二者的含义可见，我们没有必要对道德责任和道德义务严加区分。谈到科学家（我们主要指称自然科学家，有时也包括社会科学家）的道德（或伦理）责任（或义务）时，我们要慎重地使用"责任"一词，应该厘清这个概念的复杂含义；同时要知道，科学家的道德责任不仅仅是为自己负责，更是为他人和整个社会负责，所以这种责任也是科学家的社会责任或科学的社会责任的一部分——难怪有些学者径直把科学家对社会的道德责任称为科学家的社会责任。③ 不用说，科学家也是普通公民，应该承担作为一个公民的道德责任（或义务）。不过，在本章，我们只涉及科学家作为科学家对社会应该承担的、与社会其他成员不完全相同的、特殊的道德责任。另外，我们在此基本不涉及科学家在科学研究活动和科学共同体内部应该遵守的伦理规范与承担的道德责任，如勇于追求真理、诚实、严谨、公开发表成果、勇于承认错误，如此等等。

§5.1　两种对立的观点

　　B. 巴伯在谈到科学的社会责任时，认为至少存在有关于此的三种观点，但没有一种是令人满意的。他说："一种为许多科学家所持的观点是，他们对于他们的发现与发明的后果具有某种一般种类的社会责任，因而从一种更精确地确定这种社会责任的观点出发，他们马上就有责任

---

　　① 莫兰. 复杂思想：自觉的科学. 陈一壮，译. 北京：北京大学出版社，2001：87.
　　② 同①88.
　　③ 莫诺把科学的社会责任等同于科学家的社会责任，认为：很清楚，科学的社会责任而且也是作为它们学科的代表和使者的科学家本身的社会责任，正是他们解决这个内在于科学和社会之关系中的所有两难困境中的最深刻的东西，如果它能够被解决的话。(J. Monod. On the Logical Relationship between Knowledge and Values//Fuller Watson. The Social Impact of Modern Biology. London：Routledge & Kegan Paul，1971：11-21)

来重新考虑他们在社会中的地位。……另一种反应是相当明确地承认对于科学之社会后果的总责任，并且试图阻滞其中某些最令人憎恶的后果。持这种他们对社会负有道义责任的极端观点的科学家似乎很少。……第三种反应表达的是愤恨，既有科学家们自己对出其不意地承担太多的社会责任的不满，也有对外行人把这样的责任强加给科学家的不满。"① 其他见仁见智之议也不绝于耳，可谓异彩纷呈。但是，归根结底，关于科学家对社会的道德责任，无非两种截然不同的回答——无道德责任和有道德责任。②

诺贝尔奖得主恩斯特·钱恩（Ernst Chain）持无道德责任说："科学如能限制在研究、形容自然的法则，它绝不会牵涉到道德和伦理问题，这包括物理科学与生物科学。"③ 因为按照钱恩的观点，纯粹科学是中性的，因此在这个领域工作的科学家对自己发现的可能应用不需要有道德上的不安。他继续证明，不论对于科学产物的有害副作用，还是对于使用它们有助于发展的武器的破坏后果，科学家都没有任何责任。④ 物理学家奥本海默也回答得很干脆："我们的工作改变了人类生活的条件，但是如何利用此种改变是政府的问题，不是科学家的事。"⑤ 科学哲学家邦奇（M. Bunge，曾译为"邦格"）出于科学在价值上和道德上中性、科学和技术判若鸿沟的见解，似乎认为科学家对社会无须负道德责任，而技术专家则

---

① B. 巴伯. 科学与社会秩序. 顾昕，郑斌祥，赵雷进，译. 北京：三联书店，1991：266-267.

② 有人把这种区分归结为悲观主义的思维格调和乐观主义的思维格调所致，实际上把问题简单化了。例如，德罗勃尼茨基就持这样的观点。他说："某些西方思想家、哲学家和学者认为，科学是非道德的，往何种方向应用科学资料和成果是不由它自身决定的。这么说来，科学应当由人类理解的其他方式来补充，这其中包括道德，它应当指出怎么样和为了什么应用科学发现。另外一些人表示异议：科学就其意义讲从来没有像现在这样具有道德性质，因为科学发现的成果，任何时候也没有像现在这样影响人类的命运，因此学者应当具有为人类负责的意识。因此，科学同任何其他人类活动的形式一样服从于道德规则。这种对立能够说明什么呢？即使不是伦理学专家也能看出，争辩双方实际上没有争论什么。只不过是一些人由于自己悲剧式的或悲观主义的思维格调倾向使问题尖锐化和戏剧化，而另外一些人则相反，是以乐观主义调子说着同样的事情。不过，我们要指出：把必须以某种方式限制科学看作是科学的道德性，那是不合逻辑的。如果向科学和科学家提出某些道德要求，那么这就意味着科学本身是不制定这些要求的，而需要由道德来制定这些要求。"[德罗勃尼茨基. 科学真理与道德善. 子樱，译. 哲学译丛，1993（1）：53]

③ 林俊义. 科学中立的神话. 台北：自立报系文化出版部，1989：4.

④ J. Lipscombe, B. Williams. Are Science and Technology Neutral?. London, Boston：Butterworths, 1979：14.

⑤ 同③.

涉及道德责任，应该服从所谓的技术命令。① B. 巴伯把这种无道德责任说称为"象牙塔"态度，并指出了这种态度的危险性。②

当然，也有相当多的学者主张有道德责任说。而且，随着时间的推移，秉持这种主张的人似有增加之势。在他们看来，传统的科学责任理论——对科学应用不负责任，科学是善——不切实际。科学的目的是求真扬善，这也是科学家的义务——科学家有义务从知识到智慧，承担其应有的道德责任和社会责任。科学的社会责任的倡导者康芒纳（B. Commoner）注意到："科学家不再能够回避他们在实验室所做事情的社会的、政治的、经济的和道德的后果。"③ 拉契科夫昌言："科学家不仅不应该是为了利己的和邪恶的目的而利用科学的势力的同谋者，而且自己应该站在为人道主义地利用科学而斗争的战士的最前列。"④ 维克托·魏斯科普夫（Victor Weisskopf）则从使用原子弹的悲剧中得出教训："我们的成就在四十年前成为世界悲剧处境的非故意的原因。因此，我们物理学家有社会责任。我们必须做能够减轻高悬在人类头上的恐怖威胁的事情。"⑤

尤其在现代世界，科学的大规模应用以及科学的社会功能的充分发挥，使这个问题变得更为紧迫。诚如法国科学家莫诺所说，没有一个人否认，在这个"科学时代"，当社会如此之多，或可能比"吸毒者"生活在

---

① 邦奇是这样讲的："基础研究作为心理过程的评价，它也作出价值判断。但是，后者完全是内在的：它们涉及科学研究的要素，诸如资料、假设和方法，而不涉及科学研究的对象。另一方面，工程技术专家不仅作出内在的价值判断，而且也作出外在的价值判断：他评价他能得手的每一事物。……基础研究就其自身目的而言，是寻求新知识，是不涉及价值的，是道德上中性的。……当可以做某些有利于或不利于他人的幸福或生活的事情时，才涉及道德，工程技术专家恰恰在这里有份儿。他应遵守可称之为技术命令（technological imperative）的东西：你应该只设计或帮助完成不会危害公众幸福的工程，应该警告公众反对任何不能满足这种条件的工程。"[邦格. 科学技术的价值判断与道德判断. 吴晓江，译. 哲学译丛，1993（3）：39-40]

② B. 巴伯说："另一种可能会对科学产生不良影响的最极端的观点是'象牙塔'观点，它认为科学家们只应对'纯粹科学'感兴趣，而完全不必关心他们的发现的社会后果。这种态度的危险是，社会可能会把科学家认为是一个无责任感的群体，为保护社会本身，必须反对该群体。像布里奇曼（P. W. Bridgman）教授这样拒绝唯一责任观点之极端主义的人，必须提防被推向这个相反的极端。幸运的是，今天这两个极端观点中，无论哪一个都不为多数科学家所持。"（B. 巴伯. 科学与社会秩序. 顾昕，郑斌祥，赵雷进，译. 北京：三联书店，1991：273）

③ S. Restivo. Science, Society, and Values: Toward a Sociology of Objectivity. Bethlehem: Lehigh University Press, 1994: 114.

④ 拉契科夫. 科学学——问题·结构·基本原理. 韩秉成，陈益升，倪星源，等译. 北京：科学出版社，1984：270.

⑤ J. Vollrath. Science and Moral Values. Lanham, Boulder, New York, Dorondo, Plymouth, UK: University Press of America, 1990: 151.

和依赖于他喜爱的"麻醉品"更多地生活在和依赖于它的技术（因此最终依赖于科学本身）时，科学家承担着严重的责任。① 苏联科学家谢苗诺夫（А. Семенов）认为："科学为人类提供了一种伟大的认识工具，它使人类有可能达到史无前例的富裕和绝无仅有的平等。这便成了科学的社会功能最重要和最有成就的关键。因此，科学的社会责任也就越来越大了。一个科学家不能是'纯粹的'数学家、'纯粹的'生物物理学家或'纯粹的'社会学家，因为他不能对他工作的成果究竟对人类有用还是有害漠不关心，也不能对科学应用的后果究竟使人民境况变好还是变坏采取漠不关心的态度。不然，他不是在犯罪，而是玩世不恭。"②

本-戴维进一步明示，科学家不仅必须承担所做工作的道德责任，而且应该分担其相应的社会责任，包括经济责任和政治责任。③ 雷斯尼克（D. B. Resnik）在肯定科学家有服务社会的责任，生产知识的人应该为生产知识的后果负责之后表明："虽然一些科学家避免与公众相互作用，但是今日许多科学家是承担社会责任的楷模。这些科学家把大量的时间用于教给公众以科学，提高公众对科学的兴趣，告诉公众研究的后果。"④ 尽管科学家对社会的道德责任在今日被正式提上议事日程，且日益刻不容缓，但波普尔（Karl Raimund Popper）还是把它的起源追溯到古希腊："在应用科学中，道德责任的问题是一个很古老的问题，像许多其他问题一样，它最初是由希腊人提出的。我想到了希波克拉底誓言，尽管它的一些主要观念也许需要重新审查，它仍然是一份极好的文献。"⑤

§5.2　科学家为什么应该对社会承担道德责任？

彭加勒讲过一段十分精彩的话："人类必须接受的纪律叫做道德。人类忘

---

①　J. Monod. On the Logical Relationship between Knowledge and Values// Fuller Watson. The Social Impact of Modern Biology. London：Routledge & Kegan Paul，1971：11-21.

②　戈德史密斯，马凯. 科学的科学——技术时代的社会. 赵红州，蒋国华，译. 北京：科学出版社，1985：27.

③　本-戴维的原话是这样的："十分重要的是，对于参与经济上和政治上促动的发展项目的科学家，不应当容许他们隐藏在科学祛利性的烟幕背后，而要求他们分担他们所做事情的直接的经济责任和政治责任。这总是必要的，但是在过去却每每被忘记了。十分可能的是，监控科学研究和技术后果将变成科学的标准功能。"（J. Ben-David. Scientific Growth：Essays on the Social Organization and Ethos of Science. Berkeley：University of California Press，1991：496）

④　D. B. Resnik. The Ethics of Science. London，New York：Routledge，1998：147.

⑤　波普尔. 走向进化的知识论. 李本正，范景中，译. 杭州：中国美术学院出版社，2001：2.

记道德的那一天，注定会遭到厄运，并且陷入痛苦的深渊。而且，在那一天，人类会经历道德衰败；人类会认为自己不怎么美了，也可以这么说，认为自己比较渺小了。我们应当为此而悲伤，这不仅因为痛苦会接踵而至，而且也因为它会使某些美好的事物变得黯然失色。"① 鉴于这些智慧的启示，加上对现实状况的思考，笔者不赞成无道德责任说，而认为科学家应该对社会承担一定的道德责任。但是，接下来需要回答的问题是：科学家为什么应该对社会承担道德责任？我想，这也许从以下七个方面可以得到某种说明。

第一，科学家是公民，应该对社会承担某些责任，其中包括对社会的道德责任。贝尔纳（J. D. Bernal）说得好："科学家，首先是一个公民，其次才是一个科学家。科学家开始领悟到，必须有一个整体的观念。这样，他们的精神才不会由于科学和责任之间的矛盾而被撕成碎片。因为在他们看到的那个世界中，科学的应用已经成了主宰一切的因素。"② 拉契科夫把问题讲得相当透彻："现在，社会进步比过去任何时候都更加要求科学和道德相结合。科学的力量和可能性现在增加到如此程度，以致它可以使人类或者处于普遍灾难的边缘，或者处于前所未有的成就的边缘。这使现代科学成为高度文明的科学。在我们的时代里，任何一个科学家也不能置身于科学的社会问题之外，也不能漠不关心地看待自己研究工作的性质同公民的职责之间的矛盾。如果一个科学家不再是一个公民，那么他就成为一个可以被用来达到任何目的的机器人。履行公民的职责，要求科学家做出同科学工作没有直接联系的、巨大的、特殊的努力。"③

第二，科学家除了出于为科学而科学、为知识而知识的动机之外，也出于科学造福人类的善良意图而研究科学，这一出发点本身就包含某种道德责任。正如一篇关于科学家的社会责任的报告所言：科学和技术的发展最重要的是为了全人类的未来，这就要求科学家更加主动地关心公共政策，同时要求政治领导人尽可能全面地考虑科学和技术的事实。④ 理查德·格雷戈里（Richard Gregory）在肯定科学家既是科学工作者也是公民之后指出："他们正在开始意识到他们为了可靠地使科学成果造福人类而承担的特殊责

① 彭加勒. 最后的沉思. 李醒民, 译. 北京：商务印书馆, 1996：133.

② 戈德史密斯, 马凯. 科学的科学——技术时代的社会. 赵红州, 蒋国华, 译. 北京：科学出版社, 1985：266.

③ 拉契科夫. 科学学——问题·结构·基本原理. 韩秉成, 陈益升, 倪星源, 等译. 北京：科学出版社, 1984：269-270.

④ 科学家的社会责任——第一届帕格沃什会议报告（1957 年 7 月）. 王德禄, 译. 科学与哲学, 1986（1）：196-198.

任。他们再也不能对发现与发明的社会后果漠不关心。在他们被责成去提高食品供应能力，提供用机器代替体力劳动的方法，或者去发现能用于破坏目的的物质时，他们不能沉默。如果科学工作者不能在解决由于他们对自然知识的贡献而产生出来的社会问题中起积极作用，那么科学活动就会是一种异化。……对于那些蕴含在由他们提供的物质手段建立起来，而他们的发现又可能将它摧毁的社会结构中的社会问题和政治问题，科学界的人们不能再袖手旁观。由于工业产品和致命武器的滥用，世界已经在人类冲突的动荡中被践踏，而帮助从这动荡中建立起一个理性的、和谐的社会秩序，是他们的职责。"[①] 穆勒功利主义的道德原则也告诉我们：当我们正在选择达到我们目标的方式时，我们应该做对于所有受我们决定影响的人来说具有最好结果的事情。这个原则（更简明地陈述为"做对于所有受你的行为影响的人具有最好结果的事情"）是所谓的功利主义原则。[②] 科学家之所以基于造福人类的目的从事科学工作，正是本着这个道德原则。

第三，正像物质产品的生产者必须为自己的产品负责一样，知识的创造者也应该为自己创造的知识产品负责——当然，由于知识创造的特殊性与科学知识的公共性和共享性，以及从知识到实际使用的中间环节的多重性，这种责任主要是间接的而非直接的，是部分的而不是全部的，而且仅仅是道德上的，或者说至少是以道德责任为主的。科瓦利斯（G. Couvalis）断言，如果某人生产了某种他知道可能用来导致某一结果的东西，那么这个人就要对该结果承担某些道德责任，即使他没有直接导致它。现在，科学家有时也知道自己创造的知识的应用类型和结果，而且他们大都受到政府和公司的资助，所以就更应该负起道德责任来。[③] 确实，科学家

---

① 戈兰. 科学与反科学. 王德禄，王鲁平，等译. 北京：中国国际广播出版社，1988：99-100.

② J. Vollrath. Science and Moral Values. Lanham, Boulder, New York, Dorondo, Plymouth, UK: University Press of America, 1990: 8.

③ 科瓦利斯具体是这样讲的："科学辩护士回答说，科学知识的误用并未影响追求科学知识的价值，它仅仅影响以不正常的方式应用科学知识的价值。但是，以这种方式回答预设了，科学家从不为科学知识成问题的应用承担任何道德责任，因为他们不是故意的，是未参与的。这一预设似乎是十分不可能的。如果某人生产了某种他知道可能用来导致某一结果的东西，那么这个人就要对该结果承担某些道德责任，即使他没有直接导致它，这也为真。科学家往往知道，一个领域的知识很可能被应用的方式的广泛类型，以及知识被应用时将产生的结果。在现代世界，许多科学工作只能用来自政府和公司提供的资金去做。政府或公司打算以产生特定结果的方式利用那个研究。当然，科学辩护士会说，从整体上讲，科学研究——包括通常产生许多问题的研究在内——一般地改善了大多数人的生活。以此为理由，他们可能争辩说，在道德上负责任的科学家会继续从事他们目前做的大多数研究。许多科学研究在道德上和实践上是有正当理由的，虽然我们没有理由得出结论说，所有科学研究都会如此得到辩护。"（G. Couvalis. The Philosophy of Science, Science and Objectivity. London: Sage Publications, 1997: 124-125）

若对科学发现的后果漠不关心，那无异于犯罪，起码不是对社会和人类的严肃态度。

值得注意的是，科学知识具有某种预见其实际应用的可能性，这便创造了一种对社会的特殊道德责任。波普尔把这一点讲得十分清楚："人们可以怀疑是否存在着有别于任何其他公民或任何其他人的责任的科学家的责任。我认为答案是，在他不是具有特殊力量就是具有专门知识的领域，他负有特殊的责任。因此，基本上只有科学家才能估计他们发现的含义。外行从而还有政治家，却不能充分地了解。和适用于新的军备一样，这也适用于用来提高农产品产量的化学药品之类的事物。正如在往昔'地位本身就意味着责任'一样，现在就像梅西耶教授（Professor Mercier）所说的那样，'智慧本身就意味着责任'：是在知识上的预见创造了责任。"①卡瓦列里也表明："我们不是处在科学研究的实际应用不可预见和人为的结果未知的时代。今日实践的大多数科学至少与潜在的技术具有 speculative relation（推测的或投机的或冒险的关系），甚至当这一点不是真实之时，我们也足以知道科学与技术以及技术与科学的关系，从而谨慎是可取的。考虑科学家正在做的东西的社会应用，这应成为他们的道德责任——部分因为他们不可避免地是第一批感觉到新技术能力的进路，部分因为没有其他人准备为它们承担责任。"②

第四，在科学知识变成巨大的力量和权力的情况下，科学家对社会的道德责任被显著地提上议事日程。哈伯（J. Haber）洞察到："现代科学表现出优先倒置为特征的工具论，从而知识作为力量（power）的化身变成它的主要原动力，而公正追求知识则是第二位的。"③布罗诺乌斯基揭橥：我们生活在科学不再是像任何其他职业一样的职业的文明中。因为现在潜藏的权力源泉是知识；比这更多的是，处于我们四周之外的权力从发

---

① 波普尔. 走向进化的知识论. 李本正，范景中，译. 杭州：中国美术学院出版社，2001：10-11. 波普尔还发表了如下言论："人们会说，最近的一切科学，甚至一切学术都含有潜在的可应用性，因此道德责任问题已变得更具有普遍性了。从前，和他人相比，纯科学家和纯学者至多承担一项责任，即寻求真理。他必须尽可能推进他的学科的发展。麦克斯韦（Maxwell）没有什么理由为担心对他的方程的可能应用，这谁又知道呢。也许甚至赫兹（Hertz）也不曾对赫兹波有什么担心。这种幸运的情况属于往昔。今天不仅一切纯科学可能成为应用科学，而且甚至一切纯学术亦然。"（同前，1-2）

② L. F. Cavalieri. The Double-Edged Helix: Science in the Real World. New York: Columbia University Press，1981：83.

③ S. Restivo. Science, Society, and Values: Toward a Sociology of Objectivity. Bethlehem: Lehigh University Press，1994：114.

现中成长。因此，在我们的社会中，其职业是知识和发现的人占据决定性的地位：在重要性因而在责任上是决定性的。对于每一个从事脑力劳动职业的人来说，这也为真；在某种意义上，我们的文明是智力文明，科学家的责任是每一个知识分子必须接受的道德责任的特例。不管怎样，把责任最坚定地系于科学家是公平的，因为他们的追求在某个时候对我们的生活具有最大的实际影响。其结果使他们成为社会重要性记录簿上最受欢迎的孩子——一些人会说受宠爱的孩子。这样，其他知识分子有权利要求他们——作为受欢迎的孩子——接受他们独特地位要求的道德领导。这要求敏感的博爱和无私的诚实。① 在科学的衍生物技术拥有行善和作恶的决定性力量，对人类的生存和未来至关重要的现实状况下，科学家是无法逃避自己的道义责任的。② 玻恩对此深有感触地说："从那时（第一颗原子弹投掷广岛）以来，我们已经认识到，由于我们自己的工作的结果，我们已经同人类的生活，同他的经济和政治，同国家之间争夺权力的社会斗争完全纠缠在一起了，因此，我们负有重大责任。"③

　　第五，现代科学特别是技性科学、尖端科学、大科学及其副产品高技术的社会功能大大增强，使科学成果得到大规模的应用，产生了无与伦比的物质力量，从而对自然环境和整个社会造成了大范围、大尺度乃至不可逆转的影响，特别是有可能造成难以估量的风险和灾难，这使科学家对社会的道德责任问题变得十分明显、十分紧迫。玻尔（Niels Bohr）对此心知肚明，他说："知识和潜力的每一次增加，曾经总是意味着更大的责任，但是，在目前的时刻，当一切人们的命运已经不可分割地联系起来时，以了解人类共同地位之每一方面为基础的相互信赖的合作，就比在人类历史中的任何较早时期都更加必要了。"④ 莫兰注意到，在大科学时代，科学家在

　　① J. Bronowski. The Disestablishment of Science// Fuller Watson. The Social Impact of Modern Biology. London：Routledge & Kegan Paul，1971：233-246.
　　② 斯诺就这样说过："科学家同其他人比较并无很多区别。他们当然也不比其他人更坏。但是有一点确实与众不同。这正是我要说的问题。不管愿不愿意，他们所作所为对人类至关重要。它从精神上改变了我们时代的气氛。对整个社会［来］说，它将决定我们的生死存亡，并决定我们怎样或者怎样死。它拥有行善和作恶的决定性力量。这就是科学家发现自己置身其中的处境。他们可能并没有这样要求过，或者只是部分这样要求过，但是他们却无法逃避。他们之中许多更敏锐的人以为，他们不应承担这种加到他们身上的重大责任。他们要做的一切只是推进他们的研究工作。我同情［他们］。但是科学家无法逃避责任，正像他们或我们其他人无法逃避此时此刻所承受的地心引力一样。"（斯诺. 两种文化. 纪树立，译. 北京：三联书店，1994：206）
　　③ 玻恩. 还有什么可以希望的呢//马小兵. 赤裸裸的纯真理. 成都：四川人民出版社，1997：169.
　　④ 玻尔. 尼耳斯·玻尔哲学文选. 戈革，译. 北京：商务印书馆，1999：248.

国家和军事政策领域的作用举足轻重，因此他们不能无视现实，不能漠视和推卸自己的道德责任。① 尤其是，"现在面对越来越穷困、痛苦和恐怖的世界，同时科学也越来越直接地牵涉到战争里较残酷的方面，这种推诿的态度就开始站不住脚了。在今日的世界里，科学家的道义责任是难以推卸的"②。卡瓦列里以重组 DNA 为例表明，由于尖端科学和高技术之现实的与潜在的风险，科学家必须承担应有的社会责任和道德责任。③

第六，科学家无道德责任说建立在科学价值中性的基础上；不过，虽然作为知识体系的科学大体上可以说是中性的，但作为研究活动和社会建制的科学却绝非价值中立的。况且，现实的状况是：科学与技术在某些学科或领域已经难以区分（在技性科学中往往如此），而技术是蕴含价值的，尤其是在付诸实施之时。因此，当今之世，科学与价值无涉的观点难以成立，这便动摇或颠覆了无道德责任说的根基，对有道德责任说给予支持。图尔敏（S. Toulmin）从科学价值和科学应用的角度揭示："科学的基本概念遍及从相对的'价值无涉'到不可弥补的'负荷价值'的频谱；科学事业的目标遍及从纯粹抽象的理论思索的兴趣到对人类的好处和坏处直接操心的频谱；科学共同体的职业责任遍及从严格

---

① 莫兰的说法是这样的：今天我们达到了一个"大科学"的时代，技术－科学产生了无比巨大的力量。但是，必须注意到，科学家完全被剥夺了对这些从他们的实验室里产生出来的力量的控制权；这些力量被集中在企业领导人和国家当权者手中。今后在研究和权力之间将有着前所未见的互动关系。许多科学家以为可以避免这个互动关系引起的问题，而想象在科学技术和政治之间存在脱节。这些科学家说："科学是很好的，它是道德的。技术是起两重作用的，如同伊索的舌头。政治是坏的，科学的有害的发展都是由政治引起的。"这种看法不仅无视这三项之间事实上的相互影响，而且无视下述事实：科学家在国家和军事的政策领域里发挥作用。（莫兰. 复杂思想：自觉的科学. 陈一壮，译. 北京：北京大学出版社，2001：95）

② 贝尔纳. 历史上的科学. 伍况甫，译. 北京：科学出版社，1959：4-5. 不过，贝尔纳也明白："科学家工作成绩的运用，几乎完全不由科学家自己掌握。因此，科学家的责任纯粹是属于道义方面的。科学传统却重视不计利害的探寻真理的工作而不管它会引起什么后果，所以连上述那种道义上的责任通常也被推诿掉。在大致由于有了科学，一般的社会进步尚能占优势的日子里，这种轻易的推诿还算说得过去。在这种日子里，科学家尚有一定的理由外在于当时的经济路线和政治路线，并且能庆幸自己不受干扰，在他所自由选择的道路上行进。"

③ 卡瓦列里说："已经引起广泛注意的重组 DNA 的两个可能应用，是在农业和基因疗法方面。正如科学家承认的，从科学的观点来看，二者的主张是不成熟的。……在农业中，重组 DNA 技术通常被用来把固氮基因从细菌转移到植物，以至大气中的氮能够直接被粮食作物利用，从而获得氮化学肥料。这会增加粮食产量，从而减少它所依赖的能量耗费。由于影响到土壤和水的化学成分或改变生命形式的相互依赖关系，它也可能造成严重的生态问题。这些做法是危险的：它们迫使进化采取量子飞跃，而不是在自然界缓慢进化。"（L. F. Cavalieri. The Double-Edged Helix：Science in the Real World. New York：Columbia University Press，1981：144-145）

内部的和智力的责任到最公开的实际责任。"① 布莱克（Black）的论述是
有一定道理的：今天，作为总括活动的科学不再被认为是对真理的无功利
的追求。即使科学正在致力于最纯粹的、没有明显实际应用的科学之处，
科学家也无法逃脱责任的窘境，因为科学发现往往被十分迅速地应用于工
业、军事或其他实际领域。今天，这种纯粹研究的类型是罕有的。许多研
究直接对准特定的目标。科学不再被看作中性的，而是实行某些人心目中
确定的意图：增加工业利润，或加强政府的权能。卷入这样的目标的科学
家了解这一点，因为科学不再是中性的，他们丧失了对道德中性的任何要
求；他们知道他们预定工作的意图是什么，因此当这个意图达到时，在结
果中便显出恐惧（或称赞），他们不能以"无罪"作为借口。而且，今天
组织工作的方式意味着，科学家往往在有多重纪律和纵向结合的团队中工
作，以至在进行基础研究的同时，也在探索把它们应用于特殊的目标。例
如，在研究等离子体物理学时，就与从裂变中发电的目的联系在一起。在
这样的环境中，不存在把基础研究和它的应用分开的现实方法。这隐含着
科学中性的终结，也隐含着对道德中性的任何合理性要求的终结。② 格雷
厄姆看到，20 世纪的科学严重地向行为心理学、人的遗传学、生物医学
和个体生态学（ethology）领域倾斜；保持科学与价值之间的联系在科学
家及其机构的关注之外已不可能，这一点变得日益明显。我们现在必须清
算所积累的叙述，我们必须确定我们在它的未来成长中的立场。也就是
说，在这些研究领域，区分科学与技术已经变得相当困难，实际上难以把
科学与社会价值和伦理价值分开。③ 今日科学领域之状况的特征是：社会
伦理的和人文主义的问题不再是某种外在的东西，即仅仅在技术应用中揭

---

① R. Graham. Between Science and Values. New York：Columbia University Press，1981：356.

② J. Lipscombe, B. Williams. Are Science and Technology Neutral?. London, Boston：Butterworths，1979：14.

③ R. Graham. Between Science and Values. New York：Columbia University Press，1981：31-32. 格雷厄姆继续说："在 19 世纪，不限制世俗知识的原则的出现对于学术自由而言是一个巨大的胜利，这是文明发展中最有意义的事件之一。但是，我们应该承认，这种理智的胜利涉及一些现在正在潜在地成长的重要的、未解决的争端。即使我们力图在科学与技术之间做出区分（日益难做），但是把科学与社会价值和伦理价值分开实际上可能吗？如果整个宇宙包括人都是研究的对象，那么对宇宙的理解将不会给我们以关于人的价值体系的说明吗？19 世纪末我们获得了研究自由，而现在限制主义还处于支配地位，在这个过程中我们要拒绝限制主义吗？我们将回想起，限制主义曾经基于下述假定：能够容易地做出科学知识与伦理原则之间的划分，关注伦理学和其他价值的人不需要担心科学的后果。但是，如果我们永远应该能够科学地说明人为什么具有他们具有的价值，那么划界便会遭到破坏。如果情况变得很清楚，即任何给定的、实在的人应当（ought）具有自然主义的起源和用科学能够说明的发展的话，那么 ought 还不能在逻辑上从 is 推出的事实就似乎是不重要的。"（同前，32）

示其意义的、追求真理的伴随物；它们作为科学的必要部分形成科学真正本性的一部分，形成真理的可理解性和有效实现的条件。① 于是，科学家必须对社会承担道德责任就是顺理成章的事情。

第七，科学家选择做何种研究是有较大自由度的，他的自由意志决定他负有责任，其中包括对社会的道德责任，而这种责任也对科学家选择何种研究课题具有一定的约束和限制——当然这是出于自愿。沃尔拉特明确指出，科学家就追踪哪个研究路线，选择哪个假设提交检验，是使用这种还是那种检验类型等等做出决定。这些决定在对科学的客观性没有微小影响的情况下，照例受到主观的或激情因素的影响。这些由于是关于行动的、做事情的决定，所以具有道德的意味。② 卡瓦列里表明，具有探究自由的科学家很容易侵犯他人的权利，"无法逃避对于他的发现被利用的大部分责任。正像经常发生的那样，责任确定了自由——包括科学探究的自由——的可靠界限"③。

----

① "Social Science Today" Editorial Board，Science as a Subject of Study. Moscow：Nauka Publishers，1987：236-258. 这篇编辑部文章接着讲：我们在这里仅仅涉及作为一个整体的科学，具有大写字母S的Science，而不涉及它的分离的片段或部门。第一，科学作为人的活动的特殊形式，力求与这种活动的直接主体人再结合，这表现在下述事实上：它在社会上不再被疏远，从而变得越来越成为"在人的方面可以度量的"即与人的品质和需要相关；这些品质和需要不仅在最终的分析即在社会目标与结果的形式中表达出来，而且也直接表达出来。这是通过增强人作为科学活动主体的角色而达到的。科学越来越专横地不仅侵犯人的社会生活，而且侵犯私人的（有时密切的）生活，实质性地转变了它，并使它从属于新的、先前未知的标准和结构。在这个过程中具有重大意义的是下述事实：就其社会的和生物的品质而言，作为一个整体的人变成科学认知——自然科学的和社会学的认知——的主要对象。第二，现代科学更独特的、更直接的社会学化和人性化的趋势反映了与下述情况有关的更普遍的过程：对科学的社会伦理和人文化规则的需要，以及在地区、国家和最重要的即全球规模上对科学的控制。自然地，这些趋势是以各种各样的形式发生的，在社会主义和资本主义体制下都表现得淋漓尽致。这种新奇的状况通常与一系列的内部变化（尤其表现为科学的方法论、拒斥把科学认知的可能性弄狭隘的新实证论取向）有关，与科学在现代文化体系中的作用和地位的新概念有关。通过批判性地解决人的主要问题的科学和技术进路的科学主义的绝对化，这后一种趋势最清楚地显示出来。

② J. Vollrath. Science and Moral Values. Lanham，Boulder，New York，Dorondo，Plymouth，UK：University Press of America，1990：147.

③ L. F. Cavalieri. The Double-Edged Helix：Science in the Real World. New York：Columbia University Press，1981：132. 卡瓦列里具体是这样讲的："对于科学家来说，科学的相对重要性是主观的情感；科学和科学的思维方式构成他的存在的大部分。科学家的通常训练无意识地增强了对于科学的作用、它与实在的关系，以及它决定是什么因而也决定应该是什么的特殊权限的某些得意扬扬的态度。以这种方式，探究自由很容易被延伸到包括开始侵犯他人权利的行为。基础学术研究并未固有地免除这种批评。追求具有明显技术潜力的研究路线的科学家十分清楚地知道，在全世界的所有社会中，在技术应用之前不存在从共同的立场评判它的机制。没有一个人正在等待接受来自它的社会重负。于是，科学家无法逃避对于他的发现被利用的大部分责任。正像经常发生的那样，责任确定了自由——包括科学探究的自由——的可靠界限。因此，学术科学家应该超越他的眼前利益思考，以免火上浇油，以至他或任何其他人都不能控制它。"（同前）

值得提及的是，中国科学家对科学家的道德责任早就有正确而公正的意识，特别是在美国使用原子弹之后。《科学》杂志主编张孟闻 1947 年 1 月在《科学》杂志发表文章，明确肯定科学家对社会负有道德责任。他这样着墨："科学研究的成果其关涉于人类幸福之密切，有了这么显著的事实说明，科学家即使再想推卸责任，以为自己只消躲在实验室里关起门来，可以与世无干，也已经无法自圆其说了。……从原子能发明以来，科学的成就已经远超过这个时代的政治。传统的政治政策不足以应付这个原子能时代了。要是科学家们不起来号召而仍让这些旧人物搅下去，世界一定会被引入毁灭的歧途。所以这个时代的科学家，既经撒手放出了原子能来，就应更负起责任来引导原子能向建设人类幸福的大道上走，而不使其为害人群。这就是说，现在应该用科学方法来处理人类社会的事情；也即是用科学来领导政治，而不是让科学去盲从政治。"[1] 在 1947 年 8 月中国科学社与其他六个科学团体联合召开的年会上，张孟闻提出："科学家应有自身的责任感，对社会、国家乃至人类有其正义感及道德责任的社会意识。"[2] 陆禹则说："科学家对于这种情况，应决心不做帮凶。如果有生命危险，那就牺牲了也理所当然。因为枪毙了你，也只有一个人的生命，而原子弹的杀害却是 20 万人为起数。"[3]

其实，在科学共同体内不乏具有高度社会责任感和道德良心的科学家。爱因斯坦就是一个十分突出的典范。面对手段日益强大、目标日益混乱的现实社会，他严肃地告诫科学家：没有良心的科学犹如幽灵一般，没有良心的科学家是道德沦丧和人类的悲哀。科学家必须以高度的道德心和责任感自觉而勇敢地承担起神圣的、沉重的社会责任，力求阻止科学异化和技术滥用。他呼吁科学家本着科学良心，坚决拒绝一切不义要求，必要时甚至采用最后的武器：不合作和罢工。在爱因斯坦看来，缄默就是同情敌人和纵容恶势力，只能使情况变得更糟。科学家有责任以公民身份发挥自己的影响，有义务变得在政治上活跃起来，并且要有勇气公开宣布自己的政治观点和主张。他觉得，对社会上的丑恶现象保持沉默就是"犯同谋罪"。爱因斯坦自觉地、勇敢地承担起了科学家的社会责任和道德责任，

① 张孟闻. 原子能与科学家的责任. 科学，1947，29（1）. 转引自：冒荣. 科学的播火者——中国科学社述评. 南京：南京大学出版社，2002：320。
② 原子能与和平（专题讨论一）. 科学，1947，29（10）. 转引自：冒荣. 科学的播火者——中国科学社述评. 南京：南京大学出版社，2002：322。
③ 同②.

为人类社会的美好未来鞠躬尽瘁、死而后已。① 1983 年美国总统里根提出"星球大战计划"，当时劳伦斯利维模实验室的彼德·哈格尔斯坦（Peter Hagelstein）突然辞职不干了，原因是他的良知无法让他从事这项武器研究。彼德是 X 光激光的发明人，是一位才气纵横的年轻物理学家。不仅如此，全美有 3 700 位科学家及工程教授，包括 15 名诺贝尔奖得主，以及最好的 20 个物理系的 57% 的教授纷纷签名，拒绝"星球大战计划"的研究和经费。②

§5.3　科学家对社会必须承担哪些道德责任？

我们所谓科学家对社会承担的道德责任，指科学家在科学共同体之外应该承担的、与其他职业人士和一般公民不完全相同的道德责任，是由于创造和使用科学知识而引出的、高出自然义务③的、附加的道德责任。

这些道德责任有哪些？国际科学协会联合理事会制定的《科学家宪章（1949）》昌言，科学家对于社会除了要尽一般民众的义务之外，还要另外承担一定的责任：（1）保持诚实、高尚、合作的精神。（2）周密调查自己从事的工作的意义和目的，受雇时了解工作的目的，弄清有关的道义问题。（3）最大限度地发挥作为科学家的影响力，用最有益于人类的方法促进科学的发展，防止对科学的错误利用。（4）在科学研究的目的、方法和精神方面援助国民与政府的教育事业，使其不致影响科学的发展。（5）促

---

①　有兴趣的读者，可以参见：李醒民. 爱因斯坦. 台北：三民书局东大图书公司，1998；李醒民. 爱因斯坦. 北京：商务印书馆，2005。

②　林俊义. 科学中立的神话. 台北：自立报系文化出版部，1989：135.

③　沃尔珀特的一段话可供我们参考："当我们思考科学家的社会责任时，我们根本不关心在我们社会中所有公民的自然义务，如相互帮助、不使遭受不必要的痛苦等。按照当代道德哲学家约翰·罗尔斯的观点，这些义务适合于我们大家，与某些自愿的选择无关，例如我们做出的职业选择。相对照，特殊的义务源于已经做出的特殊选择，例如结婚或参加公职竞选。因此，问题是：与其他公民不同的科学家必须承担高于自然义务（duty）的什么义务（obligations）呢？在什么程度上，科学家需要为拥有的有特权的知识承担附加的义务（obligations）呢？该问题本质上不是伦理问题，因为在诱导科学的不道德行为的过程中似乎未呈现特殊的问题，尽管科学家当然必须不窃取观念，必须不欺诈或必须对有关动物实验采取应有的关心，等等。"（L. Wolpert. The Unnatural Nature of Science. London, Boston：Faber & Faber Limited, 1992：164）在这里，duty 和 obligation 均指一个人的本分或义务。duty 指一个人永远要尽之义务，因为按照道德律或法律这样做是对的。obligation 指一个人在特定时间要做的事，因为他个人负有责任。（梁实秋. 远东英汉大辞典. 台北：远东图书公司，1977：639）

进科学的国际合作，为维护世界和平、为世界公民精神做出贡献。（6）强调和发展科学技术具有的人性价值。为了履行这些责任，应该坚持科学家有一定的权利，主要包括：有权自由参加一般民众能够参加的一切活动；为了解受托承担的研究计划的实行目的，有获得一般性情报的权利；有权公开发表自己所从事研究的成果，并在研究活动中与其他科学家进行充分自由的讨论，但是出于社会的或伦理的正当理由而必须加以限制的除外。① S. 罗斯和 H. 罗斯在把抽象的科学价值翻译为具体的行动纲领时，提出了四个可能的活动方面：（1）科学家必须意识到影响科学发展的社会的、政治的、经济的压力，必须明白古老的说法"出资人做主"一般地对科学、特殊地对他们的学科的意义。（2）科学家必须学会广泛地与同行和社会群体交流，必须愿意并能够解释自己做的是做什么、为什么要做，明确说出自己是否感到自己工作的社会应用是意义不明的或危险的。交流不局限于专业，还应该包括道德责任。（3）必须解决科学教育和课程内容存在的问题，设法把意识到压力和科学活动的真正价值的人培养成科学家，使他们意识到科学不是在真空中。（4）即使做了这一切，科学家也无法轻松地返回实验室从事喜欢的研究课题，而必须自问如何用自己的科学技艺更好地服务于人民。②

上面列举的项目虽然或多或少与科学家对社会的道德责任相关，但是似乎比较零乱，彼此之间缺乏密切的联系，而且有些属于科学家在科学共同体内部应该遵守的道德规范。在这里，我们根据相关文献，尽可能全面地列举一些关系紧密的项目，尽管它们的集合并非总是充分的。

第一，科学家应该出自善良的意愿从事科学研究，应该有科学良心，有自律精神；应该尽可能利用有限的资源，选择有利于人类福祉和公众身心健康的研究方向，关心科学研究结果的终点即科学应用和技术进展；应该竭力制止科学异化，尽力避免误用科学，坚决反对滥用和恶用科学。也就是说，科学家的探索动机一定要出自善意和良心，应用探索结果要尽可能达到最佳效果。哈罗德·尤里（Harrold Urey）的言论可以说代表了科学家的心声："我们的目的不是谋生和赚钱。这些只是达到目的的手段，仅仅是附带着产生的。我们希望消除人们生活中单调乏味的工作、痛苦和

---

① 国际科学协会联合理事会：科学家宪章（1949）. 刁培德，译. 科学学译丛，1983（3）：79-80.

② S. Rose，H. Rose. The Myth of the Neutrality of Science//R. Arditti，et al. Science and Liberation. Montreal：Black Rose Books，1986.

贫困，带给他们欢乐、舒适和美。"① 1971 年 10 月 30 日，威斯康星大学
的罗伯特·马奇（Robert H. March）向美国物理学会理事会呈交了一份
有 276 位会员签名的请愿书，提出了对该学会章程的修正案。这个关于专
业责任的修正案说："学会的目的，应该是发展与传播物理学知识，以增
进人对自然的理解，并为提高所有人的生活质量作出贡献。学会要援助它
的会员追求这类人道目标，而且它将避免从事那些被判断为对人类福利产
生危害的工作。"② 西博格（G. T. Seaborg）昌言，科学家必须关注科学
的技术应用，必须理解人的价值、敏感性和欲求以及需要。③ 卡瓦列里倡
导，科学家应该为公众的利益趋利避害，不要参与具有可疑技术困境的研
究项目，应当在政治上行动起来，反对滥用科学。④

　　为此，科学家必须严于自律，在科学活动中自觉约束自己的行为，为
自己的一言一行负责。诚如梅尔茨（John Theodore Merz）所言："科学

---

①　戈兰. 科学与反科学. 王德禄，王鲁平，等译. 北京：中国国际广播出版社，1988：
100.

②　同①101.

③　西博格具体是这样讲的："关于科学和技术的意义以及它们在社会中的作用，不能撇开
人的价值以及受到科学发现和技术变革影响的社会建构来理解。在我们急剧变化的世界上，科学
家负有思考科学对社会的影响和向公众交流科学的特殊责任。科学家必须关注科学被应用的世
界，他们必须理解人的价值、敏感性和欲求以及需要。只有人文学科和社会科学能够提供这种必
不可少的、广阔的理解框架。关于在人文学科中表达出来的对过去和现在的洞察，对就未来做出
健全的判断是不可或缺的。"（G. T. Seaborg. A Scientific Speaks Out：A Personal Perspective on
Science：Society and Change. Singapore：World Scientific Publishing Co. Pte. Ltd.，1996：238）

④　卡瓦列里这样写道："技术是以科学为基础的，技术没有履行它对社会的责任和义务。
刚才举的几个例子对于现代技术与人的存在及其环境的关系来说，即使不是典型的，也是有征兆
的。这个事实改变了所有按照这条路线处事的责任的本性。在理想世界，科学家也许可以有正当
理由追求任何知识，而把评价公共利益和利用它们的结果留给他人。但是，当沿着这条链条走得
更远的人明显不能被指望履行社会责任时，继续不加区别地给技术加油就变得对科学家——技术
进步中的原动者——不负责任了。科学家现在的责任是，不参与把有限的研究资源用于容易被滥
用（不管它们多么可能潜在地有用）的目标，而致力于那些可以为公众谋利益的、最可能给出系
统的实在结果的目标。这意味着，科学家应该达到哲学博士的水准，扩大自己的学识和理解力，
并对人以及科学可能——或不可能——贡献给他们的方式进行严肃的思考。科学家有责任在政治
上行动起来，以反对科学的不恰当应用，不管这些应用是有害的、无用的还是把资源从更有意义
的追求中转移走。科学家应该使公众警惕任何潜在的问题，因为科学家毕竟处在认出它们的最佳
可能位置。这是科学家在我们生活的世界的责任，与社会责任不属于科学家而属于技术专家的占
优势的观点相比，它一点也不更乌托邦。"（L. F. Cavalieri. The Double-Edged Helix：Science in
the Real World. New York：Columbia University Press，1981：98-99）"依我之见，科学家不应
该参与发展具有可疑技术困境的研究项目，尤其是当他们的努力和资源在其他方面是如此需要
时。……与农业有关的更紧迫的研究在于把科学原理应用于生态农业。这样的生态农业依赖太阳
能、较多的人力投入、水的循环和精耕细作地利用土地。它的目的是用最小的能量消耗得到最大
的产量。"（同前，147）

思想唯有按严格的和谨慎的方式应用才导致宝贵结果，而一旦它们从按这样方式应用它们的人手中跑出来，就容易造成恶果。因为这工具是那么锋利，所以应用它来加工物件似乎那么容易。科学思想的正确应用只有通过坚毅的训练才能学会，并且这种正确应用应当由不易养成的自我约束习惯来支配。"① 卡瓦列里发表了同样的看法："科学家应该感到在道德上受到约束，务必注意他的好奇心的理智方向；他应该不再简单地把他的商品提供给技术专家。他应该选择没有不可逆转的损害潜力的进路。……事实上，已经有多种多样的关于科学研究的有效法律约束，例如以人为对象的某些研究。"② 布罗诺乌斯基更是提出了一个更高的要求：科学家对出资人绝不能卑躬屈膝，要保持自己的独立性，必须作为公众希望的保护人和模范而行动。③

第二，科学家应该把科学普及和启蒙教育作为自己的职责之一，用通俗易懂的语言不定期地向公众说明自己的研究方向、工作意义、预期结果和应用前景，尤其要讲清楚有关研究可能导致的现实的与潜在的负面影响和危险，让公众明白事情的来龙去脉，以便独立地做出判断，并对这些研究及其应用进行必要而有效的监督。这是科学家对社会的一项基本的道德责任，因为他们比别人更明白，在一定历史条件下，科学知识的边界究竟在何处，它们的应用可能产生什么样的后果。尽管如何利用科学是由社会决定的，科学家所能做的莫过于坚持科学道德，以便社会做出明智的抉择。但是，由于理智而道德的决定需要对事实真相进行精辟透彻的讨论，因此科学家负有为此提供可靠事实的特别责任，因为外行对于他们提供的事实是难以鉴别的。科学家对于一件事情，比如对核能公开表态时，必须指明危险的程度，规定适用的范围；如果语义含

---

① 梅尔茨. 十九世纪欧洲思想史：第 1 卷. 周昌忠，译. 北京：商务印书馆，1999：124.

② L. F. Cavalieri. The Double-Edged Helix：Science in the Real World. New York：Columbia University Press，1981：137.

③ J. Bronowski. The Disestablishment of Science//Fuller Watson. The Social Impact of Modern Biology. London：Routledge & Kegan Paul，1971：233—246. 布罗诺乌斯基以俄国的教训为例提出告诫：科学家如果想要维护有思想的公民（包括他们自己的学生）在他们之中珍视的作为手段和目的的诚实（integrity），那么就必须放弃卑躬屈膝的政府资助。依我之见，现在科学家自身要建立不易被违背的公共道德标准。公众开始理解，从一个发现到下一个发现的不断前进不是由于好运，甚至不是由于才干，而是由于科学方法中的某种东西：追求真理中的不屈不挠的独立性，这种独立性不注意已接受的观点或权宜之计或政治上的好处。我们必须鼓励公众理解，因为它迟早会甚至会在国家事务中引起智力革命。其间，我们科学家必须作为公众希望的保护人和模范而行动，公众希望在某处存在能够克服一切障碍的、具有道德权威的人。

糊地说它是安全或是危险，那就是渎职，就是犯罪。[①] 沃尔珀特也指出
了科学家的这一责任和职责：他们必须把他们工作的可能含义告诉公
众，尤其是在敏感的社会争端出现的地方，他们必须清楚他们研究的可
靠性；他们必须审查在什么程度上，对于科学本性的无知和它与技术的
结合会误入歧途。[②] 世界科学工作者联合会强调，科学家有责任指出对科
学知识的忽视、滥用会给社会带来有害的后果；同时通过普及教育，使社
会本身必须有意提高评价和利用科学提供的各种可能性的能力。[③] 1973
年在英国成立的"科学与社会责任委员会"也把这种责任明文记录在案：
"试图在尚未完全开发的科学与技术研究领域里，识别出哪些将产生什么
样的重大社会后果；客观地研究它们；努力预测其后果是什么；它们是否
可以控制和怎样控制；发表忠实可靠的报告，以便引起公众广泛的
思考。"[④]

　　毋庸讳言，有些科学成果确实十分深奥，其应用也足够错综复杂。
尽管如此，这一切"也不应当仅仅由那些在专门技术中是行家的人来决
定。如果我们想要避免专家政治（technocracy）[⑤] 的话，那么我们就必
须学会辨认那些不能够只由科学来回答的问题，我们就必须提出更好的
方法，借助这些方法公开地解释和争论这类问题，从而使公众掌握比较
广泛的经验和常识。作为一个社会，我们必须学会把专家当作同事和顾
问来看待，而不是当作神使来看待。反过来，专家也必须学会使他的课
题对外行也比较通俗易懂"[⑥]。对于科学共同体，也应该秉持同样的态

　　① 英国《经济学家》. 科学的本质. 陈奎宁，译. 科学学译丛，1983（1）：22-30.
　　② L. Wolpert. The Unnatural Nature of Science. London，Boston：Faber & Faber Limit-ed，1992：152.
　　③ 世界科学工作者联合会. 科学家宪章（1948）. 张利华，译. 科学学译丛，1983（3）：75-79. 该宪章上是这样写的："科学家自身必须担负维护和发展科学的主要责任，因为只有科学家才能理解其工作的本质及其前进所坚持的方向。但是，运用科学却肯定是科学家和一般大众的共同责任。科学家既不能支配他们生活的那个社会的政治-经济-技术势力，也不要求得到这种支配权。尽管如此，科学家还是有责任指出对科学知识的忽视、滥用会给社会带来有害的后果。同时，社会本身必须有意提高评价和利用科学提供的各种可能性的能力。这只有通过对自然科学和社会科学的方法和结果进行普及教育才能达到。"
　　④ 戈兰. 科学与反科学. 王德禄，王鲁平，等译. 北京：中国国际广播出版社，1988：101.
　　⑤ 李醒民. 专家政治得失谈. 中国科学报，1991-05-03（3）；李醒民. 论技治主义. 哈尔滨工业大学学报（社会科学版），2005，7（6）：1-5.
　　⑥ R. H. 布朗. 科学的智慧——它与文化和宗教的关联. 李醒民，译. 沈阳：辽宁教育出版社，1998：112.

度，因为这个群体像社会上的其他群体一样，有时容易陷入本位主义和自私自利的泥沼①，必须引入公众和舆论的监督。在这个方面，社会科学家也可以发挥重要作用，负有特殊责任。② 在这里，记住西博格的以下告诫是有好处的："变成科学家的你们也承认科学的人文方面，你们将能够超越科学努力的直接结果，注意评价它们对人和社会的后果。然后，你们将更好地准备完成你们的公民责任：帮助向公众阐明科学和技术发展的更广泛的含义。你们做这件事的能力不仅将使你们成为更有价值的公民，也将使你们提升科学和科学家在我们社会中的地位。"③

　　第三，科学家应该适当参与政府的决策过程，必要时设立公共政策咨询机构，为社会和大众提供职业专长或科学知识；也可以就与科学技术相关的重大事项做调查研究、分析评价，提出具有可行性的选择方案，供人民代表或政治家抉择和决策。这就要求科学家自觉地和主动地关心公共政策，也要求政治家尊重和重视科学家陈述的科学事实。为此，莫尔提出了两步决策模式："科学家的责任是保证，仅考虑真正的知识，在构造可供选择的模型时服从科学的伦理准则。另一方面，政治

----

　　① 卡瓦列里是这样说明这一点的："科学家乐于认为，科学共同体在社会中占据一个特殊的地位，即祛利的、仅对真理承担义务，因而在某种程度上是社会的恩人。生物科学与公众的新关系把这个图景中缺乏的因素——缺乏现实社会的科学哲学——引入了焦点。新知识对社会有益的模糊的和可以容许的信托是不充分的，许多后核物理学家都会赞同这一点。现在，对于教授和学生来说，是给予类似于医学伦理学的研究伦理学（Research Ethics）严肃思考的时候了，研究伦理学应该定义科学研究与个人和社会的特定关系。实验室与公众安全的直接关系只是事情的一个方面；研究的方向和目的、它的成果的利用也基于科学家的良心。这些事情现在被大多数科学家留给了偶然性和私人决定。可是，没有超越实验室从而包括科学冲击社会的所有方式在内的确定的和普遍坚持的责任原则，科学共同体就正好是像任何其他群体一样的自私自利群体，具有它自己划定的利益，它自己的动机，它自己的权能、影响和承认的奖励，以及它自己与权力机构和现实状况的关系。在这个方面，科学与工业有固有的不同吗？或者，在它的社会良心上有固有的不同吗？"（L. F. Cavalieri. The Double-Edged Helix：Science in the Real World. New York：Columbia University Press，1981：91）

　　② 对此，波普尔是这样论述的："社会科学家在这里有着特殊的责任，因为他的研究多半涉及完完全全的对于力量的使用和滥用。我觉得人们应当认识到的社会科学家的道德义务之一是，如果他发现了力量的工具，尤其是总有一天会危及自由的工具，他不仅应当告诫人们提防这些危险，而且应当致力于发现有效的对策。我相信，实际上大多数科学家，至少大多数有创造力的科学家，都非常重视独立的、批评性的思考。他们大都嫌恶这样的观念：一个社会由技术专家和大众传播所操纵。他们大都会同意，这些技术中所内在的危险可与极权主义的危险相比。"（波普尔. 走向进化的知识论. 李本正，范景中，译. 杭州：中国美术学院出版社，2001：10）

　　③ G. T. Seaborg. A Scientific Speaks Out：A Personal Perspective on Science，Society and Change. Singapore：World Scientific Publishing Co. Pte. Ltd.，1996：238.

家对在不同模式之间做出决定负责。"莫尔洞察到，在大多数情况下，
科学家的事实判断和政治家的价值判断中都存在分歧。从科学家方面
说，他们只要摆脱意识形态的制约，特别是明确自己的责任（为事实陈
述的真理负责），就履行了应有的职责。需要引起科学家和科学共同体
警惕的是："在批评的争端中，反对的政治集团将雇佣他们自己的科学
家给他们提供从特定的政治立场的观点看来所需要的'事实'。在这些
例子中，必须找到来自科学共同体内部的中性判断，避免进一步损害科
学顾问的形象，败坏科学共同体的威望和正直。"① 卡瓦列里以两个科学
建制说事：一个是 GRAS，它是"generally recognized as safe"（一般辨
认是安全的）的缩略词；它涉及食物的配料。美国科学联合会生命科学研
究办公室为实验生物学在 1972 年组织了一个小型特别委员会。该委员会
在 5 年内召开了 50 次执行会议，此后在 1977 年发表了它的报告。它陈述
的意图是四重的：（1）阐明在给定的食物配料的安全性评估中考虑的因素
的范围；（2）就在做出食物安全性的判断时遇到的关于技术两难困境的性
质的技艺状态和评论提出评估；（3）就评价过程的哲学的、程序的和科学

---

① H. Mohr. Lectures on Structure and Significance of Science. New York：Springe-Ver-
lay，1977：160—161. 关于两步决策模式，莫尔是这样论述的："在这一点上，不同的价值系统
和倾向结构径直地起作用。让我简短地重复一下，如果我们准备应用两步决策模式我们就必须
遵循的实际步骤。利用不同的假定能够构造出不同的自我一致的系统，其中每一个都同样合乎
逻辑，都同样能被科学知识证明有理。由科学家构造的可供选择的模式（或系统）仅仅是不同
的，因为所选择的假定不同。在大多数情况下，真实世界中复杂问题的解答能够建立在不同的
假定上，这些假定依赖于人们心目中的手段和价值，需要利用这个决定，而不利用另一个决
定。在大多数情况下，科学家不能做决定，因为几组假定从科学的观点来看同样是合理的。在
这种情况下，以政治经验、政治品味和特定的价值系统及倾向结构为基础的政治决定开始起作
用，并且是必不可少的。两步决策模式中的关键之点是，责任被明确规定了，要阻止科学家夺
取政治领导权。作为一个准则，科学家是在没有学会政治策略的情况下进入公共政策领域的。
大多数科学家在政治上是幼稚的，他们没有能力接管政治责任和掌握政治权力。我不知道有任
何科学家具有政治家的属性。"对于科学共同体内部出现的观点分歧，莫尔的看法如下：由立法
机构、政府或行政机关做出的决定都包含专家的"如果……那么……"命题以及价值判断，后者
几乎不可避免地具有观点的分歧。不过，"如果……那么……"命题只要包含真正的知识或者目
前适用技术的外推，就会较为经常地变成争论的话题。这通常导致互相冲突的主张，有时甚至在
科学共同体内部导致严重的争论。智商遗传和核电站风险就是这类例子。科学家作为一个国家的
公民或作为特定意识形态的参与者所感到的道德责任，能够很容易影响他们对科学事实状态的判
断，特别是在有关的科学资料还不彻底"客观"时。甚至科学共同体的善意批评家也坚持下述观
点：科学家不可能对一个问题的道德观点和政治观点有深刻的把握，而同时又坚持它的科学成分
的完美的客观性。以下是对可悲状况的公正描述：科学共同体的第一流科学家如果摆脱了政治意
识形态，而且不怀疑对人的责任和公共责任明确地与政治代表有关，而科学家主要为陈述的真理
负责，那么就能理解这种描述。科学家决定的问题不是"我们应该建设核电站吗？"，而是"能够
建设'安全的'的核电站吗？"。

的细节提供建议；（4）指出为改善有关资料的可靠性和丰富意义所需的研究。① 另一个是美国科学院等科学团体。"美国科学院以及其他科学团体应该关注鉴定包括科学、技术和社会在内的所有问题。哪里存在问题，科学院就应该寻求现实的解决办法，仔细地审查原因，不把自己限定在技术困境中。但是，这会要求完备地检查科学院组织……用所安排的基金保证它的独立性，科学院在使科学对社会施加影响时能够提供许多所需要的服务。"②

　　科学家在提供科学咨询和发表专业看法时，应该尽可能地坚持科学的客观性。雷斯尼克表明："当科学被期望提供职业专长时，至少有两个理由要求科学家应该尽可能客观。第一，当科学家被请求给出专业看法时，公众期待他们给出对事实的无偏见的、客观的评价。在新闻访谈、国会听证和在法庭中，科学家提供作为解决争端基础的事实和专门知识。放弃这一角色的科学家便辜负了公众的信任，会削弱公众对科学的支持。第二，如果科学家例行地牺牲他们对客观性的承诺，以支持社会的或政治的目标，那么科学便可能变得完全政治化。科学家必须维护他们对客观性的承诺，以避免沿着斜坡下滑到偏见和意识形态。虽然道德的、社会的和政治的价值能够对科学产生影响，但是当科学家进行研究或被请求给出专家意见时，他们应该继续力求是诚实的、开放的和客观的。然而，当科学家作为关心公众事务的公民而行动时，他们自由地摆脱了客观性紧身衣，因为他们可以像其他任何人一样，有权利倡导社会的或政治的政策。当科学家被请求作为专家服务时，他们自由地倾斜或偏向事实，提供主观的看法，从事各种劝说和修辞。因此，要解决科学和政治的混合造成的问题，科学家就需要理解他们在社会中的不同角色。……对于科学家来说，并非总是容易判断这些角色，有时由于强烈的个人参与兴趣，以至无法把公民和科学家的角色成功地分开。虽然科学家在职业的与境中应该力求客观性，但是职业伦理可能容许他们在罕见的案例中为社会的或政治的目标牺牲诚实和公开性。比如在人类学的某些研究中。"③ 而且，科

---

① L. F. Cavalieri. The Double-Edged Helix：Science in the Real World. New York：Columbia University Press，1981：99.

② 同①126.

③ D. B. Resnik. The Ethics of Science. London，New York：Routledge，1998：149-150.

学家在这个方面承担的责任应该是适当的①，不能层层加码，更不能越俎代庖，否则，既可能损害科学和科学家的声誉，又会成为政治家推卸责任和不作为的借口。

　　第四，科学家应该经常对科学研究的课题或项目的可行性和风险进行评估。对于具有某种危险而又没有保险防御措施的研究，科学家本人或小组可以暂缓进行、临时中止或者果断放弃。在必要时，可由科学共同体通过充分交流和讨论，制定一些临时条款或时效不一的准则，进行立法管制。但是，这一切必须谨慎行事，并随时加以改进和完善，否则会有害于社会。事实上，科学家及其共同体可以成为他们职业的管理者，他们正是这样做的。他们了解某一研究的后果后，经过细致评估和慎重考虑，主动自我设限。例如，1970 年，生物学家保罗·伯格（Paul Berg）在斯坦福大学开始新的研究路线，研究高级动物中的蛋白质合成机制。作为这个规划的一部分，他们想找到把 SV40——引起肿瘤的猴子的病毒——嵌入大肠杆菌的方式。由于大肠杆菌通常留在人体中，研究小组的一些成员猜想，如果他们的细菌连同引起肿瘤的病毒不可避免地流出实验室，那便会导致公众健康的大灾难。当这种可能性引起美国主要分子生物学家的注意时，他们宣布在这个以及与之相关的、对重组 DNA 技术的发展来说决定性的路线上暂停，以便讨论可能引发的各种问题，之后再做决定。他们同意等待，直到安全因素能够被解决为止。1975 年科学家再度开会讨论，

---

　　①　沃尔珀特的下述言论很有道理："问题不在于科学家独自地采取道德的或伦理的决定：他们在这个领域既没有权力也没有特殊的技能。事实上，在要求科学家负更多的社会责任方面存在着严重的危险……这便是毫无保留地把权力交给既非训练有素亦非具有发挥它的能力的群体。在核电站、生态学、临床试验、人的胚胎研究等形形色色的领域，科学家无疑将面对困难的社会和伦理问题。在每一种情况下，他们的义务除了每一个公民的那些责任以外，是把信息公开地告诉公众，是开放的。对于怀疑公众或政治家是否有能力采取正确的决定的人来说，我推荐托马斯·杰弗逊的话：'我不知道除了人民本身之外的社会终极权力的受托人。如果我们认为他们没有启蒙到足以用审慎的处理权来实施那种控制，那么补救办法便是尽管相信他们，把他们的处理权告诉他们。'对于意义深长的例外，我相信科学家共同体在整体上相对于公众会负责任地行动。如果把伦理决定的唯一责任赋予科学家，或者如果设想他们不得不承担它，那么这就是一个大错误，因为这些决定属于作为一个整体的公众的决定——这些决定本质上是社会的和政治的决定。没有一个人会期望科学家为流产是否应该合法的决定负责，尽管科学的信息是必不可少的。在告之最新获得的科学知识以后，决定最终必须由我们选举的代表做出。重要的是要记住，正如法国诗人保罗·瓦莱里（Paul Valéry）所说：'我们倒着进入未来。'科学家不会知道他们工作的全部技术含义和社会含义。今日的幻想是明日的技术，现实责任所在之处是就技术和政治而言的。即使如此，人们也必须警惕把这种观念看作教条，把科学视为一贯正确的。"（L. Wolpert. The Unnatural Nature of Science. London, Boston：Faber & Faber Limited，1992：170-171）

决定取消禁令，后经国家卫生署另设研究准则。这个插曲并不意味着分子生物学家共同体抛弃了这个研究路线，而只是延迟了研究。其意义是双重的：一是分子生物学家能够做出自愿的、集体的决定。暂停是群体决定的结果，它是分子生物学家在没有直接社会压力的情况下做出的决定。二是他们决定先问问题，之后再进行研究。这恰恰与物理学家就原子弹所做的事情相反。伯格小组中被分派嵌入病毒的成员珍妮特·默茨（Janet Mertz）说："我借助原子弹和类似的事情开始思考。我不想成为向前走、造出杀害万人的妖怪的人。因此，几乎到那个周末，我决定，我将不进一步做与这个计划有关的任何事情，或者就那件事而论，不进一步做涉及重组 DNA 的任何事情。"① 雷斯蒂沃（S. Restivo）说得好："总是存在对科学的强制。有时，这些强制是从'外部'（例如由宗教和政治的权威）强加的。有时，它们是从'内部'（例如在科学权威发现进行自律的行为是必要的、方便的或谨慎的时候）施加的。对科学的强制的来源和形式依赖于科学活动在建制上自主的程度。科学文化和更广泛的文化是反映与指导科学家的行为的价值之源泉。"② 在这个方面，有必要尊重科学的自主性，由科学共同体内部施加的约束或限制一般而言总是恰当的，也是易于收到良好成效的。

第五，在当代这个科学技术的社会里，社会常常要求科学家就某些纷争和诉讼为法庭提交客观、可靠的科学证据与证言。科学家有道德责任和义务接受与满足这样的要求，但是其提供的证据与证言必须客观、可靠，而且不应该收取额外的好处费。雷斯尼克对此有详细的分析和论述：科学家作为专家在法庭上证言时，应当是诚实的、开放的和客观的。在法庭上使用专家，会引起一些重要的伦理争端。（1）专家能够偏向他们的证据吗？他们能够有倾向性地编写事实和隐瞒证据吗？虽然专家可能被诱使利用他们的证据，以便影响陪审团而利于特定的判决，但是我们就诚实和开放性所做的论据适用于专家证据。被请求给出专家证据的科学家正在以专业角色服务，这要求客观性，忘记这种责任的人将辜负公众的信赖。即使

① J. Vollrath. Science and Moral Values. Lanham，Boulder，New York，Dorondo，Plymouth，UK：University Press of America，1990：149—151.

② S. Restivo. Science，Society，and Values：Toward a Sociology of Objectivity. Bethlehem：Lehigh University Press，1994：96. 雷斯蒂沃接着说："法律、社会化和职业化有助于决定，科学家将是否（1）以损害环境或危及人和动物的完整与福利的方式工作，（2）从事欺骗性的活动，（3）保守秘密。"（同前）

专家确信被告有罪或不清白，或者诉说当事人的不利条件，也应该坚持依然是客观的义务。在以证人的立场出现时，科学家应该陈述事实并给出专家意见。（2）专家证据能够存在利益冲突吗？即使如此，他们应该如何对这种状况做出反应呢？当专家具有与法庭案例的结果有关的私人利益或财政利益时，他们的证据能够存在利益冲突。在以下这种情况下会发生利益冲突：专家的利益与他在法庭上提供客观证据的义务不一致。具有利益冲突的人不应该作为专家证人，因为这些冲突涉及他们的判断。（3）酬金污染证人提供客观证据的能力吗？为证人证据付费，为的是补偿他们花费的时间、旅行费用等。只要专家的酬金与案子的结果无关，酬金就不污染他的证据或造成利益冲突。代理人为有利的法庭结果而给专家提供奖金则是不道德的，但为专家做证本身的付费却不是不道德的。当我们认识到，一些作为专家的证人赚如此之多的钱，以至提供专家证据成为职业时，给专家证人付服务酬金的伦理就成问题了。如果这些专家部分得到雇佣是因为他们的证据导致有利的结果，那么我们就会说他们具有利益冲突，因为他们知道他们在法庭上提供的证据能够导致未来的雇佣和其他形式的财政酬劳。①

　　第六，科学家应该组织起来，发挥科学共同体的合力，以便更好地承担对社会的道德责任。尤其是在二战使用原子弹之后，以及在当代面对严重的环境和生态问题、大科学与高技术的不确定性和潜在危险（比如基因及人工智能科学与技术中就充满着这样的不确定性和潜在风险）时，科学家总是行动在斗争的最前线。第一届帕格沃什会议于 1957 年 7 月 7 日至 10 日在加拿大新斯科舍的帕格沃什村召开，共有 10 个国家的 22 位代表参加会议，我国科学家周培源出席了这次会议。会议通过了有关以下三个问题的报告：（1）在和平与战争期间使用原子能引起的危害；（2）核武器的控制问题；（3）科学家的社会责任。② "科学为人民" 组织和 "新炼金术学会" 是一些有组织行动的例子。虽然这些组织还在主流之外，而且多少有过激之举，但是它们表明科学群体成员勇敢地承担起了应有的道德责任，正在发挥集体的影响力。"科学为人民" 是一个具有确定哲学观点的、极其活跃的群体。它的意图是把技术危险告诉人民，尤其是告诉卷入危险

① D. B. Resnik. The Ethics of Science. London，New York：Routledge，1998：149-150.
② 科学家的社会责任——第一届帕格沃什会议报告（1957 年 7 月）. 王德禄，译. 科学与哲学，1986（1）：196-198.

职业的人，而不管它在什么领域。成员们寻找与分析科学和技术中争论的论题，例如就工作场所的安全提供他们的看法和指导。新炼金术学会代表了在科学意义上是活跃分子的科学家群体。新炼金术者的目的是排斥现代科学的复杂精度，发展在生态学上稳定的和完备的生活方式，克服现代工业社会的不平衡现象。新炼金术者相信，小规模的、分散化的技术发展，尤其在食物生产中，是通向稳定社会的最有指望的路线，而稳定社会能与自然和谐相处。他们表明，利用家庭规模的薄膜棚和其他生物生产革新，小规模的、高密集的农业能够在形形色色的气候条件下获得成功。虽然该项目不是能量密集的，但是这种农业类型并未重返旧的耕作方式——完全相反。该方法是有效的，以至作为家庭的一种附属活动，能够提供一年到头的营养需要。作为一种附带的好处，在当地小规模地生产必需品，可以期望更多地把重点放在社区生活上，较少在个人之间造成分裂，从而导致对责任和目的富有情感。新炼金术者承认，新的食物生产方法不会解决世界的所有问题，但是他们希望，通过表明小规模的精耕细作农业技术是行得通的，他们的观念可以在其他领域带来大的发展。①

---

① L. F. Cavalieri. The Double-Edged Helix: Science in the Real World. New York: Columbia University Press，1981：156−157.

第六章　科学家的道德责任：限度与困境

秦淮得月楼

秦淮得月河畔楼，几人抱月享自由？

天上明月不常在，自有素月亮心头。

——李醒民

在刚刚结束的一章中，我们论述了科学家应该对社会承担道德责任（或伦理责任）。但是，科学家对社会承担的道德责任并不是无尽的，而是有某种限度的，同时在现实社会中面临一些难以化解的困境——这正是本章所要讨论的主题。

§6.1　科学家承担的道德责任是有限度的

我们在上一章提出，科学家对社会必须承担六种道德责任。这本身就隐含着，科学家对社会承担的道德责任是有限度的，尤其是科学家不能为科学应用的不良后果唯一承担责任[①]，或全部承担责任，或主要承担责

[①]　巴伯把科学家承担唯一社会责任和不承担责任视为极端的观点。他说："在为科学承担任何种类的社会责任时，两种最极端的观点应该遭到拒绝，因它们会给科学带来危险。一种是维纳教授的观点，即科学家承担唯一的责任。这里的危险是，门外汉可能会相信科学家们的话，变得对科学的弊端也确信不疑，然而这种确信——即只有他们在保卫整个社会——妨碍甚至窒息科学。那些懂得其责任的有限本质的科学家们，将避免这种飞来去器效应的可能性。另一种可能会对科学产生不良影响的最极端的观点是'象牙塔'观点，它认为科学家们只应对'纯粹科学'感兴趣，而完全不必关心他们的发现的社会后果。这种态度的危险是，社会可能会把科学家认为是一个无责任感的群体，为保护社会本身，必须反对该群体。像布里奇曼教授这样拒绝唯一责任观点之极端主义的人，必须提防被推向这个相反的极端。幸运的是，今天这两个极端观点中，无论哪一个都不为多数科学家所持。"(B. 巴伯. 科学与社会秩序. 顾昕，郑斌祥，赵雷进，译. 北京：三联书店，1991：273)

任。其理由何在？

第一个理由在于，科学知识本身是中性的（既可以被用来行善，也可以被用来作恶），它不涉及、包含价值和伦理，且科学本身无法就自己的应用做出价值判断和道德抉择——这是社会科学和人文学科的研究对象与关注焦点；决策是社会决策和政治决策而非科学决策，科学只能为决策提供事实背景，科学家只能在某种程度上为决策提供专家咨询和建议。范伯格明确指出，科学没有办法回答伦理问题，伦理问题在科学问题有答案的意义上没有答案。① 吕埃勒（David Ruelle）表明，科学行善还是作恶，决定于人类而非科学。② 沃尔珀特言之凿凿："把如何利用科学委托给科学家或任何其他专家群体，肯定是极大的愚蠢。"③ "在要求科学家负更多的社会责任方面存在着严重的危险——光是优生学的历史至少显示出某些危险。要求科学家负社会责任，而不是在有社会含义的领域谨慎从事，这便是毫无保留地把权力交给既非训练有素亦非具有发挥它的能力的群体。……如果把伦理决定的唯一责任赋予科学家，或者如果设想他们不得不承担它，那么这就是一个大错误，因为这些决定属于作为一个整体的公众的决定——这些决定本质上是社会的和政治的决定。"④ "由于科学家是知识的提供者，他们有义务报告那种知识的含义；但是那种知识起作用和应用，是一个社会的和政治的决定，这是他们不能承担的。在这些关系中，科学不为知识的误用负责。"⑤ 总而言之，科学的辖域和功能是有限的，而不是无限的和万能的；科学家是他们专业的主体和主宰，但在政治

---

① 范伯格的原话是这样的："对于察觉到的科学在理智上的优势来说，也存在例外，尤其在伦理学和宗教领域。许多科学家相信，科学没有办法回答伦理问题，例如堕胎在道德上是不是可辩护的。科学能够希望做的一切，是必须阐明与下述问题有关的伦理问题：胎儿能够感到疼痛吗？ 许多非科学家和一些科学家认为，伦理问题超越于科学的把握是科学的缺陷；毕竟，至少伦理问题就人的生活而言像事实问题一样重要。这种类型的批判至少可以追溯到苏格拉底。伦理问题在科学问题有答案的意义上没有答案，科学家展示出了不利用科学力图回答它们的健全理由。"(G. Feinberg. Solid Clues. New York：Simon and Schuster，1985：232)

② 吕埃勒的原话是："我们习惯于称谓的大自然已经降级变为我们的环境，且正在进一步降级成为我们的废品旧货栈。这是科学的错吗？ 科学确实可以帮助毁灭大自然，但它也能帮助保护环境，或帮助评估污染；决定全都在于人类。科学回答问题——至少有时候是的——但它从不做决定。人类做出决定，或至少有时候他们做出决定。"（吕埃勒. 机遇与混沌. 刘式达，梁爽，李滇林，译. 上海：上海科技教育出版社，2005：170）

③ L. Wolpert. The Unnatural Nature of Science. London，Boston：Faber & Faber Limited，1992：173.

④ 同③170-171.

⑤ 同③.

领域是外行。因此，不能向科学和科学家提出不切实际的要求。

第二个理由在于，科学家的主要责任是发现和捍卫关于自然的真理。莫尔对此有清醒的认识，认为科学家的主要责任、科学共同体的责任，是保护科学命题的真理性（以及可靠性）。当然，这是科学共同体的传统责任。科学的目的是探索关于实在系统的真正知识。一个科学家对科学的责任是科学目的这一定义的结果：一个科学家的道德义务是在任何情况下，甚至在经济和政治压力下，都为丰富真正的知识做出贡献，并以此来减少对包括人在内的自然界的愚昧、偏见和迷信。① 当然，这并不是说科学家不需要考虑和关心科学应用的后果，这也是科学家的道德责任。也就是说，科学家必须注意两个发展方向：努力保持科学的纯洁性，用最好的办法促进科学的应用。② 但是，后者毕竟是从属于前者的，是从前者衍生出来的，而且实行起来存在诸多困境（后面将要述及）。

第三个理由在于，有科学发现权利的科学家却没有决定科学应用的权力，这种权力被牢牢地掌握在政府或其他强权机构的手中，从而造成"没有权力的科学知识和没有知识的政治权力"③。布罗诺乌斯基对此有明锐的洞察：进入 20 世纪政府这个莽莽丛林的科学家，在世界任何地方都使自己处于双重的不利地位。首先，他们不制定政策，甚至无助于制定政策，时常没有打算以其劝告服务于政策转变的观念。其次，奇特的且更严重的是，他们无法控制自己在委员会所说的东西被提交给公众的方式。这对于他们来说更严重，因为公众对科学的尊重建立在这种理智诚实之上，归之为他们的第二手陈述和断章取义的摘要使这一点变得声名狼藉。政府是施行权力和维护权力的机构，在 20 世纪，它比以往任何时候都更多地

---

① 莫尔. 科学和责任. 余谋昌，摘译. 自然科学哲学问题，1981（3）：86-89.

② 《科学家宪章（1949）》里有这样的语句："科学应该参与所有的决定，但它却不能为自己指明应该选择的道路。所谓选择和决定，是由评价、愿望、希望、信念，还有信心和知识加以组合的结果，而这些与其说是从科学，还不如说是从生活的其他方面得到推动力量的。由于科学家是人类社会的一部分，他就不可能脱离那些斗争而存在。所以科学家被要求同时注意两个发展方向。这就使科学家承担了特殊的责任。为了在人类社会中充分发挥科学家的作用，科学家必须下决心努力保持科学的纯洁性，用最好的办法促进科学的应用，并就人类面临的所有状况，竭尽全力去唤起人们崇尚自由的愿望。"[国际科学协会联合理事会. 科学家宪章（1949）. 刁培德，译. 科学学译丛，1983（3）：79-80]

③ 这句话是李特尔（Arthur D. Little）说的："科学已经如此使世界沟通，如此迅速地造就了新的文明，以至于现在的社会结构在许多地方受到冲击。……虽然我们的文明建筑在科学之上，但科学的方法在法律制定中的地位却很小。……我们看到的是，没有权力的科学知识和没有知识的政治权力。"（戈兰. 科学与反科学. 王德禄，王鲁平，等译. 北京：中国国际广播出版社，1988：99）

花费它的时间通过为自己辩护而使自己长久。这种精力和方法的命运与科学的诚实决然不一致，这种不一致由两个部分构成。一个是知识的自由和完全的散播；但是，由于知识导致强力（power），就此而言政府是不幸的。另一个是科学没有在目的与手段之间做出区分；但是，由于所有政府都相信权力本身是善的，它们将使用任何手段达到目的。①

第四个理由在于，科学应用的不良社会后果并不是由科学和科学家单独产生的，而是与社会其他因素相互作用的综合结果，因而把这种后果的责任完全归咎于科学和科学家显然有失公允。莫兰基于行动的环境论对此做出说明："任何人类行动从它被着手进行时起，就逃脱了它的发起者的掌握而进入社会固有的各种因素的多样的相互作用的游戏之中，这一游戏使该行动改变目标，有时甚至与原先确定的目标背道而驰。这个观点一般来说对政治行动是适用的，它对于科学行动也是适用的。在后一领域如同在前一领域一样，动机的纯粹性从来不能保证行动的合乎目的性和有效性。"②B. 巴伯根据科学的特征也持有同样的看法：第一个特征是，"科学的社会后果是不可避免的，因为科学在我们的社会中具有独特的强有力地位，所以它将不断地与社会的其他部分互动，既对于良好的事情也对于糟糕的事情"③。科学的第二个特征是，"我们不可能在总体上，特别是在长期性上预言某种科学发现将具有何种特殊的社会后果"④。"最后，我们必须记住科学在很远的范围，在某种真空中并不具有它的社会后果，科学是与社会的其余部分不断地互动以产生这些后果。"⑤ 他得出的结论是："所有这些将澄清这一点，即无论是作为一个整体的科学家还是单独的科学家个人，都不能以任何敏感而直接的方式被认为是对他们的活动的社会后果负有责任。正是我们的社会的各部分的专门化和相互依赖性，使得我们中的每一个人都牵连到这些社会后果中。……不能只把责任推给科学，就是说，社会所有成员对于社会问题和政治问题都必须承担某种程度的责任。"⑥

第五个理由在于，个人的和科学共同体的价值系统在自身之内难以协

---

① J. Bronowski. The Disestablishment of Science// Fuller Watson. The Social Impact of Modern Biology. London: Routledge & Kegan Paul, 1971: 233-246.

② 莫兰. 复杂思想：自觉的科学. 陈一壮，译. 北京：北京大学出版社，2001：96-97.

③ B. 巴伯. 科学与社会秩序. 顾昕，郑斌祥，赵雷进，译. 北京：三联书店，1991：268.

④ 同③.

⑤ 同③.

⑥ 同③269.

调，与社会的价值系统也难以协调。因此，即使出于善良的动机，科学家在思想上也往往充满着矛盾，在行动中显得无所适从，不容易与他人和社会的价值系统合拍。温伯格的一席话表达的正是这个意思："我自己的价值观乃是一些杂乱无章的大杂烩。排在首位的是彼此相爱，欣赏美丽，包括自然的美和人工的美，以及科学地认识宇宙。在我力图使这些东西系统化时，我发现这没有多大意义，因为即使把我的价值观组织成一个协调的系统，比如像实用主义或是像罗尔斯的公正原则，也会发现这个系统的一些强制性的东西与我直觉的价值标准相抵触……于是我就会放弃我的系统。这并不是说道德系统总是不适当的。"①

第六个理由在于，科学家与公众的关系不是私人的，而是非私人的，从而出现责任的混淆。沃尔拉特通过科学家与医生之责任的比较，厘清了这个问题。他说："我们与医生的关系可以是私人的关系，但我们与科学家的关系是非私人的。我们通常不是研究者的委托人。你不可能与发现你的疾病治愈办法的科学家有任何接触。事实上，由于发现是研究团队的产物，可能没有发现它的单一的科学家。如果难以辨认因科学的好结果而受到赞誉的科学家，那么也就难以辨认因科学的坏结果而受到谴责的科学家。威廉·洛伦斯（William Lowrance）是一位对这个问题做了某些思考的作家，他问：科学家的责任被中间人如此混合、如此缓冲，科学家如何能够为他所做的事情承担责任呢？"②

第七个理由在于，科学早已成为一种专门的职业，科学家像一般人一样靠供职谋生，因而有时就显得身不由己。例如，工业实验室研究通常是通过高度有结构的官僚体制进行的，这些官僚体制控制研究问题的选择、

---

① 温伯格. 仰望苍穹：科学反击文化敌手. 黄艳华，江向东，译. 上海：上海科技教育出版社，2004：39.

② J. Vollrath. Science and Moral Values. Lanham，Boulder，New York，Dorondo，Plymouth，UK：University Press of America，1990：148-149. 沃尔拉特在引文之前这样写道："科学家的观念与在做职业决定时有意识的职业人、考虑道德价值的人的观念是相容的。但是，我们能够说得更多吗？我们实际上应该把道德美德包括在我们关于负责任的科学家的观念里吗？这也许必定是我们对于负责任的医生而言所做的事情。作为一个普遍准则，病人要求自己的医生有良心和完整的高标准。病人期望医生是有道德心的，因为他让医生有效地控制自己的生命。在手术台上，医生掌握着生死的权力。病人向医生透露他生活的细节。以此为理由，他必须相信自己的医生是值得信赖的人。科学家的道德角色应该仿照医生的道德角色吗？他们二者对于我们的生命都有重要的控制。如果我们依赖医生治愈我们，我们则依赖科学家发现治愈方法。在面对威胁生命的疾病时，科学家像医生一样可以决定我们的死活。如果我们必须信赖一个，难道我们不能信赖另一个吗？一个难道不应该像另一个一样，成为负责任的和有良心的职业者吗？"（同前，148）

材料、工具、雇员以及研究的其他东西的划拨。在这些实验室工作的科学家通常不被容许自己设定研究事项，他们往往签署契约，放弃他们的知识产权，以交换特权和其他类型的补偿。虽然工业研究往往生产知识，但这个目标的进展并不是为知识而知识。如果一个研究领域可能为公司带来显著的红利，那么公司将探索它；否则，将忘记它，即使该研究领域能为社会产生有价值的结果。不过，一些公司在某些领域也资助纯粹研究，因为它们相信，它将有某种直接的、实际的回报，情况也往往如此，例如资助固体物理研究。① 当然，也有像爱因斯坦那样的科学家，把科学视为值得终生追求的神圣事业，绝对不用它来换饭吃。也有科学家反对里根总统的"星球大战计划"，毅然决然地或辞职不干，或拒绝该项目的研究经费。但是，这毕竟不是多数科学家的常态，也不能用理想的高标准来要求每一位科学家。这样说不是为科学家开脱，这是我们这个不完善的社会的现实，是不完美的人格的结果。

在结束本小节时，我们愿意引用 B. 巴伯的言论。他的表述是温和而有分寸的，体现了某种宽容精神："在……民主社会之中，每一位科学家都必须就他将为他在科学共同体中的成员资格所负何种责任亲自做出选择。社会责任很大程度上是一件自愿承担的道义责任问题，我们中的所有人都承担这种责任，科学家和非科学家是一样的，这就是我们社会的性质。我们的民主价值允许大量的责任告诫，但只允许少数的强制。那么，某些科学家个人，像其他的个人一样，将不感到并且确实没有感到积极参与政治过程的道义责任。当然，他们受到他们同胞公民之道德评判的约束。然而，这并不意味着民主的道德判断应该或者将永远谴责对社会不积极的科学家。由于从一个相当广泛范围的行为来看，我们确实承认，我们同胞中的一些人可以被其他强迫性的兴趣，被其他价值，而不是被直接参与政治所吸引。就是说，我们对于那种废寝忘食地关心其工作的人确实给予很多，尤其是在我们欣赏他的工作的时候。当然，不把这个特权给予（至少）某些科学家会是不公平的，因为我们把它给予其他各类专家和专业人员。这里，我们必须再次提醒，科学家没有特有的或唯一的社会责任。"②

---

① D. B. Resnik. The Ethics of Science. London，New York：Routledge，1998：156.
② B. 巴伯. 科学与社会秩序. 顾昕，郑斌祥，赵雷进，译. 北京：三联书店，1991：271.

§6.2　科学家的道德责任之困境

即使科学家应该为科学的应用承担有限的道德责任，但是究竟怎么承担或如何承担，却面临着诸多困境。若不大体弄清这些困境，那么应该承担的道德责任就难以兑现。在这里，我们拟罗列一些比较明显的困境加以剖析，并尽量予以厘清。我们不求彻底解决这些两难困境（这也许是一时很难完成的任务），而是给出一个思考框架，以启发进一步的思索和探讨。

（一）追求学术自由与限制某些具有潜在危险应用的科学研究之困境

这里的问题是：具有潜在被恶用的自然规律或科学知识该不该发现？具有敏感争议的问题或领域该不该研究？若不该，则违背学术自由，而自由是人类追求的终极价值；若应该，则有可能导致某种副作用或不良后果，给公众和社会带来灾难。德布罗意（Louis De Broglie，曾译为"德·布洛衣"）径直提出了以下这个值得思考的问题："这里我们发现了在这么多领域都存在的、成为社会政治斗争根源的自相矛盾现象；个人的自由和首创精神是伟大的创造所不可缺少的，然而组织和纪律都是防止个人的首创精神陷入与公众和国家利益直接矛盾所必需的。调和这个个人自由与所应遵守的社会准则间的不可避免的矛盾确是一个实践上永远难以恰当解决的问题。"① 面对这种两难困境，存在对立的两派：自由研究派和限制研究派。

自由研究是相当一批科学家和学者的观点。在他们看来，学术自由是科学发展的必要条件，社会不应该设置条条框框来干涉科学家的研究自

---

① 德·布洛衣. 物理学与微观物理学. 朱津栋，译. 北京：商务印书馆，1992：223-224. 他还说："那些不遗余力地推动原子物理学进步的，那些极其兴奋地看到在他们面前敞开着新的世界大门的，那些由于看到人类的智慧足能认识发生在和我们通常的尺度相差如此巨大的领域中的事件而感到不可言喻的欢乐的科学家们，他们相信科学的价值，他们是否能被疑虑所压倒而去怀疑他们工作的精神的和物质的成果？他们在做任何一件工作的时候，面对着自己的良心，面对着社会舆论，面对着整个人类，会不会自问他们是否有权去追求在或远或近的将来能导致空前灾难的那种探索？从物理学扩展到其它科学——例如生物学——的那种新的精神状态不正经历着一场使科学家的能动性濒于瘫痪，使之不能从事新的有用的发现，而追求那种抬高和炫耀人类智慧身价的科学工作的危险吗？如果我们有精神的自由和内心的平静，我们才能够创造；如果由于正当的自责而使二者全失，科学家的努力不就被部分地或全部地限制了吗？这就是现在我们提出的一些问题，深思一下是有好处的。"（同前，223）

由。巴尔的摩坚持：如果要使基础科学成为富有成果的事业，那么科学家与社会之间的传统关系，即科学家有责任确定自己的研究方向就是必需的。这并不是说社会应该听从科学摆布，而是说社会必须决定基础性科学革新的速度，但是不应试图规定其发展方向。① 范伯格表达了大多数科学家的心愿：社会不应该影响科学研究的方向，但是可以向达到特殊技术目标的、有价值的课题或某些研究领域偏爱地提供资金支持。科学家可以自由地研究自己寻找的领域。大多数科学研究目前并不是对准应用或技术的靶子的，科学家是按照科学的标准而不是按照外部强加的标准衡量其意义的。② 沃尔珀特甚至认为，即使种族和智力之关系这样棘手的研究对象也是合法的。他不同意文学批评家乔治·斯坦纳（George Steiner）争辩的，存在某种真理之秩序，会感染政治的骨髓，会不可救药地毒害已经紧张的社会阶级和种族社区之间的关系。这类研究由于太危险，以致不宜公开。按照有的人的看法，即使审查和说明社会含义以及使可靠性更清楚的义务被完成了，他对斯坦纳的回答仍然是谨慎的"不"。主要的理由是，我们对世界的理解越充分，我们造成一个公正社会的机遇就越大。③

美国科学院院士米斯洛（K. Mislow）的言论代表了限制研究派的心声："我不赞成只是在察觉到实际的公害时才应该限制研究自由。我不同意人的日益增加的知识具有至高无上的重要性。我不赞同现实的敌人是无知。我认为，毋庸置疑，这些中的每一个都是接受的商标口号。我能够想起知识在其中是危险的大量例证。在研究知识时，你必须问：你一旦获得知识，你打算怎样处置它？"卡瓦列里提出，在缺乏已确立的灵验的科学知识应用于公众利益的保证时，对知识的追求不能认为是中性的。它没有处理财政赞助人的问题，而财政赞助人与探究方向大有关系。科学家渴望的无条件的研究自由不是"权利"，而是过去的社会决策所造成的发育不全的特权。没有第一原理宣布这种"权利"在所有环境下都存在，而对自由也有许多合理的限制。没有一个人隐含地支持按规章控制思想，尽管我们倡导按规章控制在公众利益方面的技术应用。我们应该在历史中达到这

---

① 巴尔的摩. 限制科学：一位生物学家的观点. 晓东，译. 科学学译丛，1986（2）：15-20.

② G. Feinberg. Solid Clues. New York：Simon and Schuster，1985：240.

③ L. Wolpert. The Unnatural Nature of Science. London，Boston：Faber & Faber Limited，1992：163-164.

样一点，此时人的理智的最高的和对社会最有用的运用，应该从追求信息转移到明智地评价和控制已经知道的东西。这能够而且应该受到政府的鼓励；它不是检查制度，而是社会责任。他通过认真思考第一颗原子弹爆炸和 DNA 遗传基因研究后指出，这些是赠送给我们的两个伟大的自然秘密：其一在物质的核心，其二在生命的核心。"这些在质上不同于我们先前已知的发现，大大加速了我们通向人类事务新边界的道路。继之而来的是，要求对我们认为是基本的许多要素做良心上的反省和让与。如果我们认识到，整个人种的未来危如累卵，那么牺牲将比较容易做出。我们不再谈论科学研究的自由，而是谈论人的生命和自由以及我们对其的社会责任。把根本的和不可逆转的变化强加给未来诸代人及其环境是不公正的……通过最终分析，科学研究的不受约束的自由，原来是给少数技治主义者提供凌驾于我们之中所有其余人的权势新模式的工具。科学家在心照不宣地把他们自己交托给无社会责任感的立场时，他们应该审查一下科学正统性的这种隐蔽后果。"① 格林（Green）甚至一言以蔽之："尽管关于科学自由的权利的论据在政治争论中可以成为修辞的有用部分，但是我们不应该太认真地看待这样的权利的存在。"②

也有一些人发表了一些比较温和的折中观点。普罗克特表明："我们面对的微妙辩证法是，一方面与自由价值一致，另一方面负有责任。"③ 卡瓦列里虽然站在限制研究派一边，但他的态度是比较温和的。他一方面认为，科学家期望的探究自由的种类今天代表了混乱的和模糊的渴望，传达了虚假的概念。不过，由于纯粹科学研究罕见以大规模进行，而且足以向我们提供许多应用，继续小规模的努力作为一种文化活动确实应该受到鼓励，在这一活动中探究自由会本着良心实行。至于重组 DNA 研究，它作为科学的技术实践已经变得很显眼，因为大学拿专利用于在它们的实验室提出工业流程，科学家建立公司利用受政府支持的学术实验室完成研究结果。这不是对纯粹知识的不谋利的追求，因而不能冠以保证学术自由或

---

① L. F. Cavalieri. The Double-Edged Helix：Science in the Real World. New York：Columbia University Press，1981：137-139.

② 同①141.

③ R. N. Proctor. Value-Free Science Is?：Purity and Power in Modern Knowledge. Cambridge，MA：Harvard University Press，1991：270-271. 普罗克特还有言在先："一个世纪前，谈论'科学与技术的战争'是流行的。今天，正是对科学的起源和影响的社会批判，向科学的政治中性和道德中性的理想提出最大的挑战。科学家可以继续无视他们研究的与境，但是他们在自己危险时，也许甚至在世界其余地方处于危险时也如此做就成问题了。"

科学自由的头衔。①

　　撇开以上形形色色的主张不谈，在这里还有两个附带的两难困境：一是对于科学的进展和技术的应用前景，我们很难做出准确的预测②；二是即使科学家预知某些科学研究会导致不良的技术后果，但该怎么禁止、由谁禁止依然是悬而未决的问题。处理不好，说不定不仅不能做出明智的决策，而且会伤害科学的正常发展——因为各个科学学科或部门都是相互关联的，一损俱损，一荣俱荣，从而危及人类的长远利益。③

（二）科学家角色与公民角色冲突之困境

　　在具有潜在危险的重组 DNA 和其他与基因工程有关的技术的研究中，科学家首先关心的是自己的安全。"生物科学家迄今为止大都没有对公众安全负更广泛的责任，他们不愿意放弃那种自由。他们还不能忍住理解每一个新发现和追求它能够带来的知识，就像夏娃不能忍住吃苹果一样。"④ "科学家全速向前冲锋，三个重组 DNA 技术的前工业试验产品已经摆在我们面前：胰岛素、生长激素释放的抑制因子和干扰素。关于技术应用的选择正在变成事实上的，无论你还是我在该过程中都没有有意义的输入。科学家的急躁正在预先占有公众的选择。"⑤ 作为公民社会的一员，科学家当然关心自己眼前的安全和长远的福祉，需要像普通公民一样不受

---

　　① L. F. Cavalieri. The Double-Edged Helix：Science in the Real World. New York：Columbia University Press，1981：140，133.

　　② 范伯格的论述有助于加深我们对此的理解。他说："任何社会都难以抵制支持下述方案的诱惑，这些方案被察觉最可能在短时间内把利益带给该社会的大多数成员。然而，社会把大多数研究这样对准特殊的技术目标也许是极其冒失的，因为我们不能准确地预言得十分远，哪一个未解决的科学问题的进路将导向所需要的技术结果。这一观点的证据来自'阿波罗计划'和'癌症战争'：前者不需要新的发现，大约在所估计的时间内完成了；后者需要新的发现，迄今为止尚未成功。即使在今天，人们也不清楚发现癌症治疗的最佳进路是什么。不幸的是，科学家常常指望，特定的技术将出自他们的基础研究，以此可以作为鼓励资金支持的方式。除非这样的指望被理解为研究的最终结果的普遍化，或者是可以更合适地贴上'发展'标签而非'研究'标签的十分特殊的状况，否则它们就是目光短浅的。在长时期内，它们无助于增加对科学支持的目的。因为这些技术成功的预言往往是错误的，当这种情况发生时，它能够削弱公众对科学的成就以及科学家的诚实的信念。为了创获某种特定的技术，当需要新的科学发现时，除了通过日常的、没有靶子的研究活动，我们不知道还有做出这些发现的更好的方式。有时，这些发现将进入明确与所需要的技术相关的范围，有时则进入似乎无关的领域。这种态度在希望遵循他们自己的兴趣的科学家那里似乎是自助的。无论如何，该进路是我们能够做的最好的事情，我们相信最终将证明它是最富有成果的。"（G. Feinberg. Solid Clues. New York：Simon and Schuster，1985：240-241）

　　③ 可进一步参见：李醒民. "暂禁科学！"——行吗?. 科学时报，2004-09-03（B2）。

　　④ L. F. Cavalieri. The Double-Edged Helix：Science in the Real World. New York：Columbia University Press，1981：91.

　　⑤ 同④144.

科学应用和技术发展的危险性与不确定性的侵害。另外，正如雷斯尼克注意到的，"科学家在致力于公共争论时占据着两个角色。这些角色可以造成冲突的义务：职业科学家应该力求客观性、谦逊和公开性；而公民自由地表达主观见解、思索和操纵信息，以便推进他们的社会的和政治的待议事项。当科学家作为公民行动时，他们的声音并未携带特殊的权威。科学家需要重视这些不同的角色，以便把知识和专长在不违背公众信赖的情况下贡献给公众争论，但他们不可能总是知道如何完成这些不同的责任和承诺"①。但是，科学家在科学共同体内部的争辩是严格按照科学标准进行的，而作为公民在社会上发表意见则容易意气用事、信口开河，甚至不负责任。② 这二者之间肯定存在巨大的矛盾和冲突。

　　为此，哥伦比亚大学医学院教授库尔南（A. Cournand）提出告诫："科学家的法典应该明确认知下述事实：科学家是生活在社会中的个人，这个社会具有除科学家的认知目标之外的目标。而且，科学家的认知成就并非总是必然地服务于这些目标。科学家在科学共同体之内和之外有许多忠诚，他们需要规范来帮助他们在这些忠诚中找到正确的平衡。"③ 当然，科学家要找到正确的平衡并始终维持恰当的平衡，绝不是轻而易举的事情，尽管他们中的一些人在重大问题上和关键时刻会本着良心行动。正如莫诺所问：假如科学家现在面对与西拉德（Leo Szilard）、费密（Entico Femi）、爱因斯坦在 1940 年碰到的相同的两难抉择，他们会做什么呢？莫诺猜测，在类似的情况下，这些本意善良的科学家大多会严格地像爱因斯坦所做的那样行动。④

---

　　① D. B. Resnik. The Ethics of Science. London, New York: Routledge, 1998: 148.

　　② 莫尔注意到了以下这个问题：科学家在公共讲坛上的行为威胁科学界的道德标准。温伯格对这种令人遗憾的情况做了充分分析："当科学家在公共讲坛上就科学问题发表意见时，他们不服从关于在通常科学交流渠道中表达意见的规定。由于这些传统的规定不起作用，这种超越科学的辩论常常会导致在科学上的不负责任：在公众辩论中提出的证明水准低于在专业辩论中提出的证明水准，而且科学家往往只对公众讲一半真话。如果科学家允许自己有权在公共讲坛上信口开河，我想这种习惯可能会逐渐蔓延到科学讲坛。"这种不负责任的态度将很快破坏科学的可靠性和在公众当中的威信。如果我们不清楚地区分科学辩论和超科学辩论，我们将会毁掉我们依靠的基础。我们最迫切的任务是恢复公众对自然科学可靠性的信心。科学再也不是理所当然的事情。科学事业——作为至善至美的客观知识——必须是值得信赖的，容不得一丝一毫的怀疑，否则它将会死亡，至少成为一种文化力量将会灭亡。〔莫尔. 科学伦理学. 黄文，摘译. 科学与哲学，1980（4）：84-102〕

　　③ L. F. Cavalieri. The Double-Edged Helix: Science in the Real World. New York: Columbia University Press, 1981: 134.

　　④ J. Monod. On the Logical Relationship between Knowledge and Values//Fuller Watson. The Social Impact of Modern Biology. London: Routledge & Kegan Paul, 1971: 11-21.

（三）科学及其副产品技术以及政治等的不确定性引起的困境

从科学和技术的角度讲，二者在某些研究领域或项目上有交叉之处，难以截然分开哪些是出于好奇取向而力图发明新知识的，哪些是出于任务取向而欲求获得经济效益的。它们的应用产生的不良后果往往不是有意为之，甚至可能出自善良意志。而且，一些应用的后果难以预料，甚或无法预估。例如，农药 DDT 的发明和使用减轻了流行病的侵袭，增加了农作物的产量，曾经大大有益于人类，但是多年后才发现它具有严重的副作用。优生学也是一个有深刻教训的例子。① 尤其是，这些不良后果常常是科学成果与政治、经济、社会的价值观、伦理道德、人的狭隘性和劣根性等因素综合在一起发挥作用——在大多数情况下它们甚至起决定性作用——的结果。至于政治等的不确定性更甚于科学和技术，这是一个显而易见的事实，无须在此饶舌。

沃尔珀特注意到，"科学知识和它的应用、科学和技术的区分并非基于能够以科学为基础的知识的纯粹性或势利性（Snobbery），而是基于这种知识的工具化（implementation）。不管怎样，存在边界起初不可能十分突出地显示出来的领域，正如在遗传工程和基因治疗的情况中那样"②。而且，"虽然人们能够预言基于当前知识的发明，例如基于当前技术的癌症的治疗，但是我们没有未来科学进展将带来什么的观念，这是科学进展的真正本性"③。雷斯尼克敏锐地揭示出，有两个不确定性的类型使得为社会负责的科学难以实践。第一个不确定性类型是认识论的：它是往往不可能预见研究后果。有意义的研究后果十分经常地未预料到其技术应用。爱因斯坦、普朗克（Max Planck）、玻尔未料到，他们在 1900 年代初关于量子论的研究最终导致了原子弹的发展。第二个不确定性类型是道德的和政治的：即使能够预见研究后果，人们也可能对它们的社会价值意见不

---

① 在 1883 年，达尔文的表兄弟高尔顿（F. Galton）杜撰了"优生学"（eugenics）一词。它的含义是"在出生时是健全的"（good in birth）和"在遗传上是高贵的"（noble in heredity）。优生学被定义为，"通过给予较好适宜的种族或血缘比较差的种族或血缘以更大的加速占优越的机遇"来改善人之血统的科学。对于高尔顿来说，科学和进步几乎是不可分割的。人能够通过科学的方法被改良，即用植物育种改良它们族类的方法。这背后的科学假定是明显的：大多数人的属性是遗传的。优生学最终导致了种族主义盛行的恶果。[L. Wolpert. The Unnatural Nature of Science. London，Boston：Faber & Faber Limited，1992：159；李醒民. 皮尔逊的优生学理论和实践. 自然辩证法通讯，2001，23（3）：58-64]

② L. Wolpert. The Unnatural Nature of Science. London，Boston：Faber & Faber Limited，1992：165.

③ 同②173.

一。例如，相当明显的是，RU-486 这种在怀孕早期能够引起堕胎的药物，使妇女堕胎变得容易。堕胎争论的各方对 RU-486 研究的社会价值意见不一，主张人工流产合法的群体欣然接受它的社会后果，但是反堕胎群体则憎恶它。还有一些产生道德争论或政治争论的科学技术发展的例子包括核电站、植物和动物基因工程、因特网和万维网。尤其是温室效应和全球气候变暖问题，更是一个科学、技术和社会其他形形色色因素的不确定性错综复杂地交织在一起所构成的难题。"对于研究全球气候变化的科学家来说，科学和政治的这种不稳定的混合提出了伦理困境：他们应当作为专业人员而行动并向公众提供事实的客观评价呢，还是应该像关心公众事务的公民那样行动并提倡特定的政策呢？科学家应该向公众提交全球变暖的客观说明即包括所有信息和目前看法的说明呢，还是应该提供偏见的说明以阻止政治家和公众在面对全球变暖的某种不确定时做最坏的决定呢？"①波普尔提出，科学家和技术专家主观上的非故意性难以预见且无人负责也是产生困境的原因之一。②

（四）利害相间、长远利益与眼前利益的冲突，使科学家难以做出中止具有危险性科学研究的决定之困境

温伯格同意中止那种明确显示出特殊危险的研究课题，但也一针见血地指出这种决策常常很难做出。他认为，采用封闭研究领域的方法来消除技术的威胁，同时又不愿意放弃技术提供的机会，通常是不可能的，计

---

① D. B. Resnik. The Ethics of Science. London, New York: Routledge, 1998: 148-150. 关于温室效应的例子，雷斯尼克是这样叙述的："要看难解之谜如何实现，需要考虑如下例子。绝大多数科学家确信，温室效应能够导致全球变暖，除非人们采取某些步骤管理碳氢化合物的排放。不过，科学家在与全球变暖相关的许多关键争端方面意见不一致，例如某些研究或模型的可靠性，变暖将是多么厉害，它在发生时如何影响大洋和气候格局，等等。因此，全球变暖十分类似于其他已确立的科学理论，例如进化论，因为它已经是并将继续是科学共同体争论的课题，尽管大多数科学家接受它的基本原则。全球变暖像进化一样，具有极大的社会的、政治的和经济的含义。如果全球变暖发生，那么海平面就可能上升，气候格局就可能变化，庄稼地就可能变干，温和的气候就可能变成热带气候，等等。许多抗议者建议，世界各国采取某些步骤减少碳氢化合物的排放，以便减轻或阻止全球变暖。然而，商业和工业代表却反对这些管理，因为它们将具有有害的、短期的经济影响。环境管理的反对者争辩说，全球变暖仅仅是一种具有很少有利于它的证据的科学理论。他们把目前关于全球变暖的争论看作该理论没有任何牢靠支持的证据。为了避免具有十分微小证据的后果，为什么要冒引起经济灾难的风险呢？"

② 波普尔. 走向进化的知识论. 李本正，范景中，译. 杭州：中国美术学院出版社，2001：11. 波普尔说："我们不曾留意的普遍的技术进步所产生的非故意影响似乎是无人负责的。应用的可能性似乎是令人陶醉的。尽管有许多人怀疑技术进步总是使我们更加幸福，却很少有人把弄清楚下述问题看作自己的职责：技术的进步使得多少可避免的痛苦成了不可避免的，尽管那是它的非故意的结果？我们行动的非故意结果的问题——这些结果不仅是非故意的，而且常常是很难预见的——是社会科学家的根本问题。"（同前）

算机技术的例子就说明了这一点。① 原子能的利用也是一个典型事例。二战期间，当科学家了解到纳粹德国可能研究和制造核武器时，他们曾经积极地建议美国政府抢在德国之前研制原子弹。当研制成功之后，他们意识到原子弹惊人的破坏后果，又极力阻止使用原子弹，结果收效甚微。即使在和平利用核能方面，也存在令人啼笑皆非的事实："倡导利用核能的人也承认，在目前或可预见的未来，还没有一种无比安全的办法处置放射性废料，而这些废料在十万年间将依然威胁生命。我们用核电厂买来倍数略多一些的能量密集技术，但却以未来为代价。"② 还有基因工程，也牵涉到各种利益冲突。它为改善动物和植物的基因构成提供了手段。它为解决与下述事情有关的问题提供了巨大的希望：害虫控制、过量使用肥料、能量利用以及其他领域的许多问题。可是，真正的基因工程却招来了对自然损害的忧虑。③

（五）科学家在政治上一般是不成熟的，他们有多种忠诚，这造成了抉择之困境

科学家一般没有政治学知识的素养，也没有从政经验，加之科学的规范和精神气质与政治的显规则和潜规则往往不一致乃至大相径庭（如科学的公开性与政治的某种保密性、科学的真理性与政治的多数决定、科学的严格性与政治的妥协性、科学的永恒性与政治的暂时性等），所以科学家在忠于不同的规范面前往往难以抉择。莫诺举出了研究智力遗传即比较不同人种的平均遗传潜能的例子，这是一个触及政治和感情的十分危险的课题。他问：你是担心发现不乐意的事实而停下来，还是本着尊重知识"绝对的"价值前进？假定你发现本国某些人种确实相对于某些标准是"低下的"，你如何对待这些数据？发表它，尽管你知道这会被人误用？保守秘密？这便违反了科学共同体的基本道德律之一，即新知识不属于个人而属于共同体。④ 莫尔表示，要求科学家做希波克拉底式的宣誓的主张，是由

---

① 温伯格. 一位从事实际工作的科学家的感想. 晓东，译. 科学学研究，1986（5）：11-19.

② L. F. Cavalieri. The Double-Edged Helix: Science in the Real World. New York: Columbia University Press，1981：155.

③ L. Wolpert. The Unnatural Nature of Science. London，Boston: Faber & Faber Limited，1992：165-166.

④ J. Monod. On the Logical Relationship between Knowledge and Values//Fuller Watson. The Social Impact of Modern Biology. London：Routledge & Kegan Paul，1971：11-21. 莫诺不想尝试回答这些问题。他建议把它们作为科学伦理学的训练试试。他的看法是，不管这些极端的"诡辩论的"困难，科学家对社会和作为一个整体的人类承担着十分特殊的责任（responsibility），在精确定义的限度内，他们被或应该被更好地武装起来。他们通过职业倡导和训练，当需要在可能与人类未来密切相关的某些可供选择物之间做出选择时，要给出可靠的推荐。

于了解到某些科学家为了达到另外一个集体或个人所不同意的某种目的而工作。然而，宣誓并不能消除科学界在任何一类政治问题上的真正意见分歧和合法的多种论点。显然，科学家有多种多样的忠诚，在科学界内和科学界外都有。我们遇到的问题源于这个事实：许多科学家难以在这些忠诚中找到平衡。这些困难有两个根源。第一个根源是，一位在自己学科中处于最高地位的科学家，在政治、哲学或伦理问题上是没有经验的，甚至是幼稚的。他突然表现他的"善意"而发出他的声音，却没有花时间和精力适应他所专长的领域外的世界的复杂情况。第二个根源是，对任何特定的政治意识形态的忠诚，使科学家至少暂时陷入盲目之中。如果实际效果不是原来打算达到的效果的话，目的真诚也得不到安慰。有时做好事的人干了最有害的事。如果胸襟狭窄的或受意识形态影响的做好事的人是著名科学家，那就更糟了。①

§6.3　化解道德困境之道

科学家要化解上述道德责任困境，既没有包医百病的灵丹妙药，也没有立竿见影的万全之策，更没有什么毕其功于一役的捷径。眼下我们只能寄希望于未来社会科学的发展，人们已有的经验教训的总结，以及人性和人格的逐渐健全。在这里，我们只是提出一些一般性的设想或建议，这至多只能对解决面临的现实困境起某种辅助和缓解作用。

第一，在当今科学和技术对社会的影响日益强烈、对环境的干预日益显著的情况下，科学家对社会的道德责任这个问题已经被尖锐地提上了议事日程。科学家必须增强应有的对社会的道德责任感、对自然和人类的情怀，时时处处胸怀科学良知或科学良心，树立正确的伦理道德观念，对社会的未来和人类的福祉承担自己的责任。为此，诸多学者提出了值得注意的思想和行动路径。德布罗意指出："如果科学的进步用于恶途而使人面临险境，人们是需要充实精神的，而且要强迫自己尽快地充实起来。对人类负有精神和智慧指导使命的那些人的责任就是解放和唤醒人们去充实精神。"② 比利时社会学家亨德里克·德·曼（Hendrik de Mann）表示：

① 莫尔. 科学伦理学. 黄文，摘译. 科学与哲学，1980（4）：84-102.
② 德·布洛衣. 物理学与微观物理学. 朱津栋，译. 北京：商务印书馆，1992：224.

"只有一种知识可望控制应有的事情的领域，这就是关于善恶的知识，这就是——良知。"[1] 威尔金斯（M. H. F. Wilkins）正确地揭示出："科学家的社会责任"问题的症结是找到把思维和情感联系起来的方式。二者是精神的对立的活动。按照荣格的观点，需要把它们汇集在一起，以便使人成为一个整体。科学家的传统观点即思维高于情感是错误的：二者都是实质性的。例如，科学批评家罗斯扎克（T. Roszac）暗示，情感高于思维，科学一般而言太多地依赖理性和逻辑的权力，而忽略了道德价值。可以肯定的是，我们技治主义的主要缺陷之一是，思维和情感未处于正确的比例。但是，不是思维太多了，而是情感太少了。而且，思维本身是不适当的——它太受局限了，太分析了，故而缺乏综合性。[2]

第二，加强各种制度保障，用制度规范科学家的社会行为和科学的技术应用。这样不仅能够把出于良知的科学家的责任落到实处，而且能够约束作为利益集团代言人的科学家和心怀叵测的科学家。洛伦斯强调，社会不应该把它的希望寄托在非凡个人的非凡努力上或英雄的主动性和牺牲上，而应当重视科学职业内的集体责任和管理。合乎道德的科学家作为愿意为自己的工作对社会的影响承担责任的人，不仅仅是为他们作为个人的行为承担责任。作为负责任的科学家，也要关注其他科学家是否利用科学才干实施对社会有害的意图。有良心的科学家有时会就如何追求某些研究路线做群体决定。他们会承认，科学的未来服从他们的集体决定，即使不服从他们个人的决定。[3] 邦奇提出，"没有道德心的工程技术专家，是无社会责任感的：他服从命令。我们不易用直接的办法改变这种驯服的态度。但是，我们能以间接的方式做到的是：我们能把作恶的机会减到最少。我们能通过参与政治做到这些，并要求技术（不同于基础科学）置于民主的控制之下"[4]。普里马克（J. Primack）建议，必要时求助于立法，例如用环境法来规范和制约当事人的行为，这条进路日益有效。[5] 拉契科

　① 拉契科夫. 科学学——问题·结构·基本原理. 韩秉成，陈益升，倪星源，等译. 北京：科学出版社，1984：260.

　② M. H. F. Wilkins. Possible Ways to Rebuild Science// Fuller Watson. The Social Impact of Modern Biology. London：Routledge & Kegan Paul，1971：247−254.

　③ J. Vollrath. Science and Moral Values. Lanham, Boulder, New York, Dorondo, Plymouth, UK：University Press of America，1990：149−151.

　④ 邦格. 科学技术的价值判断与道德判断. 吴晓江，译. 哲学译丛，1993（3）：41.

　⑤ J. Primack. Scientist as Citizens// F. von Hippel. Citizen Scientist：A Touchstone Book. New York：Simon & Schuster，1991：3−15.

夫甚至从更大视野看问题："如果仅仅依靠科学家的道德及其对公民职责的觉悟就可以保证科学的发展和利用具有人道主义方向，那就是乌托邦主义。为此，需要有能为科学技术进步创造物质和精神条件的先进的社会制度。"①

第三，虽然科学的技术应用难以预测，但还是要尽量事先对其进行评估，以减少研究和应用的风险。波普尔明确表示："由于自然科学家已无法摆脱地卷进了对于科学的应用之中，因此，尽可能预见他的工作的非故意的结果，并且从一开始就提醒我们注意应当努力避免哪些结果，这是科学家应该肩负的一个特殊责任。"② 卡瓦列里从对重组 DNA 技术的争论中看到，整个科学事业及其相关的技术中存在若干基本的缺陷，加之考虑到对需要的现实关注，他建议对科学事业的长远计划进行评价，对科学应用的增长以及现在还未达到的条件做出评估；主张全神贯注于任务取向的研究的直接目标，留下足够的时间真诚地思考科学为人类利用的可供选择的路线。为此，他建议运用风险-效益分析评估科学可能的技术应用。预期这种两难处境，通过不发展某些成问题的技术，最好在较早阶段就消除这种困境，也许更好一些。与其评论探究自由在其中不得不被抑制的境况，不如积极寻求科学智力在对社会最重要的方向上以最佳希望的方式应用——可以提供产生有用的结果且具有极小的伴随危险的应用，这也许更富有建设性。这意味着对可能承担牺牲某种探究自由的再评价，即对更基本的价值——也许是幸存——的权衡。③ 卡普兰（M. M. Kaplan）把系统分析视为一种有效的路径：通过考虑可供选择的可能性，然后通过选择和排列那些保证在高度复杂的相互作用网络中具有最佳有效性的东西，来达到确定的目标。它在处理它的要求和目标时使用数学的与语词的模式，并要求许多学科的应用，以及用计算机处理包含大量的材料。不过，系统进路的使用是因不确定性而固定的道路。如果狭隘地构想和应用它，它甚至会变成弗兰肯斯泰因（Frankenstein）的怪兽。④ 在这里，不宜运用成本-

① 拉契科夫. 科学学——问题·结构·基本原理. 韩秉成，陈益升，倪星源，等译. 北京：科学出版社，1984：270.

② 波普尔. 走向进化的知识论. 李本正，范景中，译. 杭州：中国美术学院出版社，2001：11.

③ L. F. Cavalieri. The Double-Edged Helix：Science in the Real World. New York：Columbia University Press，1981：16，137.

④ M. M. Kaplan. Science and Social Values// Fuller Watson. The Social Impact of Modern Biology. London：Routledge & Kegan Paul，1971：192-198.

效益分析。①

　　第四，科学家要如实公开相关信息，提交公众讨论。面对严峻的现实，卡普兰认为，关于谁应当为设立社会价值和目标负责的问题，似乎明显和必要的答案是，应该包括所有的社会部门，事实上，这些争端应该主要通过公众讨论来获得解决。② 卡瓦列里也昌言，科学家应该及时把科学研究的进展情况和可能引起的危险告知公众，以促进审慎的选择，而不能让公众被动地接受既成事实。③

---

　　① 爱德索尔. 科学责任制的两个方面. 重原，译. 科学学译丛，1985（2）：4-8. 爱德索尔认为：在出现技术决策争论时，成本-效益分析不能起到多大作用；成本和效益通常极不相称；最终，决定很可能通过政治过程做出，在这个过程中，公众的愿望比专家的成本-效益计算更为重要。

　　② M. M. Kaplan. Science and Social Values//Fuller Watson. The Social Impact of Modern Biology. London：Routledge & Kegan Paul，1971：192-198.

　　③ 卡瓦列里写道："工业产品和废料以及其他形式的环境残缺对地球的污染，引起部分公众利益群体的反对，诸如地球之友、环境保护基金和 Sierra 俱乐部。它们艰难地进行斗争，以反对对人的聚居处短视的破坏，这能够利用来自科学家的更多支持。现在，新类型的污染刚从地平线上冒出，即科学直接造成微生物菌株类型的污染。可以证明，这种形式的污染比化学产品更难对付，像放射性一样具有潜在危险。在这项新技术诞生时，由有关生物学家成立的负责任的遗传研究联合会强有力地提出，要与盲目接受它和自动探索它做斗争。该联合会依据下述信念行动：科学家由于具有能够彻底转变它的工具而代表社会，他们承担着告诉公众可能的危险、利益和哪种工具不相干的沉重责任。该联合会的意图是给社会以机会，以便使基因工程的应用选择更审慎、更有信息根据，而不是迫使公众的作用成为宿命地屈从私人发展的技术。无论如何，公共利益核心现在正在许多科学社团中出现，人们希望这些将促进科学家当中大规模的社会意识的发展。"（L. F. Cavalieri. The Double-Edged Helix：Science in the Real World. New York：Columbia University Press，1981：155-156）

第七章　科学家应该为科学的误用、滥用和恶用担责吗？

苏州太湖碧瀛谷

蒹葭苍苍蛙声稀，湖畔黉夜渺人迹。

独坐小亭窬幽趣，此情唯有秋风知。

——李醒民

在探讨了科学家对社会的道德责任以及履行这种责任的限度与困境之后，人们自然会提出一个问题：科学家应该为科学的误用、滥用和恶用担责吗？这是一个颇有争议的原则性问题。在本章，我们试图加以破解，并给予谨慎回答。

§7.1　题解：关于科学的误用、滥用和恶用

"误用"是笔者杜撰的词汇，其意思是错误地使用，或在使用时发生失误，从而产生不良后果。误用一般是无意识的或不经意的或不留意的，而不是有意为之。"科学的误用"，指科学家出于善良的动机或意图从事科学研究，其研究的理论结果被同样出于善良的动机或意图的他人或自己推广到技术应用，但却产生了事先未曾预料到的不良后果，给人类和社会造成了不应有的损害，也就是所谓的好心办坏事。在这里，若是科学家自己误用，则科学家要承担相应的适当责任，起码应该受到考虑不够周全、行事不够谨慎的批评。若是他人误用，这正是我们要讨论的问题：科学家是否要为他人误用自己的研究成果或科学理论担责？

　　"滥用"的意思是胡乱地或过度地使用。"科学的滥用"，指科学家出于善良的动机或意图从事科学研究，其研究的理论结果或由于草率粗疏，或由于责任心不强，或由于出资者的利诱、驱使，而被他人或自己技术化后滥用。在这里，若是科学家自己滥用，则科学家要承担相应的责任；若不良后果严重，甚至要受到行政或法律的惩处。若是他人滥用，这正是我们要讨论的问题：科学家是否要为他人滥用自己的研究成果或科学理论担责？

　　"恶用"也是笔者杜撰的词汇，其意思是出于恶意而使用，或恶劣地、恶毒地使用。"科学的恶用"分为两种：一指科学家出于恶意或邪恶意志，或者出卖自己的灵魂，被动屈从或主动帮助恶者，从事有害于人类和社会的研究，其研究的理论结果被同样出于恶意或邪恶意志的他人或自己作为工具来作恶；二指科学家出于善良的动机或意图从事科学研究，其研究的理论结果被出于恶意或邪恶意志的他人作为工具来作恶。关于前者的恶用，作为当事人的科学家和恶用者肯定要承担应有的责任，而且应该受到严厉的谴责、处罚乃至被绳之以法。关于后者的恶用，恶用者本人应该受到同样的处置。至于科学家是否应该为他人的恶用承担责任，这正是我们要讨论的问题：科学家是否要为他人恶用自己的研究成果或科学理论担责？

　　综上所述，本章所要讨论的问题是：科学家出于善良的动机或意图从事科学研究，其研究成果或科学理论被他人——请注意是"他人"——技术化后而误用、滥用或恶用，科学家本人应该为这些技术使用承担相应的责任吗？对于这个问题，归根结底有两种截然不同的回答：科学家应该担责和科学家不该担责。

§7.2　科学家应该担责及其理由

　　现在，越来越多的人认为，科学家应该为他们自己的研究成果或科学理论的技术使用担责，他们应该时时处处对自己所从事的科学研究进行伦理评估，有责任事先放弃或抵制具有不良应用潜力和后果的科学研究。帕斯莫尔（J. Passmore）陈述了这种观点：科学家要为我们的祸患负责，不仅因为科学家的这个或那个技术应用是灾难性的，而且因为它们刺激我们以完全错误的方法对待自然、人、社会。① 古斯塔夫森（B. Gustaffson）等人指出，尽管科学家对自己研究成果的估价往往是难以做到的，有时甚至是不可能的；而且，科学家一般并不能控制研究成果和它的应用，在很多情况下甚至不能控制他们的工作计划；然而，这并不妨碍科学家个人致力于不断地对其研究后果做出判断，并公开其判断，进而抵制自己认为与伦理规范相悖的科学研究。② 雷斯尼克认为，科学家要遵守适当的行为标准，学会辨认科学中的伦理关注和就它们进行推理。科学家把科学看作对人类具有重要后果的较大社会与境的一部分，对于科学和社会而言都是重要的。当研究者为了进行知识探索而采取忘记伦理立场和关注的态度时，科学和社会都要遭受灾难。③ 雷斯尼克的潜台词是：在这种背景下，科学家必须为此担责。I. B. 科恩（I. B. Cohen）不满足于把责任放在科学家肩上，而主张加在整个科学知识体系上。近年，科学被指控影响环境而引起人们反对科学。科学家争辩说，破坏环境的不是科学而是技术。环境保护论者和反科学势力回答说，不能把科学和基于其上的技术分开，科学家必须为他们思想的成果承担责任。然而，在这里问题不仅仅是科学家个人对于他们工作中可以提出的应用负有什么责任，而宁可说是作为一个整体的知识体系，即建制化的科学知识和能力的体系的责任，在这个体系中科学家仅仅是一个行为者。因此，由科学构成的应用的责任也许与其说在于单个人的活动，还不如说在于知识体系。④

至于科学家应该担责的理由，最主要的是科学和技术在某些研究领域或项目上已经密切地结合在一起，难以甚或不可能把二者分开。因此，科学家实际从事的并非出于好奇心的、为科学而科学的、祛利性的纯粹研究或基础研究，而是在研究中事先就考虑到了其技术应用，或者以获取技术专利为任务和目标。于是，科学家为他们研究的不良使用承担责任就是顺理成章的事情。普罗克特注意到，19 世纪在"纯粹"科学与"应用"科学之间所做的区分被用来支持以下主张：鉴于技术发明或革新几乎总是目标取向的，也存在纯粹科学——"为科学而科学"，而不是为它的应用。

① J. Passmore. Science and Its Critics. Duckworth：Rutgers University Press，1978：43.
② 古斯塔夫森，赖登. 试析科学家的乌普斯拉伦理规范. 金占明，译. 科学学译丛，1987 (2)：26—27.
③ D. B. Resnik. The Ethics of Science. London，New York：Routledge，1998：173.
④ I. B. Cohen. Commentary：The Fear and Destruct of Science in Historical Perspective. Science，Technology，and Human Values，1981，6（3）：20—24.

然而，尤其在近年，把科学和它的应用分开的边界变得模糊不清了。政府承认"无用的研究的有用性"。结果恰恰不是发现与应用之间的时间延迟被缩短了，而是科学与工业之间的一种崭新的关系被建立了。在现代工业实验室，在预期应用的领域寻找发现；生物技术的建立确认，探索重组DNA 的技艺是工业资助"基础研究"的最近的例子，以便期望把获得的知识应用到医学或农业领域。由于这些以及其他理由，情况变得日益难以沿着传统的路线把纯粹科学与应用科学分开。不再容易把无功利的"科学"与一起改造作用的"技术"分开。应用科学日益对原理起作用，纯粹科学日益依赖于大规模的仪器设备。实践的科学家都意识到了以下这一点：科学中的许多东西由纯粹的技术构成。纯粹科学与应用科学的传统区分从两个方向获得了修正：在应用科学对原理起作用的程度上，而且在纯粹科学具有社会起源和后果的程度上。这些起源和后果的评价，尤其在近年，已使科学成为政府和工业二者的极其重要的方面。① 卡瓦列里也持有这样的看法。② 鉴于这种现状，斯平纳（H. F. Spinner）表明，默顿规范由于各种原因不适合了。科学和技术的发展消灭了纯粹科学，只有现实化的科学和应用化的科学，传统的科学精神气质这个先决条件不可靠了。流行的科学家对一切事务不负责任的精神气质，除了生产所谓"科学进步"的知识的量和质之外，在观念发明和它们的实际应用落在一起时，不再是可以接受的。于是，科学精神气质被科学和技术的发展超越了，原则理性的基础被无声无息地销蚀了。即使没有被正式废除，科学精神气质也不存在了。③

还有人从其他方面寻找科学家应该担责的理由。比如，拉维茨从科学家角色的变化或多样化看到，科学家现在在社会上也扮演咨询的角色，

---

① R. N. Proctor. Value-Free Science Is？：Purity and Power in Modern Knowledge. Cambridge，MA：Harvard University Press，1991：3.

② 卡瓦列里说："20 世纪的现代科学研究日益变得任务取向。在传统的样式中，大多数科学家没有被卷入他们发现的应用；实际上，他们避免这样的干预，并表明这不是他们的路线。这种简单化的概念在约 150 年前成为时尚，但它却是不中肯的，在现代甚至是危险的。在面对最肯定地影响未来人类生活的重组 DNA 技术中，这种对知识追求的古代观点尤其需要实质性的现代化，因为如果科学共同体不保护公众的利益，那么当强大的但却高度深奥的新科学技艺被发现时，谁将保护呢？"（L. F. Cavalieri. The Double-Edged Helix：Science in the Real World. New York：Columbia University Press，1981：31）按照他的观点，与流行的担心相反，科学共同体接受公众的义务和责任，不会妨碍他们为知识而追求知识。

③ H. F. Spinner. The Silent Revolution of Rationality in Contemporary Science and Its Consequences for the "Scientific Ethos". New York：Science History Publications，1988：192-204.

"这种角色代表委托人的利益而行动，并为他的决定负个人责任。科学家可以像专家或学者一样产生内在促动的结果，或者可以像科学作家或科学研究者一样解决技术上促动的问题"①。史蒂文森（L. Stevenson）等人基于自由与责任平衡的原则认为："如果科学知识增加了我们的自由，它也会提高我们的责任负担。存在主义的哲学主题是由这样的难以负担的自由造成的忧虑——选择越大，忧虑越大。"②

§7.3　科学家不该担责及其理由

也有许多人坚持认为，科学家是发明科学理论的，而理论是知识层面即形而上的事情，不是应用层面即形而下的事情；他们没有直接误用、滥用或恶用科学；况且，使用科学成果是由社会意志和政治权衡决定的，不是科学家主要关注的对象，更不是他们能够掌握的。因此，科学家不该且无法为科学的不良使用担责。多年前，在讨论科学家的社会责任和科学的应用时，诺贝尔奖得主珀西·布里奇曼、拉比（I. I. Rabi）就表达了这样的态度，尽管他们都是有良心、有道德的人。布里奇曼说："从社会的观点来看，对科学家的有利地位之辩护是，除非他是自由的，否则他就不能做出他的贡献，他的贡献的价值值得社会为它付出的代价。"拉比说："科学家不能为社会利用他揭示的知识的方式负责。"③ 中国科学家任鸿隽也断定："工程技术是应用科学的发明以谋增进人类的健康与快乐为目的的。这与纯理论科学之以追求真理为目的相比较，已有卑之无甚高论之感。然

---

① J. R. Ravetz. The Merger of Knowledge with Power: Essays in Critical Science. London, New York: Mansell Publishing Limited, 1990: 150. 不过，他也指出了一些差别：只是他们很少能够做独立的工程师或医生作为例行事务所做的事情，即解决问题和做出决定，其质量立即受到委托人的利益的检验。

② L. Stevenson, H. Byerly. The Many Faces of Science: An Introduction to Scientists, Values and Society. Boulder, San Francisco, Oxford: Westview Press, 1995: 30-31.

③ L. F. Cavalieri. The Double-Edged Helix: Science in the Real World. New York: Columbia University Press, 1981: 30-31. 但是，卡瓦列里不赞成这些科学家的观点，认为他们出奇地天真。不幸的是，他们的话负载着巨大分量的权重——诺贝尔奖得主，但是他们的科学专长不会自动地使他们具有作为其他领域专家的资质。事实是，这些科学家像如此之多的其他科学家一样，在反思不发达的社会良心时采取了有局限性的科学观点。正如诺贝尔奖得主哈罗德·C. 尤里对这些态度做出反应时指出的："我们不认为矿工对从地球开采的铁的使用负有责任，但是对于作为一个公民的他来说，反对把它作为废铁运到日本，以便在未来的日子用于反对他的国家的战争，则是完全正确的和恰当的。"

即这个卑之无甚高论的主张，也不见得与人生目的有何冲突。唯有把工程技术用到毁灭人类的战争上，它才与人类的前途背道而驰。然这个责任，似乎不应该由科学家来担负。"①

一些科学哲学家的观点与上述科学家的看法不谋而合。拉卡托斯（Imre Lakatos）开门见山地说："科学本身没有社会责任。按照我的观点，社会的职责正是：维护非政治的、超然的科学传统和允许科学纯粹以它内部生活决定的方式寻求真理。当然，科学家作为公民应该像所有其他的公民一样，有责任努力使科学应用于正确的社会和政治目的。这是一个不同的、独立的问题，按照我的意见，这是一个应该通过议会决定的问题。"② 莫尔表示，在现代社会中，真正的科学知识是有目的的行为的最重要的工具。有目的的行为是人的文化的实质。因某种非明智的、破坏性的应用而责备科学是不公平的。③ 邦奇以环境问题和核武器竞赛问题为例，甚至对技术和技术专家的责任也为之开脱（更不必说对科学和科学家了）。他说："大多数工程技术专家是有矛盾心理的，只有少数人本质上是恶的。但是，所有工程技术专家最终是受经营者或政治家控制，而不是由他们自己支配的。"④

科学家不该担责的理由主要是，科学和技术是本质上不同的东西，尤

---

① 任鸿隽. 科学与社会. 科学，1948，30（11）：323.

② 拉卡托斯. 数学、科学和认识论. 林夏水，薛迪群，范建年，译. 北京：商务印书馆，1993：358-359.

③ H. Mohr. Lectures on Structure and Significance of Science. New York：Springe-Verlay，1977：155.

④ 邦格. 科学技术的价值判断与道德判断. 吴晓江，译. 哲学译丛，1993（3）：41. 邦奇还说："邀请一组有能力的工程技术专家创造人工制品或使某种东西变得更有用的工艺程序，他们很可能提供有益的物品。要求上述同一组工程技术专家设计有效的大规模灭绝生命或洗脑或开发的工具，这很可能提供有害的货色。技术是工程技术专家所作所为的事，而他们的作为则是听人吩咐的。技术没有自身的动力，它可由人们任意推动或制止。"（同前）"人类面临两个通常归罪于科学家的可怕的和前所未有的问题。一个是环境不可逆转地衰退，如不加以控制，会使我们的行星除了少数原始生物体之外，不再适于居住。第二个问题是核武器竞赛，这种竞赛如不停止，会导致灭绝地球上所有生物体的全球核战争。这两个问题都产生于现代技术的大规模的无控制应用。可是，这两个问题也都不能完全归罪于工程技术专家，因为他们受权力的指挥，应受责备的是权力。生态灾难是放纵工业的后果，而不是技术造成的后果。完全有可能运用技术净化环境，改造沙漠，制止任何对大地和大气污染的加重。即使尚未尽早地或有力而充分地实行这些改正措施，也不必责备工程技术专家，更不用说这些措施是否被放弃。受责备的倒应是目光短浅和贪婪的经营者或政治家。尤其今天应责备自称为'自由主义'（即新保守主义）的政治家，他们维护私人利益压倒公众利益的观点，即使人类的未来也因此而处于危难之中。即将来临的全球核灾难或总毁灭，是政治扩张主义而不是技术的后果。……不要因总毁灭的威胁而责备工程技术专家，应受责备的倒是企图以武力强加其意识形态的狂热者——不管他们是政治家或军事家。"（同前，40-41）

其对基础研究而言。① 不能把科学家的责任与技术专家的责任混为一谈，更不应该把后者的责任强加在前者身上。科学和技术虽然有密切的关联与某些相同之处，但毕竟是两个不同的概念，比如在追求目的、研究对象、活动取向、探索过程、关注问题、采用方法、思维方式、构成要素、表达语言、最终结果、评价标准、价值蕴涵、遵循规范、职业建制、社会影响、历史沿革、发展进步诸方面具有明显的差异。② 莱维特（Norman Levitt，曾译为"列维特"）说得好："作为社会建制，科学和技术无疑是相互渗透的，并且经常看上去好像戴着同一顶帽子或（穿着同一件）实验服。但是将两者混淆起来的做法是把表面的东西——例如机构联合——当成了深层的东西。科学发展与技术进步是很不相同的，尽管这两个建制经常看起来并肩前进。……事实上，关键的差别在于，科学——仍然是对唯一的物理世界的系统探索——的确是逻辑的，无论是作为一个过程还是作为已经完成的提炼过的理论结构。"③ "那些构成科学的问题是认识论意义上的问题，而技术研究的本质却是一件经济和社会的工作。"④

还有一个重要理由是，科学理论衍生的不良技术应用一般是难以准确预见的，甚至是根本无法预见的。例如，哈恩（Otto Hahn）和斯特拉斯曼（Fritz Strassmann）于 1938 年发现的裂变反应的应用。这个结果于1939 年初发表在《自然》杂志上，仅仅几个月后，约里奥-居里（Joliot-Curie）领导的法国研究小组就发现，辐射过程中可能发现多个中子，因此可以产生链式反应。在非常短的时间内，这两个发现导致第一座由费密

① 雷斯蒂沃注意到了这一点：把人们的研究定义为"基础的"，能够作为对相当于义务的东西的说明和辩护起作用，从而避免为科学工作的现在和未来的后果承担责任。这种诠释基于的观念是：科学是把人卷入的社会过程，而人的活动能够受到他们组织的方式、能够获得的资源以及与其他社会部门的关系的促进或阻碍。自然和"实在"不是任意的；但科学不是自主的、自我矫正的、"纯粹的"过程，不是按照仅由在科学上是"实在的"东西形成它自己内在规律发展或进步的过程。至少，纯粹科学的支持者、基础研究固有的"善"的支持者应该乐于使他们的观念隶属于科学探究的相同形式，期望科学家在他们的研究显示出这些形式。（S. Restivo. Science, Society, and Values: Toward a Sociology of Objectivity. Bethlehem: Lehigh University Press, 1994：114）

② 李醒民. 科学和技术异同论. 自然辩证法通讯, 2007, 29（1）：1-9.

③ 列维特. 被困的普罗米修斯. 戴建平, 译. 南京：南京大学出版社, 2003：171.

④ 同③170. 莱维特还说："技术……一个是社会和历史的过程，而不是一个认识论计划。驱动、阻止或使它转向的因素是很难说清的，但很难相信运气从来没有发生过作用。即使在最精微的水平上，技术与社会有机体之间的互动、它的繁荣和衰微，都不受到类似科学逻辑的控制。它很难用任何明白可靠的逻辑来加以解释说明。"（同③，174）

及其合作者建成核反应堆，又隔了三年，第一颗原子弹问世并在广岛和长崎爆炸。但是，哈恩和斯特拉斯曼不可能预见到这种发展。甚至在1939年，尼耳斯·玻尔解释了重量为15%的原因，因为在他看来，裂变过程中发生爆炸是不可能的。如果我们再向前回溯，据说原子物理学的创始人卢瑟福（Ernest Rutherford）说过，他的研究不会产生实际价值："任何在原子嬗变中寻找能源的人，都不过是'空谈'而已。"而且，如果没有由美国政府大力支持的"曼哈顿工程"提供足够的智力和财力，就不会在短期内实现这种军事目标。①

当然还有其他方面的理由。比如，责任的混淆和科学的不可避免性。当我们证明科学家应该担责时，责任的混淆出现了：科学家不像医生和律师那样直接为当事人负责，他们的责任是十分间接的和模糊不清的。"第二个问题是觉察到的科学的不可避免性。在这里论点是，个体科学家没有理由考虑他们发现的后果，因为发现是不可避免的。没有办法要求一个个体延缓或停止科学的前进。……科学的未来不是由科学家个人的决策或情感决定的。"② 又比如，科学理论是共有的，科学家不拥有使用它们的权力。哈克富特（C. Hakfoot）引用巴恩斯（B. Barnes）的话，描绘出今日科学和科学家的社会功能的图像："我们可以说，近代社会被科学统治，但是未被科学家统治。"③ 拉维茨也揭示："科学共同体处在创造巨大力量的位置，而社会却剥夺了其使用这些力量的责任。"④

§7.4　科学家不直接担责，但要有所作为

科学家到底该不该担责？这是一个见仁见智、众说纷纭的问题，也是一个错综复杂、难分难解的问题，绝对不是"应该"或"不该"两个字就

---

① 古斯塔夫森，赖登. 试析科学家的乌普斯拉伦理规范. 金占明，译. 科学学译丛，1987（2）：26-30；L. Wolpert. The Unnatural Nature of Science. London，Boston：Faber & Faber Limited，1992：152.

② J. Vollrath. Science and Moral Values. Lanham，Boulder，New York，Dorondo，Plymouth，UK：University Press of America，1990：148-149.

③ C. Hakfoot. The Historiography of Scientism：Critic Review. Hist. Sci.，1995，33（102）：375-395.

④ J. R. Ravetz. The Merger of Knowledge with Power：Essays in Critical Science. London，New York：Mansell Publishing Limited，1990：150.

回答得了的，而要针对具体与境仔细分析，得出具体结论。在和盘托出我们的意见之前，为了说明这个问题的多样和诡异之处，我们不妨先引用一些学者的探索和评论。

本-戴维列举了关于智力测验和智力差异研究的案例，从中不难看出科学研究与其为不良后果担责之间的纠葛和棘手之处。1969 年至 1971 年在美国以及在英国，关于心理试验的著名争论是由心理学家阿瑟·詹森（Arthur Jensen）1969 年发表在《哈佛教育评论》上的一篇论文引爆的。该论文包含白人和黑人智力测验中成绩之差异的证据，并把部分差异归因于遗传。虽然该论文是学术性的、远非种族主义的，但它能被误用于反黑人的宣传。如果科学家必须认真对待他们研究的社会后果的责任的话，那么论文的这种潜在误用就必须受到注意。然而，争论实际进行的方式却未朝向使研究工作者对他们的责任更敏感的方向发展，三类问题隐含在该问题中，即詹森的结论是否受到他们和其他人的证据的支持，该研究是否有助于对理智和教育技术的科学理解（它宣称做的正是这一点），结果的发表实际是否增加了种族偏见和歧视，这些被左派批评家审慎地看作相互之间是不可分离的。一些批评家拒绝把问题的任何部分通过科学探究来处理。也存在一种广泛的倾向，即严格地基于它是否支持"right"（右翼的、正确的）观点，也就是基于在智力中没有任何遗传成分的前提下判断所有证据。于是，另一位心理学家里查德·赫施坦（Lichard Herrnstein）后来的论文（1971 年）没有包含能够被用于煽动种族情绪的东西，但却像詹森的论文一样多地受到谴责，赫施坦和詹森都受到了暴力威胁与羞辱。与此同时，有一本书基于相当脆弱的和骗人的证据，宣称教育方面的差异是教师态度的结果，这被欢呼地认定为该领域的突破性成果。这个案例的重要性并非校园激进分子不可原谅的行为和某些报刊完全不负责任（并非应该忽略这些行为），而在于否认科学自主性的人拟定的术语引发的争执。于是，许多学者谴责詹森，并不是因为他的工作可能造成的实际影响，而是完全因为他做出了关于种族和智力的陈述。赫施坦受到了严肃哲学家的指责，并不是因为他就分配给具有高心理能量的人的奖励提出了哲学问题。甚或就维护智力组分研究的重要性而言，只有很少的人保护那些受攻击的人。有许多人虽然实际没有参与攻击，但却发觉必须让他人知道他们站在 right 一边。他们只是发出一点仪式般的不同意攻击的声音，并走到他们的道路之外去挑剔受到攻击的人的过失。直到事件过去了六年，心理学家李·克龙巴赫（Lee Cronbach）发表了两篇论文——其一把争论放入透视（表明同一争端在过去也出现过）；其二把卷入论战的论文加以分类，使对它们平心静气的评价成为可能。情况似乎是，最近关于重组DNA研究的争论也是按照相似的路线进行的。争端被蓄意政治化了，从而任何把科学争议与政治争议分开的尝试，都遇到赞成对研究进行政治控制的科学家和知识分子的公开的敌意与抵制。①

温伯格罗列了各种各样的与境，并针对不同的情况提出了不同的处理意见。他猜想，公众对于科学所持的态度无论是赞成还是反对，都远不是由于对科学事业本身的赞同或者反对，而是由于他们对某项技术进展的利弊得失的预计。这个问题很大，无法随随便便而又用很不全面的方法加以讨论。人们对于"纯粹"科学家在创造新兴技术中的作用提出了五项批评。

第一，科学家从事自己的研究，但却没有对自己工作在实际应用时可能造成的危害给予应有的重视。这种说法在一定程度上是正确的。甚至还有一些科学家（虽然我认为为数不多）争辩说，知识把他们引向哪里，他们就在哪里探索，这就是他们的本分，而实际应用的问题则应留给商人、政治家和将军去解决。例如，许多批评直指核武器，把它说成"纯粹"研究最坏的产物。但是这种指责过高地估计了科学家对未来的预测能力。在1930年代末期，那些发现核裂变的核物理学家对核武器的危险不那么关心，是因为他们没有察觉到这种危险。当然，后来在美国和其他地方，核武器是由充分了解自己工作的科学家研制出来的，但这却不再是为了纯粹研究的目的，而是希望对在第二次世界大战中取胜有所帮助。希望科研人员能够阻止那些最危险的研究，但这绝非轻而易举之事。要使科学家在预测出自己工作的弊多利少之后单方面地中止某一研究，就需要科学家充分信任自己预测的精确性；而这种信任通常只在商人、政治家和将军身上才能见到，对于自然科学家来说则不多见。而且，科学批评家是否真的愿意由科学家而不是公众去做这种决定呢？

第二，为了使自己的"纯粹"研究获得物质支持，科学家用直接从事有害的技术发展的方式把自己卖给工业界或政府。科学家也是人，因此这种指责在一定程度上是正确的。但令人感到奇怪的是，为什么单单挑出科学家来承受这种指责？谈到这个问题，就要提及核武器的例子。奥本海

---

① J. Ben-David. Scientific Growth：Essays on the Social Organization and Ethos of Science. Berkeley：University of California Press，1991：495-496.

默、费密和其他科学家之所以在第二次世界大战中参与研制原子裂变炸弹，是因为他们觉得自己不这样做，就会让德国捷足先登，用原子弹来征服世界。第二次世界大战以来，一大批物理学家都"洗手"不再参与任何军事方面的研究与发展工作，无论是全力参与还是只用一部分时间参与。我还没有听说有别的什么集体，当然也没有听说工人和商人，表现出类似的道德识别能力。那些尚未"洗手"的科学家的情况又怎样呢？人们公认，那些人是为了金钱、权力和利益而研究防务问题的。还有少数人则是基于政治立场，相信对任何能够增强军事实力的武器都理应进行研制。然而，大部分参与军事工作的美国"纯粹"科学家都试图在某一方面划界，并只研究他们认为利多弊少的那一类有限的问题。希望能够提出论据说明，从事学术工作的科学家是富有人道精神的，他们对军事政策具有遏制作用；但是回想起来，几乎没有什么证据说明具有影响力的科学家起了什么作用。然而，即使科学家不参与此事，世界的境况至少也不会变得更好。

第三，各种类型的科学研究都是不能容忍的，因为它们会增大发达国家与不发达国家之间、统治阶级与被统治阶级之间的实力差距。这一指责是根据不着边际的政治和历史假定提出的，因而我们绝对无法对此表示欣赏。我们绝不相信，新兴技术在维护旧权力结构方面的作用大于它动摇旧权力结构、促进权力转移方面的作用。更进一步说，这种停止科学研究的论据，在逻辑上要求每一个从事维持现代工业社会不断进步的工作的人都进行持续的罢工，只有科学家"洗手"不干是不行的。

第四，科学研究会导致毁灭人类文化和正常生活秩序的技术变化。我们对这项指控怀有比其他指控更多的同情。即便撇开新型战争武器所造成的后果不谈，自从工业革命以来，科学的实际应用似乎已经给社会带来了巨大的丑恶。要尽最大可能做出正确的判断，从而促进文明的技术并反对野蛮。识别出文明技术，并对社会进行管理从而抑制其他技术，这一问题过于复杂。

第五，在人类的紧迫要求尚未得到满足时，科学家却把大量投资花到加速器和望远镜等研究上，这除了能满足他们的好奇心之外别无裨益。无疑，大量的科研工作是在预测不到实际利益的情况下进行的；确实，即便已经肯定地知道不会带给人们实际利益，有些工作也仍然会开展。某些这类工作的代价昂贵也是千真万确的，原因很简单，在任一特定的研究领域，用绳子和火漆就能完成的实验看来都已不复存在。我认为，如果采取严格的功利主义观点，把公众的综合福利作为唯一的价值标准，那么科学家所从事的任何研究，只要不是出于为公众福利做出贡献的动机，就应当受到谴责。基于同样的理由，人们也无须资助芭蕾舞表演、公正的历史著作的写作以及对蓝鲸的保护，除非能够证明这些举动可以增加公众福利。然而，有关宇宙的知识与美和正直一样，在本质上是有益于人类的——任何相信这一点的人都不会对科学家为自己从事研究寻求必要的资助横加指责。①

　　本-戴维列举的案例，温伯格罗列的与境和处理意见，或多或少与我们前面讨论的论题相关，也对我们回答科学家是否应该担责的问题有所启示。我们的观点是：一般而言，不应该迫使科学家为（他人对）科学的误用、滥用和恶用承担直接责任。要牛顿因发明力学定律而为洲际导弹的不良后果承担责任，要爱因斯坦因发明质能关系式而为原子弹的不良后果承担责任，是没有什么道理的，也是匪夷所思的。在某些特殊情况下，比如说在科学发明和技术开发难以截然区分的领域，科学家因为责任意识不强或工作粗心大意而导致他人产生某种不应有的后果，则应该承担间接的道义责任或道德责任，尽管他们是出于善意从事科学研究的。但是，无论在何种与境，无论在何时，科学家在科学研究中都必须有责任意识②，都必须有所作为。尤其在比较清楚地意识到自己的理论研究有可能带来实际危险或恶果时，科学家必须有自律精神，把客观事实如实地告诉科学共同体乃至公众，合乎时宜地谨慎采取后续行动。科学共同体则要以高度的社会责任感和自觉性，或采取必要的预防措施，或制定相关的条规，对科学研究加以规范或约束，把可能的社会风

---

　　① 温伯格. 一位从事实际工作的科学家的感想. 晓东，译. 科学学研究，1986（5）：11-19.

　　② 遗憾的是，一些科学家还缺乏这样的意识。卡瓦列里指出："大多数科学家的社会觉悟还没有扩展到他们自己的活动领域。这不是批评，它是一个观察事实。例如，许多分子生物学家因他们的'自由的'政治观点而骄傲：他们抗议东南亚战争，反对使用化学生物的武器，诋毁核废料的放射性沾染。简言之，他们的价值似乎与人的条件的改善有关。可是，在他们自己的领域，相同科学家中的许多人却没有注意他们的工作可能伴随有害的影响。他们隐含地、模糊地假定，所有科学都是善的，因为它的有益应用是十分简单明了的。这导致一个不合逻辑的结论：在追求知识中，任何目标和所有目标同样是称心如意的，这在某种程度上与探究自由相关。科学家正确地关注探究自由。但是，当讨论科学中性时，坚持它往往使理论分析夭折。……科学家还对17世纪关于知识和真理的论据感到惬意，这些论据没有顾及近代技术社会和科学对每一个人的加速影响。"（L. F. Cavalieri. The Double-Edged Helix：Science in the Real World. New York：Columbia University Press，1981：37-38）

险降到最低限度。

§7.5　解决科学误用、滥用和恶用之道

对于当代社会中的最大蠢行之一，即科学的误用、滥用和恶用，德国量子物理学家玻恩的一席话发人深省："迫使现在的愚蠢行动停止下来，这就取决于我们，取决于这个世界上的每个国家的每个公民。今天，威胁着我们的不再是霍乱或瘟疫病菌，而是政治家的传统的吹毛求疵、强词夺理的推理，群众的漠不关心和无动于衷，以及物理学家和其他科学家的逃避责任。正如我试图说明的，科学家已经做的那些事是无可挽回的：知识不能被消灭，而技术也有它自己的规律。但是，科学家们能够而且应当像戈丁根十八人一度尝试过的那样，运用他们由于他们的知识和能力而得到的尊敬，向政治家们指明回到合乎理性和人道的道路。"[①] 从玻恩开具的药方不难看出，要解决这个复杂问题，必须多管齐下、标本兼治、综合治理。

先从科学共同体内部着眼。科学家要尽可能用操作的术语具体阐明科学的价值和目标，这就是为人类的长远福祉着想，促进社会的物质文明和精神文明进步。卡普兰十分正确地认为：科学家应该更积极地参与这样的努力；更恰当地讲，应该尽可能用操作的术语具体阐明价值和目标；在对问题的答案的追求中，应该对它们的长远方面和相互作用给予应有的关注，按价值优先的尺度鉴别它们。[②]

科学家要始终从科学良心出发，本着善良意志从事科学研究，使知识秩序服从慈善秩序。帕朗-维亚尔（J. Parain-Vial）得出结论："要求精神生活和对真理的纯知识性探求平衡起来，而这样的真理只不过是相对而言的。或再换句话说，也就是要求我们重新获得知识秩序对慈善秩序的服

---

① 玻恩. 还有什么可以希望的呢//马小兵. 赤裸裸的纯真理. 成都：四川人民出版社，1997：181.

② M. M. Kaplan. Science and Social Values//Fuller Watson. The Social Impact of Modern Biology. London：Routledge & Kegan Paul，1971：192-198. 不过，卡普兰也明白这样做的困难，他说："事情的症结在于，必须决定我们社会的价值和目标是什么，或者应该是什么？即使不是普适的，也能够使它们与其他社会群体的目标相容，从而避免严重的冲突吗？最终有可能在民主主义、社会主义、资本主义、国家君主制、自由、进步等这样的可讨论的概念之间定义、权衡和选择吗？在这样的问题上达到协商一致显然有许多困难。"

从，帕斯卡就是坚持这种服从的。"①

　　科学家要揭示科学智慧，用智慧科学观取代知识科学观，以此确定科学研究的走向，以此给予我们与某些技术和工业产生的危害做斗争的方法。培根曾说："知识就是力量。"他说出了宇宙的真理，但是这个想法留下了一个大疑问：我们是否具备掌握这个力量的智慧？帕奇尔斯（H. R. Pagels）相信，知识加上智慧发挥出的力量，将是超越死亡的生命力。② 梦想回归淳朴无知的伊甸园或田园诗般的桃花源——这也许是压根儿就不曾存在的和不会存在的乌托邦——根本是不可能的。要减少和清除科学的技术应用产生的不良后果，就必须"发掘科学的智慧，迈向智慧的科学——这是时代的要求和期盼"，因为"智慧的科学是精神的太阳：它的本体存在是真，它的和煦温馨是善，它的七彩缤纷是美，它的光明是智慧"③，因为"智慧科学观或智慧哲学原来把科学与生活、科学与生命、科学与人生紧密地联系在一起了。于是，智慧科学观即是人性化的科学观，与萨顿所谓的新人文主义如出一辙。它晓示我们，像爱科学那样爱自然，像爱科学那样爱生活、爱生命、爱人生，爱我们这个世界，尽管这个世界并不是完美的和理想的。但是，只要有爱，就能发现真，就能力行善，就能激发美——一言以蔽之，就能创造奇迹，就能创造一切。这才是智慧科学观的化境"④。

　　要坚持对在职的科学家和未来的科学家进行伦理教育。雷斯尼克在论及促进科学中的伦理行为的战略时表明，在保证科学的完整中，教育是最重要的工具。除非教给科学家某些行为准则，否则他们将不可能学会它们。科学家需要教给他们的学生研究的伦理，并身体力行、以身作则。由于伦理学与人的行为有关，伦理教育的目标应该是形成或影响人的行为。伦理学作为抽象的观念体系是没有什么用处的，它必须被实践，以便具有任何救赎的价值。科学家有两种方式教、学伦理：讨论，做好榜样。很可能，科学中的大多数伦理知识，是通过潜移默化和耳濡目染获得的。除了非正式教育这种最重要的教伦理的方式，也要依赖正式教育，例如学校教育、读书等。⑤

---

　　① 帕朗-维亚尔. 自然科学的哲学. 张来举，译. 长沙：中南工业大学出版社，1987：230. 引文有改动。

　　② H. R. Pagels. 理性之梦. 牟中原，梁仲贤，译. 台北：天下文化出版股份有限公司，1991：435.

　　③ 李醒民. 科学的智慧和智慧的科学. 光明日报，2007-04-24（11）.

　　④ 李醒民. 从知识科学观转向智慧科学观. 民主与科学，2008（5）：52.

　　⑤ D. B. Resnik. The Ethics of Science. London, New York：Routledge, 1998：173-174.

要充分发展组织的执行体制。雷斯尼克强调，科学需要各种促进伦理教育和实施管理的实体。科学已经有了一些重要的支配实体，例如专业社团、基金组织的伦理委员会、大学的研究行为委员会。除了这些重要的开端，为了科学的公正发展，还需要充分发展组织的执行体制，这种体制也许有助于科学家协调和实施伦理教育。为此目的，要设法做到：（1）每一个研究组织都应该有研究伦理委员会。这些委员会的功能可以是调查组织内部可能存在的不端行为，执行制裁，通过教育和出版出版物促进伦理标准。（2）任何科学组织中的每一个团队的领导人，都应该谙熟报告科学中可能存在的不端行为的渠道。研究团队的领导人对保证在他们领导下的科学家熟悉各种伦理标准，以及遵守这些标准负有责任。（3）所有较广泛的科学研究建制，包括专业学会和基金组织，都应该有研究伦理委员会。这样的委员会除了权限范围较大以外，即国家的或可能是国际的，它们的功能类似于较低层次的委员会的功能。在较低层次不能解决或处理时，它们可以作为解决争端的中介。（4）应该有受科学社团和政府资助的国际研究伦理委员会，因为当今许多研究包括来自不同国籍的科学家，科学研究结果具有全球性。①

要对技术加强监督和管理。科学理论是中性的，而中性的科学知识宁可说是善的。问题主要出在科学的技术应用或技术使用上。因此，对技术加强监督和管理，就是题中应有之义。本-戴维建言："在管理新技术的需要与通过使科学探究服从政治的控制和方向而剥夺其自由的喧嚣之间，必须做出清楚的区分。技术的管理并不是新事物。潜在危险的物质的制造，电的产生和分配，以及实际上每一项现代技术（铁路、汽车等），长时期都是通过法律管理的，例如核电站、为医学和工业的目的对辐射物质的使用、收集个人信息的资料库。"②

再从科学共同体外部着眼。要把人的利益作为最高目标，使科学和技术以人及人的幸福为旨趣。弗罗洛夫（I. Frolov）说得好，科学应该是为人的，即采取普遍的社会伦理和人文取向，使它的内在目标从属于社会发展的普遍目标，以人及人的幸福为评价的参考框架。这样的评价使得有可能把消极过程的进展保持在一个严格限定的水平，并心明眼亮地与之斗

①　D. B. Resnik. The Ethics of Science. London，New York：Routledge，1998：176-177.
②　J. Ben-David. Scientific Growth：Essays on the Social Organization and Ethos of Science. Berkeley：University of California Press，1991：496.

争。这种立场不仅与伦理相对主义和虚无主义有别，而且与对科学无情批判的卢梭主义迥异，卢梭主义立场的支持者尤其倡导放慢科学和技术的进步（反文化、零增长之类的观念）。我们深信，只有为了人类的利益而更深刻、更全面地发展科学和技术，才能消除科学和科学应用的消极后果。这只有在下述社会条件下才能达到：这些条件取决于把人的利益作为最高目标。①

要拯救理想本身和人的概念，重建我们的理想。面对科学的误用、滥用和恶用引起的文明危机，考尔丁认为，这不是因为我们的技术知识增加了，而且增加得比我们恰当利用它的能力更快。我们更严重的危机是无视誓言，这导致了整个的欺诈计谋，丧失了对正义理想的尊重，对真理本身降低了尊重（政治和意识形态侵入其中）。最大的危机不是调整技术进步的问题，而是拯救理想本身和人的问题。今天，根本的斗争是重新断言人和社会的概念，这一切是我们从欧洲传统的最佳成分中吸取的。古希腊哲学家与古罗马的律师和道德家在对人的概念的理解方面已做出了显著的进步，他们把人看作理智的、负责的和有道德的存在，能够遵循真理和主持正义。在后继的世纪，人和社会的概念在各个方面被思考、扩大、发展——经济的、政治的、道德的、理智的、神秘的方面。人在开放的社会中是有自由的理性存在，精神价值是首要的，尊重真理、正义和人格。我们的根本问题是，我们文明的理想现在处于半崩溃状态。科学若要对克服我们的危机做出贡献，就必须支持理性生活和理性价值。科学是理性的代表，是理性方法的典型。科学精神背后隐含的普遍观点和原则能使我们摆脱困境。②

要重新建构生活的意义。玻姆（David Bohm）指出，意义不是一种被动、缥缈的东西，而是主动地确定着精神与自然中所发生的一切东西。为了人类的生存，根本的变化是至关重要的。只有世界对于我们意义的改变，才构成世界的真实变化。我们必须重新构建我们对于实在的感知，从而重新构建生活的意义。一旦我们的恐惧、贪婪和仇恨心理背后的非理性得到理解，它们就开始化解，从而让位于理智、友谊和同情，只有这时人

① I. Frolov. Interaction between Science and Humanist Values// "Social Science Today" Editorial Board. Science as a Subject of Study. Moscow: Nauka Publishers, 1987: 234 - 257.

② E. F. Caldin. The Power and Limit of Science. London: Chapman & Hall Ltd., 1949: 164-168.

类才能开始治愈自身和这颗行星。①

　　要加强对人的教育，提高人类的精神品质。德布罗意言之凿凿："科学的发现及其可能的利用本身不能说是好或是坏，完全取决于我们对它的使用。不论是现在还是将来，人类的愿望就是呼吁确定这些应用的为善或为恶的性质。为了免于滥用其成就，未来的人类就应该在其精神生活的发展之中，在其道义观念的提高之中，寻找不去滥用其增长着的力量的品质。这就是柏格森在其最后一部著作中的一句闪光的语言：'我们的增大的躯体吵闹着要增加精神。'我们是否有能力要求这种精神的增长和科学发展的进步一样快？无疑地，人类的未来命运正系于此。"②

　　要将技术和政治置于合理道德的支配之下。邦奇明锐地洞察到："从前，技术、政治和道德各走各的路。今天，技术与政治携手并行，同时它们面临前所未有的道德的两难窘境，而这两者都不受道德的支配。这种技术与政治相对于道德的自主性，即使在最好的情况下也会把我们引向最终的生态灾难，在最坏的情况下，将我们引向总毁灭。如果我们想要防止非常现实的危险，我们必须将技术和政治置于合理道德的支配之下，这种合理道德命令我们保护环境和销毁全部核武器。这两个命令遵循一个应置于生存的道德准则顶端的道德箴言，即享有生命，促进生活（enjoy life and help live）。"③

　　要恪守公开性原则，把科学和技术的发展纳入公众的视野与争论。沃尔珀特以基因工程为例表明，这种高科技为改善动物和植物的基因构成提供了手段，但同时也伴随有对未来可能出现的不确定性的忧虑——这些忧虑具有长期的传统。按照希腊神话，海神波塞冬（Poseidón）使国王弥诺斯（Minos）的妻子陷入与公牛的爱情，他们结合的结果是怪物——食人肉的半人半牛怪物弥诺陶洛斯（Minotaur）。在近代，有玛丽·雪莱的弗兰肯斯泰因和威尔斯（H. G. Wells）的莫罗博士（Dr Moreau）：二人创造了怪物并加深了对怪物根深蒂固的忧虑。这种传统肯定给参与任何种类的遗传工程的生物学家以坏的形象。人们不应该因为对遗传学的无知或对原始神话中狮头、羊身、蛇尾吐火女怪喀迈拉（Chimaira）的恐惧，而弄混对这些问题的评价，必不可少的东西是公开

---

　　① 玻姆. 整体性与隐缠序. 洪定国，张桂权，查有梁，译. 上海：上海科技教育出版社，2004：译者序 xxiv.

　　② 德·布洛衣. 物理学与微观物理学. 朱津栋，译. 北京：商务印书馆，1992：185.

　　③ 邦格. 科学技术的价值判断与道德判断. 吴晓江，译. 哲学译丛，1993（3）：41.

导弹、装备核动力的潜艇和航空母舰、卫星定位系统和精确制导炸弹、隐形飞机和隐形舰艇、激光武器、网络化战争指挥中心等都是尖端科学和高技术的结晶。现在，一个国家若没有发达的科学和技术，就不可能构建它的防卫屏障或维持它的军事优势。①

综上所述，科学和技术在军事中的作用是十分明显的，尤其在现代战争中的作用更加巨大和惊人。由此也可以看出，科学在它的全球与境中像我们的其他文化一样，具有相同的矛盾的历史：破坏与发展、压迫与解放，一切都结合在一个不和的整体中。② 此外，文明人对战争的痛恨大部分已经转移到对科学本身的痛恨，这直接影响到科学和科学家的威信与声誉，但他们却没有思考其根本原因，更是很少讨论国家、民族之间的战争社会学。在本章，我们除了探讨科学与战争这个主题外，也会涉及与之有关的一些令人困惑的问题——我们并不企图解开这些难解的疙瘩，只是奢望为读者进一步思考提供一点线索。在讨论之前，我们想申明，不必因为科学与战争的瓜葛而对科学及其前景过于悲观，因为诚如萨顿所说："科学的历史首先是一部善良愿望的历史，即使在那些除科学研究以外不存在善良愿望的时代。科学的历史又是一部和平努力的历史，即使在战争主宰一切的时代。总有一天，这一点将会比今天有更多的人所认识——不仅被科学家们，也被律师们、政治家们、宣传家们，甚至教育家们认识。到那个时候，这样的历史会被认为是国际生活及和平与正义的经验和理性的基础。人类探求真理的历史也是人类探求和平的历史。在没有正义和真理的地方就不会有和平。"③

§8.2　军事科学研究建制的特点

科学与军事或战争的关系主要表现在军事科学研究及其对准的技术开发上。所谓"军事科学研究"，我们这里指与军事相关的科学研究，特指以武器装备的改进和发明为目标的科学研究。由于军事科学研究与军事技术研究一般是密切结合在一起的，我们有时也使用"军事科学技术研究"

① 齐曼. 论科学与战争. 李令遐，译. 科学与哲学，1982 (6)：32-48+31.

② J. R. Ravetz. The Merger of Knowledge with Power：Essays in Critical Science. London, New York：Mansell Publishing Limited，1990：24.

③ 萨顿. 科学的历史研究. 刘兵，陈恒六，仲维光，编译. 上海：上海交通大学出版社，2007：12.

的提法。本小节论述军事科学研究建制的特点。

第一，军事科学研究由国家间、国家或国家的军事部门主导、组织和施行，科学在这里被当作战争的工具使用。一般的军事科学研究大都是在国家的国防部和国防系统领导下的科学研究机构进行的，如军事科学院、武器装备研究所等；也有部分项目或子项目委托国家实验室、大学、其他研究机构、生产武器的大公司，按照双方商定的严密合同严格执行。一些重大项目则由国家政府出面，以举国体制特事特办，例如美国二战时期的"曼哈顿工程"，中国 1960 年代的"两弹一星"工程，等等。现在，由于军事科学技术研究所需要的人力、物力、财力越来越大，已不是一个国家所能负担得起的，所以由国家协商和主导的国家间的合作也成为军事科学研究的重要形式，并交由专门从事新式武器研制的跨国公司执行。贝尔纳在二战即将结束时所说的话至今似乎还没有完全过时："在战后年代，人们愈来愈把从科学上为近在眼前的未来战争做好准备作为当务之急。在一切国家，政府都把科学看作有用的军事附属物，在某些国家中，这实际变成科学的唯一职能。这不仅反映在政府的比较巨大的军事研究预算拨款上，而且也反映在工业企业的类似支出上。……而且这只是平时的情况。十分显然，在战时，一切科研实际上都要为作战目的服务。"①

第二，军事科学研究规模大、人员多、经费足；特别在战时，几乎动员一切力量从事武器装备研究。雷斯尼克披露，估计有数 10 万计的科学家和工程师为军事工作，他们大多是来自硬科学（如物理学和化学）和软科学（如心理学和计算机科学）的许多不同学科的研究者。世界研究和发展（Research and Development，R&D）预算的 1/4 被用于军事研究。在美国，政府在军事 R&D 上的花费比它在所有其他 R&D 上的花费多两倍。② 1958 年，在美国建立的国防高级研究计划署（DARPA）一直得到政府的巨额投入。1996 年，仅仅这一个研究机构的研究经费居然高达近 23 亿美元，用于电脑系统和通信技术、信息科学、指令控制信息系统、导弹制导等领域的研制。据悉，美国 2017、2018、2019 财政年度的国防预算为 5 827、6 220、7 170 亿美元，每年有数百亿美元用于军事科学研究和新武器开发，而且占总军费的比例逐年增加。正如齐曼所言，尽管动员科学家参与军事研究有一个过程，但是现在科学家完全被卷入国家的战

① 贝尔纳. 科学的社会功能. 陈体芳，译. 北京：商务印书馆，1982：253-254.
② D. B. Resnik. The Ethics of Science. London，New York：Routledge，1998：161-162.

争机器中去了，战时科学界暂时性的动员已成为持久的现象。发达国家正在将收入的一大部分消耗在军事研究与发展中。很多在科学上经过训练的男人和女人，把工作精力全花在武器的设想、设计、生产和试验上，这些武器被用来杀死别的男人和女人或者摧毁他们的劳动成果。大约有四分之一学习科学或工程的学生将从事军事科学和技术的研究工作。许多重要的科学权威，不仅仅是行政领导，都参与军事技术和战略的决策。[①] 贝尔纳早就注意到，"科学家们和普通大众近来开始认识到：科学事业有很大一部分被用于纯破坏的目的，而且现代战争的性质由于应用了科学发明，已经变得空前可怕。……在几乎所有国家里，科学家们被征召为军事工业工作，而且被归入在战争到来时从事各种军事工作的人员之列"[②]。

第三，军事科学研究使科学、技术、工业一体化。军事科学研究大都属于应用科学研究，其技术目标比较明确，而且能够在尽可能短的时间内用于实战，特别是在局势紧张之时或战时，这样易于形成科学、技术、工业三位一体的格局。尤其是，军事科学研究与军事工业的联系相当紧密，向军事工业的转化相当迅速。没有强大的军事工业体系，军事科学研究不可能有实实在在的结果，也不可能支撑现代化的战争。贝尔纳说得有道理："在现代工业化条件下，战争不再单是由战场上的士兵来进行。"[③] "只有高度工业化的国家才能有效地进行现代化战争。……一个国家在战争中能否取胜，取决于其平时工业的规模和效率。"[④] 任鸿隽对此也有敏锐的认识："我们可以试谈一下国防与科学的关系。第一，国防的基本，应注重于重要的基础工业。现代军备与工业，已成不可分离的连锁。……第二，要求工业的发达，其第一步骤就是提倡科学研究。……第三，提倡研究，应当把研究的责任分赋于各个大工厂或大学之中，不必什么都由几个政府机关包办。"[⑤]

第四，军事科学研究与科学精神气质有所背离。综观军事科学研究，或多或少与科学精神气质有相悖之处，尤其是保密制度，与科学精神气质

---

① 齐曼. 论科学与战争. 李令遐，译. 科学与哲学，1982（6）：32-48+31. 齐曼说："动员科学家参加作战研究进展得很缓慢，卢瑟福最优秀的学生之一莫斯莱像数百万年轻人一样在加利波利战斗中阵亡。他的牺牲充分表明，应该正式动员科学家去从事研究，而不是作战。可以说，采取这种行动是经过深思熟虑并付出过代价的。"（同前，32）

② 贝尔纳. 科学的社会功能. 陈体芳. 译. 北京：商务印书馆，1982：241. 他还说："这一切似乎都是可怕的新情况，但是科学与战争之间的联系绝不是什么新现象；新奇的是，大家已经普遍认识到这并不是科学应有的功能。"（同前）

③ 贝尔纳. 科学的社会功能. 陈体芳，译. 北京：商务印书馆，1982：254.

④ 同③255.

⑤ 任鸿隽. 科学与国防. 大公报，1934-03-18（02）.

的公有性——公开发表研究成果，无偿供他人享用——简直格格不入。雷斯尼克揭示："大多数军事研究处在高度有结构的官僚体制的资助下，例如国防部。这些官僚体制控制军事研究的各个方面。……虽然一些军事研究对公众审查是开放的，但是大多数军事科学则处在保密的覆盖之下。"①而且，大多数军事工作中包含的秘密会导致政治上的滥用，以及对武器工厂工人的虐待、职业的和健康的危险与公害。

　　第五，军事科学研究浪费惊人，尤其在战争时期。这是对军事科学研究的一个普遍的、重要的批评。贝尔纳一语中的："在军事科研中，忙乱、浪费、保密和重复劳动等现象比在最糟糕的工业科研中还要严重。所以无怪乎它平时不但效率低，而且不能吸收最有才能的科学家参加工作，因而也就进一步减低了工作效率。"②特别是，"在战争条件下进行科研浪费惊人。往往要在物资和准备工作都不充分的情况下，在短短几星期中设计出新方法并投入生产。这自然造成物资的极度浪费和生命的重大损失"③。在今日，情况也没有好到哪里去，花费数十亿、数百亿美元的军事研究项目无疾而终并非罕见之事。这些浪费还在其次。更令人痛心的是，本来这些有限的资源可以被用于消除饥饿、贫困、疾病，可以被用于改善民生或其他人道的目标。可是在军事科学研究中，这些宝贵的钱财和人力却被用来研制大规模的屠杀武器，把人类引向野蛮和倒退。这样肆无忌惮的浪费还不令人痛心疾首吗？

§8.3　军事或战争与科学的互动关系

　　科学对军事或战争的作用显而易见。历史表明，在第一次世界大战

---

　　①　D. B. Resnik. The Ethics of Science. London，New York：Routledge，1998：162.

　　②　贝尔纳. 科学的社会功能. 陈体芳，译. 北京：商务印书馆，1982：266.

　　③　同②252. 贝尔纳还说："说得准确一些，军事科研并不仅仅限于可以提高工业生产效率和提高不依赖国外供应的程度，从而增强军事潜力的各种科研工作。军事科研还涉及设计和试验进攻性和防御性武器。正是这方面的工作吸收了……巨额经费。使这类科研有别于其余科学工作的特征有二。它具有自觉的社会目的，那便是寻找可以造成死亡和破坏的最迅速、最有效和最可怕的手段；其次，它是在极端秘密的情况下进行的。这两个特征往往使军事科研至少在平时和科学事业的主体隔离开来。制造新武器时的考虑和制造新生产机器时的考虑完全不同。技术上的完善和耐用程度比任何经济上的考虑重要得多。所以在某些方面，武器设计师要比民用机器设计师更能自由地把自己想出的点子付诸实施。不过，即使金钱不成问题，时间却是一个问题。除非以最快的速度研究出新武器，否则就有落后的危险，这样就会把先前花在科研上的钱全部浪费掉。在普通工业中大量存在的设备废弃现象，在这里更为严重，而且由此造成科研工作的浪费也大得多。"（同②264－265）

对于大多数科学家来说，主要的伦理困境是：他们是否应当在任何条件下为军事工作？科学家可以基于他们不想进行机密研究，对军事研究不感兴趣或者不希望为暴力和战争效力的理由而拒绝为军事工作。另外，科学家也时常认为军事研究是公民的责任。这个问题很大，也很复杂，我们拟在下一章专门讨论。雷斯尼克谈到的另一个伦理问题是保密。他说，为了完成军事目标，保密是需要的。当对手能够获悉你的武器、战术、战略、技术能力和部队运动时，便很难保卫国家和赢得战争。如果军事研究因为保卫国家主权而得到辩护，那么保密作为进行军事研究和完成军事运作的必要手段就也能得到辩护。不过，军事研究与商业研究一样，违背了与公开性有关的传统科学标准。虽然有时巨大的损害发生在军事秘密泄露之时，但是有时更大的损害却来自保密而不是公开。例如，有时军事保密可以被用来掩盖滥用人的实验样本的研究。保密也可以掩盖欺骗性和无效的研究。为军事工作的科学家有时为了公众利益而揭发秘密信息，这是可以得到辩护的。不过，也应该提及，要理解揭示军事秘密的后果往往是十分困难的。例如，在"曼哈顿工程"中工作的科学家在二战后讨论，他们是否应该与苏联分享军事秘密，以便促进核平等。一些科学家坚持认为，保守核武器秘密的信息会有助于全球的和平与稳定；另一些科学家则坚持认为，开放性会促进和平与稳定。由于揭露军事秘密能够造成灾难性的国际后果，打算揭露秘密的科学家不会失之谨慎：科学家只有在具有清楚的和确信的理由相信保密的后果将比公开的后果糟得多时，才应该揭露军事秘密。军事研究还引发了另一些伦理问题：宣传和假情报的使用，在军事研究中人和动物实验对象的使用，和平主义，作为公民责任的军事研究，军事与学术之间的冲突以及军事-工业复合体。①

在这里，我们仅选择两个重要的伦理问题加以讨论。第一个重要的伦理问题是保密问题。作为科学精神气质的公有性和祛利性，要求及时公开发现或发明的成果，以便让科学共同体和公众分享新知识；军事事务的规范却要求严守秘密，否则会对国家和民族利益造成不应有的甚或致命的损害。科学家和科学共同体面对这一伦理困境，往往显得或左右为难，或束手无策。在这种情况下，只有审时度势、权衡利弊、灵活应对才是明智之举。对于科学公开性的规范与军事保密性的纪律之间的冲突，李克特（N. Richter）是这样化解的："在第二次世界大战期间，与原子弹的发展

---

　　①　D. B. Resnik. The Ethics of Science. London，New York：Routledge，1998：163-167.

有关的、施加在研究之上的保密，也许一直被人们合乎道理地辩护说是与在当时存在的条件下适当的科学规范相一致的。强烈信奉科学规范的著名科学家为了美国和盟国政府的利益从事这种秘密的研究。面对这种事实，我们不必假设这要么是对科学规范的违背，要么是规范体系中的不一致。相反，我们可以把这种行为解释成在规范上对非理想环境的一种合适的反应。按照这一解释，禁止保密这种规范没有遭到'违背'，只不过是暂时中止，虽然如此，它仍然保持其作为理想之合适规范的地位，它区别于实际流行的条件。"①

　　第二个重要的伦理问题是：从事军事科学研究的科学家是否应该有道德底线，不能欲达目的而不择手段？我们对此的回答是肯定的。在军事研究中，即使在战争胶着的非常时期，科学家也应该有道德底线。这就是，要遵守国际法和战争法，要有最低限度的人道主义，绝不能冒天下之大不韪，采取残忍的、卑劣的手段达到目的，比如用人体做有害健康乃至致命的实验。幸好，不少从事军事科学研究的人在某种程度上还是有道德和人道情怀的。例如，15 世纪末，维也纳化学家（炼丹术士）冯·森夫坦伯格（von Senftenberg）在听到用化学武器击退了围攻贝尔格莱德的土耳其军队时就感到强烈的内疚。也许这是有关在战争中使用毒气的第一次报道。后来他这样写道："这是很可怕的东西。基督教徒不应当用它来对付基督教徒，但是可以用来对付做坏事的土耳其人和其他异教徒。"② 贝尔纳说："即使在强迫科学为战争服务的国家……只有当科学家认为自己的工作最终可能为人类造福时，他们才会自动拿出新颖的军事发明。事实上，肯定有成千上万的有才能的科学家能够很容易地大大改进目前的攻守方法，而且甚至可能暗地里这样做了，可是由于人道主义的理由或者因为对本国政府有自己的看法，而宁愿不发表自己的发明。"③ 在原子弹爆炸后的第五天，伦敦出版的《自然》周刊第一篇社论就提出对原子能实行国际共管；同年 10 月 13 日，在洛斯·阿拉莫斯（Los Alamos）原子弹工厂的 400 名科技人员联名发表宣言，主张公开原子弹秘密。④

　　① 李克特. 科学是一种文化过程. 顾昕，张小天，译. 北京：三联书店，1989：159-160.
　　② 戈德史密斯，马凯. 科学的科学——技术时代的社会. 赵红州，蒋国华，译. 北京：科学出版社，1985：28.
　　③ 贝尔纳. 科学的社会功能. 陈体芳，译. 北京：商务印书馆，1982：266.
　　④ 张孟闻. 原子能与科学界的关注. 科学，1947，29（1）. 转引自：冒荣. 科学的播火者——中国科学社述评. 南京：南京大学出版社，2002：319.

　　但是，要做到这一点确实很不容易。正如齐曼所说："在全力以赴的'爱国'战争的压力下，对科学家和任何公民不再有道德上的约束。现代战争动用整个工业机器及其全部技术。德国人发动首次大规模的毒气攻击，并非因为他们特别邪恶，而是他们的化学工业特别发达。交战双方的科学家的努力逐步升级是不可避免的，在很短时间内科学界将发挥其全部力量。理论科学家和技术专家之间的分界线显得没有意义：理论科学家们会拿出在和平时期很少有用，而在战争期间起决定性作用的知识和创造能力。人们很少考虑武器类型的相对'人性'，而军事效果显然是采纳某种武器的唯一标准。"① 正因为如此，科学家始终坚守科学良心、时时保持清醒头脑、处处增强自律意识，就显得尤为难能可贵了。

　　军事科学研究还会引起一些政治争端。这些政治争端不好归类，而且往往是随机出现的，需要科学家考察是平时还是战时的实际与境，把握天时、地利、人和的诸种因素，针对具体情况采取不同的应对措施。当然，其出发点只有一个：谋求全人类的利益，恪守人道的原则。这里仅以原子弹的研制为例，透视一下科学家在原子弹引起的政治争端中是如何站稳立场和主动应对的。

　　1939 年 7 月 15 日前后，流亡美国的德国原子物理学家西拉德和魏格纳（Eugene P. Wigner）得知德国可能从比属刚果获取铀资源，加速从事原子弹研制，于是极力建议爱因斯坦致信他的私人朋友比利时王后，让比利时政府知道向德国出口铀的危险。罗斯福总统的非正式顾问萨克斯（A. Sachs）得知此事后，认识到这个问题的重要性和意义。他建议，爱因斯坦拟议中的信与其写给比利时王后或比利时驻美大使，不如写给罗斯福总统。在西拉德和泰勒（Edward Teller）第二次拜会爱因斯坦时，爱因斯坦接受了萨克斯的建议。他口授并签署了信笺，签署时间是 1939 年 8 月 2 日。萨克斯在 10 月 11 日谒见了罗斯福总统。这个事件戏剧性地导致了"曼哈顿工程"的提出和实施，并最终于 1945 年 7 月 16 日成功爆炸了世界上的第一颗原子弹。大约三周后，即 8 月 6 日和 9 日，原子弹被投到广岛和长崎。但是，没有任何证据表明，爱因斯坦以任何方式与原子弹的实际发展有联系，并得知原子弹研制的内部消息。爱因斯坦在获悉广岛被原子弹摧毁的消息时悲叹道："哎呀！"当他致信罗斯福总统的事件为人所知后，他明确表示，只是德国制造原子弹的巨大威胁促使他要求罗斯福

① 齐曼. 论科学与战争. 李令遐，译. 科学与哲学，1982（6）：36-37.

总统注意这件事。此后，在他的科学工作之外，没有一个问题比保护人类免受原子战争的毁灭更能强烈地吸引他的兴趣和积极参与了。① 爱因斯坦给罗斯福写信，是在一个非常时期偶然发生的非常事件，在和平时期或在一般情况下，大概不会出现这样的事情。②

　　其实，早在原子弹试爆之前，真正理解核时代到来的是参与研制原子弹的科学家，尤其是芝加哥冶金实验室的原子科学家。这正如以英国代表团成员的身份参与"曼哈顿工程"的科学家伯霍普（E. H. S. Burhop）所说："芝加哥有一些从事'曼哈顿工程'的科学家，对人类进入核时代的意义给予了最明确和最早的评价。" 1945 年 6 月 11 日，弗兰克（J. Frank）、西拉德、西博格、尼克尔逊（J. J. Nickson）、拉宾诺维奇（Eugene Rabinowitch）等七位著名科学家在给陆军部长的报告（即《弗兰克报告》）中坦率地表达了他们的想法："我们这一小部分公民了解这个国家的安全以及其它所有国家未来所面临的巨大危险，而人类其余部分却对这一切一无所知。因此，我们有责任紧迫地指出由于掌握核能而出现的政治问题，认识它们全部的严重性，采取适当的步骤来研究这些问题并为必要的决定做出准备。"反核战争的和平运动起源于 1945 年美国政府酝酿向日本投放原子弹之际，当时科学家中间展开了反对对日本使用原子弹的斗争。尽管这场斗争没有达到预期目的，但是在这个过程中科学家形成的思想在战后得到广泛传播，科学家表现出的社会责任感成为一种传统得以发扬光大，战后反核运动的许多想法和做法都能在这场斗争中找到其渊源。战后科学家的和平运动一开始以教育公众认清核时代的本质为主要目标。热衷于教育公众的科学家尤金·拉宾诺维奇 1945 年 7 月 21 日提出战后教育计划备忘录，其中写道："长远问题就是教育问题，教育我国和其它国家人民，让他们了解，只有改变我们的世界政治体系以使我们能够有效地防止核战争，我们的文明才不致被毁灭。"他在教育公众方面取得的最大

---

　　① 爱因斯坦. 巨人箴言录：爱因斯坦论和平：上册. Q. 内森，H. 诺登，编. 李醒民，刘新民，译. 长沙：湖南出版社，1992：377-408.

　　② 正如李克特所说："制造原子弹的紧迫性意味着，在核物理学中做出基础性发现方面发挥了重要作用的杰出科学家也被深深卷入到与这些发现的应用有关的各种实际活动中，其卷入的方式在比较从容的情况下是不会发生的。因此，原子弹逐步被公众看作是科学家的产品，而不是对其它方面中先期获得的科学知识加以应用的工程师的产品。因此，人们逐渐认识到科学，甚至具有最纯粹的形式的科学，都是潜在地十分有用的，甚至是必不可少的，然而也是非常危险的。"（李克特. 科学概论——科学的自主性，历史和比较的分析. 吴忠厚，范建年，译. 北京：中国科学院政策研究室，1982：72-73）

成就,是 1945 年 12 月创办了《原子科学家通报》(即《芝加哥通报》)。
这份杂志广泛地讨论了核时代的社会问题,"理性与道德能够防止核战争"
这一宗旨深深地影响了广大公众,成为"我们所有人(无论是科学家还是
非科学家)的信心和勇气的源泉"。玻尔等科学家经常出面,推进国际控
制原子能的事业,否定了美国陆军部企图摆脱民主监督的梅-约翰逊议案,
通过了一项由民官控制的为和平利用核能留有余地的"麦克马洪法案"。
1945 年 9 月,以弗兰克为首的 65 位芝加哥冶金实验室的科学家写了一份
请愿书,敦促美国总统,为了防止军备竞赛,应该同其他国家分享原子秘
密,并呼吁组织世界政府。1945 年 11 月 16 日成立了"原子科学家联
盟",相继成立的是具有世界影响的推出和平运动的组织还有"原子信息
全国委员会"。1946 年 6 月成立了"原子科学家紧急委员会"。紧急委员
会在 1946 年 11 月 17 日召开了"科学家在原子时代的责任"讨论会,提
高了科学家的社会责任感。如果说 1940 年代末和平运动的特点是教育科
学家和公众,那么这一时期的活动就为 1950 年代反核战争的和平运动的
传播、扩展和成熟奠定了基础。为了继续推进和平运动,成立了世界保卫
和平大会理事会。1955 年,爱因斯坦与罗素一起征集一些著名科学家的
签名,发表了"科学家要求废止战争"的宣告(即爱因斯坦-罗素宣告),
在世界各地产生了极大的影响。1955 年 7 月 25 日,发表了诺贝尔奖获得
者"麦瑙宣言",有 52 位诺贝尔奖获得者签名。1957 年 7 月 7 日至 10 日
召开了帕格沃什会议,由此掀起了反对核战争、争取世界永久和平的运
动。核武器的出现使科学与社会的关系发生了历史性的变化,反对核战争
把近代意义上的和平运动推向了一个新的阶段,成为和平运动的主要目
标。从此,和平运动成为反核战争的和平运动。在原子科学家发动、参与
和引导下,反核战争的和平运动为维持人类的核和平做出了重大贡献。[①]

　　对于原子弹研制引发的政治问题,中国科学家没有袖手旁观,他们竭
尽所能,参与其中。1945 年 12 月 31 日,中国科学社在重庆针对原子能
问题发表《中国科学社之意见》:"中国科学社理事会,有鉴于原子能知识
关系于人类之命运至巨,特申述其意见如下:(1)全世界科学家,凡研究
原子问题者,其意俱在增进人类福利;故用之于武器制造,并非达此目的
之唯一途径,亦非最后及最善之途径。(2)应用原子能之科学与技术知识

---

　　① 王德禄. 核科学与"核和平". 自然辩证法通讯,1986,8(2):36-45. 也可参见:爱
因斯坦. 爱因斯坦论和平. Q. 内森,H. 诺登,编. 李醒民,译. 北京:商务印书馆,2017。

于造福人类，是以全世界爱好和平正义者为对象，并非以一个人或少数国家为限；故此种秘密，不宜操之于一个或少数国家。（3）原子能秘密，既无法保持长久，且由一个或少数国家操纵此种秘密，徒足以引起国际间互不信任，故吾人希望凡此种种有关知识，交由吾人信任之联合国安全理事会管制之。"① 林文在 1947 年《科学》第 29 卷第 1 期发表文章《大同或灭亡》，文中说："参与原子炸弹制造的科学家们，在炸弹爆炸了以后，眼看着自己亲手造成的辉煌业绩，没给世界带来和平为人类造福，反而给政客们用作原子军备竞赛，给世界带来了祸害，使人类面临着整个毁灭的危机。这心情的沉重是难以言诠的。"② 1947 年 8 月，中国科学社与其他六个科学团体联合发表关于国际间原子能研究及国内科学研究问题的宣言："吾人以为科学研究，应以增进人类福利为目的，原子能之研究亦非例外。原子核可以分裂之发现，适值民主国家与独裁国家进行生死奋斗之时，科学家乃将原子能用之于战争武器。原子能之不幸，亦科学研究之不幸也。今大战既已告终，民主国家正在努力合作，吾人主张此种意见，应为公开的、自由的，向世界和平及人类福利之前途迈进；不愿见此可为人类造幸福之发明作成残酷之武器；更不愿见因原子能武器竞赛，或保守原子弹制造秘密之故，破坏民主国之团结或危及科学研究之自由。为此，吾人对于爱因斯坦教授所倡导的原子能教育委员会，及美国原子科学家所组织的同盟，愿予以支持。"③ 其实，在原子弹爆炸之前的 1938 年，当时《科学》月刊的总编刘咸曾在该刊第 22 卷第 1 期上撰文说："近者世界若干有远见之科学家，感于科学之横被滥用，造成社会斗争与国际冲突，非急起直追、力挽狂澜、实行裁制，将不足以拯救人类文明之毁灭，免除人类之互相残杀，爰乃大声疾呼，联合同志，作科学与社会关系之检讨，俾在最短期间，获有端倪。借以制定有效之制裁方案，使世界人类能普享科学进步之利益，而不致罹其害。此种运动，在英美各民治国家，均在踊跃推进中，而国际间之具体组织，则有在国际科学联盟评议会（International Council of Scientific Unions）主持下新近成立之科学与社会关系委员会（Committee Science and its Social Relation）。"④

---

① 冒荣. 科学的播火者——中国科学社述评. 南京：南京大学出版社，2002：319-320.

② 同①318-319.

③ 同①321-322.

④ 同①317-318.

§8.5　战争的罪责在科学或科学家吗？

　　战争的罪责在科学或科学家吗？对于这个问题，有两种截然相反的回答。一种观点认为，自近代科学诞生以来，人们利用科学和技术知识制造了威力越来越强大、装备越来越精良的杀人武器；尤其在两次世界大战期间及以后，武器装备的杀伤力和战争的规模更是大得惊人。对于战争灾难性的罪恶后果，科学和创造科学知识的科学家，尤其是从事军事研究的科学家难辞其咎。即使科学起间接作用，尽管科学家不见得是有意为之，科学和科学家也犯有"原罪"。

　　由于两次世界大战的现实，这种观点在西方比较普遍，特别在不明就里、仅看表面现象的公众中相当流行。这种观点也传播到中国，曾在一段时间内掀起了一股不大不小的反科学浪潮。面对一战的惨状，一篇署名俟的文章描绘了某些国人是如何怪罪科学或科学家的："有许多感慨的话，说科学害了人。下面一篇《嗣汉六十二代天师正一真人》张元旭的序文尤为单刀直入，明明白白道出：'自拳匪假托鬼神，致招联军之祸，几至国亡种灭，识者痛心疾首，固已极矣。又适值欧化东渐，专讲物质文明之秋，遂本科学家"世界无帝神管辖，人身无魂魄轮回"之说，奉为国是。俾播印于人人脑髓中，自是而人心之敬畏绝矣。敬畏绝，而道德无根柢以发生矣！放僻邪侈，肆无忌惮，争权夺利，日相战杀，其祸将有甚于拳匪者！'……绍兴《教育杂志》里面，也有一篇仿古先生的《教育偏重科学无宁偏重道德》（'宁'原字如此，疑是避讳）的论文，他说：'西人以数百年科学之心力，仅酿成此次之大战争。……科学云乎哉？多见其为残贼人道矣！偏重于科学，则相尚于知能；偏重于道德，则相尚于欺伪。相尚于欺伪，则祸止于欺伪；相尚于知能，则欺伪莫由得而明矣！'"[①] 梁启超在《欧游心影录》中也记载了一战后世人的心境："讴歌科学万能的人，满望着科学成功，黄金世界便指日出现。如今总算成了，一百年物质的进步，比从前三千年所得还加几倍，我们人类不惟没有得着幸福，倒反带来许多灾难！好像沙漠中失路的旅人，远远望见个大黑影，拼命往前赶，以

---

　　① 俟. 科学与鬼话. 新青年，1918，5（4）. 转引自：陈独秀，李大钊，瞿秋白. 新青年：第5卷. 北京：中国书店出版社，2011：336。

为可以靠它向导，那知赶上几程，影子却不见了，因此无限凄惶失望。影子是谁？就是这位'科学先生'。欧洲人做了一场科学万能的大梦，到如今却叫起科学破产来，这便是最近思潮变迁的一个大关键了。"① 1944 年出版的《科学》第 27 卷第 1 期刊有中国科学社总干事卢于道所写的《两种科学》一文，其中提出："现在世界上分明有两种科学，一种是福利的科学，一种是权力的科学，或者我们可以说是王道的科学和霸道的科学。权力的科学将一切科学成功搜集在疯狂的独夫手里，用作战争侵略的工具和盛气凌人的依身符，例如希特勒将艰苦卓越的德国的科学成就集中在战争武器上面。"②

　　也有相当多的人认为，战争的罪责不在科学和科学家。霍尔丹用例子证明，因科学的技术应用而谴责科学或技术是愚蠢的；相信一种杀人工具是体面的而另一种是野蛮的，是糊涂的。普罗克特完全赞同霍尔丹的见解，他表示因为科学的可能技术应用而怪罪科学是愚蠢的。③

　　在这个方面，美国物理学家密立根（R. A. Millikan）的看法具有一定的代表性：科学不仅不应该为战争担责，而且还有助于消除战争。他这样说：关于 2 500 万人在世界大战中实际上被杀害，难道不是令人毛骨悚然的控告吗？答案是双重的。首先，科学为战争负大量责任的含义是错误的，因为战争是过去所有光荣文明的主要事务，当时还没有科学；其次，随着科学中每一进展的获得，战争正变得越来越少。实际上，原始人的主要工具也许是箭头和石斧，他们的主要工业是制造和使用它们。当青铜时代代替了石器时代，许多新的和平技艺诞生了。铜匠、银匠、金匠出现了，他们发展了精彩的装饰艺术。这些艺术减少了箭头和石斧制造者之继承人的相对重要性，因为这些和平技艺把人的心智和精力以及兴趣从战争之上转移开，而朝向和平。这是自那时以来科学及其应用在实践上每一进展的结局。有人的眼睛最近聚焦于破坏工具增长的战斗力，他的担心被激起，唯恐在人间引起野蛮成性，可能利用这些工具消灭种族。让这样的人抬起他的头，向四面八方看看他周围的一切。这样的概括将最后证明，每一科学进展都找到了许多新的、和平的、建设性的利用，十倍于

　　① 梁启超. 欧游心影录. 时事新报，1920-03-03；1920-03-25. 转引自：梁启超. 梁启超游记. 北京：东方出版社，2006：20。
　　② 冒荣. 科学的播火者——中国科学社述评. 南京：南京大学出版社，2002：318.
　　③ R. N. Proctor. Value-Free Science Is？：Purity and Power in Modern Knowledge. Cambridge，MA：Harvard University Press，1991：269.

它找到的破坏性的利用。炸药和化肥基本上是相同的，甚至炸药相对于一次类似战争的需要，就遇到一打和平的需要。公众思维只不过被下述事实误导了：恐惧比小麦丰收能制造更多的新闻。一个人无痛苦地被炸得粉碎比一千个人极度饥饿或差点染病而死的痛苦，能得到更多的新闻篇幅。钢确实被制成了刺刀，但是也被制成了犁铧、铁路、汽车、缝纫机、打谷机和许多其他东西，它们的使用构成把人的精力从破坏转向和平技艺的最强大的现存的转移者。按照我们的判断，主要由于科学这个战争最强大敌人的不屈不挠的进展，战争正处在被废除的过程中。不管宗教，不管哲学，不管社会伦理，不管博爱主义和黄金法则，战争自穴居人时代起就存在，与近代科学的进化哲学一致，因为且仅仅因为它具有幸存的价值。当且仅当给予战争幸存价值的条件消失时，它才会像恐龙一样消灭。这些条件现在主要因为世界上的变化正在消失，它们是科学成长导致的条件。① 萨顿同意密立根的看法，也认为科学发展正在不断地减小战争爆发的可能性。②

　　不管两种观点中的哪一种更有道理，一个不争的且有点吊诡的事实是，自从科学和技术的进展导致核武器之后，尽管局部战争并没有消失，但世界大战却再也没有打起来，人们赢得了将近70年的"核和平"。这简直是一个奇迹！要知道，第一次世界大战（1914—1918）和第二次世界大战（1939—1945）仅仅相隔21年。所谓"核和平"，指在多国具有足以摧毁对方或对对方具有致命打击的核武库境况下维持的和平。尽管这种和平是一种包含潜在危险且危如累卵的和平，但是由于军事大国之间的均势保持在多元张力的状态下，世界大战毕竟没有爆发。其原因在于，核武器的出现使以往赢得政治和经济利益的战争目标被完全否定，相互毁灭的核战争无异于交换自杀，没有胜利者和失败者，交战双方的结局是同归于尽，自取灭亡。

　　核和平思想源于"核冬天"概念，刘斌对此有细致的描述和中肯的分析。1982年4月，两位大气化学家德国人克鲁特岑（Paul J. Crutzen）和

---

① R. A. Millikan. Science and the New Civilization. Freeport, New York: Books for Libraries Press, 1930: 60-63.

② 萨顿. 科学史和新人文主义. 陈恒六, 刘兵, 仲维光, 译. 北京: 华夏出版社, 1989: 87. 不过萨顿也指出，战争爆发的可能性并未减小到零，而且它趋向于增大战争的毁灭性和战争的范围。战争的危险可能小得多了，但灾难一旦出现，就可能具有更大的破坏力。所以，战争和其他滥用我们技术能力的危险仍然相当大。

美国人伯克斯（John W. Birks）发表研究论文《核战后的大气层：昏暗的中午》，对核爆炸后由大量烟云导致的天空变暗现象进行了定量研究。他们表明，在相互核攻击结束之后，数公里厚的黑色烟云遮蔽太阳，地球上黑暗和寒冷将持续几个月之久。所有河流湖塘均会冻结，植物和动物不断灭绝，幸存者也无法熬过这一时期。其后，国际科学联合会下属的环境问题科学委员会、国际核战争环境后果问题筹划指导委员会、美国兰德公司的五位科学家组成的研究小组等相继进行研究，并于 1983 年在华盛顿举行关于核战争后的世界问题讨论会，正式提出权威性的研究结果——"核冬天：连锁核爆炸的全球后果"。这次会议正式提出了核冬天假设：在一次大规模的核战争之后，地球上广大地区可能面临黑夜延长、异常低温、风暴猛烈、有毒烟雾以及放射性尘埃弥漫的境况。核冬天会对生态系统构成致命破坏，农业崩溃，疾病蔓延，世界范围的粮食紧缺和严重的健康问题使人类生存难以为继。正如一位核冬天研究者指出的："历史和人类学的事实一次又一次地显示，人类社会和人类文明将可能有一个尽头：如果世界人口的 50％ 被消灭，那么人类社会将难以恢复，并且社会结构也将永远支离破碎。从人的角度看，这除了觅食和活命的原始本能外，人的一切都将丧失。钱将毫无用处，艺术、音乐、文字将消失，一切对生活有意义、有用的东西以及尊严将丧失殆尽。"核冬天理论也为停止军备竞赛和核裁军提供了理论依据。根据核冬天的近似阈值和战略核武器贮量的增长之间关系的计算，只要保持一定数量的核武器，就足以实现遏制大战的功能，贮备和增加更多的核武器显然毫无必要。于是，核武器竞赛已经失去原动力，过量的核武库只能使自己背上沉重的包袱，浪费资源，拖累发展。而且，按照威慑理论，威慑的效力同人们的心理恐惧成正比；人们的心理恐惧又同武器的威力成正比，武器威力的增大必然导致威慑的增强。正因为核武器拥有巨大的杀伤破坏效应，它才不会像常规武器那样被轻易使用。同其他一切事物一样，武器的发展达到一定的限度后就会走向自己的反面，产生巨大的"倒抑制"作用。从这个意义上说，核冬天既是不祥的发现，又是希望的发现。所谓不祥的发现，指核冬天理论揭示了核武器极大的毁灭性功能，增强了人们的恐惧心理；所谓希望的发现，指核冬天的可怕后果增强了核武器的威慑力，同时也增强了对大战的遏制因素，强化了核武器的遏制功能。核武器的这种双重心理效应决定了核武器既具有毁灭功能，又具有遏制功能的二律背反特性。核冬天理论在使这两种功能得以增强的同时，使人类更有希望告别世界大战，进入一个相对和平的世界环境。① 当代一些学者对此看得十分清楚，例如莱维特揭示："反思这样一个事实是会让人清醒的，即二战后政治学最大的成功——避免了核战争——很少是因为人类政治体系的提高，更不要说是因为我们这个种类的智慧和温和性情的扩散。首要原因看来是技术自身的无意识加速，它把大规模战争的后果提到如此自杀性的地步，连那些最愚钝的高级军官也能明白其后果是什么。"②

其实，类似的看法在核武器出现之前就存在，尽管这些看法带有理想化的色彩。诺贝尔有言在先："我的这些工厂能比你们的和平大会更快地结束战争。有朝一日两军阵营在一瞬间同归于尽，所有文明的国家很可能吓得畏缩不前，解散它们的军队。"③ 密立根也言之凿凿："战争必定大部分——即使不是全部——被消除的理由在于，因为近代科学的成长允许一个国家发动侵略战争不再是保险的。对它自己的生存和对种族的生存的风险太大了，这已为最近过去的战争所表明。近代科学的进展强迫世界各国寻找某种其他途径解决它们的国际困难。伤感的和平主义与之毫无关系。它是妨碍而不是帮助。它与其说作为战争的威慑物，不如说作为战争的刺激物起作用，因为它实际并没有减少侵略者的危险。"④

我们认为，不能把战争的罪责归咎于科学和科学家。为什么？从科学的角度看，科学理论或科学知识是形而上的东西，它本身具有强大的物质功能和精神功能，尤其是科学体现的科学精神和科学方法，更是促进社会进步和人类自我完善的法宝。⑤ 战争的罪责在于误用、滥用、恶用科学和技术，在于发动侵略的战争贩子，在于专制独裁的政治体制和不合理的世界秩序，而不在于科学本身和科学共同体，起码科学家群体不应该为此承

---

　① 刘斌. 核冬天理论及其对人类社会的作用. 自然辩证法通讯，1990，12（5）：22-29.

　② 列维特. 被困的普罗米修斯. 戴建平，译. 南京：南京大学出版社，2003：176-177. 莱维特对当今政治学的缓慢进展表示遗憾："我们的政治理论与我们对自然界的理解相比而言显得极其粗糙，我们对政治肌体工作原理的见解仍然来自于最古老的源泉——亚里士多德、孔子、马基雅维利、霍布斯、伯克——而不是来自于一种关于人类本质的成熟的、积极的科学。我这样说没有任何对在这个领域从事研究的朋友们不敬的意思，我发现'政治科学'这个词是一个错误名称，至少在下面的意义上，即它意味着这门学科很快就会产生一种有效的'政治技术'。什么样的机构调整有助于避免技术能够带来的最坏的灾难，什么样的调整能够有助于最大限度地发挥其潜在的好处，对这些，我们只有最模糊的认识。"（同前，176）

　③ 哈拉兹. 诺贝尔传. 王楫，译. 天津：天津人民出版社，1985：208.

　④ R. A. Millikan. Science and the New Civilization. Freeport，New York：Books for Libraries Press，1930：20.

　⑤ 李醒民. 科学的文化意蕴. 北京：高等教育出版社，2007：第1章，第5章.

担主要责任。梁启超说得有道理:"科学的应用近来愈推愈广。许多人讴歌它的功德,同时许多人痛恨它的流弊。例如一切战争杀人的器具,却是由科学发明出来。……于是欧美有些文字等等,发为诡激之论,说社会不得安宁,因为中了科学毒。我们中国那些不懂科学讨厌科学的人听着这些话,正中下怀,以为科学时代已成过去。人家方且要救末流之弊,我们何必再走那条路呢?这流弊完全和科学本身无干。……要而言之,科学是为学问而求学问,为真理而求真理。至于怎样地用它,在乎其人。科学本身只是有功无罪。我们撷拾欧美近代少数偏激之谭,来掩饰自己的固陋,简直自绝于真理罢了。"① 唐钺讲得特别到位:"天下事物,在为之用之得其道与否耳。科学何独不然?有因科学而进德者,科学不任受德。有因科学而丧德者,科学亦不任受怨。凡吾所觊缕者,不过欲人之利用科学以为进德之资耳,非谓朝研科学夕成善人也。吾侪生当科学昌明之世,纵其无益于修身,犹当为养求真之精神,从事涉猎;矧其有益而交臂失之,殆非智者之愿为。世有深思之君子,当不惊怖吾言以为犹河汉而无极也。"② 卢鹤绂专门针对核科学申明:"吾人对于利用核变放能之厚望,固不在军事而在增进人类之幸福。科学之为功,于此事实昭昭。热机、电器、化学,相继作划时代之贡献,将来拭目以待者是为核能时代之开始。善用之,则能不劳而获,使人类无需有物质之争夺,自是乐事;误用之,则人类自取灭亡之日不远。是此抑彼人群之首先有以择之耳。"③

　　说实在的,与人类的其他文化门类相比,科学由于其普遍性和公有性,完全是国际的,更容易成为和平交流和废除战争的工具。爱因斯坦早就说过,科学概念和科学语言具有"国际性"或"超国家性质","由于它们是由一切国家和一切时代的最好的头脑建立起来的"④。布罗诺乌斯基揭示,世界每一个国家的公众都正在寻找国际良心。因为众所周知,民族主义是时代的错误和文明的否定形式。因此,公众处处注意科学家找到表达国际责任、正派科学家找到表达国际责任和正派感的实际方式。这种信赖的理由恰恰是,科学被公认是国际的共同参与:在它的原理方面是国际

　　① 梁启超. 科学精神与东西文化. 科学, 1922, 7 (9): 862.
　　② 唐钺. 科学与德行. 科学, 1917, 3 (4): 410.
　　③ 卢鹤绂. 原子能与原子弹. 科学, 1947, 29 (1). 转引自:冒荣. 科学的播火者——中国科学社述评. 南京:南京大学出版社, 2002:321。
　　④ 爱因斯坦文集:第1卷. 许良英,范岱年,编译. 北京:商务印书馆, 1976:396.

的，在为人的本体方面是国际的。① 亨（T. R. Henn）言之成理：相对照，科学在所有事物中是理性的活生生的例子。它把光明——至少把某种程度的乐趣——带给了人类。它的历史是理智前进的历史，是一系列对于教会的和政治的蒙昧主义，对于社会的愚蠢、自私和贪婪缓慢而光荣的凯旋。只有它在处理每一阶段证实的事实，明确地和毫不含糊地有助于实际的"利益"。这些利益包括生活、医疗、舒适、速度和运输的标准。科学给予大众超过所有物质事物的力量。因为它在它的语言和对象方面是国际的，它至少提供了废除战争的希望。②

　　人们不应该因为科学的军事应用而追溯科学的"原罪"，更不应该因为科学的可能军事应用而因噎废食，停止科学研究。要知道，停止可能与军事或战争有关的科学研究，实际无异于终止一切科学研究（这会立即使社会进步中止，并可能威胁人类未来的幸存），因为任何一个科学理论都具有潜在的可应用性，包括在军事或战争中被用于新武器的研制和开发。而且，在从事科学研究时，科学家往往无法预测他们研究的哪些课题有可能被用于军事或战争。据说，维纳教授公开宣布，"他不打算发表任何'可能会在一些无责任感的军事家手中造成伤害的'未来的工作。许多科学家公开批评维纳持这一立场，说他的行动完全是不现实的，即使他的打算完全是善意的。对维纳的批评正确地指出，要实现他的目的，他就不得不完全停止他的工作，因为他不可能预见到他的成果的使用会是什么。实际上，他的工作对于美国军事已经有了相当大的用处，既有间接的，也有直接的"③。任鸿隽在非难某些责难者时昌言："所可惜的，像这样高尚纯洁的科学家每每不为当时所认识，而他们的求真探理的精神，又往往为科学应用的辉煌结果所掩蔽，于是物质的弊害都成了科学的罪状。其实，我们要挽救物质的危机，不但不应该停止研究，而且应当增加科学并发挥科学的真精神。……如其我们说科学愈发达，致世界战争愈剧烈，我们也可以说科学到了真正发达的时候，战争将归于消灭。这不是因为科学愈发达，大家势均力敌，不敢先于发难；而是因为智识愈增进，则见理愈明

　　① J. Bronowski. The Disestablishment of Science//Fuller Watson. The Social Impact of Modern Biology. London：Routledge & Kegan Paul，1971：233-246.
　　② T. R. Henn. The Arts v. The Science//A. S. C. Ross. Arts v. Science：A Collection of Essays. London：Methuen & Co. Ltd.，1967：1-19.
　　③ B. 巴伯. 科学与社会秩序. 顾昕，郑斌祥，赵雷进，译. 北京：三联书店，1991：266-267.

了，少数政客无所施其愚弄人民的伎俩而逞野心。战前的日本人民如其有充分的世界智识，也许不至发动侵华军事，造成世界的大劫运。我们以为'力的政治'不能达到消弭战争的目的，唯有诉诸人类的理智，方能使战争减小或消灭。而研究科学实为养成理智的最好方法。"① 格雷厄姆据理说明，把某些类型的知识分类为原则上"应该被禁止"是不正确的，控制基础研究而非控制技术的选择是一种幻想。我们需要减少科学和技术之间必然联系的力量，需要控制技术而非科学，尽管控制技术也很困难。②

从战争的根源来看，也不能把战争的罪责归咎于科学和科学家。密立根开门见山地说："在我们近代科学的文明中，战争不再被采纳达到国家的目的。让人们进而不要做出错误的假定，即近代科学造成最近的战争。

---

① 任鸿隽. 科学与社会. 科学，1948，30（11）：323.

② R. Graham. Between Science and Values. New York：Columbia University Press，1981：305-306. 格雷厄姆是这样讲的：对基础科学的另一种形式的担心是所谓的"能够被做的任何东西将被做"，因此批评家说，当人们正在试图讨论研究的限度问题时，在科学和技术之间划界是无法获得辩护的。这些评论家继续说，由于某些类型的知识将"不可避免地"导致将"不可避免地"使用的技术（尽管大家可能同意具体指定的使用并不是可取的），我们应该把限度强加给原创性研究。这种观点的持有者甚至会把某些类型的知识分类为原则上"应该被禁止"。虽然我认为这种形式的论据作为一种一般立场是不正确的，因为它不必要地谴责我们的文明是技术决定论，但我还是乐于在批评它之前介绍它的最强形式。我想，我们将一致同意，20世纪的第一个四分之一为制造核武器提供了必要的知识；我们中的大多数人会同意，现在世界政治强国具有这些武器，一旦都爆炸，地球将毁灭，人不能幸存。若大屠杀发生，我们就会听到"科学本身对发生的事情没有道德责任，由于核武器被制造或使用并不是必然的，尽管对于这些事件来说必要的知识是由科学产生的"。尽管该论据可能在逻辑上是正确的，但是逻辑无法恰当地把握最极端的人的两难推理（dilemmas，或两刀论法）。一个简单的事实是，没有核武器知识的发展，这种终极的灾难就不会发生。但是，我们应该依据这种认识，力图在未来控制基础研究，以便避免这样的事件吗？我相信，即使我们希望这样做，我们也不知道如何做，该努力会对我们现有的价值造成巨大的损害，以及剥夺我们许多物质的和理智的好处。虽然我们现在受到惊吓，但它正好迫使我们比以往任何时候都更负责任。在那些我们正在力图就科学和技术的关系做决策的不怎么重大的领域，核科学的例子对于"不可避免的技术"的研究者来说可能是误入歧途的。通常我们比在核武器领域做事要稍多一些机动的自由，稍多一些犯几个错误的余地。我们正在比以前大得多的程度上调节需要，以控制我们的技术而不是听任技术控制我们，从而减少科学和技术之间必然联系的力量。在运输、环境、能量利用和城镇计划领域，我们正在力图使技术适合我们的社会需要。如果我们的这种努力能够成功，那么"能够被做的任何东西将被做"的论据就会在强度上减弱。显然，社会需要更多地去做某些事情而不是其他事情。从字面上理解，"不可避免的技术"的提法为假。能够给出可以达到的技术从未大规模使用的例子。正如布鲁克斯（Harvey Brooks）提醒我们的："人之间的人工授精是从未'大受欢迎'的技术的好例子，尽管它还处于受限制的使用中。人们偏爱常规的方法，当它起作用时，也许还将偏爱。"试管授精是具有大致类似结局的较新技术。很可能，人的无性繁殖——如果它变成可能的话——将失去它某些戏剧性的弦外之音，情况变得很清楚，许多人对它不感兴趣。控制基础研究而非控制技术的选择是一种幻想，因为它假定了不可能的东西：能够预见基础研究的结果。控制技术是极其困难的，但并非不可能。

更恰当地讲，那场战争是军国主义为逃脱注定的灭亡所做的最后的大搏斗——让我们希望如此，因为它处在近代科学促进的世界上。世界战争确实不是科学的罪孽。"① 其实，早在此前 1923 年的科学与人生观论战中，中国科学家就针对一战后国人把战争的罪责强加给科学和科学家发出了不同凡响的声音。丁文江昌言："欧洲文化纵然是破产（目前并无此事），科学绝对不负这种责任，因为破产的大原因是国际战争。对于战争最应该负责任的人是政治家同教育家。这两种人多数仍然是不科学的。"②

　　一些现代学者也明确指出，战争的根源虽然多种多样、错综复杂，但绝不是科学进步和技术发展导致的。布莱克特（P. M. S. Blackett）认为："权力和财富的分配不均，人类各个民族之间健康和舒适的巨大差异，乃是现代世界上争吵不和的根源和最主要的挑战，毫无疑问，也是现代世界的一次道德审判。"③ 波普尔发现，人类的大规模破坏性战争大多是宗教的或者意识形态的战争。④ 拉维茨则把两次世界大战归罪于无能和狂人，归咎于帝国主义的争夺，并悲叹社会科学和社会工程不发达，无法有效地抵御社会灾难。⑤

　　B. 巴伯的一席话讲得颇为中和，确实能够以理服人："我们中的一些人就会过分地强调科学在引导战争和在阻止战争中的重要性。虽然在人类

---

　　① R. A. Millikan. Science and the New Civilization. Freeport，New York：Books for Libraries Press，1930：68.

　　② 张君劢，丁文江，等. 科学与人生观. 济南：山东人民出版社，1997：54–55.

　　③ 戈德史密斯，马凯. 科学的科学——技术时代的社会. 赵红州，蒋国华，译. 北京：科学出版社，1985：53.

　　④ 波普尔是这样讲的："人类的思想史既有令人兴奋的方面，又有令人沮丧的方面。因为人们完全可以把它看作偏见与教条的历史。人们固守这些偏见与教条，并常常把它们与不容异说和狂热结合起来。人们甚至可以把它描述为宗教或者准宗教的狂乱阵阵发作的历史。在这个方面，应当记住，我们的大规模破坏性战争大多是宗教的或者意识形态的战争——也许有个值得注意的例外，成吉思汗的战争，他似乎是宗教宽容的楷模。"（波普尔. 走向进化的知识论. 李本正，范景中，译. 杭州：中国美术学院出版社，2001：47）

　　⑤ 拉维茨说："欧洲科学的问题是科学作为其一个构成的和确定的部分的文化问题。对于作为一个整体的欧洲来说，这是一个许多东西走入歧途的世纪。比如说，欧洲中产阶级男士在 1900 年传达给世人的自信现在永远丧失了。一次屠杀的战争是由无能导致的，另一次种族灭绝的战争是由狂人发动的；各种帝国主义由于没有修复的前途而四分五裂。全体灾难不断的和持久的威胁应该是对核武器的警告的误读；自然环境现在以不可预测和非线性的方式做出反应；最近，五十年的物质繁荣（从而社会稳定）依赖于不能持续下去的当地的和外部的环境。虽然继续做出并应用科学发现，但是在那种进步中胜利的意义被减弱了或统统丧失了。自然科学现在每一个转折点上都引起社会和伦理问题，社会科学被悲哀地承认离成熟的和有效的基础还很遥远，从而难以启发社会工程。"（J. R. Ravetz. The Merger of Knowledge with Power：Essays in Critical Science. London，New York：Mansell Publishing Limited，1990：24）

历史中，科学不断地改变战争的手段，就如同科学改变我们所有其他的社会手段一样。但是战争是一种完全脱离于它所利用的特定科学的社会实在。战争早在毒气发明以前很久就是邪恶的，在第一次世界大战刚刚结束，当人们依然在辩论科学为这场战争提供的新技术的伦理时，霍尔丹就指出了这一点。与此相类似，战争早在原子弹设计出来以前很久就是邪恶的，假如原子弹被取缔了，那么在此之后很久战争依然会是邪恶的。英国科学家埃里克·艾什比（Eric Ashby）提醒他的同事在这方面明智些，少痛苦一些。他说：'阻止战争是一个要靠政治手段来解决（如果它能完全被解决的话）的紧迫的实际问题，而不是要靠电子堂吉诃德来解决。'"①布罗诺乌斯基举例说，我们知道黑色火药如何起作用，我们渴望原子弹之前的日子，可是大屠杀并不能通过抵制黑色火药完成，"三十年战争"就是这一点的证明。战争与大屠杀被科学家、诗人和每一个创造者的伦理阻止，但实际上战争还是屡禁不止。②

　　战争的根源和废除战争的途径是一个复杂的社会问题，也是一个人类必须严肃对待的、生死攸关的问题。有必要对此进行深入研究，同时也要细致探讨科学和技术在其中所起的作用，并把各种信息和结果告诉公众。尽管战争这个人类社会的怪物并不是一朝一夕就可以绝迹的，但是我们也不必过于悲观。因为"人性在文明一步一步实现的过程中得到完全的胜利。这一真理早就被物质世界最大的征服者之一拿破仑认识，他已经吃尽了幻灭的苦头。他曾经对他的亲信丰塔纳说：'你知道在这个世界上我奇怪的是什么？那就是靠暴力组织的任何事物都是虚弱的。世界上只有两种力量——武力和智力，从长远看，智力总是要战胜武力'"③。

---

　　① B. 巴伯. 科学与社会秩序. 顾昕，郑斌祥，赵雷进，译. 北京：三联书店，1991：270.

　　② J. Bronowski. Science and Human Values. New York：Julian Messner Inc.，1956：90-91.

　　③ 萨顿. 科学史和新人文主义. 陈恒六，刘兵，仲维光，译. 北京：华夏出版社，1989：130.

学不但不能有益于人类，反而在实际上证明是人类的最凶恶的敌人。科学的价值本身受到了怀疑。科学家们也终于被迫注意到这个呼声了。特别是在青年科学家中间，认为把科学应用于战争是对自己职业的最大糟蹋的看法开始抬头了，而且越来越有力了。和平与战争问题比任何其他问题更能促使科学家们把视线转移到自己的研究和发明工作范围以外，并注意到这些发明是怎样应用于社会的。这种思潮造成的结果之一是：科学家比以前更不愿意主动帮助进行军事科研工作了，而且强烈地感到自己这样做就是多少破坏了科学精神。主要是由于科学工作者缺乏组织，所以还没有做到对军事科研工作宣布彻底的抵制"①。古斯塔夫森等人也表示完全同意贝尔纳的阐述。②

最后，不少科学家认为，战争是罪恶，从事以战争为目的的军事科学研究是恶行，科学家要为自己的行为承担罪责。沃尔夫冈·泡利（Wolfgang Pauli）作为一位批判的人文主义者，全神贯注于基础研究，是唯一一个完全与制造原子弹保持距离的伟大物理学家。他看到了原子弹中的恶，深深地为人类的未来担忧。③ 布罗诺乌斯基指出，从事军事研究的科学家和技术专家理应对战争承担相应的责任。④ 担任英国国防部首席科学顾问职务长达六年之久的索利·朱克曼（Solly Zuckerman）指出，从事武器方面研究的科学家不但应对武器的革新负责，而且应对提出有必要进行这种革新的建议负责。朱克曼从自己的经历中举出许多事例，证明武器研制机构用新计划的必要性说服了政治家。他曾讲：光是以这种或那种理由提出不必要改进或设计一种新的核弹头，继而又提出要有新式导弹和与之配套的新系统的，不是陆、海、空军的士兵，而是武器研制机构的人们。所有军事需要的正式提出过程，开头的总是技术人员，而不是战场的

　　① 贝尔纳. 科学的社会功能. 陈体芳，译. 北京：商务印书馆，1982：271－272. 贝尔纳接着说："在目前形势下，这种方针是否会产生良好效果，甚至也是值得怀疑的，因为这样做的第一个直接效果将是使民主国家在法西斯国家面前处于不利的地位。不过目前可以做到而且已经在做的，是把科学家吸收到一切和平力量的积极伙伴的队伍中来。尤其是在法国和英国，包括某些最著名的科学家在内的不少科学家都积极参加了争取防止战争的民主运动，以争取创造条件，使战争无从爆发。"（同前，272）

　　② 古斯塔夫森，赖登. 试析科学家的乌普斯拉伦理规范. 金占明，译. 科学学译丛，1987（2）：26－30.

　　③ E. P. Fischer. Beauty and the Beast：The Aesthetic Moment in Science. New York，London：Plenum Trade，1999：165.

　　④ J. Bronowski. The Disestablishment of Science//Fuller Watson. The Social Impact of Modern Biology. London：Routledge & Kegan Paul，1971：233－246.

指挥官。①

§9.2　科学家面对军事研究的两难选择

　　不管对"科学家可否从事军事科学研究"这个问题做出肯定回答还是否定回答，一个不争的事实都是，科学家从古至今一直在从事军事科学研究。不过，参与军事科学研究的科学家不见得内心都十分平静，甚至拒绝这种研究的一些科学家有时也会有些忐忑不安。原因在于，他们无论厕足其间还是置身事外，都要面对如下一些难以逃脱的两难选择——往往是伦理道德上的两难选择。这显然对科学家的科学良心是一个严肃的考问。

　　一是对国家承担责任和履行义务，还是从全局和全人类的利益着想。在当今这个以主权国家或民族国家为基本单元占有领土和分割利益的世界，作为国家的国民或公民的科学家，在面对是否从事军事科学研究或是否响应战争征召时，既要履行对国家和民族承担的责任与义务，也不能陷入国家主义和民族主义的泥沼，把他人和全人类的利益抛在脑后。在本国利益和他人或全人类的利益发生冲突的大是大非面前，科学家究竟是从国家公民的角度考虑问题，还是像爱因斯坦那样以"世界公民"的角色观察和行动，抛弃伪善的"爱国主义"，反对德国的军国主义和侵略战争，这必然会造成难以摆脱的两难抉择。布罗诺乌斯基深刻地揭示出这种两难困境：能够把他自己看作他人的人，都不赞同用原子弹、凝固汽油弹和弹道导弹对平民发动战争。可是，他也知道，在这个世界的任何地方，每一个控制这些武器发展的政府都把如此做视为对它自己国家的责任和义务。这就是大街上的人们想要科学家在他们发现它们时，保守这些发现的可怕的秘密。他们知道，国家的头目别无选择：这些被选举出来的头目只维护国家利益，而对于全人类的利益大都充耳不闻、铁石心肠。在这个外交还是由国家讨价还价构成的世界，没有政治家拥有人类的授权，因此大街上的人在绝望时转向科学家，希望他们将以国际良心的保持者而采取行动。一些科学家将回答，他们也具有国家责任和义务，这种责任和义务就是把他们知道的

───────────

① 阿尔伯列奇特，特罗克. 你的事业和核武器——青年科技工作者指南. 廖达材，李湛明，译. 科学学译丛, 1986 (2)：1—9.

与研制的东西泄露、交给国家头目，由头目判断怎样使用最好。在世界大战时期，当国家的存亡危如累卵时，大多数科学家将如此行动。即使在和平时期，也有一些人将国家忠诚放在第一位。我认为，这是私人良心的事情，科学家觉得要忠诚于他们的国家，应该听从良心直接为他们的政府工作。但是，奥本海默力图秉持的态度，即一些时候成为武器研制的顾问，另一些时候坚守国际良心，在他们所处的时代不再靠得住。国家之间的对立现在变得过分剧烈，使得科学家既被卷入武器和战争政策的旋涡，又要要求个人判断的权利，他们面对这样的选择确实骇人听闻。这不仅仅是职业独立的事情：它来自与民族主义道德、政府和外交更深刻的冲突。民族主义现在扭曲了科学的使用，以至它违背了使用者的志向。① 齐曼觉得"最令人痛心的是，大多数从事军事研究的科学家对他们的工作十分自豪。他们为自己辩护说，他们在尽爱国主义义务，他们满腔热忱地工作。这不是批评他们的道德，仅仅是描述事实"②。

　　二是究竟忠诚于科学规范、坚守科学良心，还是服从国家权力的运作。科学规范包括普遍性、公有性、祛利性、公开性、诚实性、追求真理、学术自由等，而国家权力及其主导下的军事科学研究或战争动员则与之很不相容，甚至会与之发生剧烈的冲突。作为科学家，自然要忠诚地遵守科学规范，但国家权力在任何时候都是不可或缺的，尤其在战争时期。平时从事军事科学研究或被战争征召而参与研究的科学家，不可避免地在二者的夹缝中受到挤压。雷斯尼克讨论过科学家离开学术环境而进行工业或军事研究遇到的伦理困境。他说："虽然军事和私人工业之间有许多不同，但是它们引起了类似的伦理争端，因为它们二者具有的目标和政策往往与科学的目标和行为标准不一致。在私人工业中，利润最大化是首要目标，对这个目标的追求往往与公开性、诚实、自由和其他研究的伦理学原则相冲突。军事的主要目标是必须保护国家安全，这个目标也能够与许多科学标准冲突，包括公开性、自由、诚实与对人和动物实验对象的尊重。当这些冲突产生时，在非学术环境中进行研究的人就必须在行为的科学标准与其他标准之间做出选择。"③ 布罗诺乌斯基也揭示出，科学的道德与国家和政府

　　① 　J. Bronowski. The Disestablishment of Science//Fuller Watson. The Social Impact of Modern Biology. London：Routledge & Kegan Paul，1971：233-246.
　　② 　齐曼. 论科学与战争. 李令遐，译. 科学与哲学，1982（6）：48.
　　③ 　D. B. Resnik. The Ethics of Science. London，New York：Routledge，1998：155.

权力的道德是不一致的，科学家不得不在两种道德之间做出抉择。①

　　三是道义上的两难选择。② 这种两难选择主要表现为针对防卫还是进攻、正义还是非正义，而决定是否参与军事科学研究。可是，一个显而易见的事实是：科学家——无论是谁都差不多——在平时无法分辨哪些军事研究是属于防卫性的，哪些是属于进攻性的；在战争爆发时，也难以准确、及时地区分何者为正义战争，何者为非正义战争。

　　古斯塔夫森等人明确表示：寻求对军事研究之公正态度的一个方法是区别保护性战争和进攻性战争，然而，我们还没有发现区别二者的简单办法，哪些有助于侵略战争，哪些能变成这种战争，这并不明显。同样，人们并不清楚什么是防卫性武器，以及它是否有助于世界安全。③ 黄梅、刘戟锋的论文表明："在对待军事研究与发展问题上，现代科学家们有持较

――――――――――

　　① 布罗诺乌斯基这样认为：对于科学家来说，传统的道德争端是他们成果的利用使战争变得恐怖。但是，我们现在面临的问题是更基本的、囊括一切的。科学家不再把他们的内疚局限于他们的发现被交付的使用和误用——武器的发展，甚或扭曲我们文明不可逆转的技术的大规模应用。取而代之的是，他们面对两种道德之间的选择：科学的道德与国家和政府权力的道德。他的观点是，这两种道德是不可以相容的。在世界事务中，科学总是没有前沿的事业，科学家作为本体在世界上构成最成功的国际共同体。他已经在早先的分析中表明，在非统一国家的世界，公众正在追求作为一个整体的人种而行动的某种东西，并希望科学家那样做。在国内事务中，权力的道德在数世纪前已由马基雅维利的《君主论》拟定，它与科学的诚实（integrity）不相容。这是最近比较微妙的争端，其随着政府赞助人的扩展而成长，以至覆盖了所有科学分支。弥漫的道德扭曲、准备使用任何手段达到自己的目的，使近代政府机器不正常。参加委员会的科学家变成程序的囚犯，借助这样的程序，政府被处处告知政府想要听到的东西，而只告诉公众政府想使公众相信的东西。该机器被包围在机密之内，这被称为"安全"，并像保护国家一样自由地被用来蒙蔽国家。巨大的逃避手段被构造出来，这是一种毫无内容的可塑性语言，通过"信用差距"（the credibility gap）的委婉语得以流传。（J. Bronowski. The Disestablishment of Science//Fuller Watson. The Social Impact of Modern Biology. London：Routledge & Kegan Paul，1971：233－246）"信用差距"指政府官员等的言行不一致。

　　② 阿尔布雷克特等人以核武器研究为例，指明了这一两难困境：在核武器研究所工作，会把你直接卷入为制造大规模毁灭性武器的旋涡中。你们也许会感到这一责任难以承担。但是，作为一个在职的科学家，在你整个一生的生产和学术生涯中，不管你是否从事可应用核武器的军事项目，是否与从事这类项目的其他人合作，或是否从事在你看来是必需而且正当的其他军事计划，你都会面临一个相似的道义上的为难局面。［阿尔伯列奇特，特罗克. 你的事业和核武器——青年科技工作者指南. 廖达材，李湛明，译. 科学学译丛，1986（2）：1－9］

　　③ 古斯塔夫森，赖登. 试析科学家的乌普斯拉伦理规范. 金占明，译. 科学学译丛，1987（2）：26－30. 古斯塔夫森等人还认为，无论是不是科学家，每一个人都希望生活在一个自主和自由的国家，这就使得大多数人认为武装防卫是必要的。如果把研究用于武装防卫比不为战争而研究更有价值，那么尽可能地做卓有成效的研究来使国家得到保卫就可能是道德的。他们认为，世界面临全球性破坏的事实将影响这两种价值判断的相对重要性。目前，增加军备似乎只能加剧不安全局面而不会有益于安全。如果的确如此，形势就迫使我们进行讨论，以取得一个能达到主要目标（例如人类生存）和伦理问题的讨论。

过，是灵魂堕落的表现。"① 不过，当土耳其人在最虔诚的基督教国王法国国王的挑动下，马上就要进攻意大利时，他改变了主张："但在今天，由于眼看凶猛的恶狼就要冲向我们的羊群，而且看到我们的牧羊人已经联合起来共同防御敌人，我感到再把这些东西保密起来就不妥了。我决定把这些东西，部分书面发表，部分口头发表，以便造福于基督徒，使大家不论在进攻共同敌人的时候或者在抗击敌人进攻实行自卫的时候，都处于更加有利的地位。我在此刻很后悔自己一度放弃这项工作。"②

在现代，爱因斯坦的所作所为为科学家树立了一个值得深思和仿效的榜样。第一次世界大战 1914 年 8 月爆发，德国享有世界声誉的知识界人士 10 月初联合发表《告文明世界宣言》，为德国军国主义的侵略行径辩护。爱因斯坦这个德国知识分子却与之针锋相对，与他的朋友一起斩钉截铁地向宣言发出了挑战。战后，爱因斯坦作为国际主义者和世界公民，在繁忙的科学事务中分出时间和精力，积极投身于世界和平的伟大事业。起初，他是一个绝对的和平主义者：倡导青年人拒绝服兵役，反对民主国家扩军备战。1933 年，他察觉到了法西斯德国企图征服欧洲乃至世界的咄咄逼人的野心，他审时度势，收回先前的主张，毅然决然地改变立场，从绝对的和平主义转变为战斗的和平主义。为此，他不仅招来反动分子的嫉恨和谩骂，也受到和平主义同道的误解和谴责。但是，爱因斯坦依然我行我素，用自己的言论和行动表明，他是爱好和平、反对侵略的坚强战士。在二战期间，爱因斯坦得知法西斯德国有可能抢先制造出原子武器，他在其他科学家的建议下，于 1939 年 8 月 2 日写信给罗斯福总统，提醒核链式反应导致制造炸弹的可能性，提议增加资金以加速实验工作。原子弹在日本广岛和长崎爆炸后，爱因斯坦心情十分沉重。他后来说，如果他当时知道德国人没有制造原子武器，那么他在这件事情上连一个手指都不会动。二战后，爱因斯坦坚决反对重新武装德国，提醒时刻警惕冷战幽灵的存在，号召要和平而不要原子战争，昌言制止美、苏的军备竞赛，呼吁各国和平共处。他为世界的和平事业和人类的兄弟友好殚精竭虑，死而后已。③ 科学家从容应对军事科学研究的另一个有名的例子是：1983 年美国诸多科学家集体签名，拒绝里根总统的"星球大

① 贝尔纳. 科学的社会功能. 陈体芳，译. 北京：商务印书馆，1982：247.
② 同①247－248.
③ 李醒民. 爱因斯坦. 台北：三民书局东大图书公司，1998；北京：商务印书馆，2005：第 9 章.

战"研究及其经费。

　　玻恩和李克特针对爱因斯坦上书罗斯福的事件发表过评论，颇能说明科学家在面对两难困境时应该如何做出必要的选择。玻恩把爱因斯坦的作为解释为，在非常时期应对不可救药的现状不得不采取的行动。① 李克特也为之做出了说明："爱因斯坦是一个和平主义者。但他给罗斯福的信却鼓励制造出比到当时为止世界历史上所曾出现过的任何武器都具有更巨大的毁灭性的武器。他在遇到给罗斯福写信这种可能性时所面临的两难处境以及他解决这种两难处境的方式，也许最形象地例证了当代社会所面临的更一般性的两难处境：甚至在某些以科学为基础的新技术被认为本质上是令人难以容忍的时候，它们在某些实际盛行的特定条件下也可以被认为是必需的，尤其是在竞争的条件下和在潜在的冲突的条件下，在这种冲突中掌握和开发出这种技术的人，便能征服未能获得这种技术的人。"② 他还一般地认为，"区分在理想条件下的规范和在实际条件下的规范，不仅对在科学交换系统中交换的利益具有意义，而且对确认卷入有关交换的各方也具有意义"③。

§9.3　科学家在军事研究中的道德义务

　　对于从自己的科学良心出发，针对具体情况决定参与军事科学研究或早已从事军事科学研究的科学家而言，应该承担相应的道德义务。这些道德义务主要包括以下四个方面。

　　第一，要为自己研制的军事武器或装备承担应有的责任，关心它们的

---

　　① 玻恩说："人们常听到许多责难原子物理学家的话：所有的灾难，不单是原子弹，还有那坏天气，都是这些脑力活动者的过失。我曾力图说明人类智力的发展必有一天将打开和应用储存在原子核内的能量。其所以发生得如此之快，如此完全，以致达到一种危急情况，则是由于一件悲剧性的历史偶然事件：铀分裂的发现正好是在希特勒当权的时候，而且正好就在他执政的德国，我目睹过这种使全世界为之震惊的恐怖。希特勒在开始时的成功，显得他好像有可能征服地球上的一切国家。从中欧走出的物理学家都知道，如果德国能成为第一个生产原子弹的国家，那将是不可救药的事。甚至终生是和平主义者的爱因斯坦也有这种忧虑。"（玻恩：原子时代的发展及其本质//马小兵. 赤裸裸的纯真理. 成都：四川人民出版社，1997：165－166）

　　② 李克特. 科学概论——科学的自主性，历史和比较的分析. 吴忠厚，范建年，译. 北京：中国科学院政策研究室，1982：71.

　　③ 李克特. 科学是一种文化过程. 顾昕，张小天，译. 北京：三联书店，1989：159.

应用。布罗诺乌斯基明确指出，自从如此之多的科学和技术天才进入关于战争的设计与研究以来，很自然，我们心智中最大的道德问题还是他们对战争不承担责任——这绝不是充分的。[①] 阿尔布雷克特等人表明，科学家和工程技术人员应该关心自己的技术会得到怎样的运用；他们在发展和制造核武器方面负有特别的责任。带有各种见解的科学家和工程技术人员在考虑做出个人决定的时候（这种决定是整个一生经历中必须做出的），必须考虑到自己应该承担的责任。[②] 卡瓦列里通过历史的经验和教训表示，为研制武器出谋划策的科学家实际直接或间接地参与了政治决策过程，因此应该为此承担责任。[③]

使人感到欣慰的是，二战后，由于原子弹的研制与使用，科学家不再无视他们的科学成果被误用、滥用和恶用，他们不再对政治漠不关心，而是主动地承担起应有的社会责任和道德义务。伯霍普追述了研制原子弹的科学家的心路历程：作为"曼哈顿工程"有影响的千万名工作者之一，我记得这个时期由于许多参加者的良心责备而举行的几次讨论。开始，有人曾异想天开，希望会由于某种原因，发现一些根本性的毛病，以至中止正在大力发展的核武器。后来，当看到肯定会制造出核武器的时候，我们又聊以自慰地空想，但愿那些对生产核武器不可缺少的科学家能对如何使用核武器有决定性的发言权。芝加哥有一些参与"曼哈顿工程"的科学家，对人类进入核时代的意义给予了最明确和最早的评价。以弗兰克为首的科学家写了一个报告。他们警告，使用核武器对今后持久和平的建立有巨大

---

① J. Bronowski. The Disestablishment of Science//Fuller Watson. The Social Impact of Modern Biology. London：Routledge & Kegan Paul，1971：233-246.

② 阿尔伯列奇特，特罗克. 你的事业和核武器——青年科技工作者指南. 廖达材，李湛明，译. 科学学译丛，1986（2）：1-9.

③ L. F. Cavalieri. The Double-Edged Helix：Science in the Real World. New York：Columbia University Press，1981：128-129. 卡瓦列里是这样讲的：科学紧随科学革命缓慢地成长了两百年。虽然科学变成建制化的，并在这个时期成为工业的伙伴，但是直到20世纪之初科学应用的范围开始扩大后，探究自由才变成争端。化学和物理学是变化的主要犯罪者。活动的突然发作随第一次世界大战的爆发而发生，当时科学家和技术专家把他们的努力转向国家主义的目标。化学工业获得了巨大进展，在那里炸药、战争毒气和其他化学品首次露面。化学家由于他们的努力而受到称赞，以"化学家的战争"变得众所周知。在1930年代，在物理学领域，由于原子裂变的发现，科学的技术经历了另一次突飞猛进。原子弹的最终制造使美国物理学处于科学前沿。探究自由使人得益，但是许多物理学家为之懊悔地活着。在现时代，许多人首次明白无误地感到科学的影响是丑陋的。在一些科学圈子内，这一现实使科学家产生了深深的负罪感，也萌生了科学的社会应用的新意识。但是，这些科学家反对使用核武器的告诫被当作耳边风；原子弹的制造者仅就他们把它供其他人做主而言，是决策过程的一部分。

的危险。他们恳求，核武器的威力应该在无人居住区演习一下，以便让日本人自己懂得，继续进行战争是徒劳无益的。随着第一颗原子弹灾难性地落下，科学家特别是美国科学家，开始强烈地意识到"科学在社会中的作用"这一命题的巨大分量。许多美国科学家被迫处于道德上进退两难的境地，在他们之中掀起了史无前例的政治运动。科学家集团的舆论压力开始冲击华盛顿。许多过去做梦也没想到要参加政治活动的人，开始成为设想中的核能政策和有价值的研究领域的积极宣传者。尽管所有这些活动的效果也许是令人失望的，但是它确实对美国把核能从军用转到民用产生了影响。更重要的是，它使得大部分美国科学家不断提高社会觉悟，从而成立了一个具有若干有价值目标的团体——美国科学家联合会，该联合会致力于服务科学组织，并将科学发现用于建设性的事业。此外，也成立了一些具有相似目的的科学团体，如"科学的社会责任协会"。还有一个成果，便是出版了一本杂志《原子科学家通报》（即《芝加哥通报》）。1946 年以来，以尤金·拉宾诺维奇为专职编辑，这份杂志一直定期出版，而且拥有广泛而固定的读者。它成功地提出了科学家和社会的关系问题，即关于核武器、裁军和科学在当今社会中的应用等社会责任的问题，从而不仅成功地影响了科学家，而且成功地影响了政府、工业界、知识界以及其他社会各界的名流，使他们都来关心这些问题。1946 年，包括美国、中国代表在内的 14 个国家科学协会的代表和观察家在伦敦举行首次会议，成立了世界科学家工作者协会。其章程规定该协会的宗旨包括：充分利用科学，促进和平和人类幸福，尤其要保证科学应用有助于解决当代的迫切问题；鼓励科学工作者积极参加公共事务，并使他们更自觉地关心在社会中起作用的进步力量。[①] 特别是，1955 年爱因斯坦-罗素宣言的发表，以及其后的帕格沃什和平运动，更激起了科学家的科学良知和高度的社会责任感。

　　第二，不能越过道德底线，要有起码的人道主义和科学良心，遵守战争法和国际法，不能欲达目的而不择手段。在平时，这些要求也许还不至于被从事军事科学研究的科学家置若罔闻；但在战时，情况就不那么令人乐观了。齐曼洞若观火地指出：在残酷战争的巨大压力面前，任何道德上的约束在科学家和公民身上都很容易失效。[②] 沃尔拉特以一位

---

　　① 戈德史密斯，马凯. 科学的科学——技术时代的社会. 赵红州，蒋国华，译. 北京：科学出版社，1985：31-34.

　　② 齐曼. 论科学与战争. 李令遐，译. 科学与哲学，1982（6）：32-48＋31.

科学家为例进行说明，在非常时期情况确实如此——科学家往往会把道德意识忘得一干二净。① 爱因斯坦也不无遗憾地发现："我们已经从战争中挣脱出来，在战争期间，我们不得不接受敌人的那种低得可耻的伦理标准。但是现在，我们却感觉不到要从敌人的这个标准中解放出来，自由地恢复人类生命的尊严和非战斗人员的安全，而事实上，我们却反而把上次大战中敌人造成的低标准作为我们自己的标准。因此，我们正在走向另一次战争，而这次战争的伦理标准将由我们自己的行动来降低。"②

　　正因为情况如此，布罗诺乌斯基才提出，科学家及其共同体要有出自内心的道德心或良心，接受强加在他们身上的道德义务。现在，任何科学家都不能把它们抛到脑后而平静地睡大觉。在这里有截然不同类型的问题，这些问题与他们的活动和人格（personality）的不同部分相关。二者都是道德良心：称之为 humanity（博爱、人性）的是第一类，称之为 integrity（诚实、正直）是第二类。人性问题涉及人应该在每个国家制胜其他国家的永恒斗争中，尤其是在战争的情况下采取的立场。虽然科学家（像技术专家一样）比他们的公民同胞更多地被拖入这种斗争，但他们的道德两难选择恰恰与其公民同胞相同：他们必须针对普遍的博爱感权衡他们的爱国主义。如果就科学而言存在特殊的东西的话，那只能是，他们比其他人更多地意识到，他们属于国际共同体。③ 古斯塔夫森等人也昌言：即使多数科学家承担这种军事研究的责任，他们亦应从伦理上权衡自己对这种活动的态度。例如，由于伦理上的原因，大多数研究者将拒绝发展化学武器和生物武器，尽管这些武器在战争期间对保护本国非常有用。同样，许多科学家认为，进一步增加武器或新的空间

---

　　① 沃尔拉特这样写道："职业责任的较强含义会影响物理学家五十年前的个人决定吗？很难说。约瑟夫·罗特布拉特（Joseph Rotblat）告诉我们，当他首次考虑原子弹观念时，他从来也没有想过，他会参与它的实际创造。他是按照人道主义原则培养出来的。该观念对于他来说是可恶的，可是，只要战争在 1939 年开始，他的道德顾忌便被克服了。在 1985 年，他还没有保证，他是否从他的经验中吸取了教训。'在四十年后，一个问题仍使我烦恼不已：我们吸取了足够的教训不重复我们当年所犯的错误吗？甚至就我自己而言，我也不敢担保。一旦军事行动开始，我们的道德概念就被抛到了九霄云外。'"（J. Vollrath. Science and Moral Values. Lanham，Boulder，New York，Dorondo，Plymouth，UK：University Press of America，1990：152）

　　② 爱因斯坦文集：第 3 卷. 许良英，赵中立，张宣三，编译. 北京：商务印书馆，1979：229.

　　③ J. Bronowski. The Disestablishment of Science//Fuller Watson. The Social Impact of Modern Biology. London：Routledge & Kegan Paul，1971：233-246.

武器并不是他们国家的利益（无论哪个国家）。在有无发展第一颗原子
弹的必要性上，也曾有类似的议论。① 普罗克特则强调，绝不能用目的
为不择手段辩护。②

　　第三，参与军事科学研究的科学家并不掌握战争与和平、使用武器的
决定权，但是他们应该在适当的时机把军事科学研究的结果如实告诉立法
者和公众。布罗诺乌斯基就持这种观点："能够支配社会的不是科学家；
他们的责任是告诉社会，他们的工作具有什么含义和价值。"③ 这也是科
学家在二战时期得到的经验和教训。当时，理论和实验物理学家认识到了
他们在分裂原子时发生了什么。但是，他们接着的规劝和写信没有阻止
1945 年的事件。后来，物理学家和其他焦虑的个人尽最大努力阐明稳健
的核政策，但只取得了有限的成功。于是，有关科学家联合会把放射性污
染和已确立的安全措施的不恰当性的危险，原原本本地告诉了立法者和一
般公众。④ 例如，1946 年 9 月，为了向世界呼吁，认清原子武器的出现给
人类带来的危机，致力于原子能的和平利用，康普顿（A. H. Compton）、
奥本海默、玻尔、爱因斯坦等 17 位参与过原子物理的应用事项的著名科
学家联合撰写了《大同或灭亡》一书。因为宇宙线的研究获 1927 年诺贝
尔奖的康普顿在"导言"中写道："我们面对一个新的歧途：建筑在天下
一家的大同世界上，不再让战争发生呢，还是依照了传统的国防政策，大
家同归于尽呢？"玻尔则以《科学与文明》为题写道："科学从来不曾碰到
像这次原子弹那么严重的实际问题，因为这种新武器可以毁灭整体人类，
世界已临存亡的紧急关头，科学界人士尤其应对后代人类负着极严重的责
任，应竭力警告世人以国际和谐合作的重要性。"⑤ 这样一来，基于科学

　　① 古斯塔夫森，赖登. 试析科学家的乌普斯拉伦理规范. 金占明，译. 科学学译丛，1987
（2）：26-30.

　　② 普罗克特写道："人们靠他们的工具生活，发展一种类型的工具而不发展一种存在道德
后果的工具。工具的使用具有后果——象征的、实践的、政治的、生态的后果，即使战争中的每
一个死亡是悲剧，但这样的死亡发生的手段是可分辨的。如果所有手段同样善（或恐怖），那么
把残忍的、异常的刑罚观念留在何处呢？或《日内瓦公约》！或我们嫌恶的目的为手段辩护的观
点。"（R. N. Proctor. Value-Free Science Is?：Purity and Power in Modern Knowledge. Cam-
bridge, MA：Harvard University Press，1991：269）

　　③ J. Bronowski. Science and Human Values. New York：Julian Messner Inc.，1956：90-
91.

　　④ L. F. Cavalieri. The Double-Edged Helix：Science in the Real World. New York：Co-
lumbia University Press，1981：155.

　　⑤ 林文. 大同或灭亡. 科学，1947，29（1）. 转引自：冒荣. 科学的播火者——中国科学
社述评. 南京：南京大学出版社，2002：319。

家提供的背景信息，通过社会思考和社会辩论，才有可能找到合理的方案和行动路线。二战后科学家就核武器的威力和危害，核大战造成的"核冬天"导致全球毁灭，"核和平"的可能性，等等，及时向全世界做出说明，取得了较好的成效。

第四，即使厕身军事科学研究的科学家，也要以反对战争、争取和平为最终目标。在一战期间，科学家的表现确实无法让人满意，但在二战期间，这种情况大有改观。齐曼铺陈："过去 20 年中，或许自广岛事件以来，产生了一种现象：专家们会从全人类利益出发提出异议和对立的观点，并且持此做法的人正在显著增加。……不仅作为'关切的公民'，而且以真正的核战争专家的名义在公开政治活动中反对反弹道导弹系统，使人记忆犹新。反对化学武器和生物武器，以及反对在越南战争中使用一些不人道技术的运动，都属于这一范畴。在美国，大科学已发展到成熟的阶段，正在认识到国家对此应尽的义务和道德责任。基于个人在国际协作中的经验和道德观念，即科学应为人类的普遍利益服务，这些运动的实质是，在科学家中间存在强烈的反战情绪。科学知识的广泛性，以及奋力追求一种超越政治国境的共同观点，是与军国主义和侵略性的国家主义完全对立的。大多数杰出的科学家都明确地了解科学生活的这些基本特征，并真诚地保持他们的反战观点，即使有时这种见解会被政治思想体系所破坏。我们应该重视帕格沃什运动，它一开始就试图建立一条积极的国际战线，开放人类的交流，消除误解，设想一些方式以促进相互信任并创造合适的裁军气候。这一直是世界上优秀科学家的特殊任务，虽然没有人知道（或永远不能判断）过去做了多少工作，但是它确实是应该做的一件正确的事。在科学家中间，如同在其他人中间那样，也有真正反对战争的人。"[①] 马凯（A. L. Macakay）等人洞见，人们曾说"四海之内皆兄弟"，而今则"四海之外"也都是兄弟了。核战争对整个世界都将是一场可怕的浩劫。我们决不能让它发生。科学家形成一个唯一的共同体，正是这个科学家共同体，对上述危险明察秋毫。他们本身乃是构成世界大共同体的重要组成部分。他们应当去影响各种政治事态，力争世界有个更好的未来。这是历史赋予科学家的伟大责任。[②]

---

① 齐曼. 论科学与战争. 李令遐，译. 科学与哲学，1982（6）：48+31.
② 戈德史密斯，马凯. 科学的科学——技术时代的社会. 赵红州，蒋国华，译. 北京：科学出版社，1985：vi.

　　在讨论了科学与军事、科学家与军事科学研究之间的相关伦理问题之后，我们接着把视野放开一些，探索一下科学与政治的若干问题。这个问题直接或间接地与科学伦理或科学家的道德责任相关，而且具有极大的理论意义和现实意义，很值得辟出一些篇幅予以关注。

第十章 科学与政治刍议

观海宁王静安先生纪念碑

人格独立同天壤，思想自由永三光。

虚名实利若敝屣，丈夫立世腰自刚。

——李醒民

科学与政治是两个耳熟能详、经常被挂在嘴边的名词，但二者之间的关系或纠葛却是错综复杂的，连深陷其中的当事人有时也如堕五里雾中，而不知其所之。在本章，我们拟就科学与政治这个论题的有关方面加以论述，尽可能在某种程度上厘清二者的关系。

§10.1 科学与政治的特征和规范之差异

本章所言的科学主要指自然科学，尤其是其中的基础科学或基础研究。[①] 本章所说的政治指一般政治或好政治或正政治、积极政治，即推动世界和谐共存，促进社会全面发展，造福广大民众的政治；而不是指坏政治或负政治、消极政治，比如独裁政治、权谋政治、作秀政治、面子工程政治等。在这种理解的基础上，我们经过仔细比较和深入探究，可以发现科学与政治差异很大，乃至在某些方面判若鸿沟，确有云泥之别。

第一，所辖范围。科学的辖域较小，它基本局限于科学共同体之内，

---

① 李醒民. 为基础科学的存在辩护. 武汉理工大学学报（社会科学版），2008（6）：794-801；李醒民. 基础科学和应用科学的界定及其相互关联. 上海大学学报（社会科学版），2011，18（2）：45-62.

在科学家中间运行。当然，科学普及或科学传播也遍及众人，但这是科学的社会责任或社会义务，属于科学的外围，不是科学自身追求的终极目标。在一个主权国家或民族国家，政治的辖域主要集中在国会、政府、党派、某些团体，在民主国家也渗透在社会的各个角落和广大民众之中。政治波及整个世界（包括国与国之间的政治关系）、整个社会，科学仅仅处于社会的一个小角落。

第二，关注对象。科学研究关注的主要对象是自然。即使它涉及人，也是涉及人的自然属性，比如生理学、医学、心理学的某些方面。政治关注的主要对象是社会和人。当然，现代政治也开始关注自然，如环境问题、气候变化、物种灭绝、基因重组等，因为这些自然的方面是与社会和人密切相关的，直接影响人的福祉和命运。

第三，历史沿革。政治是众人之事，不是个人之事，荒岛上的鲁滨孙无所谓政治。因此，自从人与人之间、部落与部落之间有了各种交往和纠缠，即出现了"社会"，便有了政治。科学的历史相当短暂，真正的科学（近代科学）诞生不过三百多年。即使把前科学（科学的萌芽）时期计算在内，追溯到古希腊也不过两千多年而已。与政治的历史相比，科学的历史简直可以忽略不计。

第四，本质属性。政治具有国家性、民族性、阶级性、党派性，这是显而易见的。相形之下，科学并不具有这些性质，它是普遍的、共有的、国际的，这也是十分明显的。科学的这种属性在默顿科学的规范结构或精神气质中已有明确阐述。拉图尔（B. Latour，曾译为"拉脱尔"）在描绘现代化的西方文化（当然是以科学为代表的）时总结得恰如其分："现代化的西方文化可能是'自然中心的'或'理性中心的'，但是，从来没有一个政治构成比它更不具有种族中心的特性。它以其值得称颂的宽宏大量，给予每个人一种机会，从而使这些人变得像他们自身一样具有普遍性，而无论这些人的种族起源是什么。经过科学客观性和理性讨论的仲裁，任何人都会加入这个没有祖先的祖国、没有宗教仪式的民族、没有疆界的国度，这也正是经过批判的艰辛努力得以达到自然统一的原因。"[①]

第五，追求目标。科学的目标很单纯，即追求真理。诚如彭加勒所

---

① 拉脱尔. 不同世界之间的论战//索卡尔，德里达，罗蒂，等. "索卡尔事件"与科学大战. 蔡仲，邢冬梅，等译. 南京：南京大学出版社，2002：299-320.

说："追求真理应该是我们活动的目标，这才是值得活动的唯一目的。"[①]
"这种无私利的为真理本身的美而追求真理是合情合理的，并且能使人变
得更完善。"[②] 政治的目标就庞杂得多：大至战略、纲领，小至政策、策
略，不同的阵营、国家、民族、阶级、党派、群体都有或多或少、或大或
小的诉求、要求和追求。这种诉求、要求和追求往往五花八门、形形色
色，不大容易定于一尊。而且，还存在长远目标和当下目标或眼前利益的
矛盾或冲突，需要政治家耐心协调或适当兼顾。顾此失彼，顾小失大，就
可能步入歧途，失去人心，从而丢掉政治权力。

第六，运作方式。由于科学的追求目标十分单纯，所以运作方式也相
对简单。科学家通过实证方法、理性方法和臻美方法，专心致志地研究，
直趋真理。政治则要通过调研、设计、讨论、争辩、协商、妥协、折中，
取得多数人的同意或谅解，因此每每采取阻力较小的路线或方案——唯有
如此，才有可能实施并取得成功。在这个方面，它与科学的运作方式和科
学家的角色特点格格不入，至少很不合拍。科学探索是在黑暗中摸索，重
大的科学理论往往需要多年辛勤的劳作，乃至一辈子的奋斗（像爱因斯坦
这样天才的科学家为狭义相对论和广义相对论各花费了 10 年的智力搏斗，
为统一场论奋战了 40 年还没有实质性结果）。因此，科学家必须具备顽强
的忍耐力，做好打持久战的心理准备。但是，政治具有短期性：高明的政
治家虽然也顾及长远，但是为了升迁，为了赢得人心和获取选票，其计
划、决策和行为不能不考虑立竿见影，起码得在不太长的时间内（一两个
任期内）做出看得见、摸得着的实效和政绩。

第七，价值标准。科学的价值标准要求科学理论务必真，并尽可能地
美（表现为逻辑简单性）。不真的理论不能算作科学理论，不美的科学理
论不能成为好的科学理论。科学真理往往一开始掌握在少数人乃至个人手
里，但是最终会被科学共同体承认和采纳。科学不服从多数决定原则，只
服从实证和理性的裁决。政治的价值标准是善，在不同的场合表现为发展
进步、和谐融洽、实用实惠、公平效率等。政治实行的是多数决定原则
（当然也要保护少数），即使少数人的意见最终被证明是正确的，在当下也
无法被采纳和实施。科学尊重和承认优先权：科学理论一旦提出和最终确
立，后来的科学家再做同样的发现或发明就是完全无意义的。政治不是这

---

① 彭加勒. 科学的价值. 李醒民，译. 纪念版. 北京：商务印书馆，2017：1.
② 彭加勒. 科学与方法. 李醒民，译. 北京：商务印书馆，2010：14.

样，善于学习与借鉴他国或他人行之有效的经验和做法，仍不失为明智之举。

第八，权威作用。科学权威具有自己独有的特征。塔利斯（R. Tallis）一语中的地说："科学相对地不受头头约束和自我宣布为合法的权威——这些权威描绘出学术之内和之外许多人类活动的特征——的束缚。在科学中存在天才人物，但是他们并未因此而获得超越于他们的实际成就之外的权威：他们的理论像任何其他人的理论一样受到检验，他们的实验结果像任何其他人的实验结果一样受到核查。"① 政治权威常常具有大得多的权威性，有时甚至是绝对的：一般而言，议会通过的法案，人人必须无条件地遵守；在政府部门，下级必须服从上级；在军事单位，服从乃是军人的天职。在这样的权威分层和氛围中，个人的意志和自由要受到诸多限制，不像在科学共同体中那么自由。

§10.2　科学与政治的分离：坚持科学自主

由于科学与政治在特征和规范上的格格不入，科学要在极为复杂的社会和政治背景下健康发展，就必须坚持科学自主——事实上科学确实具有自主性。自主本来的字面意义是，一个系统"自我管辖"和独立于其他外部影响的能力。所谓科学自主或科学的自主性或科学自治（autonomy of science），有两个方面的含义：既是科学家个人的，又是科学共同体的。作为前者，科学家的自主性体现了他独立的人格和自由的理性，是其尊严和自尊的集中体现。作为后者，科学的自主性意指：科学对其社会环境的依赖与科学独立的能够自我决定和自我发展这样两种因素之间的张力；也就是说，科学共同体要力图把科学的外部影响纳入科学自身运动的固有逻辑之中，维持科学的相对独立性。②

科学自主是由科学的目的或科学家的追求目标决定的。诚如莫尔所言：科学的目的是获取关于实在的知识，科学家的目标和道德义务是为丰

① R. Tallis. Newton's Sleep: The Two Cultures and the Two Kingdoms. New York: St. Martin's Press, 1955: 59.
② 李醒民. 科学自主、学术自由与计划科学. 山东科技大学学报（社会科学版），2008，10（5）：1—16.

富真正的自然知识做贡献。① 科学自主也是由科学的本性和规范决定的。
对此，莫尔也讲得十分到位：正如有人注意到的，在世界上没有一个地方
的政治权威能够向科学口授它的步骤、它的活动规律、它的要义；政府权
力也不能决定科学探索的形式和内容。通向真理的道路像真理本身一样，
不受政治决定的影响；在更深的层次上，真理有它自己的不被政治权力败
坏的权威。公众的权威有可能限制它的行使，或阻止它进入公众的讨论，
或掩盖它的部分结果，或歪曲它的意义，但是没有什么强制或劝服能改变
它确立的东西，除了科学论述本身的权威。真正国际的、固有的科学价值
体系独立于文化的、民族的或政治的边界条件。事实上，不同国家的科学
家只要固守他们的科学，就很容易聚在一起，毫无困难地讨论特定科学领
域的进展。如有困难，那是因为科学本身被政治意识形态玷污，例如在反
对相对论和哥本哈根学派战役中的苏联物理学，或在斯大林、李森科
（Трофим Денисович Лысенко）时代的苏联生物学。②

　　科学自主与作为知识体系的科学——而不是作为研究活动的科学和作
为社会建制的科学——在价值上基本是中性的，只不过是同一事态的两种
表现或两种说法，二者在意义上相通。因此，政治不是科学研究或科学发
展的内在要素，至多只是一种外因，因而不起主要作用。S. 罗斯和 H. 罗
斯对科学中性的描述是有一定道理的（尽管他们反对科学中性的观点）：
"科学活动在道德方面和社会方面价值无涉。科学是寻求自然规律，不管
它的发现者的国籍、种族、政治、宗教或阶级地位，这些规律都是可靠
的。虽然科学由于一系列对从未得到的客观性的逼近而获得进展，但是科
学定律和事实具有不可改变的性质。无论谁做测量光速的实验，光速都是
相同的。"③ 普罗克特则明确表示："按照科学的一个共同的含义，政治或
价值被发现对于科学来说只不过是外在的——在它的使用而不是在它的起
源上，在它的失败而不是在它的凯旋上，在例外的或边缘的东西上而不是
在日常的和根本的东西上。这是纯粹的或无价值约束的科学的观念形态，
即相信科学'本身'是纯粹的，价值或政治只是作为污染进入科学。"④

---

　　① 莫尔. 科学和责任. 余谋昌，摘译. 自然科学哲学问题，1981（3）：86-89.

　　② H. Mohr. Lectures on Structure and Significance of Science. New York：Springe-Ver-
lay，1977：150.

　　③ S. Rose，H. Rose. The Myth of the Neutrality of Science// R. Arditti, et al. Science
and Liberation. Montreal：Black Rose Books，1986：17.

　　④ R. N. Proctor. Value-Free Science Is?：Purity and Power in Modern Knowledge. Cam-
bridge，MA：Harvard University Press，1991：3-4.

　　科学自主的传统由来已久。正如普罗克特和许多研究者注意到的，在西方世界，科学具有要求与社会保持某种距离或超脱社会的历史。苏格拉底在《政治家》中赞同，数的科学因其纯粹性而没有掺杂实际生活的事务。培根也告诫我们，不要无视"为科学而科学"。英国皇家学会成立之时就在自己的章程中申明，科学应该与宗教、哲学和政治分离。西方哲学传统珍重对知识的自由的、无妨碍的追求，珍重以理论的理想为一方、以个人获得或社会需要为另一方的基于二者之区分的自由。任何使科学转向"社会利益"或其他社会的或政治的目标的尝试，都会招致非法的"使科学政治化"的指责。人们常常认为，如果科学把除它自己之外的任何东西作为向导，那么它的进步就会受到阻碍。① 不过，"虽然皇家学会坚持科学应该从宗教的、哲学的和政治的思想中分离出来，但它最初却没有把科学同技术，或者把纯粹科学与应用科学分离开来；反而倾向于把它们混淆在一起，而不大注意我们今天通常所寻求做出的这类区分"②。

　　当代科学的自主性受到的最大威胁正是来自这里，即把基础科学和应用科学混为一谈，尤其是把科学和技术视为同一；而不是来自诸如苏联斯大林时代、中国"文革"时期的政治和意识形态取向——反对所谓的资产阶级科学，保卫所谓的无产阶级科学。现在，政治的短期性与政治家的急功近利往往导致重视应用科学和与之相关的技术，从而妨碍了由科学自主主导的科学的正常发展。默顿言中肯綮："科学家在评价科学工作时，除了着眼于它的应用目的外，更重视扩大知识自身的价值。只有立足于这一点，科学制度才能有相当的自主性，科学家也才能自主地研究他们认为重要的东西，而不是受他人的支配。相反，如果实际应用性成为重要性的唯一尺度，那么科学只会成为工业的或神学的或政治的女仆，其自由性就丧失了。"③

　　另外，要知道，"科学的自主性是相对的而不是绝对的。科学从来没有也不可能绝对不受社会中其他因素（当然包括政治因素）的一定控制。科学的自由是一个程度的问题，是一个自我控制之特殊形式的问题"④。

---

　　① R. N. Proctor. Value-Free Science Is？：Purity and Power in Modern Knowledge. Cambridge，MA：Harvard University Press，1991：5.
　　② 李克特. 科学概论——科学的自主性，历史和比较的分析. 吴忠厚，范建年，译. 北京：中国科学院政策研究室，1982：60-61.
　　③ 默顿. 社会研究与社会政策. 林聚任，等译. 北京：三联书店，2001：48.
　　④ B. 巴伯. 科学与社会秩序. 顾昕，郑斌祥，赵雷进，译. 北京：三联书店，1991：85.

一个原因是，科学的知识维度无法与社会背景完全脱离干系，科学的其他两个维度更包含政治成分。莫兰注意到："根据复杂性的观点，情况完全不同。大家知道没有纯粹的科学，即使在自认为最纯粹的科学里也悬浮着文化、历史、政治、伦理的成分，尽管人们不能把科学归结为这些概念。但是，特别是一个处于科学核心的关于主体的理论的可能性、主体通过复杂的认识论进行自我批评的可能性，这一切可能给理论照亮道路，而并不一定直接去发起它和指挥它。同样地，如同我们相应地看到的，一个关于人类-社会的复杂性的理论必然引起人道主义的面貌在复杂化中发生变化，并同样使得有可能重新考察政治问题。"① 另一个原因是，科学现今与国计民生密切相关，也是国家的硬实力和软实力的标志与体现，政治家对科学不能不过问和不关注，况且科学也离不开由政治掌管的政策支持和物质帮助。V. 布什言之有理：由于繁荣、幸福和安全是政府应当关心的事情，因此科学进步和政府有极其重要的利害关系。没有科学的进步，国家繁荣将衰落；没有科学的进步，我们不能指望提高我们的生活水准或者给我们公民日益增加的工作机会；没有科学的进步，我们将不能保持反对专制政治的自由。② 再者，科学家本人过于看重自身利益，或无法摆脱外界的诱惑或压力，也是削弱科学自主性的一个原因："在现实中，'无私利性'规范总是很难得到维系。即使是从事'纯'研究的大学教师也有着强烈的职业利益，无法与生活世界中的经济和政治压力完全脱离关系。然而，学院科学长期以来一直作为一种近乎于自治社会建制的理想而存在。这种自治性宣布与外界影响断绝了关系，但是并不能完全排除外部影响。"③

§10.3　科学与政治的纠葛

一方面，我们坚持科学自主；另一方面，我们也不得不承认科学与政治之间存在张力关系，存在千丝万缕的纠葛，起码彼此之间存在一定的影

---

① 莫兰. 复杂思想：自觉的科学. 陈一壮，译. 北京：北京大学出版社，2001：276.
② V. 布什. 科学——没有止境的前沿. 张炜，等译. 北京：中国科学院政策研究室，1985：41.
③ 齐曼. 真科学——它是什么，它指什么. 曾国屏，匡辉，张成岗，译. 上海：上海科技教育出版社，2002：207.

响，应用科学与政治之间的影响有时甚至相当显著。这一切，像一枚硬币的两面一样自然而然。之所以如此，是因为科学作为形成经济基础的工业商品的原初源泉（ur-source），已经变成国家的事务，科学的追求变成在政治上和伦理上具有负荷的活动，而不管我们是否希望如此。① 之所以如此，也因为"只要知识与权力观念互为支撑，认识论和科学就总也摆脱不了被政治化的影响"②。

　　前一个原因很容易理解，无须多费笔墨；后一个原因则需要略做说明。在谈到"知识与权力的一般观点"时，劳斯（Joseph Rouse）挑明："科学家在活动过程中运用权力，与其他机构中的活动没有两样。政治影响、职业发展、财政限制、法律禁止、意识形态扭曲等问题也出现在科学中，科学毕竟不能完全摆脱世俗的考虑。"③ 阿罗诺维茨（S. Aronowitz）认为："科学是一种权力语言，那些怀有它的合法性主张的人，在战后都变成用与众不同的意识形态和政治纲领装备起来的与众不同的社会范畴之成员。科学与国家的关系在资本主义和国家社会主义形式中还是服从的关系，但是这种关系现在处于知识共同体的攻击之下，这些共同体日益察觉到它们的自主性成分，即使它们还未形成系统的理论。科学共同体例行地宣布，它们在政治事务上，尤其在影响科学知识内容的问题上中立。"④ 雷德纳引入最后完成（finalization）的概念，详细说明了科学与政治之纠葛形成的具体过程和双向机制。他指出，下述事实使最后完成成为可能：许多经典科学在它们达到闭合理论的意义上已经成熟，至少在非基础的科学中发现了基本定律，以至原则上在它们的范

---

　　① L. F. Cavalieri. The Double-Edged Helix：Science in the Real World. New York：Columbia University Press，1981：21, 135.

　　② 哈丁. 科学的文化多元性——后殖民主义、女性主义和认识论. 夏侯炳，谭兆民，译. 南昌：江西教育出版社，2002：中文本序 2.

　　③ 劳斯. 知识与权力——走向科学的政治哲学. 盛晓明，邱慧，孟强，译. 北京：北京大学出版社，2004：16. 劳斯继续写道："然而，从哲学上说，强调从概念上把作为知识领域的科学和作为权力领域的科学分离开来，就能阻断来自世俗的关注和压力这样一些麻烦的侵扰。各种对科学的内部史和外部史、科学哲学和科学社会学进行区分的尝试都反映了这种愿望，即支持在概念上将科学本身与权力在科学内部或外部起作用的方式区别开来。对科学来说，所谓'内部的'就是用于解释知识进步的认知的、理性的、思想的和知识论的关怀和活动。政治的、社会的和个体心理学的因素对科学发展的影响外在于知识，并且可以被分割成互不相干的研究。当然，一幅完整的真实科学图景同时需要内外两个方面，但是在理解何为科学的本质、或者作为理性事业的科学的特征是什么这些问题上，只有前者才是必不可少的。"（同前）

　　④ S. Aronowitz. Science as Power：Discourse and Ideology in Modern Society. Twin City：University of Minnesota Press，1988：351.

围内能够说明任何事物。但是，一般可以证明，从这些仅仅应用于抽象化的对象和简化的模型的普遍化的定律，不可能推导出复杂现象的特定说明，尤其是包含在技术系统或有用的问题状况中的那些复杂现象。换句话说，技术和其他有用的与应用的科学，只能利用纯粹科学的一般的和抽象的结果，作为它们的特殊答案必须落入其中的总括规格，而不是作为这些答案能够从中推导出来的公式。简言之，最后完成的论题适用于成熟科学的阶段，此时理论是完备的，以至理论的进一步发展和精制不能作为内部连接的事情按照科学本身的固有规范发生。在科学成熟前作为起作用的理论说明的驱动力不再存在。换句话说，把实在的、更广阔的维度引入一个一般理论之中，把歧义的理论统一在更为一般的理论之中的工作已经被大部分完成。在这个阶段，科学在它的进一步的理论发展中对外来的价值方向敞开着。于是，最后完成的是科学对正在变成理论指导路线的外部意图的开放性。在当代的研究条件下，这样的外部意图预先占优势地是政治的，因为这个时代是科学的政治提供资金的时代，是科学计划和政治定向的时代，是任务取向研究的时代。因此，最后完成起因于双重的合流：由于科学本身的成熟过程，它发展到它对它必须遵循的路线的社会的和政治的决定隐含开放性的阶段；与科学内部的这个过程平行，社会和政治内部也存在一个过程，在那里问题被看作是对科学解决开放的。这些在政治上规定的问题呈现出外部意图的作用，科学正是围绕这些意图而发展的；它们变成它的进一步理论连接的预设。于是，在这个阶段，学科发展的问题取向和内部的动力学能够被协调起来。就这样，外部目的在科学内在化的过程中采取了两条互补的路线：一是纯粹研究向下膨胀和扩展，离开对于较大的统一和更一般定律的集中追求，朝向由终极目的指导的特殊子域详细完成的特殊性；二是应用研究或技术通过自己固有的问题，向上增强到需要理论精制的、相对纯粹的研究领域。①

　　也许是因为科学与政治之间的纠葛相当混杂、相当微妙，所以诸多学者提出了建立科学政治学（politics of science）和科学的政治哲学（political philosophy of science），对此进行专门探究。例如，普罗克特是这样议论前者的："科学政治学必定与政府或工业如何鼓励或阻拦研究有关系，

---

　　① H. Redner. The Ends of Science: An Essay in Scientific Authority. Boulder, London: Westview Press, 1987: 84-87.

而且与权力关系如何影响什么科学类型做完、什么科学类型没有做完有关。在职业权能中，在科学修辞的风格中，在科学优先权的结构中，存在政治。存在科学的微观政治、科学的政治经济学和性别经济学，也存在自然的政治学。"① 关于后者，他是如此界定的：我们需要的东西是科学的政治哲学，这种哲学集中于科学和科学周围的权力（power）的形式。科学的政治哲学家的问题不是"我们如何知道？"，这一点在实在论和相对主义、内在论和外在论、怀疑论和多产论（productivism）之间走马观灯似的打转中已经在传统上阐明了。它宁可说是：我们为什么知道我们知道的东西？谁从特定种类的知识（或无知）中得益以及谁受害？科学的实践如何可以是不同的？科学实践如何应该是不同的？对于科学的政治哲学家来说，有趣的问题不是理论和实验或科学变化的形态学的抽象关系，而宁可说是知识和无知的边界如何确立并在哪里确立，强权如何在科学之内和科学之外行使。科学的政治哲学要求比通常理解的要求更广泛的科学概念。科学毕竟是许多不同的事。科学是知识和工具传统的本体，存在科学的言说和写作风格。科学也是建制的集合，具有隐含的或明显的行为法典和成员准则。科学能够是公众关系的工具，存在科学的政治经济学和性别经济学。科学是〔拉图尔这样释义克劳塞维茨（Clausewitz）〕"借助其他手段的政治"；知识是（拉图尔这样提出它）"政府的问题"。科学是人的惊奇的破解或公众恐怖的助手。普罗克特提出，仅仅通过社会与境问题（知识的起源是什么？）不足以补充认识论问题（我们如何知道？）。我们还必须询问政治的、伦理的和行为主义的问题：我们为什么知道我们知道的以及我们为什么不知道我们不知道的？我们应该知道什么以及我们不应该知道什么？我们如何可以知道得不同？他甚至得出了一个多少有些激进或极端的结论：波普尔曾经写道，整个科学是宇宙学；也许同样可以公正地说，整个科学是政治学或伦理学。这是它应该是的样子：科学应该对人的需要和痛苦的实际问题做出反应。②

　　但是，反对科学屈从于政治的声音也相当强烈。本-戴维强调，尽管科学或一切其他事物屈从于政治控制或所谓的社会利益的论据听起来

---

① R. N. Proctor. Value-Free Science Is?：Purity and Power in Modern Knowledge. Cambridge，MA：Harvard University Press，1991：X.

② 同①X，13，270.

似乎有理，但是把这一观点付诸实践的尝试却不怎么令人愉快。采取这种立场作为官方政策的例子，有宗教审判、法国大革命中的雅各宾恐怖、纳粹主义。那些鼓吹科学屈从于政治的人本来就不关心由科学发现构成的社会使用的改善，即通过技术管理加以改善。他们实际想要的是控制科学的发展。像今日存在的这样的科学对于他们来说是一种打扰，就像当年的日心说对于贝拉明（R. Bellarmine）来说是一种打扰一样，因为自由的探究是无法预言的批判、发现和革新的潜在源泉。他们相信诸如宗教（像伊斯兰教和犹太教）、意识形态（像马克思主义）或某种"大众意志"（每每被自我任命的代言人描述）这样的智慧的存在，这些来源包含着对人类至少对他们自己国家所有重要问题的"真实"答案。因此，他们不需要作为真理源泉的科学，而乐于接受仅仅作为潜在有害的或有用的技术的科学。①

实际上，科学与政治的关系仿佛像早春的天气，乍暖还寒，不热不冷。二者谁也离不开谁，但是又不能过分亲密无间，更不能相互控制，因为这对双方都没有好处。贾撒诺夫（Sheila Jasanoff）等人描绘了这种若即若离的关系，并指明了之所以如此的原因："争夺科学控制权在科学和政治边界的无休止协商中表现得最为明显。科学家在制图上所面临的挑战是，把科学的边界画得非常接近政治（理想的情况是把政治勾画成与科学毗连的一个文化领域），但同时又不至于出现这样的危险，即从一个空间溢到另一个空间，或者在界线本应分明的地方产生模糊。当其他人（当选的官员、政府官僚、记者、利益集团以及其他根据自己的特定利益和计划来绘制科学/政治地图的群体）的制图活动试图从不同的文化地图中获取优势时，上述挑战会更加明显。对科学家来说，制图的任务是使科学接近政治，但不能靠得太近。为什么？科学家的文化权威赖以合法化的关键是科学与政治决策之间存在的明显的相关性：在政府官员颁发法规或条例之前请求科学家提供专家建议时，他们同时也在衡量和再生产科学在现实方面的权威。如果科学与政治之间的距离太远，就会封闭科学家通向合法化的关键途径：他们具有明确的政治效用，特别是从政府那里获得研究资助的权利。当然，这种关系是共生的；科学家从科学对政府的效用中获得合法性，同样，政府官员（以及其他人）也能通过把科学专家知识的文化权

① J. Ben-David. Scientific Growth: Essays on the Social Organization and Ethos of Science. Berkeley: University of California Press, 1991: 497-498.

威性赋予这些决策，使他们的决策合法化。科学与政治疆域的聚合不是因为什么结构的必然性或铁面无私的合理性，而是因为两个领域的内部人员都有充分的理由与对方保持密切联系。但是，它们又不能靠得太近，当然也不能重叠或相互渗透。只有好的栅栏才能维持政治和科学之间良好的邻里关系。政治家、政府官僚、利益集团以及相关的民众都与科学保持适当的距离，以维系自己的判断力和权能。如果政策完全由科学家控制的事实来决定，还能为政治选择——不管是民主的、官僚主义的，还是立法的——留下什么位置呢？政策制定者（广义的）的困境很清楚：让科学靠得足够近，这样政治选择就可以通过根植于对事实的权威的、客观的理解来实现合法化，而这样的理解只有科学才能提供；当然，也不要让科学靠得太近，以至于选择权和未来都变成了纯粹'技术性的'，很难由非科学家来掌握和控制。科学家也需要很好地维护'政治'边界上的栅栏。毕竟，科学知识能为政治所利用的不仅仅是它们的内容，而且还有所谓的客观性和中立性。只有当科学家不被归入另一个利益集团，他们的技术输入不至于被看做是另一种意见的时候，科学才能使政策得以合法化。反方向的流动——从政治流入科学——对科学家的自主性也是一种威胁：如果让政治家本人来制造事实，那么科学家的专业垄断就会受到威胁。更有可能出现的威胁是掌握权力的决策者捕获了科学——科学家丧失了对他们的研究方向的控制，在为数不多的情况下，他们会丧失提出何为'科学'知识的权力。"①

　　莫兰言之有据："科学是一个极其重大的事情，不能唯一地交由科学家来处理。此外我还补充说：科学已经变得极其危险，不能全凭政治家来处理。换句话说，科学已经变成一个国民的问题，一个公民的问题。我们应当诉诸公民们。不能容许这些问题与外界隔绝，不能容许这些问题在小圈子策划。"② 因此，关注政治与科学的关系，不是少数人的事情，而应该有广大民众的积极参与。厘清科学与政治的关系，既是一个理论问题，也是一个实践问题。不管对二者的关系如何定位，科学与政治的相互影响都是任何人无法否认的事实。下面我们转而讨论二者的双向互动或彼此影响。

---

　　① 贾撒诺夫，马克尔，彼得森，等. 科学技术论手册. 盛晓明，孟强，胡娟，等译. 北京：北京理工大学出版社，2004：334-335.
　　② 莫兰. 复杂思想：自觉的科学. 陈一壮，译. 北京：北京大学出版社，2001：101. 引文有改动。

§10.4 政治对科学的影响：避免科学的政治化

在 20 世纪之前的经典科学时期，科学的规模较小，科学的技术应用还不十分普遍，科学家对外界的依赖不多，他们还能在自己的桃花源里默默耕耘，心无旁骛地追求真理，此时政治对科学没有显著的影响。20 世纪，现代科学出现了某些变化或特点：重视应用科学和科学的技术应用，科学的规模庞大，设备精良，需要大量的资金和物质支撑，乃至出现了所谓的技性科学和大科学；同时，基础研究没有受到应有的重视，学术科学蜕变为后学术科学，从而导致政治对科学的影响大为增强，以至在某些场合或时段产生了科学依附政治的现象。

齐曼细致地考察和梳理了科学的这种急剧变化，以及政治对科学的日益增强的影响力。在他看来，后学术科学朝着更集体化的行动模式发展：设备的复杂化，研究人员之间的团队合作、网络化或其他合作模式，论文署名的人数增加，这与学术科学的高度个人主义的文化形成对照。后学术科学推行"考评制"，强调"效率"。后学术科学处在为金钱增值的压力之下和应用的与境之中，科学被强制征用作为国家 R&D 系统的驱动力和作为创造经济财富的发动机。有用性因素使科学的运作对科学共同体之外的人和机构负责。科学政策的出现，是向后学术科学转变的一个主要因素：政策制定者不了解学术科学，但是却直接监督它；国家赞助会将政治带入科学，也将科学带入政治；赢得这些资助变成一个目标，致使研究团体变成小商业企业，科学论坛变成服务市场。后学术科学是"产业化的"，是技性科学不可分割的一部分。后学术科学呈现出"官僚化"的倾向：科学正在被有关实验室安全和精明赞许的规章所束缚，被卷入项目申请、投资回报和中期报告的海洋，谨慎地防范骗子或不轨行为，被包装和重新包装成业绩出众，被管理顾问重组和缩小规模，并常常被视为似乎只是另一个追逐私利的职业小组。后学术科学是根据市场原则组织的。研究由半自主的研究实体来完成，它们通过承担一些由种种投资机构（包括私营部门企业和政府部门）资助的具体项目来维持生计。其中的一些机构为维系科学的独创性和诚实性进行了大量的努力。但是，甚至像研究理事会这样的准学术公共机构，也被要求支持具有明显"能够创造财富的"或者具有实际医学、环境或社会应用前景的项目。实际上，一个后学术研究项目无论多么远离实际应用，也被贴上了具有潜在应用价值的标签，而这种潜力也许是不成熟的或者是机会主义的推测。尽管如此，它还是把该项目分配给具有相应物质利益的实力机构。后学术科学与实践之网络紧密纠缠在一起。在其中，社会经济力量是最终的权威。① 齐曼揭橥："后学院科学不仅仅只是跨学科。其多元论的观点具有挑战性的后现代意义。它欢迎对知识的广泛定义，具有偏离中心的广泛多样性，丝毫不惧怕可能的矛盾。'应用语境'不可避免地引入'跨认识'因素，例如人类价值和社会利益。其生产的知识不会围绕理论问题来组织，也不会自动地遵循一致、可信、清晰的规则。它将会把认知的和非认知的元素以新颖和创造性的方式糅合起来，以表明认知科学自身。以大学为基础的研究和产业研究之间的渗透——例如在生物医学领域——能够证明具有不同于学院科学传统的研究文化的杂交形式。"② 他特别指出："在目前研究系统的进化过程中，实用性目的一直处于至高无上的地位。政府的经费总是偏重于研究和开发范围内更为实用的项目。……政治家处处对于他们同意资助的学科提出苛刻得多的实用条件。他们要求研究必须带来直接的和确定的社会的、经济的和军事的效益。"③

关于政治影响科学的策略，哈丁（S. Harding）将其分为明显的和隐蔽的两种。"其中一种是较旧的策略概念，就是促进所谓特殊利益集团的利益和计划的公开行动和政策。通过自觉地选定且往往得到明确阐述的行动和计划，这种政治策略侵入'纯科学'中。这种行动和计划决定了科学要做什么、怎样解释研究结果，以及自然界和社会关系的大众图像和科学图像又是什么。这种政治手腕被归结为这样一种机制：从外部影响科学，把一种原本与政治无关或者至少与那种特定的政治无关的科学政治化。正如莱文斯和莱文廷指出的，这种政治与科学的关系具有以下特征：中立的客观性理想即客观主义依靠它发挥着最好的作用，尽管并不十全十美。明智的做法是：把这些利益和价值看作从外部侵入科学，看作只为科学社群合法成员中一小批人（甚或没有谁）所拥有。至少在许多情况下，把这些利益和价值看成对知识增长的一种障碍也是似乎有理的。客观主义卫道士记得，纳粹的科学、李森科主义或者特创论生物学，是政治上的'非理性

① 齐曼. 真科学——它是什么，它指什么. 曾国屏，匡辉，张成岗，译. 上海：上海科技教育出版社，2002：73-74，82-99，211-212.
② 同①256.
③ 齐曼. 元科学导论. 刘珺珺，张平，孟建伟，译. 长沙：湖南人民出版社，1988：192-193.

主义'对科学中立性造成这种威胁的实例。他们并未考虑到侵入科学的力量有利于客观性的最大化和扩大民主趋势；在熟悉的内在主义描述中，任一的和所有的'政治'似乎同样地有害于科学知识的增长。然而，科学还始终受到第二种政治策略的影响。在这种策略里，权力被运用得更加隐蔽，有意性更少，它也不是作用于而是借助于科学占统治地位的制度性结构、优先考虑、科研策略、技术和语言，即借助于构成一段特定的科学史的常规和文化。矛盾的是，这种政治策略却是通过使科学不受政治的影响（创造'规范的'或'权威性的科学'）而发挥作用的。因此，令人啼笑皆非的是，由衷地支持科学中立性的人用来证明科学政治化的坏影响的那些有代表性的标准案例（他们在这里并没有错），也可以被认为是使科学不受政治影响将会造成坏作用的范例。"① 关于政治力量塑造科学技术的方式，利维多（L. Levidow）开列了以下项目："实践者、研究的问题、概念框架、促进某些方向的提供资金的建制以及它们进步的正史。"②

政治对科学的影响过大，以至科学丧失了足够的自主性，无疑有害于科学，这已经被历史反复证明，例如纳粹的"反相对论公司"，李森科的社会主义生物学，中国"文革"时期对科学的全面专政，等等。出于各种政治原因，不分青红皂白地与科学对抗或反科学，也会对科学造成危害。陶伯表明，自第二次世界大战以来，对科学的批评日益增长，保持警觉的公民监督科学渴望达到的目标，科学游说的要求和声称成功的诺言不再作为福音被公众接受。批评家在 1990 年代成功地阻止了某些大科学规划。一些人认为这是反科学的保守主义，另一些人认为这是贪婪的帝国主义的科学。"这种批评的姿态基于下述断言：实践中的科学不是独立的事业，其基础是在社会中形成的，服从支持它的文化的需要和价值。这种公共的科学领域不仅涉及我们社会给予科学建制的更新和支持，而且涉及承认科学在政治文化中有帮助，从而支持各种经济和政治利益。"③

但是，政治影响得当也有利于科学的发展，这一点不应该被忽视。魏因加特（Peter Weingart）充分肯定政治对科学的积极影响或正作用，并描绘出影响或作用的具体机制。他认为，在环境系统中，最主要的莫过于

---

① 哈丁. 科学的文化多元性——后殖民主义、女性主义和认识论. 夏侯炳，谭兆民，译. 南昌：江西教育出版社，2002：175—176.

② L. Levidow. Science as Politics. London：Free Association Books，1986：3.

③ A. I. Tauber. Science and the Quest for Reality. New York：New York University Press，1997：30—31.

以国家与各级政府为主体的政治系统，它对科学系统进行有效的干涉和促进，对科学系统的发展具有重要意义。在他看来，非科学目标的内化主要指那些政治的、经济的、文化的、军事的社会目标在国家政府的干预下逐渐转变为科学系统内部的研究准则，也就是说，非科学目标的内化主要指环境系统的影响被科学系统有选择地吸收、消化和整合的社会过程。这种国家与政府的干预即科学的外部控制，主要表现为它们总是力图将其政治的、经济的、军事的意志转化为知识生产的行为目标，进而变为科学家知识生产的行为取向。这样的社会转化过程是渐进的、逐步依次完成的。非科学目标或外部目标如何转化为科学系统内部的研究准则呢？他表明：外部目标必须通过"科学共同体"来加以调节、沟通并被翻译为科学战略。科学共同体或科学顾问机构是政治系统与科学系统之间的中间体，它是两个系统之间发生关系的过渡带和中间带。关于具体的转化过程，可以做出这样简单的图示：社会问题→政治问题→政治规划→科学政策→课题研究→成果。他指出，人们可以从中得到四点启示：（1）国家与政府对科学的控制行为应该有利于问题的转换。国家与政府只能通过对科学人力、物力和财力的支持，间接地行使行政手段，有意识地引导而不是强行控制科学发展的方向。（2）在科学的外部目标转化为知识生产的行为取向过程中，要充分重视中间体或科学顾问的作用。（3）国家与政府对科学发展的外部控制同时要顾及学科发展的水平，要考虑到学科发展的内在逻辑条件。（4）在转化过程中，同时要注意一种新的综合体的作用。这种综合体主要是由科学家、国家的政府官员以及相应的利益集团（工业界、商业界、金融界等）的代表所组成的小组，恰恰是通过他们，政治规划才能转化为科学政策规划。在谈到科学自我控制与外部控制的关系时，他提出了诸多重要观点：（1）科学内部调节越来越被外部调节即社会的和政治的调节过程与控制过程代替，公众和国家干预被排在科学自我控制之前，但完全代替是不可能的。科学内部调节是外部调节的基础，无科学内部调节就无科学自治。如果完全代替，那么科学将必然解体，外部调节也就无从谈起。（2）国家在纯研究领域内维护科学系统自治的同时，只通过其控制机制而对科学系统施加影响。这里所说的控制机制，就是凝聚科学能力的科学声望或科学荣誉，国家与政府借助这一指标减轻确定国家科学政策和科研发展方向的压力，使决策不断趋于科学化、合理化。（3）科学政策或外部控制对科学提出的种种要求肯定会对科学认识结构和建制结构产生影响，与此对应，后者对前者表现为抵抗因素。（4）在科学系统内部担负宏观调节机制的部分与担负知识生产活动的部分不协调，并束缚人们知识生产的社会行为时，也就是在科学系统内部结构的两个层次发生失调时，就需要外部控制做出反应。外部控制系统通过改革科研体制，制定有关科学政策来增强科学系统的内在调节机能，恢复科学系统的自我控制能力。①

　　试图把科学与政治完全割裂开来不仅与现实不符，而且也不见得对科学有好处。但是，使科学政治化却走向了另一个极端。许多后现代主义的科学哲学家，尤其是科学社会学家，就秉持这种错误的立场。霍耳顿（Gerald Holton）把这些人言过其实的论点归结为："科学是另一种形式的政治"，"科学研究被对权力的追求所引导"②。例如，劳斯断言："现代科学实践，就其获得知识成就的关键性的方式而言是政治性的。对各种可做因果分析、可测算的微观世界的建构和理论思考，不仅大大地扩展了我们的科学能力，而且从根本上转换了政治境况。这并不仅仅意味着，这些权力的运用是政治性的。科学的实验活动与理论活动本身就是权力运作的方式。如果想充分地理解这些发展，我们有必要建立一种明确的科学的政治哲学，以便为批判地评价科学实践的政治维度提供资源。"③ 哈丁坚信："只要知识与权力观念互为支撑，认识论和科学就总也摆脱不了被政治化的影响。"④ 阿罗诺维茨坚持："科学研究不再是个人的学术领域，它现在是庞大的社会的、经济的和政治的事业。"⑤ 利普斯科姆比和威廉斯走得更远，他们甚至坚守："在理论上科学可以关注对绝对真理的追求，但是在现实中，在任何特定的时刻所接受的科学知识的本体都与现存的体制密切相关。在极端的例子中，'科学事实'可以是政治制度的发明。"⑥

① 孟祥林. 科学的自我控制与外部控制——魏因加特的科学社会学理论. 自然辩证法通讯，1989，11（2）：38-46.
② 霍尔顿. 爱因斯坦、历史与其他激情——20世纪末对科学的反叛. 刘鹏，杜严勇，译. 南京：南京大学出版社，2006：20.
③ 劳斯. 知识与权力——走向科学的政治哲学. 盛晓明，邱慧，孟强，译. 北京：北京大学出版社，2004：264.
④ 哈丁. 科学的文化多元性——后殖民主义、女性主义和认识论. 夏侯炳，谭兆民，译. 南昌：江西教育出版社，2002：中译本序2. 哈丁继续说："面对这种现实，许多人认为不可能超越认识论而进行绝对主义与相对主义的选择。然而，无论是在对日常活动的态度上，还是出于其工作需要而向同事、资助者和公众进行解释时，科学家们从不拘泥于这些偏狭的、无益的非此即彼。"（同前）
⑤ S. Aronowitz. Science as Power：Discourse and Ideology in Modern Society. Twin City：University of Minnesota Press，1988：324.
⑥ J. Lipscombe，B. Williams. Are Science and Technology Neutral?. London，Boston：Butterworths，1979：8.

　　头脑清醒的学者不同意科学政治化的断言和主张。莱维特表示："经常会有人提出，在认识论与社会、经济和政治因素的实际效果之间可能划不出一条明确的界线。据说，后面这些因素形成了并且经常改变了假想的科学观点真理性的标准，并且可能更多地在与使用者的商业前景有关的基础上，而不是基于对证据的孤立考虑，来选择一种理论而不是另外一种。在这样一个充满欺骗和算计的世界里，说这样的事情从来没有发生过，那是很幼稚的看法。……然而，假装坚实、经久的科学结果来自于这种机会主义，这同样也是幼稚的，并且更加空洞。"① 本-戴维表明：需要管理新技术是一回事，使科学探究服从政治的控制和方向而剥夺其自由是另一回事，必须在二者之间做出清楚的区分。②

　　但是，科学政治化的可能性和苗头毕竟还是存在的，有必要高度警惕，防止其滋生蔓延。魏因加特指出：社会建制的科学化必然是科学的政治化，这是科学边界扩张的不可避免的结果。这种政治化对作为一种职业的科学来说，具有十分严重的后果。对于科学来说，情况从内部和外部均发生了变化。为工具的和正统化的意图生产知识不再容许科学家保持职业的自主性、距离等。③ R. S. 科恩揭示：不幸的是，似乎有理由预期，我们的科学在这里和现在，除了它作为自然界的较大范围的征服者取得成功以外，它将继续作为意识形态以及技术的奴仆起作用。科学长期与精英人物相关联，现在已经习惯于政治权力并需要政治权力的支持。因此，仅有科学，我们的社会主义、资本主义或混合社会就几乎不能获得人文精神。④

　　科学的政治化往往是由科学的目的化生发的。科劳恩（W. Krohn）及其同行认为，科学的目的化主要指国家和政府有意识地将科学的外部目标导入一个学科的发展之中，使之成为科学发展的主导线。科学的目的化具体表现在以下四个方面：（1）为其政治的、经济的、军事的、医学的等目的服务的社会目标和问题，愈来愈多地成为知识生产的内容和研究对象。（2）当科学家对一些社会的或经济的问题的研究趋于专业化、科学化

　　① 列维特. 被困的普罗米修斯. 戴建平，译. 南京：南京大学出版社，2003：170.

　　② J. Ben-David. Scientific Growth：Essays on the Social Organization and Ethos of Science. Berkeley：University of California Press，1991：496.

　　③ P. Weingart. The Social Assessment of Science, or De-Institutionlization of the Scientific Profession// M. Chotkowski, La Follette. Quality in Science. Cambridge，MA：The MIT Press，1982：113-118.

　　④ R. S. Cohen. Ethics and Science//R. S. Cohen，et al. For Dirk Struck. Dordrecht-Holland：D. Reidel Publishing Company，1974：307-323.

的时候，科学发展就呈现出目的化倾向。（3）一些在成熟理论基础上生长出来的并旨在为科学的外部目标服务的研究领域不断科学化的社会过程，人们也称之为科学的目的化。（4）在理论研究基础上带有强烈应用性质的技术研究领域，人们也称之为目的化科学，比如冶金学、医学、电子计算机科学、材料科学等，都属于这一类。① 因此，要抵御和消弭科学政治化，就必须使科学不能过度目的化，要注意保护纯粹科学的传统，保持科学的自主性。当然，在现实面前，科学的浪漫主义②也是不切实际的。

§10.5　科学对政治的影响

诚然，科学关注的是自然界或物理世界，对社会领域的政治不可能有所贡献，起码不具有直接的、实质性的贡献。③ 但是，科学对政治的直接或间接的影响却是千真万确、实实在在的。劳斯在论述科学的政治哲学时，把目标主要定位在提请人们注意科学实践的政治特征，以及它们向明

---

① 李汉林. 科学社会学. 北京：中国社会科学出版社，1987：311-312.

② 诺沃特尼（H. Nowotny）说：在科学之内也存在浪漫主义传统，这种传统要求捍卫不再与今日现实符合的科学理想，实际上它是可疑的，不管它曾经是否符合。对于反文化的制造者为什么自动地认为科学是敌人的问题，"唯一正确的回答"被看作存在于下述事实：在最近 30—40 年，科学职业由于做到了它恰当的理想而失去了它的公众声望。由于公众反科学的基础局域于把科学作为一种政治力量——这来自它与权力和权威的过分密切的联系——的感知，我们正在对必要的改革敏感起来。在科学浪漫主义的观点中，缺点源于科学嵌入其中的建制中的政治的缺陷，而不是科学或技术的缺陷。公众关注的、曾经提出的问题被说成"仅仅是政治的问题"，所隐含的是政治与科学之间干净利落的分离的压力。同样，对未被腐败的、不谋利的传统科学价值体系的道德诉求隐含着美德能够被恢复，只要科学家切断他们与政治和军事的当权派的联系，重返他们的反科学对手所谓的"做他们自己的事"。（H. Nowotny. Science and Its Critics：Reflections on Anti-Science//H. Nowotny，H. Rose. Counter-Movements in the Science，Sociology of the Sciences：Volume Ⅲ. Dordrecht-Holland：D. Reidel Publishing Company，1979：1-26）

③ 本-戴维说："科学的真理是不变的，而传统的宗教却提供了科学不能与之匹敌的信念的稳定性和安全性。作为宗教信仰之政治替代物的科学的另一重大欠缺是，它的贡献压倒性地被局限于物理世界的审查。科学在大多数人十分关注的道德、仁慈、爱、公正、法和政治的论题方面没有贡献。最后，科学没有提供象征归属和参与信仰者共同体的神圣的仪式、节日，从而未产生集体的超验体验。科学发现可以在科学家中间产生揭示感，但是这种经验不与外行人分享；即使掌握科学的少数人还感到，他们所留存的宗教需求大都未被满足。因此，在接受科学的人的世界观内，科学的整合是不成问题的。作为一个法则，科学发现真理的最好方式的主张已被接受。虽然原则上通向有权威的真理的新方式可以被应用到人类关注的所有领域，但在实践中科学却没有揭示道德的和神圣的关注。"（J. Ben-David. Scientific Growth：Essays on the Social Organization and Ethos of Science. Berkeley：University of California Press，1991：534）

确的科学学科和制度之外拓展的方式所具有的政治特征。为此，他勾画了四种可能的进路："第一条进路试图把科学的政治解释置于自由主义政治理论这一宽泛的范围中。第二条进路是各种形式的'解放论的'科学批判，其中包括女性主义、马克思主义、第三世界的解放运动以及其他各种从弱势群体的角度对科学实践及其政治影响所做的批判。第三条进路认为，科学与政治关注之间的互动本身就是问题之所在。像哈贝马斯和阿伦特这样的著述家认为，政治行动之所以丧失了真正的意义，是因为对技术和组织的管理性关注侵害了政治制度和政治实践。在考察最后一条进路时，我们必须思考海德格尔和富科以不同的方式提出的更为深刻的问题。他们都在运作于科学技术的权力形式中看到了危险，但是在能否对这些危险做出普遍的政治评价的问题上，他们都深深地陷入了悲观主义。"①

在我们看来，科学主要通过以下三种途径对政治施加影响：一是通过应用科学衍生的技术，二是通过科学的文化意蕴或人文底蕴，三是通过知识就是力量（权力、强力、强权、权势）（Knowledge is power）。

齐曼这样描述第一种途径：学术科学是"为科学而科学"地积累起来的，一点也没有考虑可能的应用。科学与社会之间的边界被设想为一层半渗透性的薄膜，知识透过这层薄膜向外流动，由科学领域进入技术领域，然后被用来解决实际问题，服务于政治、军事或商业。这就是所谓的工业科学，科学的工具性能力在其中被视为最重要的。②

第一种途径比较明显，也很容易理解。第二种途径没有第一种那么明显，而且有时是潜移默化的，有"润物细无声"之妙。这就是借助科学思想（科学知识蕴含的核心理念）、科学诠释（对科学理论的某种超越科学范围的解释）、科学方法（实证方法、理性方法、臻美方法）③、科学精神（以追求真理为主线，以实证精神和理性精神为两翼，并辅以怀疑批判精神、平权多元精神、创新冒险精神、纠错臻美精神、谦逊宽容精神）④ 来施展科学的影响力。许良英在谈到科学对意识形态——它既是政治的一个组成部分，也能够影响政治走向和具体的方针政策——的影响时写道：

① 劳斯. 知识与权力——走向科学的政治哲学. 盛晓明，邱慧，孟强，译. 北京：北京大学出版社，2004：265-266.

② 齐曼. 元科学导论. 刘珺珺，张平，孟建伟，译. 长沙：湖南人民出版社，1988：9-11.

③ 李醒民. 科学论：科学的三维世界. 北京：中国人民大学出版社，2010：671-802.

④ 李醒民. 科学的文化意蕴——科学文化讲座. 北京：高等教育出版社，2007：215-296.

"意识形态……集中反映为人们的价值观。科学本身不属于意识形态，企图把意识形态强加给科学，即所谓使科学意识形态化，是不可取的，也不可能成功，只能阻碍科学的发展。但是科学思想、科学精神对意识形态能够产生巨大影响。例如，哥白尼的地动说和达尔文的进化论都曾对当时占统治地位的宗教教义，以及人们的宇宙观和人生观产生了强烈的冲击；牛顿力学成为18世纪启蒙运动的引发因素之一。由于科学对社会进步的作用日益显著，并且已经成为现代文明社会的基础，这就是所谓社会的科学化，科学对意识形态的影响也更为深远。由此，科学精神和科学意识（不是具体的科学知识、理论和方法）也就逐渐成为现代文明社会的价值观的一个组成部分，具有意识形态性质。"[1] 劳斯认为："在发展科学的理解力并使其拓展到实验室之外的过程中，我们改变了世界，也改变了我们自身。这些变化影响我们的生活方式，影响我们理解自我的方式，也影响我们支配自我和制度的方式。有时，为了更容易和更全面地认识世界的某些特征，我们也会使之简单化，让它们更少具有可塑性，或让它们更易于受到不受欢迎的效果的影响。保持这些变化并收集和利用必要的信息，可能需要新的实践、新的社会角色和制度。虽然科学知识和以科学知识为基础的技术为我们提供了许多建设性的机会，但它们也对社会制度、政治制度和人类的幸福提出了新的挑战或威胁。"[2]

第三种途径依靠科学知识的力量，这甚至在前科学时代就出现了。正如罗南所揭示的：在古埃及，祭司往往通过作为科学知识保护人的角色获得权力。在大多数地方，科学知识与历年和农业时代密切地联系在一起。因此，这样的知识意味着通过管理和控制高于人的权力，使科学有时在某些方面（例如天文学）密切地严守国家秘密。具有这样的知识、秘密或其他东西，是具有较高社会地位的标志。[3] 克莱因（Morris Kline）指出："数学不仅是一种方法、一门艺术或一种语言，数学还是一门有着丰富内容的知识体系，其内容对自然科学家、社会科学家、哲学家、逻辑学家和艺术家十分有用，同时影响着政治家和神学家的学说；满足了人类探索宇

① 许良英. 为科学正名——对所谓"唯科学主义"辨析. 自然辩证法通讯，1992，14（4）：39.

② 劳斯. 知识与权力——走向科学的政治哲学. 盛晓明，邱慧，孟强，译. 北京：北京大学出版社，2004：中文版前言3.

③ C. A. Ronan. Science：Its History and Development among the World's Cultures. New York：The Hamlyn Publishing Group Limited，1982：12.

宙的好奇心和对美妙音乐的冥想；有时甚至可能以难以察觉到的方式但无可置疑地影响着现代历史的进程。"① 数学"为政治学说和经济理论提供了依据"②。阿罗诺维茨甚至认为："科学是一种权力语言。"③ "科学的权力使科学的社会研究幸存下来并且统治它，不仅在它日常的学术境域，而且在对立的理智的和政治的实践中。"④ 这种"权力并未独特地仅仅作为强迫统治亦未通过制度统治被行使。虽然这些形式在经济和政治领域是明显的，但是我证明，在我们当代世界，权威的主张日益增长地依赖于拥有合法的知识，而科学的话语是合法知识中最重要的。这样一来，虽然科学共同体可以参与到国家的权力中心而做决定性的决策，但是科学的权力远远超越了特定建制的范围。科学和它稍稍下降的伙伴技术侵入了我们所谓的经济、政治、文化意指的东西。很难设想一种单一的、有意义的描述模式，有意识地或能够尝试同科学的规范竞争"⑤。

在肯定科学对政治的影响时，我们同时反对"科学是另一种手段的政治"（Science is politics by other means）的观点，并设法防止把科学（以及技术）变成单纯的政治统治工具。因此，我们不能完全同意法兰克福学派的下述观点：当代科学技术取代了传统的政治恐怖手段而成为一种新型的统治或控制形式，它操纵了社会的政治、经济和文化的各个方面，成为一个极权主义者。例如，霍克海默尔（Max Horkheimer）和阿多诺（Theodor Wiesengrund Adorno）认为，随着科学技术的进步，人对自然的征服力量大大地加强了，但这种征服最终是以人对人的统治为代价的。原来基于野蛮力量的统治让位给一种更巧妙的统治，即借助技术手段，统治者的意志和命令被内化为一种社会及个人的心理，技术已经控制了社会生活的各个领域。⑥

另外，我们应该牢记：科学是真理的裁判所，而不是政治的辩护士。⑦ 特别是科学家、技术专家、工程师，在参与健康咨询、工程论证、

---

① 克莱因. 西方文化中的数学. 张祖贵，译. 北京：商务印书馆，2013：17-18.
② 同①译者前言 xxii .
③ S. Aronowitz. Science as Power：Discourse and Ideology in Modern Society. Twin City：University of Minnesota Press，1988：351.
④ 同③ x.
⑤ 同③ ix.
⑥ 陈振明. 法兰克福学派与科学技术哲学. 北京：中国人民大学出版社，1992：123.
⑦ 戈兰. 科学与反科学. 王德禄，王鲁平，等译. 北京：中国国际广播出版社，1988：13.

规划编制、政策制定、法规设立等与科学和技术直接或间接相关的各种事项时，务必以科学事实和科学真理为准绳，从科学良心出发，按科学精神办事，秉持公正的立场，而绝不能站在政治强权一边为其无耻帮腔，站在利益集团一边为其非法牟利，站在民粹主义一边为其推波助澜，站在恩主一边为其无聊帮闲。科学家也不能漠视无视科学事实和蓄意曲解科学理论，以至在社会上造成思想混乱或酿成严重恶果。社会达尔文主义的教训值得牢记，对当今生物遗传理论的解释和传播也要慎之又慎，否则后果恐怕不堪设想。①

§10.6　科学与民主、自由

　　科学、民主、自由都是在文艺复兴时期的思想解放和文化运动中涌现出来的崭新概念（或翻新概念）和自觉追求，它们当时就是在相互促进、彼此激励中发展起来的。因此，科学与民主、自由之间存在历史的纽带以及逻辑的关联。笔者曾在论述科学的精神功能时概要地涉及了科学的政治功能——促进社会民主、自由的功能。② 笔者也曾强调，科学与民主、自由具有一致性：不仅其产生和发展互为因果条件，而且在历史和地理上是巧合的——共时同地成长和确立。三者在内涵和精神上一体化，在历史和逻辑上相联结，且能够相辅相成地互动。在某种意义和程度上，科学、民主、自由可谓三位一体。③

　　默顿揭橥，科学精神气质为一个暂时性的假设奠定了某些基础，"在

---

① 批评家证明，遗传理论在技术上有瑕疵，在政治上可被怀疑。遗传理论容许人们证明，社会改革是危险的、无效的或误导的；生物决定论是用来反对要求同等接近社会机会的群体的"社会武器"。就遗传学论据通常支持人的平等和自由的本性或限度的论据而言，它是政治的论据。遗传研究可以被用于政治意图的危险并不是批评者想象的产物。在德国，阿瑟•詹森的观点（智商遗传）在北欧日耳曼人的不折不扣的超人主义者（supermacist）中间流行，英国新法西斯主义的宣传文件中也突出地描绘了詹森的观点。詹森的观点甚至引起了社会主义国家学者的兴趣：1980 年东德学者发表文章表明，智力遗传占 80%，"一般智力"代表单个基因的表达。(R. N. Proctor. Value-Free Science Is?：Purity and Power in Modern Knowledge. Cambridge, MA：Harvard University Press，1991：249)

② 李醒民. 论科学的精神功能. 厦门大学学报（哲学社会科学版），2005（5）：15-24.

③ 李醒民. 科学与民主、自由和国际主义. 山东科技大学学报（社会科学版），2020，12（2）：1-8.

与科学精神气质一体化的民主秩序中为科学提供发展机会"①。马尔凯
（M. J. Malkay）洞察到：科学更有可能在民主社会繁荣；这部分是因为
科学的价值似乎是民主的，部分是因为民主似乎最不可能向纯粹研究共同
体施加直接压力。② 莱维特发现的"一般的规律是，民主和科学这两个概
念中任何一个的热情爱慕者都倾向于以同样的热忱来支持另一个。这两个
概念历史地，并在一定程度上是由于内在逻辑而被联结在一起的。根据定
义，民主坚持，在给定的文化中，任何人必须被分配至少最低限度的政治
社会权利。这个信条通常是以不可减缩的人类尊严这样的观念为基础的，
因而与天赋人权的理论缠绕在一起"③。有人甚至直言："美国民主是科学
方法的政治翻版。"④ 中国学人陈立早就在《科学与民主》一文中总结得
十分到位："孕育科学与民主的是同一种社会条件，相同的种子长成连理
的大枝"，"政治上失去了民主，科学便失去了灵魂。科学与民主真是相依
为命的"⑤。当然，我们也要注意，科学与民主之间的相互作用是复杂的，
二者之间并不存在简单的、一义的因果关系。非民主国家不见得都不重视
科学，科学也有可能在某些情况下得以发展。但是，民主社会毕竟有助于
科学的自主和自由研究，从而有利于科学的进步或繁荣昌盛。

　　科学与自由的关系是类似的。西博格在审查二者的关系后指出："在
很大程度上，科学是在自由之上茁壮成长的。人的好奇心、对真理的追求
和新观念的应用，似乎在没有束缚的、存在激励和因好工作而受奖赏的环
境中才能得以最佳发展。……在许多方面，自由的本质和科学的本性是平
行的。"⑥ B. 巴伯持有这样的看法：科学精神大体上与自由社会的普遍价
值相吻合，"在一定意义上，科学是自由社会精神的典型代表"⑦。科学需
要探究自由的原则也体现在《肯定探究和表达自由》的文件中，该文件是

　　① R. K. Merton. The Sociology of Science. Chicago：The University of Chicago Press，
1973：269. 默顿接着补充说："这并不是说，科学的追求被局限于民主之内。形形色色的社会结
构都提供对科学支持的措施。"（同前）
　　② 马尔凯. 科学研究共同体的社会学. 金香兰，译. 科学学译丛，1988（4）：5-10.
　　③ 列维特. 被困的普罗米修斯. 戴建平，译. 南京：南京大学出版社，2003：2.
　　④ 图米. 科学幻象. 王鸣阳，译. 南昌：江西教育出版社，1999：49.
　　⑤ 冒荣. 科学的播火者——中国科学社述评. 南京：南京大学出版社，2002：327.
　　⑥ G. T. Seaborg. A Scientific Speaks Out：A Personal Perspective on Science，Society and
Change. Singapore：World Scientific Publishing Co. Pte. Ltd.，1996：112-113. 他接着写道：
"自由要求责任，要求负责任的领导和负责任的公民——理智的、受教育的、有远见的、机敏的、
适应变化的领导和公民。"（同前，113）
　　⑦ B. 巴伯. 科学与社会秩序. 顾昕，郏斌祥，赵雷进，译. 北京：三联书店，1991：102.

美国科学院院士大会于 1976 年 4 月 27 日通过的，其中有这样的陈述："我将肯定我献身于下述原则：对知识的探索以及对物理宇宙和寓居于其中的生物的理解应该在理智自由的条件下进行，而没有宗教的、政治的或意识形态的限制。所有发现和观念在没有这样限制的情况下都应该被散播并可以受到挑战。探究自由和观念散播自由要求如此从事的人自由地探索他们探究导向的地方。"①

科学研究需要充分的自由，学术自由是科学的根本保证，乃至是科学的生命线。科学本身具有自由的品格，也是对人类最高价值之一即自由的彰显和丰富。笔者曾从下述五个方面展示了科学的自由特质：（1）科学的目的——科学是人类争取自由的武器，它能把人从单纯的生存境地导向自由；（2）科学的前提——科学发展以外在的自由和内心的自由为先决条件；（3）科学的过程——科学作为人的创造活动的过程，自由的探索精神不可或缺；（4）科学的结果——使人类获得精神和物质的双重解放；（5）科学的方法和精神——沁透了自由的因子，撒播着自由的理念。笔者得出了这样的结论：众所周知，民主政治的真正目的是自由，而科学的目的、前提、过程、结果、方法和精神无一不是自由的。在这一点上，民主与科学可谓殊途同归、相得益彰。民主与科学作为人类的两大思想发明和社会建制，其最高的价值恰恰在于把人导向自由。更何况，"人存在的本质就是自由"，"人注定是自由的"（萨特用语）；在这种意义上，人的存在、民主与科学的存在本质上是同一的，民主与科学的价值和意义即是人的价值和意义。②

§10.7　科学家与政治

关于科学家与政治，主要涉及两个问题：（1）科学家该不该关心政治？（2）科学家该不该从政？对于第一个问题，我们的答案基本上是肯定的；对于第二个问题，我们的答案基本上是否定的。

科学家应该关心政治，关注国内外大事，对于一些重大的或紧迫的政治问题应该持有自己的独立见解或发表自己的中肯看法。特别是对社会上

①　L. F. Cavalieri. The Double-Edged Helix：Science in the Real World. New York：Columbia University Press，1981：137-138.

②　李醒民. 科学的自由品格. 自然辩证法通讯，2004，26（3）：5-7.

一些违背公理、背弃公正、侵犯人权、丧失人性的政治事件和恶劣行为，要爱憎分明，勇敢地站出来进行谴责，发出自己正义的呼声。在这个方面，爱因斯坦给科学家做出了光辉的榜样。他说："我对社会上那些我认为是非常恶劣的和不幸的情况公开发表了意见，对它们的沉默就会使我觉得是在犯同谋罪。"① 在爱因斯坦生活的时代，科学家都比较清高，大都不愿涉足社会和政治问题。但是，爱因斯坦并没有无原则地随大流。他在写给好友劳厄（Max von Laue）的信中表达了自己的意见："我不同意你的观点：科学家对政治问题，在比较广泛的意义上讲是对人类事务应该保持缄默。德国的状况表明，随便到什么地方，这样的克制将导致把领导权不加抵抗地拱手让给那些愚蠢无知的人或不负责任的人，这样的克制难道不是缺乏责任心的表现吗？假定乔尔达诺·布鲁诺、斯宾诺莎、伏尔泰和洪堡这样的人都以如此方式思考和行动，那么我们会是一种什么处境呢？我不会为我说过的话中的一个词感到后悔，我相信我的行为是有益于人类的。"②

　　科学家之所以要关心政治，这是因为，科学家不仅是科学家，也是国家公民或世界公民，是人类的一分子，对于国家的前途、世界的和平、人民的福祉、人类的命运，他们不能无动于衷、漠然置之，他们应该履行每一个公民应尽的责任和义务。况且，正常的人都具有好奇心和求知欲，对于国内外发生的重大政治事件，也不可能不闻不问、置之度外。中国古代士人都知道"穷则独善其身，达则兼济天下"，今日的科学家作为现代社会的知识分子，更应当有这样的思想情操、宽广胸怀和社会担当。当代世界的战争与和平问题、国际政治和经济问题、南北差距不断拉大的问题、温室气体排放问题、气候和环境恶化问题、转基因农作物和食品安全问题、遗传基因编辑和重组问题、人工智能进展问题等，当代中国的深化改革问题、民主进程问题、官员腐败问题、贫富差距问题、环境污染问题、道德滑坡问题、学风败坏问题等，这一切政治问题或准政治问题的化解都需要科学家发出自己应有的声音。面对这些问题，科学家倘若熟视无睹、默不作声，就不仅会使问题愈益恶化，而且到头来会损害科学发展的外部环境，直接威胁科学的进步。

　　不过，科学家在公开发表自己的政治见解时，一定要深思熟虑、谨慎

① 爱因斯坦文集：第3卷. 许良英，赵中立，张宣三，编译. 北京：商务印书馆，2010：370.
② 爱因斯坦. 巨人箴言录：爱因斯坦论和平：上册. Q. 内森，H. 诺登，编. 李醒民，刘新民，译. 长沙：湖南出版社，1992：292-293.

从事，切不可率尔操觚、夸夸其谈。因此，就需要学习，学习一些基本的政治常识和必要的政治知识，熟悉问题的与境，了解事件的来龙去脉，这样才能言中肯綮，产生良好的社会影响和政治效果。爱因斯坦当年为捍卫学术自由、争取世界和平，就是这样虚心学习、身体力行的。当然，我们要求科学家关心政治，并不是要求人人非得如此，并不是要求人人都要做到爱因斯坦那样的程度。只要一部分人付诸行动就可以了，特别是那些科学权威。对于那些不关心政治的人，没有必要苛求他们，只要他们安心做好本职工作即可。苛求那些没有政治素养和政治兴趣的科学家，非要敦促他们站到前台表演，反而会弄巧成拙、起反作用。

科学家一般不宜从政，特别是年富力强、富有创造性的科学家转而从政，对个人和社会都是莫大的损失。一般而言，官员是许多人都会做的，但是科学家这个门槛很高，不是人人都能跨越的，没有长期的专业学习和严格的专门训练，没有足够的实践经验，是无法挑起科学家的重担的。寻找一个好政治家容易，涌现一个大科学家不易。由于陈腐的官本位思想作祟，科学家刚一做出较大的成绩，官方按照惯性马上给他戴上一顶官帽，并美其名曰"尊重知识"和"重用人才"。岂不知这种做法是在帮倒忙，有百害而无一利。尤其可惜的是，它毁灭了本来很有发展前途的未来的大科学家——这岂止是国家的损失，更是世界的不幸，因为科学是超国家的。

如前所述，科学的特点和规范与政治的特点和规范大相径庭，甚至针锋相对，例如追求真理与寻求妥协、特立独行与服从命令、坚持己见（以实证和理性为依据）与多数决定等。在学界工作的科学家，在理智和情感上很难适应官场的显规则，更不用说形形色色的潜规则了。而且，科学家不见得有政治家的政治魄力、决断胆识以及组织、动员和管理的能力。况且，科学家从政，也有先天之不足：缺乏基层工作经验，对国情和社会底层不够了解，有时见物不见人，易于蹈入专家政治或技治主义的覆辙，等等。难怪皮尔逊（K. Pearson）直言无隐：科学家并非必然是好公民，科学家并非好政治家。[①] 莱维特明确表示："没有理由相信，科学家、工程师和医学家事

———————

① 皮尔逊的原话是这样讲的："我没有断言，科学人必然是好公民，或者他关于社会问题或政治问题的判断将肯定有分量。绝不能得出结论说，因为一个人在自然科学领域为他自己赢得了名声，所以他在诸如社会主义、地方自治或圣经神学这样的问题上的判断将必然是健全的。他的判断是否健全，视他是否把科学方法带入这些领域而定。他必须恰当地分类和评估他的事实，必须在他的判断中受事实指导，而不是受个人感情或阶级偏见指导。正是科学的心智习惯，是好公民的本质，而科学家并非好政治家，这是我希望加以强调的。"（皮尔逊. 科学的规范. 李醒民，译. 北京：商务印书馆，2017：8）

实上确实具有某种超越常人的政治判断力，或者他们有更可靠的感觉知道这个社会应该追求什么样的理想和目标。"① 他把专家政治当作科学主义的错误思潮无情地加以批判："'科学主义'是一种政治教条，它认为只有受到科学训练才足以在思想上承担政治责任，科学和技术工作的方法和态度可以丝毫不损地转移到政治统治的基本领域。"② 莫尔讲得更为直白：在科学的特殊领域高度胜任和出众无法自动地导致全面的胜任，甚至在政治和政治道德范围内也是如此。经验告诉我们，科学家的政治表现一般说来是令人惊异地蹩脚的。这是可以理解的：科学家的思维和论证结构与政治家的思维和行为结构是如此不同。如果一个已经得到公认的科学家试图变成政治专家，如立法机构的成员或科学技术部部长，那么他将迅速地失去他的科学能力和地位。一般说来，他（在一个非常短的时间）将两头落空：既不是专业政治家，他的同行科学家也不再认真对待他。③

　　一般而言，我不主张科学家从政。但是，对于有兴趣、有抱负和有能力从政的科学家，我尊重他们的自由选择和自主决定。总的说来，我主张科学家根据自己的情况，积极地适当参政——参与政治活动和政治机构。科学家就与科学和技术有关的问题公开发表见解，是常见的参政活动；此外，可以针对这些问题进行科学咨询、科学传播，给政治决策者提供参考的各种"如果……那么……"式的解决方案等。失去科学创造能力的、年事稍高的科学家若有兴趣和参政能力的话，也可以进入某些政府智囊团体或外围权力机构，本着科学良心，发挥自己的科学优势，直接参与咨询、建言、献策等政治事务。此时，最好以一个关心国家大事的公民的身份出现，不要动辄打着科学家的旗号行事。

　　在现代社会，科学家和政治家毕竟是有某种难以割舍的联系的，问题在于二者之间怎样交往和合作。莫尔对此进行了深入研究，设计出一种协作模型。其中的关键一点是，要明确地划分双方的义务和责任。他说，我们面临的有关问题只能靠科学家和决策人之间严密组织起来的协作来解决，其中应该明确地规定各方的责任。在这种模型内，决定应该由政治家做出。但是他们只能在那些可供选择的模型之间选择，这些模型经过了所讨论的特定领域的内行科学家的研究或者至少得到了他们的赞成。科学家

　　① 列维特. 被困的普罗米修斯. 戴建平，译. 南京：南京大学出版社，2003：506.
　　② 同①505.
　　③ 莫尔. 科学和责任. 余谋昌，摘译. 自然科学哲学问题，1981（3）：86-89.

的责任是保证，在建立这些可供选择的模型的过程中只考虑真正的知识，只遵循科学伦理学准则；实际上，这保证了模型中的每一个要素和每一种关系都是可靠的。另外，政治家应对在不同的模型之间做出的选择负责。①

　　最后，我自引一段议论作为本章的结尾："科学家应该清醒地认识到，自己首先是国家公民和世界公民，是整个社会大家庭的一分子，其次才是科学家。因此，他应该对自己的权利和义务有自觉的意识，义不容辞地担当起每个公民共同的社会责任（以及科学家特有的社会责任）。特别是对社会上一切不公正和不合理的事情，要有自己的明确态度和立场，而不应该在默不作声中容忍和放纵，更不能与之狼狈为奸、沆瀣一气。同时，科学家也应该明白：在民主政治和多元化的社会中，科学家就是科学家，政治家就是政治家，他们首要的任务是各自扮演好自己的角色。无论哪一方越界僭越，都是不妥当的，而且会产生不良的后果。当然，科学家若有政治头脑和行政能力，又有从政的志趣，改行换角未尝不可，也许还能干出点名堂。当然，这是就个案而言的。要是科学家把做官视为一种时尚追求，蜂拥而至，并不是值得称赞和效仿的，说不定会造成祸害或灾难。因为专家政治或技治主义并不是一种理想的政治模式，而且弊端甚多。但是，人在曹营心在汉，或脚踩两只船，无论对个人、社会，还是对科学、政治，均没有什么好处，往往两件事情都干不好，甚至会落个两败俱伤的下场，实在不足为训。"②

　　现在，我们把目光转向 20 世纪最伟大的科学家和思想家爱因斯坦，以这位科学界的杰出代表为案例，全面展现他的伦理思想和道德实践，揭示其精神实质。这样，不仅可以进一步加深我们对有关科学与伦理的问题的理解，也给科学家乃至整个世人树立一个应该学习和效仿的光辉榜样。

---

　　①　H. Mohr. Lectures on Structure and Significance of Science. New York：Springe-Verlay，1977：158.

　　②　李醒民. 科学家及其角色特点. 山东科技大学学报（社会科学版），2009，11（3）：8-9.

第十一章　科学家的科学良心：
　　　　爱因斯坦的启示

晋寺

周柏隋槐气萧森，磨劫千载此嶙峋。

慕君傲骨今犹在，羞煞蝇狗舐痔人。

————李醒民

　　默顿的科学的精神气质，或者科学的本性（科学之真：客观性、自主性、继承性、怀疑性。科学之善：公有性、人道性、公正性、宽容性。科学之美：独创性、统一性、和谐性、简单性）①时刻以各种形式或公开或潜移默化地提醒科学家：他们应该做什么，不应该做什么。在科学共同体内部工作的科学家，经过代代相传、亲身实践、自我反思和直觉领悟，逐渐形成了一套合乎道德规范但并非都成文的外在行为准则。这些准则在科学家心理世界的内化就是科学家的科学良心，即科学家内心对于科学及其相关领域中所涉及的各种价值和伦理问题应该持有的正确的是非和善恶信念，以及对自己应该承担的道德责任的意识、反省乃至自责。对于科学家个人来说，科学良心会自觉或不自觉地规范他的一言一行：他会为良好的后果而感到欣慰，也会为不良的后果而感到愧疚；对于科学家共同体而言，科学良心往往形成一种"集体无意识"，从而确保科学能够在正常的轨道比较顺利地运行。科学良心是科学家应有的道德品格，也是科学研究和科学进步的实在要素。

　　爱因斯坦②是 20 世纪物理学革命的主将，是 20 世纪最伟大的科学

---

① 李醒民. 科学中的革命. 北京：中国青年出版社，1989：251-256.

② 李醒民. 爱因斯坦. 台北：三民书局，1988；李醒民. 爱因斯坦. 北京：商务印书馆，2005.

家、思想家，是 20 世纪科学的代言人和科学良心的化身，集中体现出现代科学的精神气质与科学家的科学良知和科学良心。本章拟以爱因斯坦为例，围绕科学探索的动机、科学追求的目的、维护科学自主、捍卫学术自由、科学活动的行为、对研究后果的意识、对科学荣誉的态度等方面，对所论论题加以探讨。

§11.1　科学探索的动机：力图勾画世界图景，渴望看到先定和谐

爱因斯坦在普朗克 60 岁生日庆祝会上发表祝词①时说，进入科学庙堂的人各色各样。有人把科学视为特殊的娱乐，想从中寻求生动活泼的经验和雄心壮志的满足；有人把他们的脑力产品奉献在祭坛上，为的是纯粹的功利目的。爱因斯坦没有指责乃至否定这两类人，但是他指出，假如科学庙堂只有这些人，那么这座庙堂就绝不会存在，正如只有蔓草就不成其森林一样。因为对于这些人来说，只要有机会，人类的任何活动领域他们都会涉足；他们究竟成为工程师、官吏、商人还是科学家，完全取决于环境。

爱因斯坦认为，在科学庙堂中，天使所宠爱的大都是相当怪癖、沉默寡言和孤独的人。把他们引入科学庙堂的动机有两种：其一是消极的动机，即叔本华所谓的逃避日常生活中令人厌恶的粗俗和使人绝望的沉闷，摆脱人们自己反复无常的欲望的桎梏；其二是积极的动机，即人们总想以最适当的方式勾画出一幅简化的和易于领悟的世界图景，渴望从中看到莱布尼茨所说的"先定的和谐"，并以此作为自己感情生活的支点，以便找到在个人经验的窄小范围内所不能找到的宁静和安定。

爱因斯坦觉得这两种动机都是高尚的，但是他更赞赏积极的动机。他揭示出，力图勾画世界图景、渴望看到先定和谐是无穷的毅力和耐心的源泉，普朗克就是因此而专心致志于科学中最普遍的问题，从未使自己分心于比较愉快的和容易达到的目标。爱因斯坦在这里做了一个有趣的比

---

① 爱因斯坦文集：第 1 卷. 许良英，范岱年，编译. 北京：商务印书馆，1976：100 - 103.

喻——这种态度并非归因于非凡的意志力和修养，其人的精神状态同信仰
宗教的人或谈恋爱的人的精神状态类似：他们每天的努力并非来自深思熟
虑的意向和计划，而是直接来自激情。爱因斯坦这里所说的"激情"，与
他笃信的"宇宙宗教（感情）"是息息相通的。他表示，"宇宙宗教感情
是科学研究的最强有力的、最高尚的动机"①。

§11.2　科学追求的目的：发现真理，为科学而科学

　　与科学探索的动机密切相关的是科学追求的目的。爱因斯坦说："科
学的目的，一方面是尽可能完备地理解全部感觉经验之间的关系，另一方
面是通过最少个数的原始概念和原始关系的使用来达到这个目的。"② 很
明显，他在这里把科学的目的定位于追求系统性的经验知识。他在另一处
讲得更为明确，科学的目的确切地说是发现真理③，尽管他认为科学理论
"只是某种近似的真理"④ "自然定律的真理性是无限的"⑤。
　　正是基于上述见解，爱因斯坦像彭加勒一样倡导"为科学而科学"。在
他看来，科学本身就负荷着它的目的，不必通过对准其他意图而偏离自己
的道路。因此，他多次强调："科学是为科学而存在的，就像艺术是为艺术
而存在的一样"⑥，"科学研究仅当不考虑实际应用，为科学而科学时，才
会兴旺发达"⑦。他还深有体会地说："为思想而思想，如同音乐一样！"⑧
　　不仅如此，爱因斯坦还从更广阔的伦理道德视野来看待对真理的追
求。他追随斯宾诺莎，把追求真理同追求善、追求人的道德完美联系起
来——因为真理包含着人类心智中终极的善。因此，科学家在献身于真理
的追求时，也就是在履行科学家的社会责任和道德义务，而真理的非个人

　　① 爱因斯坦文集：第 1 卷. 许良英，范岱年，编译. 北京：商务印书馆，1976：282.
　　② 同①344.
　　③ A. Moszkowski. Einstein：The Searcher，His Work Explained from Dialogue with Ein-
stein. H. L. Brose，trans. London：Methuen & Co. Ltd.，1921：145.
　　④ 同①236.
　　⑤ 同①523.
　　⑥ 同①285.
　　⑦ 爱因斯坦. 巨人箴言录：爱因斯坦论和平：下册. O. 内森，H. 诺登，编. 李醒民，刘
新民，译. 长沙：湖南出版社，1992：98.
　　⑧ 爱因斯坦. 爱因斯坦谈人生. 海伦·杜卡斯，巴纳希·霍夫曼，编. 高志凯，译. 北
京：世界知识出版社，1984：23.

性和超文化性又使这种追求成为可能。难怪爱因斯坦认为，追求真理的愿望必须优先于其他一切愿望的原则，是一份最有价值的思想遗产；追求真理和知识并为之奋斗，是人为之自豪的最高尚的品质之一。[①]

爱因斯坦的这些思想得到了后人的直接回应。莫尔说得好：为知识而知识的追求不仅对于科学家而言是高尚的理想，而且是科学进路的本质，同时也是文化进化的产物。[②]

§11.3　维护科学自主：自觉抗争，保持相对独立

自主或自主性的字面意义是自我管辖和自我主宰，也就是说，科学具有独立性和自我发展的能力——当然，科学是相对而不是绝对独立于社会的。爱因斯坦的内心世界和外在行为都是自主的，他一生为维护科学的自主性而不遗余力。具有独立的人格是他个人自主性的鲜明标识，这充分体现在他孤独的性格和超凡脱俗的品格上。使爱因斯坦寒心的现实是：那些掌握着经济和政治权力的少数人使科学家在经济上依附于人，同时也从精神上威胁其独立，迫使科学家噤若寒蝉、逆来顺受，甚至为虎作伥。对此，爱因斯坦的立场和态度十分坚定：宁为鸡头，毋为牛后；宁为玉碎，不为瓦全。

1924年8月，德国一小撮法西斯主义和反犹主义分子纠合党羽——爱因斯坦蔑称其为"反相对论公司"——疯狂反对相对论，恶毒攻击爱因斯坦，别有用心地捏造"德国人的物理学"与"犹太人的物理学"对立的神话。爱因斯坦当即针锋相对地予以回击，一针见血地揭露"主使他们这个企业的动机并不是追求真理的愿望"[③]。1933年，为抗议希特勒搞法西斯政变攫取权力，爱因斯坦愤然辞去科学院院士，并放弃普鲁士公民权。因为他不愿生活在个人享受不到法律上的平等，也享受不到言论和教学自由的国家。他断然拒绝请他为"德国人民"讲句"好话"的劝告，他认为这样做就等于要他完全放弃自己终生信守的关于正义和自由的见解。他说："这样的见证不会像你们估计的那样是为德国人民讲好话；恰恰相反，

①　爱因斯坦文集：第3卷. 许良英，赵中立，张宣三，编译. 北京：商务印书馆，1979：48，190.

②　H. Mohr. Lectures on Structure and Significance of Science. New York：Springe-Verlay，1977：Lecture2.

③　爱因斯坦文集：第1卷. 许良英，范岱年，编译. 北京：商务印书馆，1976：130.

它只会有利于这样一些人，这些人正在图谋损害那些曾使德国人民在文明世界里赢得一席光荣位置的观念和原则。要是在目前的情况下作出这样的见证，我就是在促使道德败坏和一切现存文化价值的毁灭，哪怕这只是间接的。"① 1950 年代，麦卡锡主义肆虐美国，大肆迫害知识分子，搅得科学共同体不得安宁。为此，爱因斯坦多次发表谈话和声明，极力抗争。爱因斯坦的科学良心具有一种负债感、天职感和使命感。他不愿意保持沉默，因为沉默无异于犯同谋罪。②

§11.4　捍卫学术自由：争取外在自由，永葆内心自由

爱因斯坦认为，在科学中，只有自由的个人才能做出发现或发明。人们可以把发现或发明的应用组织起来，但是不能把发现或发明本身组织起来。③ 因此，保证科学共同体的学术自由，尊重科学家自由的首创精神，就是顺理成章的事。正如爱因斯坦所说："追求真理和科学知识，应当被任何政府视为神圣不可侵犯；而且尊重那些诚挚地追求真理和科学知识的人的自由，应该作为整个社会的最高利益。"④

在爱因斯坦看来，自由是这样一种社会条件：一个人不会因为发表了关于知识的一般的和特殊的问题的意见与主张而遭受危险或者严重的损害。首先它必须用法律来保证，其次人群中还要有宽容精神。对于科学的发展而言，这属于外在的自由，更重要的是内心的自由："这种精神上的自由在于思想上不受权威和社会偏见的束缚，也不受一般违背哲理的常规和习惯的束缚。这种内心的自由是大自然难得赋予的一种礼物，也是值得个人追求的一个目标。"⑤

爱因斯坦是一个心灵自由的人，也是一个捍卫学术自由和研究自由的斗士。为了与侵犯思想自由的邪恶势力做斗争，他多次发表声明和答记者问，无情地予以揭露和抨击。同时，他呼吁知识分子增强个人的道德感和

① 爱因斯坦文集：第 3 卷. 许良英，赵中立，张宣三，编译. 北京：商务印书馆，1979：108-109.
② 同①321.
③ 同①203.
④ 同①48-49.
⑤ 同①180.

责任感，履行自己的特殊使命（因为他们能对舆论产生更大的影响），采取各种方式与之抗争。针对 1950 年代美国政府推行的政治迫害和破坏科学自由的政策，爱因斯坦公开揭露这些小动作的病根是精神不安症。他进而表示："如果我重新是个青年人，并且要决定怎样去谋生，那么，我决不想做什么科学家、学者或教师。为了希望求得在目前环境下还可得到的那一点独立性，我宁愿做一个管子工，或者做一个沿街叫卖的小贩。"①

§11.5　科学活动中的行为：道德高于才智，美德不可或缺

合乎道德地行动，无论对科学家个人的成功，还是对科学共同体的正常运行，都是须臾不可或缺的。爱因斯坦深谙此道，而且他是从更高的境界来看待这个问题的："我对任何追求真理和知识的努力都抱着敬意和赞赏之情，但我并不认为，道德和审美价值的缺乏可以用纯智力的努力加以补偿。"②"第一流人物对于时代和历史进程的意义，在其道德品质方面，也许比单纯的才智成就方面还要大。即使是后者，它们取决于品格的程度，也远超过通常所认为的那样。"③

爱因斯坦不仅有独立的人格，而且有仁爱的人性和高洁的人品。不用说，他在科学活动中的行为是每一个科学研究者的楷模。他持之以恒，为相对论苦斗了 20 年，为统一场论奋战了 40 年，直到生命的最后一刻。他知错必改，甚至不惜放弃心爱的方程或多年努力的成果。他平等待人，一视同仁；他严于律己，宽以待人。……但是，他对要求出成果的压力，对知难而退的行为，对为晋升而激烈角逐，都深表不满和厌恶。

§11.6　对研究后果的意识：制止科学异化，杜绝技术滥用

经历过两次世界大战的爱因斯坦，对科学技术的滥用有切肤之痛。

---

① 爱因斯坦文集：第 3 卷. 许良英，赵中立，张宣三，编译. 北京：商务印书馆，1979：325.

② 爱因斯坦. 巨人箴言录：爱因斯坦论和平：下册. O. 内森，H. 诺登，编. 李醒民，刘新民，译. 长沙：湖南出版社，1992：255.

③ 爱因斯坦文集：第 1 卷. 许良英，范岱年，编译. 北京：商务印书馆，1976：339.

1939 年，出于加强民主国家的军事力量以抗衡法西斯以及担忧德国抢先拥有原子武器的考虑，爱因斯坦在有关科学家的敦促下写信给罗斯福，建议美国政府注视德国关于铀研究的新动向，并采取必要的决定性步骤。谁知道，事态的发展与爱因斯坦的善良愿望背道而驰。当爱因斯坦获悉美国在日本投掷了原子弹时，他悲哀地惊呼起来。当他因发现质能关系式和写信给罗斯福而受人误解与指责时，他多次心平气和地申述，他所起的作用是非常间接的。更重要的是，作为一位坚定的和平主义者，他终生献身于反对原子武器和罪恶战争的运动。

　　爱因斯坦十分清楚，科学是人的理智的产物，科学本身是具有合理性的。但是，切不可把理智或理性奉为我们的上帝，因为"它固然有强有力的身躯，但却没有人性。它不能领导，而只能服务……理智对于方法和工具有敏锐的眼光，但对于目的和价值却是盲目的"①。他也十分明白，科学本身不是解放者，不是幸福的最深刻的源泉。它创造手段，而不创造目的。它适合于人利用这些手段达到合理的目的。当它被滥用时，科学的工具就变得像小孩手中的剃刀一样危险。② 与此同时，爱因斯坦并未像有些人那样陶醉在科学的胜利进军中，他当时就洞察到了科学的异化及其危险。在他看来，科学的异化似乎表现在两个方面：其一是作为科学"副产品"的技术这把"双刃剑"的负面影响，其二是科学专门化和技术化所造成的两种文化的分裂与精神的扭曲。这样，就不可避免地导致人们生活的机械化、原子化和非人性化。

　　正是基于以上清醒的认识，爱因斯坦面对手段日益强大、目标日益混乱的现状，郑重地告诫科学家：没有良心的科学犹如幽灵一般，没有良心的科学家是道德沦丧，是对人类的犯罪。科学家必须具有科学良心，秉持高度的社会责任感，全力阻止科学异化和技术滥用。要敢于与强权和不义要求做斗争，必要时可以不合作和罢工。③ 他寄希望于未来的科学家和工程师："如果你们想使你们一生的工作对人类有益，那么你们只了解应用科学本身还是不够的。关心人自己必须始终成为一切技术努力的主要目标，要关心如何组织人的工作和商品分配，从而以这样的方式保证我们科

　　① 爱因斯坦文集：第 3 卷. 许良英，赵中立，张宣三，编译. 北京：商务印书馆，1979：190.

　　② 爱因斯坦. 巨人箴言录：爱因斯坦论和平：上册. O. 内森，H. 诺登，编. 李醒民，刘新民，译. 长沙：湖南出版社，1992：413-414.

　　③ 同①213.

学思维的结果可以造福于人类，而不致成为诅咒的祸害。当你们沉思你们的图表和方程时，永远不要忘记这一点！"①

§11.7　对科学荣誉的态度：实事求是，宽厚谦逊

爱因斯坦生性淡泊，视名利如浮云和敝屣。在人人热衷于追逐的名利场，他从来不是狩猎者。在填写履历表时，他常常忘记写上获诺贝尔奖。他不时会收到形形色色的荣誉证书和匾牌，但是并没有把它们摆在显眼的地方或挂在墙上，而是把它们藏在一个被他戏称为"夸耀的角落"里。他极力设法规避荣誉，回避露脸，有时记者采访或崇拜者拜访，他宁肯外出躲几个小时。他不像时人和今人那样滥挂名、乱署名、爱签名——他认为获取签名是同类相食的最后遗风。他坚决反对个人崇拜，表明盲目崇拜权威是智商低下的表现。他总是觉得自己在科学上的成功本身就是最大的报偿，经常因自己得到过多的荣誉而自律、自省乃至自责。有时实在无可奈何，他只好自嘲他本人似乎变成了疯子、骗子、魔术师、催眠士、马戏团小丑。他不想像一头得了奖的公牛那样任人观看，在数不清的大会小会上发表演说。他不想做头上有光环的、象征性的领头羊，而只想做一只普通的羊。他甚至提出，他去世后不举行任何宗教的和官方的殡葬仪式，不摆放花圈花卉，不奏哀乐，不建坟墓，不立纪念碑，骨灰秘密存放，禁止把故居列为纪念馆，以免时人和后人前往凭吊、瞻仰、朝圣。

在对待优先权问题上，爱因斯坦也为科学家做出了表率。1908年，爱因斯坦有点愤愤不平地从伯尔尼专利局给斯塔克（Johannes Stark）写了一张明信片："得悉阁下不承认是我首先发现了惯性质量与能量之间的联系，真令我感到吃惊。"② 在收到斯塔克充满善意和钦佩之情的长信后，他感到不胜愧疚，坦率承认自己的草率冲动是毫无道理的，并表示"有幸对科学发展作出贡献的人们，不应该让这种事情破坏自己对大家齐心协力

---

① 爱因斯坦. 巨人箴言录：爱因斯坦论和平：上册. O. 内森，H. 诺登，编. 李醒民，刘新民，译. 长沙：湖南出版社，1992：170-171.

② 爱因斯坦. 爱因斯坦谈人生. 海伦·杜卡斯，巴纳希·霍夫曼，编. 高志凯，译. 北京：世界知识出版社，1984：25.

取得的成果所感到的欢乐"①。1952 年，针对迈克耳孙实验直接导致相对论的传言，爱因斯坦真诚地表明，该实验对他的思考的影响仅仅是间接的，但同时称赞迈克耳孙（Albert Abraham Michelson）是"科学中的艺术家"，并赞赏实验本身的优美和所使用方法的精湛。② 1953 年，惠特克（E. Whittaker）写了一本书，其中第二章的标题是"彭加勒和洛伦兹的相对论"，把爱因斯坦的工作视为二人成果的微不足道的扩充。玻恩看到手稿后很吃惊，写信让爱因斯坦提出抗议。爱因斯坦在回信中说："不要为你朋友的书而失眠。每个人都做他认为是对的事，或者用决定论的语言来说，都做他所必须做的事情。……我自己对我的努力固然感到满足，但是要像一个老守财奴保护他辛苦攒来的几个铜板那样，把我的工作当作我自己的'财产'来保护，那我并不认为是明智的。我对他毫无怨尤之意，对你当然也不会有什么意见。归根结底，我用不着去读这种东西。"③ 爱因斯坦对待优先权既实事求是，又宽容大度："要避免个人的钩心斗角那是对的，但是一个人为自己的思想辩护，那也是重要的。"④

作为知识体系的科学一般而言是中性的（中立的）或者是价值无涉的，但作为研究活动和社会建制的科学却是负荷价值与承载伦理的。科学家在科学工作中追求真的理论，感受美的神韵，也应该承担善的责任——直接的或间接的，尤其在对科学成果之前景的意识和科学的应用方面，否则就是犯罪，起码也是玩世不恭。作为 20 世纪科学良心化身的爱因斯坦，不仅具有永恒的理想主义意义，而且无论对于德国知识分子（爱因斯坦在1949 年写道："德国人的罪恶，真是记载在所谓文明国家的历史中的最令人深恶痛绝的罪恶。德国知识分子——作为一个集体来看——他们的行为并不见得比暴徒好多少"⑤），还是对于中国知识分子，都具有重大的现实意义。要是科学家都能像爱因斯坦那样，依科学良心行事，那么就能充分发挥科学彰善瘅恶的功能，从而使我们的世界拥有一个比较光明的未来。

① 爱因斯坦. 爱因斯坦谈人生. 海伦·杜卡斯，巴纳希·霍夫曼，编. 高志凯，译. 北京：世界知识出版社，1984：25.
② 爱因斯坦文集：第 1 卷. 许良英，范岱年，编译. 北京：商务印书馆，1976：561-567.
③ 同②599.
④ 同②621.
⑤ 爱因斯坦文集：第 3 卷. 许良英，赵中立，张宣三，编译. 北京：商务印书馆，1979：265.

第十二章　爱因斯坦的伦理思想和道德实践

俯仰

仰不愧天随遇安，俯未怍人心自宽。

君子坦荡一世行，光风霁月好儿男。

——李醒民

可以毫不夸张地说，爱因斯坦是 20 世纪最伟大的科学巨擘，思想巨人，一个真正的、大写的人。他的科学思想、哲学（科学哲学、社会哲学、人生哲学）思想都颇有见地、不同凡响。他虽然没有大部头的伦理学著作，但却有丰富的伦理思想，尤其是科学伦理思想。这些思想体现在他的字里行间，也渗透在他的切实行动中。本章拟将他有关伦理问题的零散论述以及他的道德实践加以梳理、归拢和概括，原原本本地呈现在读者面前。

§12.1　人生目的和意义

对人生目的和意义的认识，是爱因斯坦伦理思想的基础。如果要用一句话来概括，那就是反对"猪栏的理想"，追求真、善、美。他说："我从来不把安逸和享乐看作是生活目的本身——这种伦理基础，我叫它猪栏的理想。照亮我的道路，并且不断地给我新的勇气去愉快地正视生活的理想，是善、真和美。……人们所努力追求的庸俗的目标——财产、虚荣、奢侈的生活——我觉得都是可鄙的。"① "我也相信，简单淳朴的生活，无

---

① 爱因斯坦文集：第 3 卷. 许良英，赵中立，张宣三，编译. 北京：商务印书馆，1979：43.

论在身体上还是在精神上，对每个人都是有益的。"①

　　在一语道出他人生哲学的主旨后，爱因斯坦进而论述个人与社会的关系。他说："一个人的真正价值首先决定于他在什么程度上和在什么意义上从自我解放出来。"② "一个人对社会的价值首先取决于他的感情、思想和行动对增进人类利益有多大作用。"③ "人只有献身于社会，才能找出那实际上是短暂而有风险的生命的意义。"④ 这是因为，"个人之所以成为个人，以及他的生存之所以有意义，与其说是靠着他个人的力量，不如说是由于他是伟大人类社会中的一个成员，从生到死，社会都支配着他的物质生活和精神生活"⑤。正是由于认识到人是为社会而生存的，所以爱因斯坦岂止是"吾日三省吾身"！他这样说："我每天上百次地提醒自己：我的精神生活和物质生活都依靠着别人（包括生者和死者）的劳动，我必须尽力以同样的分量来报偿我所领受了的和至今还在领受着的东西。我强烈地向往着俭朴的生活，并且时常发觉自己占用了同胞的过多劳动而难以忍受。"⑥

　　爱因斯坦敏锐地洞察到，由于未能正确处理个人与社会的关系，从而构成了时代的危机。他澄清了一些人的糊涂看法："现在的个人比以往都更加意识到他对社会的依赖性。但他并没有体会到这种依赖性是一份可靠的财产，是一条有机的纽带，是一种保护的力量，反而把它看作是对他的天赋权利的一种威胁，甚至是对他的经济生活的一种威胁……以致他性格中的唯我倾向总是在加强，而他本来就比较微弱的社会倾向却逐渐在衰退……不自觉地做了自己的唯我论的俘虏。"⑦ 为了纠正这种错误倾向，他经常把那些无私为社会奉献的人作为楷模加以颂扬。他称赞俄国作家高尔基是"社会的公仆"，褒扬美国最高法院大法官佩布兰代斯（L. D. Brandeis）"在默默无声地为社会服务之中寻找自己生活的真正乐趣"，是我们这个缺乏真正的人的时代中的"一个真正的人"⑧。他一再

① 爱因斯坦文集：第3卷. 许良英，赵中立，张宣三，编译. 北京：商务印书馆，1979：42.

② 同①35.

③ 同①38.

④ 同①271.

⑤ 同①38.

⑥ 同①.

⑦ 同①271.

⑧ 李醒民. 爱因斯坦. 北京：商务印书馆，2005：400.

说："社会的健康状态取决于组成它的个人的独立性，也同样取决于个人之间的密切的社会结合。"①

在涉及个人与他人的关系时，爱因斯坦坚持个人应为人类或人民服务，应与他人无私合作的原则。他像荷兰物理学家洛伦兹（Hendrik Antoon Lorentz）那样，把"服务而不是统治"视为"个人的崇高使命"②。在他心目中，为人类服务是至高无上的和无比神圣的："没有比为人类服务更高的宗教了。为公共利益而工作是最大的信条。"③ 爱因斯坦不仅身体力行，而且呼吁人们诚实地回报同胞的辛勤劳动："不仅应该从事一些能使自己满意的工作，而且还应从事公认为能为他人服务的工作。不然的话，不管一个人的要求多么微不足道，他也只能是一个寄生虫。"④

爱因斯坦把无私合作看作人与人之间真正有价值的东西。他希望人们学会通过使别人幸福来获取自己的幸福，而不要用同类相残的无聊冲突来攫取幸福。他在一位青年的名言集锦簿中这样深情地写道："你们是否知道，如果要实现你们灼热的希望，那就只有热爱并了解世间万物：男女老幼、飞禽走兽、树木花草、星辰日月，只有这样你们才能与人同甘共苦、同舟共济！睁开你们的眼睛，打开你们的心扉，伸出你们的双手，不要像你们的祖先那样从历史中贪婪地吮吸鸩酒毒汁。那么，整个地球都将成为你们的祖国，你们的所有的工作和努力都将造福于人。"⑤

爱因斯坦强调个人献身社会和服务他人，并不是要禁绝人的正当欲望和泯灭人性，更不是假道学和唱高调。他在他所说的"人类的兄弟关系和个人的个人主义（individualism）"⑥ 之间保持了必要的张力，使二者协调一致。他一方面认为，"在人生的服务中，牺牲成为美德"⑦；另一方面又指出，"自我牺牲是有合理的限度的"⑧。他明确表示："道德行为并不意味着仅仅严格要求放弃某些生活享受的欲望，而是对全人类更加幸福的

---

① 爱因斯坦文集：第 3 卷. 许良英，赵中立，张宣三，编译. 北京：商务印书馆，1979：39.

② A. Einstein. Out of My Latter Years. New York：Philosophical Library，1950：23.

③ W. Cahn. Einstein：A Pictorial Biography. New York：The Citade Press，1955：126.

④ 爱因斯坦. 爱因斯坦谈人生. 海伦·杜卡斯，巴纳希·霍夫曼，编. 高志凯，译. 北京：世界知识出版社，1984：57.

⑤ 同④33－34.

⑥ P. A. Bucky. The Private Albert Einstein. Kansas City：A Universal Press Syndicate Company，1993：84.

⑦ 同①63.

⑧ 同①499.

命运的善意关怀。"① 他也强调社会应对个人负责，尊重个人的自由和应有的权利，尤其不能用暴力侵犯人的尊严和亵渎人的价值。这是因为，爱因斯坦深知："个人及其创造力的发展……是生命中最有价值的财富"②；"由没有个人独创性和个人志愿的规格统一的个人所组成的社会，将是一个没有发展可能的不幸的社会"③。正是基于这一认知，他特别提出："我们不仅要容忍个人之间和集体之间的差别，而且确实还应当欢迎这些差别，把它们看作是我们生活的丰富多彩的表现。这是一切真正宽容的实质；要是没有这种最广泛意义上的宽容，就谈不上真正的道德。"④

　　对待金钱或物质财富的态度，最能体现一个人的人生观或道德价值。爱因斯坦在谈到这个问题时说："巨大的财富对愉快和如意的生活并不是必需的"⑤，"生活必须提供的最好的东西是洋溢着幸福的笑脸"⑥。他甚至这样表白自己的心迹："我绝对深信，世界上的财富并不能帮助人类进步，即使它是掌握在那些对这事业最热诚的人的手里也是如此。只有伟大而纯洁的人物的榜样，才能引导我们具有高尚的思想和行为。金钱只能唤起自私自利之心，并且不可抗拒地会招致种种弊端。有谁能想象像摩西、耶稣或者甘地竟挎着卡内基的钱包呢？"⑦ 爱因斯坦对金钱的态度与他的同胞叔本华的看法何其相似："金钱，是人类抽象的幸福。所以一心扑在钱眼里的人，不可能会有具体的幸福。"⑧

§12.2　以人道主义为本的善意

　　爱因斯坦是一位伟大的人道主义者，以人道为本的善意是他的伦理思想的出发点。他的人道主义是科学的人道主义和伦理的人道主义的综合、

　　① 爱因斯坦文集：第 3 卷. 许良英，赵中立，张宣三，编译. 北京：商务印书馆，1979：157.

　　② 爱因斯坦. 巨人箴言录：爱因斯坦论和平：上册. O. 内森，H. 诺登，编. 李醒民，刘新民，译. 长沙：湖南出版社，1992：413.

　　③ 同①143.

　　④ 同①157-158.

　　⑤ 同①14.

　　⑥ A. Moszkowski. Einstein：The Searcher，His Work Explained from Dialogues with Einstein. H. L. Brose，trans. London：Methuen & Co. Ltd.，1921：239.

　　⑦ 同①37.

　　⑧ 叔本华. 意欲与人生之间的痛苦. 李小兵，译. 上海：三联书店，1988：158.

扬弃与创造。所谓科学的人道主义，按照卡尔纳普的说法，其要义是：
（1）人类没有什么超自然的保护者和仇敌，因此人类的任务就是做一切可
以改善人类生活的事情；（2）相信人类有能力这样改善他们的生活环境，
即免除目前所受的许多痛苦，使个人的、团体的乃至人类的内部的和外部
的生活环境基本上都得到改善；（3）人们一切经过深思熟虑的行为都以有
关世界的知识为前提，而科学的方法是获得知识的最好方法，因此，我们
必须把科学看作改善人类生活的最有价值的工具。① 所谓伦理的人道主
义，指人们日常生活中的行为应建立在逻辑、真理、成熟的伦理意识、同
情和普遍的社会需要的基础上。② 爱因斯坦的人道主义是他看待与处理社
会和个人问题的善意的、圣洁的情怀。

爱因斯坦把人道主义视为欧洲的理想和欧洲精神的本性，并揭示出它
所蕴含的丰富内容和宝贵价值。他说："欧洲的人道主义理想事实上似乎
不可改变地与观点的自由表达，与某种程度的个人的自由意志，与不考虑
纯粹的功利而面向客观性的努力，以及鼓励在心智和情趣领域里的差异密
切相关。这些要求和理想构成欧洲精神的本性。"③ "它们是生活道路中的
基本原则问题。"④

爱因斯坦的科学的人道主义也许来自古希腊精神所导致的创造源泉，
他的伦理的人道主义恐怕源于犹太教《圣经》所规定的人道原则——无此
则健康愉快的人类共同体便不能存在。他言简意赅地阐明了这一点："我们
的文明总是基于我们文化的保持和改善。而文化则受到两个源泉的滋养。
其一来自意大利文艺复兴所更新和补充的古希腊精神。它要求人们去思考、
去观察、去创造。其二来自犹太教和原始的基督教。它的特征可用一句箴
言来概括：用为人类的无私服务证明你的良心。在这个意义上，我们可以
说，我们的文化是从创造的源泉和道德的源泉进化而来的。"⑤ 他看到，道
德源泉对于我们的生存依然是极其重要的，但是它在现时已经丧失了它的
许多功能；必须从道德源泉中吸取伟大的力量，以克服社会中的罪恶。⑥

---

① 洪谦. 现代西方哲学论著选集：上册. 北京：商务印书馆，1993：556.
② P. A. Bucky. The Private Albert Einstein. Kansas City: A Universal Press Syndicate Company，1993：81.
③ A. Einstein. Out of My Latter Years. New York：Philosophical Library，1950：181.
④ 同③.
⑤ 爱因斯坦. 巨人箴言录：爱因斯坦论和平：上册. O. 内森，H. 诺登，编. 李醒民，刘新民，译. 长沙：湖南出版社，1992：220.
⑥ 同⑤220－221.

　　源于犹太教的人道原则是爱因斯坦终生的信条，这些信条在他心目中无异于康德"头上的星空和内心的道德律"。他在给一位朋友的信中说："我现在越来越把厚道和博爱置于一切之上……我们所有那些被人大肆吹捧的技术进步——我们唯一的文明——好像是一个病态心理的罪犯手中的一把利斧。"① 面临人道原则在德国乃至西欧蒙受损失和时代的腐败堕落，爱因斯坦大声疾呼："正是人道，应该得到首先的考虑。"② 他经常敦促人们以忧乐与共的心情去理解同胞，以便大家在这个世界上和睦相处。他说："我们最难忘的体验来自我们同胞的爱与同情。这样的同情是上帝的礼物，当它似乎是不应得的时候，他就更加使人高兴了。同情总是应该用真心诚意的感激之情和用从人自己的机能不全的感觉中流露出的谦逊来接受；它唤起了投木报琼、投桃报李的欲望。"③ 爱因斯坦的人道主义充满了"纯真的爱"和"天赋的善"。

　　与尊重和弘扬人道原则相伴随，爱因斯坦十分重视争取和捍卫与人道密切相关的人权。他所理解的人权的精神实质是："保护个人，反对别人或政府对他的任意侵犯；要求工作并从工作中取得适当报酬的权利；讨论和教学的自由；个人适当参与组织政府的权利。"④ 他强调还有一种非常重要的但却不常被人提及的人权，那就是"个人有权利和义务不参与他认为是错误的或有害的活动"⑤。

§12.3　科学与伦理的相互关系

　　作为一个关心伦理问题的科学家，爱因斯坦多次讨论过科学与伦理的相互关系。他认为，二者之间既有严格的区别，又有一定的联系。他赞同休谟的观点：一组由关于事物存在的描述性判断组成的前提（不论其多么完备），不能有效地导出任何命令性结论（一个以"应该"形式出现的语

　　① 爱因斯坦. 爱因斯坦谈人生. 海伦·杜卡斯，巴纳希·霍夫曼，编. 高志凯，译. 北京：世界知识出版社，1984：78.
　　② 爱因斯坦. 巨人箴言录：爱因斯坦论和平：上册. O. 内森，H. 诺登，编. 李醒民，刘新民，译. 长沙：湖南出版社，1992：71.
　　③ 同①331.
　　④ 爱因斯坦文集：第3卷. 许良英，赵中立，张宣三，编译. 北京：商务印书馆，1979：322.
　　⑤ 同④.

句）。他说，我们必须仔细地区分我们一般希望的东西和我们作为属于知识世界而研究的东西。在科学领域根本做不出道德的发现，科学的目的确切地讲是发现真理。伦理学是关于道德价值的科学，而不是发现道德"真理"的科学。① 是什么的知识并未直接向应该是什么敞开大门：人们能够具有最明晰、最完备的是什么的知识，可是却不能从中推出我们人类渴望的道德目标是什么。客观知识只能向我们提供达到目标的手段，但是终极目标本身和对达到它的渴望则来自另外的源泉。正是在这里，我们面临着科学和纯粹理性的限度。他说："切不可把理智奉为我们的上帝；它固然有强有力的身躯，但却没有人性。它不能领导，而只能服务；……理智对于方法和工具有敏锐的眼光，但对于目的和价值却是盲目的。"②

另外，爱因斯坦也明确指出，尽管科学和理智思维在形成目的与伦理判断中不能起作用，但是当人们认识到，为达到某个目的某些手段是有用的，此时手段本身就变为目的。理智虽然不能给我们以终极的和根本的目的，但是却能使我们弄清手段和目的之间的相互关系，正确地评价它们并在个人感情生活中牢固地确立它们。③ 此外，关于事实和关系的科学陈述固然不能产生伦理准则，逻辑思维和经验知识却能使伦理准则合乎理性、连贯一致。如果我们能对某些基本的伦理命题取得一致，那么只要最初的前提叙述得足够严格，别的命题就能从它们推导出来。④ 由此可见，科学对伦理的关系是间接的而非直接的，即提供逻辑联系和方法手段。伦理对科学的知识内容毫无作用，但是对科学探索的动机和动力、对科学的技术应用却起支撑和定向作用，此时独立于科学的伦理便与科学结缘了。

像数学公理一样的基本伦理准则从何而来？归拢一下爱因斯坦的零散看法，其源泉大致有四。（1）它们来自犹太教和基督教的崇高目标与深厚底蕴，这些东西构成我们的抱负和评价的牢固基础，成为人们的精神支柱和感情生活的支点。这是宗教的重要社会功能。（2）它们来自健康社会中强有力的优良传统。这些影响人们的行为、抱负和判断，调整和维系社会成员之间的正常关系。（3）它们来自我们避免痛苦和灭亡的天生倾向，来

　　① A. Moszkowski. Einstein: The Searcher, His Work Explained from Dialogues with Einstein. H. L. Brose, trans. London: Methuen & Co. Ltd., 1921: 145.
　　② 爱因斯坦文集：第3卷. 许良英，赵中立，张宣三，编译. 北京：商务印书馆，1979：190.
　　③ A. Einstein. Out of My Latter Years. New York: Philosophical Library, 1950: 22.
　　④ 同②280—281.

自个人积累起来的对于他人行为的情感反应。它们不是通过证明，而是通过启示，通过强大的人格中介形成的。（4）只有有灵感的人所代表的人类道德天才，才有幸能提出广泛且根基扎实的伦理公理，被人们作为个人感情经验基础而逐渐接受。但是，他反对把道德基础与神话和权威联系在一起。他认为，伦理公理的建立和检验同科学公理并无大的区别，是经得起经验考验的。①

正是基于科学与伦理之间的独立性，爱因斯坦指明，责备科学损害道德是不公正的。② 只有当人的道德力量退化时，科学和技术才会使人变得低劣，没有什么东西能够保护人，即使业已建立起来的制度也无能为力。③ 也正是基于道德与科学分离的观点，他坚决反对贬义的科学主义即科学方法万能论和科学万能论。他表明，把物理科学的公理应用到人类生活中已经成为时髦，但这不仅是错误的，而且应当受到谴责。科学方法这个工具在人的手中究竟会产生什么，完全取决于人类所向往的目标的性质。④

爱因斯坦所处的时代是一个手段日益完善、目标每每混乱的时代，因此他格外强调科学的局限性和伦理道德对社会的巨大意义。他说：科学本身不是解放者，不是幸福的最深刻的源泉。它创造手段，而不创造目的。它适合于人利用这些手段达到合理的目的。当人发动战争和进行征服时，科学的工具变得像小孩手中的剃刀一样危险。我们应该记住，人类的发展完全依赖于人的道德发展。⑤ 这是因为，如果手段背后没有生机勃勃的精神，那么手段就无非是迟钝的工具。倘若在我们中间达到正确目标的渴望是极其有生气的，那么我们将不缺少力量找到接近目标并把它化为行动的手段。⑥ 他进而这样写道："改善世界的根本并不在于科学知识，而在于

① A. Einstein. Out of My Latter Years. New York：Philosophical Library，1950：22 - 23. 爱因斯坦文集：第 3 卷. 许良英，赵中立，张宣三，编译. 北京：商务印书馆，1979：281；爱因斯坦. 爱因斯坦谈人生. 海伦·杜卡斯，巴纳希·霍夫曼，编. 高志凯，译. 北京：世界知识出版社，1984：83.

② 爱因斯坦文集：第 3 卷. 许良英，赵中立，张宣三，编译. 北京：商务印书馆，1979：282.

③ 爱因斯坦. 巨人箴言录：爱因斯坦论和平：上册. O. 内森，H. 诺登，编. 李醒民，刘新民，译. 长沙：湖南出版社，1992：205.

④ 爱因斯坦文集：第 1 卷. 许良英，范岱年，编译. 北京：商务印书馆，1976：303，397.

⑤ 同③413-414.

⑥ A. Einstein. Out of My Latter Years. New York：Philosophical Library，1950：24.

人类的传统和理想。因此，我认为，在发展合乎道德的生活方面，像孔子、佛陀、耶稣和甘地这样的人对人类做出的巨大贡献是科学无法做到的。你也许明明知道抽烟于你的健康有害，但却仍是一个瘾君子。这同样适用于一切毒害着生活的邪恶冲动。我无须强调我对任何追求真理和知识的努力都抱着敬意和赞赏之情，但我并不认为，道德和审美价值的缺乏可以用纯智力的努力加以补偿。"①

§12.4　科学家的社会责任和道德责任

爱因斯坦是一位科学家，他的科学理论是象牙塔内的阳春白雪，但是他却坚定而勇敢地走出象牙塔，义无反顾地投身到各种有益的社会政治活动中。他明明知道，"在政治这个不毛之地浪费许多气力原是可悲的"②，他也看透了"政治如同钟摆，一刻不停地在无政府状态和暴政之间来回摆动"③，他更明白"有必要从大规模的社会参与中解脱出来"，否则"便不能致力于我的平静的科学追求了"④，但是追求真、善、美的天性，嫉恶假、恶、丑的理性良知，以及他十分强烈的社会责任感，又促使他不能不分出相当多的时间和精力，就紧迫的社会问题发表看法和声明，直接参与到各种社会事务之中。在他看来，面对社会上非常恶劣的不幸情况一言不发，与犯同谋罪毫无二致。⑤

在爱因斯坦所处的时代，科学家涉足政治问题和社会问题被认为是多管闲事乃至越俎代庖。但是，爱因斯坦并不作如是观。他在写给劳厄的信中明确表达了自己的观点：科学家不应该对政治问题缄默不语，否则就是缺乏责任心的表现。⑥ 在爱因斯坦看来，缄默无异于同情敌人、纵容恶势力，只能使情况变得更糟。科学家有责任和良知以公民的身份发挥自己的

①　爱因斯坦. 巨人箴言录：爱因斯坦论和平：下册. O. 内森，H. 诺登，编. 李醒民，刘新民，译. 长沙：湖南出版社，1992：254−255.

②　爱因斯坦文集：第1卷. 许良英，范岱年，编译. 北京：商务印书馆，1976：473.

③　爱因斯坦. 爱因斯坦谈人生. 海伦·杜卡斯，巴纳希·霍夫曼，编. 高志凯，译. 北京：世界知识出版社，1984：40.

④　爱因斯坦. 巨人箴言录：爱因斯坦论和平：上册. O. 内森，H. 诺登，编. 李醒民，刘新民，译. 长沙：湖南出版社，1992：75.

⑤　爱因斯坦文集：第3卷. 许良英，赵中立，张宣三，编译. 北京：商务印书馆，1979：321.

⑥　同④292−293.

社会影响，有义务变得在政治上活跃起来，要有勇气公开宣布自己的政治观点和主张。如果人们丧失政治洞察力和真正的正义感，那么就不能保障社会的健康发展。他揭示出，科学家对政治问题和社会问题之所以不感兴趣，其原因在于智力工作的不幸专门化，从而造成对这些问题愚昧无知，必须通过耐心的政治启蒙来消除这种不幸。他把荷兰大科学家洛伦兹作为楷模，号召人们像洛伦兹那样"去思想，去认识，去行动，决不接受致命的妥协。为了保卫真理和人的尊严而不得不战斗的时候，我们决不逃避战斗。要是我们这样做了，我们不久就将回到那种允许我们享有人性的态度"①。

爱因斯坦所处的时代，社会危机此起彼伏，文明价值日益式微，精神时疫无孔不入，其生存环境是相当严峻、相当险恶的。加之在当时，科学家参与公共事务的情况在旧的学术传统内是没有先例的，故而爱因斯坦超越国家和个人的政治见解往往遭到当局的嫉恨与迫害，遇到群氓的嘲讽与反对，以及受蒙蔽的民众的不理解与冷遇。在这种情况下，要站出来讲真话并付诸行动，需要具有何等的道德力量和勇气！但是，坚信"人类一切珍宝的基础是道德基点"② 的他，还是明知山有虎，偏向虎山行。

爱因斯坦也对科学的异化和技术的误用、滥用、恶用十分关注。他向来认为，没有良心的科学是灵魂的毁灭，没有社会责任感的科学家是道德的沦丧和人类的悲哀。科学家在致力于科学研究时，必须以高度的道德心自觉而负责地承担其神圣的、沉重的社会责任，警惕与制止科学和技术误入歧途或被人引入歧途。他强烈谴责那些不负责任和玩世不恭的专家，呼吁人们要以诺贝尔为榜样，要有良心和责任感，坚决拒绝一切不义要求，必要时甚至采取最后的武器：不合作和罢工。③ 他在讲演中谆谆告诫未来的科学家和工程师：要使科学造福人类，而不能使其变成祸害。④

爱因斯坦以自己的言论与行动为科学家和民众树立了榜样，也为世人留下了丰厚的社会哲学和政治哲学遗产——开放的世界主义、战斗的和平主义、自由的民主主义、人道的社会主义以及远见卓识的科学观、别具只

---

①　爱因斯坦文集：第 3 卷. 许良英，赵中立，张宣三，编译. 北京：商务印书馆，1979：150.

②　卡·塞利希. 爱因斯坦. 黑龙江大学俄语系翻译组，译. 哈尔滨：黑龙江人民出版社，1979：206.

③　同①205，213.

④　爱因斯坦. 巨人箴言录：爱因斯坦论和平：上册. O. 内森，H. 诺登，编. 李醒民，刘新民，译. 长沙：湖南出版社，1992：171.

眼的教育观、独树一帜的宗教观。像爱因斯坦这样在科学上有划时代贡献，在政治问题和社会问题上又如此有责任感与道德心，在人类历史上难觅第二人。

§12.5　"世界上最善良的人"

爱因斯坦不仅因卓著的科学成就和博大的哲学思想而伟大，而且因高尚的人格和品德而伟大。在某种意义上，作为一个人的爱因斯坦比作为一个学者的爱因斯坦还要伟大。当他活着的时候，全世界善良的人似乎都能听到他的心脏在跳动；对于他的去世，人们不仅感到是世界的巨大损失，而且感到是个人的不可弥补的损失。这样的感觉是罕有的，一个自然科学家的生与死引起这样的感觉，也许还是头一次。这种感觉从何而来？

它来自爱因斯坦的为人。有人曾问普林斯顿的一位老人：你既不理解爱因斯坦的抽象理论，也不明白爱因斯坦的深邃思想，你为什么仰慕爱因斯坦呢？老人回答说："当我想到爱因斯坦教授的时候，我有这样一种感觉，仿佛我已经不是孤孤单单一个人了。"[1] 西班牙的一位优秀大提琴家说："虽然我无缘亲自结识爱因斯坦，我却始终对他怀有深深的敬意。他肯定是一位伟大的学者，但是更重要的，他是在许多文明价值摇摇欲坠时人类良心的支柱。我无限感念他对非正义的抗议，我们的祖国就是非正义的牺牲品。确实，随着爱因斯坦的去世，世界失去了它自身的一部分。"[2] 爱因斯坦之所以能够活在广大普通人的心中[3]，主要在于他热爱人类、珍视生命、尊重文化、崇尚理性、主持公道、维护正义，以及他独立的人格、仁爱的人性、高洁的人品。

英费尔德（L. Infeld）多次讲过，爱因斯坦是世界上最善良的人。他详细地分析了这位好人的善的源泉。他说，对他人的同情，对贫困、不幸的同情，这就是善意的源泉，它通过同情的共鸣器起作用。但是，善意还

① Б. Г. 库兹涅佐夫. 爱因斯坦传——生·死·不朽. 刘盛际，译. 北京：商务印书馆，1988：287.

② 卡·塞利希. 爱因斯坦. 黑龙江大学俄语系翻译组，译. 哈尔滨：黑龙江人民出版社，1979：240.

③ 关于这个方面的详细材料，参见：李醒民. 爱因斯坦为什么会成为家喻户晓的人物？. 民主与科学，2004（4）：27-30。

有完全不同的根源，这就是建立在独立清醒思考基础上的天职感。善的、清醒的思想把人引向善、引向忠实，因为这些品质使生活变得更纯洁、更充实、更完美，因为我们用这种方法在消除我们的灾难，减少我们生活环境之间的摩擦，并在增加人类幸福的同时，保持自己内心的平静。在社会事务中应有的立场、援助、友谊、善意，可以来自上述两个源泉，可以来自心灵和头脑。英费尔德更加珍视第二类善意——它来自清醒的思维，并认为不是清醒的理智支持的情感是十分有害的。[①]

英费尔德的分析是有道理的。在爱因斯坦身上，理性的思维和善意的行动是珠联璧合、相得益彰的。进而言之，爱因斯坦的善意的源泉是建立在对自己、对他人和社会以及对道德价值的明晰认识基础之上的。他经常说自己"是自然的一个小碎屑"[②]，这种谦卑感和敬畏感常常流露在他的字里行间，成为他自知、自律、自制的心理动机和能量。不用说，对他人和社会的负债感、回报感也是他的善意行动的巨大源泉。值得注意的是，他甚至能从逆境中吸取无穷的道德力量，并把历尽艰难困苦的道路视为通向人类成熟和产生道德力量的唯一真正伟大的道路。[③]

爱因斯坦不仅对伦理的价值和道德的意义有深刻的认识，而且以身作则，有勇气在风言冷语的社会中坚持伦理信念并做出道德示范。他觉得，不管时代的气质如何，总有一种人的珍贵品质，它能够使人摆脱那个时代的激情。[④] 爱因斯坦对善的追求或为善表现在三个方面：正心（对自己）、爱人（对他人）和秉正（对社会）。他严于律己，时时用道德和良心自省，处处以先贤和时贤自勉。他宽以待人，满怀善良之心和博爱之情。他坚持正义和公道，投身社会比任何科学家都多，利用自己的声誉和影响行善举、干好事。良心是爱因斯坦的道德感的核心，良心使他的为善具有一种天职感和使命感。宽容是他待人和爱人的前提之一。他深得宽容的真谛和实质：尊重他人的任何信念，不仅是容忍，而且是谅解和移情，更应当欢迎差异和异议。爱因斯坦经常在文章和讲演中推崇与宣扬他心目中的贤良之士，这既是自己从善如流的需要，更是为了在世道浇漓和浮躁浅薄的时

① Б. Г. 库兹涅佐夫. 爱因斯坦传——生·死·不朽. 刘盛际，译. 北京：商务印书馆，1988：249-250.

② G. Holton. Thematic Origins of Scientific Thought: Kepler to Einstein. Cambridge, MA: Harvard University Press, 1973: 366.

③ 爱因斯坦. 爱因斯坦谈人生. 海伦·杜卡斯，巴纳希·霍夫曼，编. 高志凯，译. 北京：世界知识出版社，1984：76.

④ 爱因斯坦文集：第1卷. 许良英，范岱年，编译. 北京：商务印书馆，1976：620.

代彰善瘅恶、扬清激浊、匡救世风——这也是他为善的一种方式。

爱因斯坦具有罕见的独立人格。他深知独立性的价值和社会意义，把这种人格视为人生真正可贵的东西。他始终如一地追求真、善、美的理想和目标，反对迷信权威和个人崇拜，向往孤独和超凡脱俗，这些都是他独立人格的体现。

爱因斯坦具有惊人的仁爱人性。犹太教的上帝之爱和圣洁诫命，欧洲文艺复兴与启蒙运动的人道和博爱精神，以及东方佛教的"行善者成善"、"四无量心"（慈无量心：思如何予众生以快乐；悲无量心：思如何拯救众生脱离苦难；喜无量心：见众生离苦得乐而喜；舍无量心：对众生一视同仁）和儒家的"仁者爱人"箴言，似乎在爱因斯坦身上集为一体。他富有爱心和同情心，乐于助人——即使在向求助者提供帮助时，他也特别注意尊重对方，设身处地地为对方着想。他一向平等待人，不管他们是总统、皇后、大学校长、社会名流，还是青年学生、普通工人和农民，哪怕是社会最底层的侍者、佣人乃至偏执症患者，他都以礼相待。

爱因斯坦具有感人的高洁人品。他淡泊名利，简朴平实，谦虚谨慎，持之以恒，通脱幽默。即使在将要离开人世时，他对这个世界也没有一丝一毫的索取：禁绝一切殡葬仪式和纪念仪式，不花费社会的一分钱财，不占据后人的一寸土地。关于这个方面的材料和例子很多，我们不可能在此一一列举。我们对爱因斯坦的德行了解得越多，就越能体会世人称他为"上帝的使者，人类的仆人"的真正含义。

第十三章　基因技性科学与伦理

不摧眉

人生最贵不摧眉，独来独往是与非。

振衣千仞歌风大，濯足万里咏浪威。

——李醒民

　　至此，我们已经一般性地论述了科学与伦理的关系、科学中的一些伦理问题，以及科学家应该具有的道德操守和伦理责任。现在，我们转而讨论现代科学中的一个新兴领域即"技性科学"（technoscience）或"技术取向的科学"（technologically oriented science）与伦理的有关问题，特别是其中两个门类即基因技性科学和人工智能技性科学中的伦理问题。

§13.1　何谓技性科学？

　　众所周知，科学和技术既有密切的联系，也有诸多根本性的差异——二者是完全不同的概念和研究领域。① 不过，从 19 世纪中后期起，尤其是在二战之后，由于科学成果大规模的技术应用、技术的日趋发达以及工业的强劲需求，出现了"起初完全分开但却平行的科学技术化和技术科学化的过程"，以至"科学和技术之间的差异变得模糊了"②。而且，随着时间的推移，这种技术取向的科学以及科学取向的技术的趋势愈演愈烈。多

---

　　① 李醒民. 科学和技术异同论. 自然辩证法通讯，2007，29（1）：1-9；李醒民. 科学论：科学的三维世界：上卷. 北京：中国人民大学出版社，2010：10-31，72-109.

　　② H. Redner. The Ends of Science：An Essay in Scientific Authority. Boulder，London：Westview Press，1987：66.

尔比（R. G. A. Dolby）看到了作为创造新知识的方式的科学和技术的重叠现象：科学在技术中显示出日益增长的重要性，科学家有意识地基于科学原理构造新技术，以便从各个渠道争取更多的研究经费，获取更多的专利和经济利益。①

据说，"技性科学"概念出自法国科学哲学家巴什拉（G. Bachelard）和科学知识社会学代表人物之一拉图尔，也有人称其为后常规科学、后学术科学或后学院科学。② 顾名思义，所谓技性科学，就是具有技术性质的科学或在某种程度上被技术化的科学。它与"大科学"和"高技术"或"高新技术"（科学化的技术或基于最新基础研究成果的技术）有相似之处，可是并非一回事。技性科学与大科学都属于科学范畴，但是规模不一定很大；它拥有高技术的高精尖实验仪器和设备，并且研究结果肯定导向高技术，可是它本身并不属于技术范畴。技性科学可以说是科学研究目标和范式在某种程度上的转变，由经典科学或传统科学以追求"形而上"的纯粹知识为唯一目标，向追求科学知识尤其是追求科学知识的应用和"形而下"的技术的方向转变。不过，技性科学追求技术是在先前已经拥有的和最新获得的科学知识的直接指导下进行的，但是这些技术绝不附属于科学，也不是科学的简单延伸，而是具有一定的独立性或自主性，并且可以反过来作用于科学，有可能实现科学与技术的良性互动和协同发展。

技性科学具有原本意义上的科学并不具有的特征：

其一是技术特征。由于科学的技术取向，技术要素在其中占有相当大的比例，甚至科学和技术成分融汇在一起，显示出鲜明的工具论性质。诚如雷德纳所说：在技性科学研究中，由于技艺和技术变得比研究实践的较早期、较传统的方法占优势，以及它们的系统应用，理论构成有时就变得多此一举了。③ 哈贝雷尔（Haberer）也揭橥：技性科学"表现出以优先倒置为特征的工具论，从而知识作为力量的化身变成它的主要原动力，而

① R. G. A. Dolby. Uncertain Knowledge：An Image of Science for a Changing World. Cambridge：Cambridge University Press，1996：183.

② "技性科学"概念也遭到了一些人的反对和抵制。例如，科学大战中的科学卫士莱维特尖锐地批评：技性科学是"假想的怪物"，"为了使所有的自私、追逐名利以及远非公正的那些事情合法化"（列维特. 被困的普罗米修斯. 戴建平，译. 南京：南京大学出版社，2003：169）。雷德纳引用某些极端批评家的意见指出：技性科学"在某种意义上是文明本身的最大规模的反常发展，是对自然和人类进行技治主义统治的工具"（H. Redner. The Ends of Science：An Essay in Scientific Authority. Boulder，London：Westview Press，1987：202−203）。

③ H. Redner. The Ends of Science：An Essay in Scientific Authority. Boulder，London：Westview Press，1987：64.

公正追求知识则具有第二位的重要性"①。

其二是张力特征。技性科学是介于科学和技术之间的技术性科学；针对不同的研究问题或领域，有时科学要素多一些，有时技术成分多一些，处在科学和技术二者的张力之中。因此，它应该而且可能在默顿理想主义的科学精神气质（普遍性、公有性、祛利性、有组织的怀疑主义）规范与传统的技术功利主义（技术专利、知识产权、经济效益等）和科学知识社会学强纲领的利益决定论之间保持必要的张力。

其三是与社会的关联极为密切，具有突出的伦理特征。技性科学这样的概念不仅有助于"我们看到在科学和技术周围的边界之间的关联，而且有助于我们看到科学和其他社会活动之间的关联"②。有学者认为，进入技性科学时代，科学与社会的关系由分立走向不可分割，科学不只是科学共同体内部的事情，政府、企业、公众都参与其中，需要在技性科学与社会之间建立一种新的契约关系来支持、监督、管理和控制技性科学的发展，这种契约关系应该顺应科学、技术和社会三者关系的历史变化。尤其是，需要建构技性科学发展的社会规范：反思性规范、创新性规范、民主性规范、道德性规范。关于后一个规范，最基本的要求是坚持诚信原则。首先，科学家应该尊重科学事实，以获得真理性认识。其次，科学家应该努力做到道德自律，加强道德修养，崇尚科学精神，形成为人类和社会谋福利的科学良心。最后，重视社会环境的影响，以便科学系统和社会系统协同发展、共同进步。③

在指出技性科学与技术的某种水乳交融的紧密联系时，我们也要明白，科学毕竟与技术有大相径庭之处。诺贝尔特别奖获得者何塞·卢岑贝格（Jose Luzenberg）意味深长地说："在对自然界进行观察以及在与自然对话的过程中，科学总是表现得谦恭、深沉，同时又是令人满怀敬意的，而技术则总是高高在上，做出主宰一切的姿态。在大多数技术官僚把持的领域，在那些无所顾忌的技术官僚的手中，技术变得野心勃勃，并且常常是带有破坏性的。科学是不容许谎言存在的。当一个人说谎、虚构，

---

① S. Restivo. Science, Society, and Values: Toward Sociology of Objectivity. Bethlehem: Lehigh University Press, 1994: 114.

② 这是雷斯蒂沃引用平奇（Pinch）和比吉克（Bigik）的言论，参见：S. Restivo. Science, Society, and Values: Toward Sociology of Objectivity. Bethlehem: Lehigh University Press, 1994: 83−84.

③ 吴永忠，王文千. 技性科学发展的社会规范问题探讨. 自然辩证法通讯，2018，40（9）：96−103.

或者采用欺骗的行为方式时，那么从定义上说，这个人就已不再是科学家。而技术却是充溢了谎言的。当今绝大部分技术和基础设施所使用的技术，以及相当数量的实用技术，都是为进一步集中权力这个目标服务的。"① 技性科学以技术应用为取向，且与社会各个阶层有着千丝万缕的联系，实际利益的纠缠和争夺充塞其中，从而妨碍科学探索的自由，严重地冲击乃至销蚀科学的精神气质，导致科学异化现象②，给社会造成巨大的负面影响，甚至酿成可怕的灾难。

后果之所以如此严重，是因为被异化的科学很容易退化为"灰科学"。所谓灰科学，指以科学的名义说话，受金权（金钱和权势）的影响做事的科学。灰科学的规范结构是与默顿的规范针锋相对的，即信仰理性和非理性、感情投入、特殊性、吝啬性、谋利性、有组织的教条主义。灰科学有三个特征，一是摇摆于规范与反规范之间，但总是以科学的名义示人；二是因受金权的影响，为了达到目的而有选择地利用科学知识、方法、规范、名义开展研究和宣传活动；三是在金权和竞争的巨大压力下，某些产学研官和传媒在缺乏约束的条件下不择手段、肆意妄为。在技性科学领域，灰科学对人类的危害往往比伪科学大得多。③

现今，鉴于现代科学不断地扩展到宇观和涨观宇宙，深入到微观和渺观宇宙，科学知识的积累日益丰富，基于其上的高新技术不断涌现，技性科学的外延也随之延伸。宇宙学、核科学、纳米科学、计算机科学、人工智能科学、网络科学、分子生物学、现代遗传学、生命科学、基因科学、信息科学、脑科学和思维科学、现代医学、生态学和环境科学等，就是其中具有代表性的学科或部门。在讨论技性科学与伦理时，我们不可能面面俱到、包揽无遗，我们仅打算选择眼下最热门、最富有伦理意义的基因技性科学和人工智能技性科学进行讨论。虽说是管中窥豹，但依然可见技性科学伦理之一斑。况且，尝一脔肉，即可尽知一镬之味、一鼎之调也。

§13.2　基因技性科学的伦理通则和操作守则

一言以蔽之，基因技性科学即是对基因的科学研究和技术干预或技术

① 何塞·卢岑贝格. 自然不可改良. 黄风祝，译. 北京：三联书店，1999：64.
② 李醒民. 科学的文化意蕴——科学文化讲座. 北京：高等教育出版社，2007：329-399.
③ 刘益东. 灰科学与灰创新系统：转基因产业快速崛起的关键因素. 自然辩证法通讯，2012，34（5）：37-41.

操作。现代基因技性科学可以说是从 1953 年克里克（F. Crick）和沃森（J. D. Watson）发现 DNA 分子双螺旋结构时起步的，从此基因研究似脱缰之野马向前飞奔。1961 年，科学家成功地破译了遗传密码。遗传物质的发现"必定是极其令人振奋的"和"激动人心的"，DNA 变成了家喻户晓的名词。这使科学家产生了进一步实验的不屈不挠的动力，他们深深地沉浸于真理的探索和基因技术的应用之中。① 紧接着，大大小小的研究计划和不同凡响的研究成果如雨后春笋般破土而出，比如基因组和基因测试、基因编辑或重组、干细胞和转基因研究、基因治疗、克隆、人工合成生命等。

基因技性科学的诞生和迅猛进展，消除了认识世界的科学与改造世界的技术之间沿袭已久的区别，基础研究中的成果不可能同应用生物技术脱节。就这样，"基础研究、应用研究、技术进步以及工业化应用之间的联系从来没有这样紧密，它们相互之间的转化也从来没有这样迅速。……不仅科学领域内部以获得认识为目的的实践活动的意义发生了变化，而且与外部实践活动之关系的构成也发生了变化"②。于是，基因技性科学的伦理学应运而生。在这里，我们首先探讨基因技性科学的一般伦理问题，然后探究它各个研究分支的伦理问题。因为生命伦理学（对生命科学和技术进行善恶评价，判断应该做什么和不应该做什么）包括了基因伦理学，所以前者的基本伦理原则也适用于后者——我们提请读者注意这一点。

在基因技性科学研究中，研究者除了遵循一般的做人道德规范和职业伦理，还要遵循生命伦理学或该学科较高层次的普遍伦理通则和较低层次的具体操作守则。下面，我们先论及前者。

关于基因技性科学研究的普遍伦理原则，1996 年国际人类基因组组织（Human Genome Organization，HUGO）发布了关于遗传研究正当行为的声明。声明认识到基因组研究可导致："对个人和人群的歧视与侮辱，被滥用来助长种族主义；尤其是由于专利和商业化而丧失了为了进行研究而获得发现成果的机会；将人归结为他们的 DNA 序列，将社会和其他人类问题归诸遗传原因；缺乏对人群、家庭和个人的价值、传统和完整性的尊重；在计划和进行遗传研究时，科学共同体与公众没有充分的交流。"③

---

① L. F. Cavalieri. The Double-Edged Helix：Science in the Real World. New York：Columbia University Press，1981：102.

② 拜尔茨. 基因伦理学. 马怀琪，译. 北京：华夏出版社，2001：4.

③ 国际人类基因组组织（HGUO）关于遗传研究正当行为的声明. 邱仁宗，译. 自然辩证法通讯，1999，21（4）：76.

基于这种状况，该组织的伦理、法律和社会委员会（Ethical, Legal and Social Implications, ESLI）提出了下列四项基本原则："人类基因组是人类共同遗产的一部分，坚持人权的国际规范，尊重参与者的价值、传统、文化和完整性，以及承认和坚持人类的尊严和自由。"① 2000 年，该委员会在关于利益分享的声明中还提出了三个通则。一是公正原则。公正概念至少有三种不同的意义：补偿公正意指做出贡献的个人、人群或社区应该得到回报，程序公正意指做出补偿和分配的决定的程序应该是不偏不倚的、包括一切的，分配公正意指资源和好处的公平分配与获得。二是互助原则。共享基因强烈要求在一定人群内团结互助。帮助研究进行的一小群拥有罕见基因的人尤其应该获得利益。而且，研究应该普遍地促进健康，包括促进发展中国家民众的健康。未来的预防和治疗将更多地基于遗传知识。富裕的有势力的国家以及商业团体促进全人类的健康是所有人的最佳利益。三是利益分享原则。所有人类分享基因研究的利益，利益不应限于参与这种研究的人。关于利益分享的问题要事先与人群或社区讨论，即使不能赢利也要提供社区需要的医疗卫生服务，所有参与研究的人最低限度应该得到有关遗传研究结果的信息和感谢，赢利的单位应提供一定百分比（例如 1%～3%）的年净利润用于医疗卫生基础设施建设、人道主义援助。② 此外，有关组织和学者还提出了一些技性科学研究的伦理通则，比如生命神圣原则、仁爱原则、良知原则、敬畏原则、和谐原则、大同原则，如此等等，不一而足。

正像名目繁多的伦理学一样，生命伦理学或技性科学伦理也是多元的，无法定于一尊。由于种族、国籍、文化、宗教、意识形态不同，即使对普遍认可的全球伦理学的一些原则，人们也有不同的理解，甚至会采取截然相左的行动。而且，针对不同的环境，从这些原则出发也可能做出不同的乃至相反的选择，很难说哪一个是正确的，因为无论哪一个选择都是有理由的。并且，这些原则主义的伦理通则过于抽象、概括、笼统，难以回应现实中的道德争议，更难以付诸实际行动。因此，在基因技性科学研究中，我们迫切需要一些具体的操作守则，以便研究者遵守和践行，其中部分规范在条件成熟时可以转化为法律条文，进入立法程序。关于这些守

① 国际人类基因组组织（HGUO）关于遗传研究正当行为的声明. 邱仁宗，译. 自然辩证法通讯，1999, 21 (4): 76.
② 国际人类基因组组织（HGUO）伦理委员会关于利益分享的声明. 邱仁宗，译. 自然辩证法通讯，2001, 23 (1): 92-93.

则，我们拟列举数端。

第一，不伤害和有利。不管在何种情况下，不管出于何种动机，当事人一方（科学家、研究者、医生等，简称甲方）必须重视和保证当事人另一方（实验对象、受试者、病人等，简称乙方）的生命、健康权益和其他利益，时时处处为乙方着想，尽量设法创造条件，做有利于乙方的事情。即使存在某种不确定性或风险，甲方也要在权衡利弊的基础上，在征得乙方同意的情况下，尽可能减轻乙方的精神负担和身体痛苦，无论如何不能伤害他们——这是最低标准，是绝对不可逾越的底线，否则就不应该立即动手去做。

第二，知情同意。甲方必须事先原原本本地将调查事项、研究计划、检测内容、试验手段、实验过程、治疗方案等，以及所做事情的预期利害后果或风险，如实告知乙方。乙方在没有任何威逼、胁迫、欺诈、哄骗、利诱的情况下，经过全面了解背景，充分理解事情的来龙去脉，理性深思熟虑之后，自由、自主地决定是否参与。在乙方知情同意后，最好在第三方的监督下，双方签署正式的同意书或相关契约，方可付诸实施。重大项目还必须经由有关部门事前审查或备案。知情同意是为保护乙方着想的，尤其是为维护弱势群体（家庭、宗族、团体、社区、种族等）或个人的权益设计的，当然这也有利于甲方工作的顺利开展，免除不必要的纠纷或冲突。正如顾客购物可以无理由退货一样，乙方的群体或个人也有权随时退出合约——为减少或避免此类情况发生，双方签约前要开诚布公地做好沟通。合作结束后，乙方有权了解所得的资料和信息及其储存和使用情况。在任何情况下，甲方都应该始终尊重乙方的自主权。不用说，知情同意是个人本人或集体的知情同意。但是，对于未成年人、精神残障者、处于无意识或意识不清状态的人，可由代理人行使权利。代理人首先是被代理人的法定代理人即直系亲属，其次可以是供职单位、权威而公正的第三方（各级伦理组织、医疗小组等）乃至国家权力部门，而且代理人必须一切从善意出发，最能代表与维护被代理人的最佳权益和利益，从而做出理性的、明智的选择，否则就是不合理的或不合法的代理人，即使是亲属也要剥夺其代理权。一旦被代理人拥有或恢复自主决定的能力，就应当尊重其知情同意权，采纳本人做出的选择。

有人提出了这样一个问题：当个人自主决定权遇上人类遗传资源的特殊性，以及人与人类的社会和自然属性的复杂性，同意主体该如何确定？在以科学研究为目的使用人类遗传资源时，尤其在对特定的群体进行基因研究时，在人类遗传资源的长效性和遗传性使得某些基因信息在遗传属性上具有非个人专属的特殊性，可能会关涉到家庭、族群甚至范围更大的群体时，如何协调个人同意和群体同意的关系，就成为基因研究实践的困惑。目前，大多数国家或地区并未在立法层面做出回应。比如，生物银行在收集和保藏人类遗传资源时，很难如此明确地将具体计划和同意内容告知人类遗传资源提供者，他们可能被要求做出概括同意，即同意将其遗传材料和有关信息用于现在及未来所有可能开展的与生物银行设立目标相符的研究。在这种情况下，由于做不到具体同意，是否允许概括同意？这成为人类遗传资源收集、保藏和研究开发活动中知情同意的事项效力的争议焦点，成为后基因组时代面临的实践难题。对这一难题的回应，既不能偏离知情同意这一生物医学实践的基本原则及其背后的伦理内涵，也要符合基因科学研究的发展趋势。即使允许概括同意，甲方也必须依循知情同意的程序，提示人类遗传资源提供者做出的是概括同意，做出同意之时尚不能明确具体的研究计划，而只能告知收集遗传材料和相关信息的目标、研究计划类型、可能的风险、可能存在目前尚不能预知的风险以及风险防范措施等内容。乙方在知晓概括同意性质的前提下自主决定是否提供遗传材料和相关信息。对于风险，应通过人类遗传资源收集和保藏单位设置管理规范、审批具体的研究计划与建立伦理审查制度等途径来提供防范和救济，从而最大化地实现对提供者的保护。[①]

第三，保护隐私。隐私权是人权的组成部分，是每个自然人天然拥有的、对私人生活和私人信息保守秘密的权利，他人无权过问、搜集、窃取、曝光和利用。保护隐私已经成为任何一个文明国家的法律条款，基因隐私是公民隐私的一部分，理应受到当事方和国家的保护。关于个人的基因资料，只有本人有权决定是否公开，公开什么，如何公开。国际人类基因组组织在声明中明确强调："对遗传信息加以保密。保护隐私，防止未经授权获得这些信息。应该规定对这些信息加以编码，确定合理获得这些信息的程序，以及制定转让和保留样本和信息的政策，并在取样以前就确定下来。对家庭成员的实际和潜在的利益应给予特殊考虑。"[②] 该组织的伦理委员会对基因取样、控制和获得等方面规定得很详细、很具体："在同意过程中提供的选择应该反映 DNA 样本及其信息的潜在用途。重要的

① 伍春艳，焦洪涛，范建得. 论人类遗传资源立法中的知情同意：现实困惑与变革路径. 自然辩证法通讯，2016，38（2）：86-92.

② 国际人类基因组组织（HGUO）关于遗传研究正当行为的声明. 邱仁宗，译. 自然辩证法通讯，1999，21（4）：76-77.

是要表明样本及其信息是否会：辨认出那个人，给他的身份加以编码，还是匿名，以致不能追查到那个人，但可提供人口学和临床资料。……在医疗过程中获得和储存的常规样本可用于研究，如果这种政策已经广为通告，病人不反对，研究人员将使用的样本已经编码或匿名化。……必须建立安全机制以保障作出的选择和合适水平的保密。……除非有法律授权，不应该将参与研究者或能够辨认出个人或家庭的研究结果透露给第三方机构。像其他医疗信息一样，未经合适的同意不应透露遗传信息。"①

　　第四，规避风险。在基因技性科学的研究、实验、临床试验、医疗实践、应用和推广的过程中，往往存在诸多不确定性，极易出现难以预料的危险。这些风险不只限于个人或群体，甚至会蔓延到广大地区乃至全球。明知风险在即却不闻不问、独断专行，或预知有可能出现风险却准备不足、强行为之，都牵涉到伦理道德问题。因此，在制订计划和提出方案时，必须针对具体与境和内容，加强责任伦理、隔代伦理、超距伦理、全球伦理的意识，在伦理组织的参与下周密考虑、充分讨论、审慎决策。而且，事先要进行技术和伦理评估，制定好规避风险和应对不测事件的预案，以便临时采取果断措施，迅速处置，以及时消除风险，或把危害降到最低。对于没有多大把握的事项，宁可缓行，积极创造条件，也不可在条件不成熟时操之过急，贸然行事。不管怎样，在任何时候都要把人的生命和健康摆在第一位，把社会效益和全球利益放在前列，并顾及后代福利和未来的可持续发展，绝不可为追求一己之名利和眼前利益，而置风险和灾难性后果于不顾。

　　第五，利益协调。基因技性科学的研究、试验、应用和推广中，往往涉及研究者、被试者、投资人、公司和企业法人、生产和销售部门、顾客、政府机构以至国家间的利益。而且，这些利益相互纠缠，甚至不可避免地发生分歧或冲突。在研究成果的信息资源和应用收益分配上，一定要坚持分配公正和程序公正原则，合理照顾各个参与方的利益，甚至要考虑未直接参与研制而不免受到其正负影响者（如转基因作物和食品的购买者）的利益。在协调各方利益时，特别要顾及弱势群体和发展中国家的利益，对于无辜受损者应该给予补偿。为了达到公正的利益分配，直接相关方以及间接相关方可以吸取中国古代先哲的和而不同的智慧，按照西方商谈伦理

　　①　国际人类基因组组织 HGUO 伦理委员会"关于 DNA 取样"控制和获得的声明. 邱仁宗，译. 自然辩证法通讯，1999，21（4）：56.

学的准则和程序，开展平等对话、民主协商，协调各方的权益，争取提出一个各方都能接受的利益平衡方案，必要时可在执行过程加以修正和微调。

第六，有罪推定。在基因技性科学的重大研究和试验中，应该实行与法学意义上的无罪推定相反的有罪推定原则，把举证的责任交给研究者和试验者。这是因为，此类工作的未知因素众多，往往蕴含巨大的不确定性和潜在的风险，社会和公众一时难以进行利害权衡与风险评估，因此研究者和试验者必须给出足够的证据，证明拟议的研究和试验在技术上是可行的、有保障的，在伦理上是清白的，不会对个人、社会、环境和后代造成损害。对于其自证清白，相关伦理小组或委员会必须严格审查，必要时举行科学家、技术专家、伦理学家、社会学家、法学家、实业家、政府官员以及普通民众参与的听证会。合格通过者，发放通行许可证；不合格者，则暂缓实施，等到时机成熟时再议。

第七，追踪监测。对某项重大基因研究课题发放了通行许可证，并不是说就万事大吉，伦理监督可以束之高阁了。追踪监测势在必行。对此，国际人类基因组组织的态度很明确："为实施这些建议，不断的审查、监督和监测是不可缺少的。这种审查如有可能应该包括参加这项研究的代表。事实上，没有不断的评价，就不能忽视剥削、欺骗、放任和滥用的可能。正如能力一样，在国际合作遗传研究中尊重人的尊严，不断地审查是必须做的。"① 为了做到这一点，要设定专人或专门的管理机构追踪研究或试验的进程，发现问题及时提醒或警示；并将有关信息纳入数据库，以便随时审视、检查和评估，以决定继续支持、暂时中止还是永久终止。

以上七项具体操作守则并非将应有的守则毫无遗漏地囊括在内了，但它们无疑是其中比较重要的几项。不管怎样，这些项目或多或少都涉及伦理评价问题，而评价不免牵涉评价方法问题。针对大多数伦理争论无法通过简单地应用某种传统的伦理理论来解决，常常需要多种理论与特定场景的结合才能完成，梅弗汉（Ben Mepham）提出一种结合伦理学原则主义和正义理论的伦理分析工具即伦理矩阵方法。伦理矩阵方法的最大好处是，它摆脱了技术评价和决策过程中专家一统天下的局面，尤其是评价技术的安全性、社会效应和伦理影响等方面，能够充分照顾各方的利益和诉求，因而能对技术的社会后果的分析发挥重大作用。伦理矩阵建立的普适

① 国际人类基因组组织（HGUO）关于遗传研究正当行为的声明. 邱仁宗，译. 自然辩证法通讯，1999，21（4）：76—77.

性原则是不伤害原则、有利原则、尊重自主原则和公正原则，并根据实际
情景综合运用伦理原则去审视问题本身，它是程序正义、原则主义和实际
情景的结合，并在此基础上提供了一个伦理商讨的框架结构。伦理矩阵的
基本特征是：提供了一个简洁清晰的讨论框架，具有良好的包容性，具有
客观公正性，通过细化和平衡来处理冲突，具有针对性和主观性，可以进
行连贯性的动态分析。在建构伦理矩阵时，针对个人的基本操作步骤是：
熟悉案例，反思并重构伦理矩阵，充实矩阵，做出判断。若是团体使用伦
理矩阵分析，则可以自上而下的方式进行：划定研究范围，规划伦理矩
阵，确定研讨会的目标与讨论的深度和广度，选择参加研讨会的成员，开
展研讨，对结果进行定性和定量的分析，听取参与者对分析结果的反馈意
见，将讨论结果和反馈意见汇总成最终的分析报告。①

　　在基因技性科学研究中，尽管我们已经拥有普遍的伦理通则和具体的
操作守则，也有评价与决策的方法和程序，但是并不意味着我们可以所向
披靡，迎刃而解其中的一切伦理问题，因为我们已经遇到不少伦理困境，
并且还将出现未曾想到的伦理困难。面对这些难题，我们可以按照罗曼
（G. Lohmann）所言，分为道德原则层面、伦理评价层面、法律层面加以
应对。道德原则为判断一种行为从道德上看是正确还是错误提供理由，它
的要求是必须中立、独立于特殊的世界观或者宗教价值观，必须对每一个
人都具有说服力。通过这种方式我们将普适的道德义务理解为"平等尊重
和关切万物"。从伦理评价出发的论据建议我们，按照我们共有的价值观行
动，即为或者不为。它建议人们对有些事情可以斟酌，因为在特殊价值观
的视野下，有些事情值得优先考虑或者摒弃。在现代民主和自由的法治国
家，法律能够根据合法的立法者的政治决策解决伦理冲突。法律规范的制
度化要求用全民公开的方式处理公众的意见并形成意志，通过民主的自我
约束方式顾及经济的、道德的和文化评价的观点。在这里，道德原则优先
于价值论据，以及包括经济理由在内的其他出于实用主义利益所希望的和
所追求的价值。因此，不允许因为价值观的原因而违反普遍的道德原则。②

①　雷毅，金平阅. 矩阵伦理：一种技术评价工具. 自然辩证法研究，2012，28（3）：72-76.
②　G. Lohmann. Evaluations of the Inner and Outer Nature of humans within Biotechnology：
A Respect towards Chinese Colleagues// Wenchao Li，Hans Poser. The Ethics of Today's Science
and Technology：A German-Chinese Approach. Berlin：Lit Verlag Dr. W. Hopf，2008：224-
231；G. 罗曼. 欧洲与中国在基因技术伦理评价上的问题比较//王国豫，刘则渊. 科学技术伦理
的跨文化对话. 北京：科学出版社，2009：105-115.

在面临多元的利益参与者、多元的价值观和伦理观、多元主义的现实而出现的伦理困境时，一种重要的科学认识论和方法论准则对于化解困境往往是卓有成效的，这就是善于在对立的两极或多元之间保持必要的张力。① 比如，我们要在伦理原则或规范的绝对性与相对性之间保持必要的张力：一些普适的、公认的伦理原则，如生命神圣、为人类谋福利、公平正义等，具有绝对性，应该无条件地遵守和履行，也许在相当长的时期不能动摇；而一些实践伦理准则则具有一定的相对性，可以在不违背其基本精神的前提下灵活运用，或加以适当调整，甚至在时过境迁时可以革故鼎新。再如，我们要在不断进步的科学与比较保守的伦理之间保持必要的张力，使科学与伦理良性互动。也就是说，既要保证科学研究的自由，尊重科学的创造性和进取精神，又要坚持伦理审查和监督；既要坚持合理、合宜、合用的伦理信条或规则以促进科学健康发展，又要根据科学进展在世易事移之时更新思想观念、改变伦理规范——对此必须谨小慎微，因为伦理的保守性具有积极意义，它是一个很好的免疫系统，对于维护生活稳定和社会平衡不可或缺。还如，我们要在伦理规范与法律规定之间保持必要的张力：一般情形用伦理规范约束，必要时有些规范可以通过立法成为法规，以法律限制、禁止和制裁有关违法行为。

§13.3　基因和基因组

1986 年，美国科学家达尔倍（Darby）提出人类基因组测序的设想。1990 年，美国国立卫生研究院和美国能源部提出人类基因组计划（Human Genome Project，HGP），预计耗资 30 亿美元，在 15 年内完成。当时，美国、英国、法国、德国、日本、中国等的科学家共同参与了这一壮举。2000 年 6 月绘制出人类基因组序列框架图，2003 年 4 月测定完人类基因组序列，由此弄清了 DNA 23 对染色体上的约 30 亿个碱基对的排列顺序，获取了大约 3 万个基因结构的草图。

这是一项跨世纪的伟大工程，其宏伟堪与"曼哈顿工程"和"阿波罗

---

① 李醒民. 善于在对立的两极保持必要的张力——一种卓有成效的科学认识论和方法论准则. 中国社会科学，1986（4）：143-156；李醒民. 从两极张力论到多元张力论. 社会科学论坛，2017（8）：95-114.

计划"比肩,可以称之为人的第二张解剖图和第二个身份证。这一历史性的成就,使人类对自己的认识发生了革命性的变化,在分子层次上知晓生命的奥秘,了解到人与人、人与生物世界的密切关系,以及人在自然界的确切位置;它促进了生物学、医学以及哲学、伦理学、社会学、法学等学科的更新和发展,导致了诸多交叉学科和新兴学科的形成;它对社会政治、经济、思想、文化已经产生并将继续产生不可估量的影响,尤其是大大推动了高技术产业的发展。在这里,我们仅举两个物质层面的影响和一个精神层面的影响,就足以说明这项工程的伟大意义。一是我们的诸多疾病归根结底都或多或少与基因有关,通过基因治疗,就能达到治本之效,而且还可以预防后代出现此类病症。二是通过基因检测,可以准确锁定罪犯或缩小犯罪嫌疑人的搜索范围,从而能够迅速破获重大刑事案件;三是人与高等动物尤其是灵长目动物在基因上几乎相同(据说人与黑猩猩的基因相同度为 99%),世界上各个种族和民族的差异就更小了,这说明人类出自共同的祖先,而人的基因并无好坏之分、优劣之别,因此不仅使种族主义无立足之地,而且为爱护自然、保护环境提供了充足的理由。

　　与地球上的其他资源相比,人类基因组更是一种宝贵的稀缺资源,它是全人类的共同财产,其知识产权属于全人类,值得爱护和珍惜。联合国教科文组织 1997 年 11 月 11 日通过的《世界人类基因组与人权宣言》明确表示:"人类基因组意味着人类家庭所有成员在根本上是统一的,也意味着对其固有的尊严和多样性的承认。象征性地说,它是人类的遗产。""自然状态的人类基因组不应产生经济效益。"① 该宣言还指出基因组研究和应用涉及伦理问题,特别强调应充分尊重人的尊严、自由与人权,并禁止基于遗传特征的一切形式的歧视。联合国大会 1998 年 12 月 9 日确认了上述宣言,"意识到生命科学的迅速发展以及其中某些应用对人类的尊严和个人的权利和自由所产生的伦理问题",提醒人们"防止利用生命科学做其他有害于人类的用途"②。中国人类基因组伦理、法律和社会委员会也就人类基因组及其成果的应用发表声明:"人类基因组的研究及其成果的应用应该集中于疾病的治疗和预防,而不应该用于'优生';在人类基因组的研究及其成果的应用中应始终坚持知情同意或知情选择的原则;在

---

① 世界人类基因组与人权宣言. 科技与法律,2000(3):35.
② 联合国大会 1998 年 12 月 9 日通过人类基因组与人权宣言. http://www.un.org/zh/documents/viewdoc.asp? _symbol=A/RES/53/152.

人类基因组的研究及其成果的应用中应保护个人基因组的隐私，反对基因
歧视；在人类基因组的研究及其成果的应用中应努力促进人人平等、民族
和睦及国际和平。"[1]

这三个文件对伦理问题的强调并不是无缘无故的，因为伦理问题的确
充斥在基因组研究和应用之中。加之人类的有知总是远远小于未知、无知
和非知[2]，关于基因和基因组的认识也是如此——迄今为止基因的定义还
是模糊的、不完整的，从而导致基因计数不准确；基因的结构和功能以及
二者的相互关系，也若明若暗；各个基因之间、基因与环境之间的相互作
用，以及基因如何协调，亦非一清二楚；遗传病是否纯粹由特定基因引
起，致病基因是否一无是处，有没有正价值，还不能完全说心中有数；
DNA 的三维动态结构，基因组的多样性和复杂性，仍有待深入探索。这
一切更增加了处理基因伦理问题的难度。不过，在人类基因组计划开始实
施之际，就明确规定用5％（1.5 亿美元）的研究经费同时进行与之相关
的伦理、法律和社会问题研究，这在科学史上是破天荒的。由于事先就有
伦理研究方案，所以揭示了诸多问题，也提出了一些见解和对策，我们在
此择其要者而述之。

其一是保护隐私问题。不论一个家族、家庭，还是一个人，其基因组
信息都是主要的隐私，与其健康、生活、生命和尊严息息相关；一旦不慎
或非法泄露出去，就会对其入学、求职、结婚、医疗、上保险等造成困扰
和障碍。这些隐私由谁保护，怎样保护，如何在利用时严格控制，都是必
须面对的伦理问题。其二是务必做到知情同意。在基因检测、普查时，在
临床基因治疗时，必须把知情同意放在前面，同时必须始终坚持不伤害和
有利原则，对造成的不应有损害应该赔偿。其三是防止基因歧视。必须平
等对待携带不利（也可能具有有利的一面）基因者，绝对不能另眼相看，
更不应把基因身份证视为贱民的标识，必要时可给予其物质帮助和心理疏
导。其四是社会公正和公平。一些基因技术，比如医疗、医药等，一开始
总是稀缺资源，相当昂贵。怎样合理使用它们，谁有权利使用，谁来支付

① 中国人类基因组 ESLI 委员会声明. 自然辩证法通讯，2001，23（3）：9.
② "非知"意指，科学不知道它不知道的东西是什么（what）！它不知道它不知道的东西在
哪里（where）！它不知道它为什么（why）不知道这些不知道的东西！对于科学而言，"非知"
也许要远多于"已知"、"未知"或"无知"的总和。如果科学知道它目前还不知道的东西的三个
W，那么它至少"已知"它暂时还不知道的对象，这已经把"非知"转化为"未知"了。（李醒
民. 科学的文化意蕴——科学文化讲座. 北京：高等教育出版社，2007：297-328）

费用，都牵涉到社会公正和公平问题。其五是利益诉求和协调。人类基因组数据和资源是公共财产，但是由此进一步开展的基因科学研究和技术发明，特别是产品和商品化，就涉及知识产权和专利。搜集和存储基因资料的基因银行或生物银行在运行时，也需要受到伦理监督和法律制衡。在各方利益诉求中，迫切需要寻求利益平衡点。其六是禁绝基因武器的研发和制造。基因组表明，人类种族和民族的差异虽然微不足道，但是这么一点微小的差异已经足以构成生产灭绝种族的生物武器的可能性——必须警惕和预防这一恐怖场景的发生！

　　基因检测、咨询、诊断中也存在一些特定的伦理问题，甚至涉及社会和法律问题。基因检测以及有无必要是一个争议很大的问题。有人列举反对者的意见：大多数基因测试都没有实用价值，而且会带来不必要的伤害。因为携带某种特定易患病基因的人不一定会患某种特定疾病；即便发现某人具有很高的患某种遗传病的概率，在绝大多数情况下也缺乏有效的干预措施来预防疾病的发生；测试结果可能影响到测试者的心理健康、家庭关系、雇佣关系、保险关系及婚姻家庭；测试只不过为基因公司带来了利润而已，对临床医生和被测试者都没有什么帮助；许多基因检测是滥用；强制检测侵犯个人的隐私。而赞成基因测试的理由是：应该允许自愿检测，因为人们有权知道自己是不是某种基因的携带者；能对受检者做出预警，可以及早预防或采取治疗措施；基因检测在鉴别亲子关系、鉴定罪犯中已经广泛运用；雇主有权知道可能影响雇员健康和工作状况的任何信息；检测可能带来心理或社会伤害的理由是非医学层面的，没有证据表明每个人都需要这样的保护；说到隐私和歧视，基因检测并不是获得遗传信息的唯一来源，有时标准的家族病史很能说明问题；一些特殊职业和特殊领域的工作人员有义务了解自己的遗传信息。总之，基因检测的利弊，自愿检测和强制检测的差别，基因隐私和个人权利，儿童是否应该接受检测，谁来决定他们什么时候检测，人们应该知道多少与之有关的基因信息，等等，都是需要进一步讨论的伦理问题。[①]

　　基因咨询和诊断也涉及是否必要、由谁决定以及如何适当进行的伦理问题。尤其是，产前咨询和诊断还与妇女的生育权利和责任、与胎儿的出生权和生命权密切相关，从而使问题变得更加复杂和严重。这方面的疑问、看法和主张形形色色：胎儿的基因遗传病诊断有必要进行吗？即使有

---

　　① 程新宇. 生命伦理学前沿问题研究. 武汉：华中科技大学出版社，2012：60－63.

必要，孕妇或夫妻双方可以做出决断吗？现今的有关标准是否符合医学和伦理学的要求，诊断是否靠得住，咨询是否价值中立，是否信得过？若胎儿确有基因缺陷，出于抑制有病基因的蔓延和优生的考虑，是否必须强制堕胎？若孕妇坚持自己的生育权要生下来，到底该怎么办？孕妇的生育权和孩子的健康权，到底孰轻孰重？胎儿的出生权和生命权是绝对的还是相对的？这一切都是十分棘手、十分艰难的伦理抉择。有人针对使用试管授精和胚胎植入前的基因诊断这一相对简单的境况，认为胚胎的优生选择现在是可能的。尽管出于检测染色体反常或经遗传而得的基因反常的意图，目前正在使用胚胎植入前的基因诊断，但是它在原则上能够被用来检验诸如头发颜色或眼睛颜色的任何基因特性。基因研究正在急剧地深入像智力这样的复杂特性的基因基础，基因鉴定被用于识别一个家庭的犯罪行为。一旦做出试管授精的决定，胚胎植入前的基因诊断便毫无代价地随之而来，人们也许更倾向于利用它来选择不怎么严重的医学特性——例如较低的发展为阿尔茨海默病的风险，甚或选择无医学特性。在两性都有基因病史的情况下，胚胎植入前的基因诊断总是被用于选择所想要的性别的胚胎。因此，一些无疾病基因影响我们导致最佳生命的可能性；在我们的生殖决策中，我们有理由利用就这样的基因可以得到的信息；基于可以得到的基因信息，包括关于无医学疾病的基因信息，一对夫妻应该选择最可能拥有最佳生命的胚胎或胎儿。我们应当容许针对无疾病基因进行选择，即使这会维护或增加社会的不平等。"我将定义一个原理，我称其为生育善行（procreative beneficence）：一对夫妻（或单个生殖者）基于有关的、可以得到的信息，应该选择他们（或他/她）能够拥有的可能孩子中的那个被期望具有最佳生命，或者至少具有像其他孩子一样健全生命的孩子。"①

　　至于基因设计、编辑、重组中的伦理问题，我们在论述下述几个基因技性科学研究分支时再或多或少地进行讨论。

§13.4　干细胞

　　"干细胞（stem cell）是在人体天然存在的细胞。它们是生成其他细

　　①　J. Savulescu. Procreative Beneficence：Why We Should Select the Best Children？// J. Okaley. Bioethics. Burlington，U. S. A.：Ashgate Publishing Company，2009：187-200.

胞的细胞。胚胎干细胞（它们来自在受精后约四天的早期胚胎）具有唯一的全能特性，也就是说，这些细胞如此幼小，它们还没有分化为皮肤、肌肉或其他细胞。胚胎干细胞（ESC）能够变成任何种类的细胞。从事研究的科学家充满希望：能够用胚胎干细胞治疗诸如脊髓损伤、帕金森病等疾病和疾患。"[1] 干细胞是具有自我复制能力的多潜能细胞，在一定条件下可以分化成多种功能细胞。干细胞根据自身所处的发育阶段分为胚胎干细胞和成体干细胞，根据自身的发育潜能分为全能干细胞、多能干细胞和单能干细胞（专能干细胞）。干细胞是一种未充分分化、尚不成熟的细胞，具有再生各种组织器官和人体的潜在功能，医学界称为"万用细胞"。[2]

干细胞来源于早期流产的胎儿组织、胎盘和脐带血、体外受精产生的胚胎、辅助生殖的剩余胚胎、借助核转移技术克隆的胚胎、用动物卵子繁殖的核转移胚胎、出自成人组织的干细胞等，最具有培养潜力的是取自早期胚胎的胚胎干细胞。干细胞研究具有巨大的科学价值和广阔的实用前景：它有助于认识胚胎分化和发育机制、各种先天缺陷和有关疾病的发病机理，从而有可能深入了解生命的奥秘；它可以大大提高新药研制的效率，减少动物和人体临床试验与筛选；通过定向培养，干细胞可以发育成各种各样的器官，作为器官移植的供体；定向分化的干细胞可用于细胞治疗，这种全新的方法可以治疗各种常见病和疑难杂症，据说甚至可以攻克癌症。不用说，在这个方面还有很长的路要走。

干细胞研究和应用与现存的一些伦理观念和规范扞格不入，但在实践中却具有广泛的应用，介入其中的各方又坚持不同的利益诉求，因而成为一个充满伦理争议的基因技性科学分支。伦理争议主要集中在干细胞的来源上：对于非胚胎来源的干细胞，只要遵循知情同意、不伤害和有利原则，一般不会遭到反对；但是，干细胞若来自人的受精卵或胚胎，争议就凸显出来。争议的焦点在于：受精卵或胚胎是能够发育成人的生命体，是潜在的人，是否应该将其作为具有独立人格、享有尊严的人来看待？若是，则绝对不能将其当作工具使用；若否，则可以利用其为人类谋福利。现在，科学界一般认为，14 天以内的胚胎还没有神经和感觉，不能算是具有人格的人，可以将其用以研究和临床应用。不过，应该禁止为获取干

---

① J. A. Parke, V. S. Wike. Bioethics in a Changing World. New Jersey: Pearson Education Inc., 2010: 442.

② https://baike.baidu.com/item/% E5% B9% B2% E7% BB% 86% E8% 83% 9E/301672? fr＝aladdin.

细胞怀孕、堕胎，禁止胚胎买卖，禁止制造某些人兽嵌合体。

　　针对胚胎干细胞研究和应用的伦理规范，我国人类基因组南方研究中心伦理学部做过专门探讨。早在 2001 年 10 月，它就提出了《人类胚胎干细胞研究的伦理准则（建议稿）》，2002 年 8 月做了进一步修改。国家科学技术部和卫生部在吸收国内外有关规定与法规的基础上，于 2003 年 12 月 24 日颁布了《人胚胎干细胞研究伦理指导原则》——该《指导原则》所称的人胚胎干细胞包括人胚胎来源的干细胞、生殖细胞起源的干细胞和通过核移植所获得的干细胞。其中明确规定：禁止进行生殖性克隆人的任何研究。用于研究的人胚胎干细胞只能通过下列方式获得：体外受精时多余的配子或囊胚，自然或自愿选择流产的胎儿细胞，体细胞核移植技术所获得的囊胚和单性分裂囊胚，自愿捐献的生殖细胞。针对进行人胚胎干细胞研究，必须遵守以下行为规范：利用体外受精、体细胞核移植、单性复制技术或遗传修饰获得的囊胚，其体外培养期限自受精或核移植开始不得超过 14 天；不得将前款中获得的已用于研究的人囊胚植入人或任何其他动物的生殖系统；不得将人的生殖细胞与其他物种的生殖细胞结合起来。该伦理指导原则还特别提出，禁止买卖人类配子、受精卵、胚胎或胎儿组织；进行人胚胎干细胞研究，必须认真贯彻知情同意与知情选择原则，签署知情同意书，保护受试者的隐私。①

　　为了贯彻、落实关于干细胞研究和应用的伦理规定，必须建立相应的监督和管理机构。上述伦理指导原则就要求："从事人胚胎干细胞的研究单位应成立包括生物学、医学、法律或社会学等有关方面的研究和管理人员组成的伦理委员会，其职责是对人胚胎干细胞研究的伦理学及科学性进行综合审查、咨询与监督。"② 只有这样加强监管程序和准入制度，才能消除追逐名利和商业争夺带来的乱象，把干细胞研究特别是临床试验和治疗纳入健康发展的轨道。参与干细胞研究和应用的科研人员要遵守职业道德与相关伦理规范，增强风险意识，防止研究成果的误用和滥用，同时有责任向大众普及相关知识，避免说过头话，并及时纠正和澄清媒体的不实宣传。

　　目前，干细胞研究和应用方兴未艾。相形之下，我国则显得落人之后。据报道，"全球已经注册的干细胞临床试验有 5 300 余项，中国仅 300 余项；国际 500 余种干细胞药物研发中我国仅有不到 10 项；规范的干细

---

① http://www.most.gov.cn/fggw/zfwj/zfwj2003/200512/t20051214_54948.htm.

② 同①.

胞转化应用和干细胞上市产品数量为 0"①。在以"干细胞与基因组学为基础的再生修复与个性化治疗"为主题的讨论会上,专家建议,我国对干细胞技术的监管应借鉴药物研发管理模式,推进干细胞临床应用和相关产业发展,尤其要格外重视市场背后的驱动力即原始创新,真正做出引领性的工作,才可望进入世界前列。可以告慰国人的是,中国科学院 2017 年 12 月在"干细胞与再生医学"战略性先导专项的基础上启动"器官重建与制造"项目,围绕体外、原位和异体再生等新技术与理论开展科学探索。②

§13.5　基因治疗和基因增强

重组 DNA 技术的出现和人类基因组序列草图的发表,使人们对利用基因知识治疗治愈许多疾病满怀希望。2001 年 4 月国际人类基因组组织伦理委员会关于基因治疗研究的声明中是这样定义基因治疗(gene therapy)的:"基因治疗是指通过基因的添加和表达来治疗或预防疾病,这些基因片段能够重新构成或纠正那些缺失的或异常的基因功能,或者能够干预致病过程。"③ 声明还指出:此前普遍认为基因治疗的主要焦点是单基因疾病(免疫缺陷症、遗传性贫血和囊性纤维化),目前的重点已经转移到最终治疗多基因常见病(例如癌症和心血管疾病)的实验性基因治疗的尝试中了。④ 由此可见,基因治疗是借助基因技性科学手段,通过修正或替换有缺陷的基因,或通过基因干预重建基因的正常功能,来治疗或预防基因遗传病的。这是与传统医术迥然不同的治疗技术,相当于在分子水平上给基因做外科手术。

根据改变的遗传物质是体细胞还是生殖细胞,基因治疗被分为两大类:体细胞基因治疗(把某种基因植入人体)和生殖细胞基因治疗(把外源转入精子、卵子或受精卵即可遗传的基因修改)。前者是治疗个人的基因缺陷,后者是一劳永逸地免除后代的遗传病。目前已有数种技术应用于

---

① 甘晓. 干细胞技术转化路在何方?. 中国科学报. 2018-10-08 (4).

② 同①.

③ 国际人类基因组组织(HUGO)伦理委员会关于基因治疗研究的声明(2001 年 4 月). 李芳,译. 自然辩证法通讯,2003,25 (1):109.

④ 同③.

基因治疗，但进入临床实验或治疗的主要是前者，后者还很不成熟。尽管如此，基因治疗无疑为治疗遗传病或其他不治之症带来了希望，也为基因技性科学和现代医学研究提供了强有力的技术工具。

基因治疗本来就存在伦理争议，加之基因治疗现在还不能做到十分安全、有效（这是因为基因与各种病症并不是一一对应的线性关系，同一个基因可能影响多个显性和隐性性状，这些性状是否表达或何时表达并不明晰，尤其是基因之间、基因与环境之间的各种相互作用错综复杂），就更加激化了伦理争议。

关于体细胞基因治疗，由于使用的技术是已经广泛应用的其他医疗技术的自然延伸，所以已经在伦理上大体得到认可。但是，也存在一些不同意见，主要集中在安全性和有利性上。也就是说，在治疗过程中有可能引起病毒感染、免疫反应或激活其他致病基因。因此，应该在治疗前针对特定患者进行危害、受益评估，尽可能厘清预期的和潜在的利弊，在经过严格的审查、获得患者的知情同意后，方可按周密的计划实施手术，并在事前做好风险处置预案，在事后留心监测患者的治疗状况。如果有其他传统方法能够治愈患者的病症，就不要采用体细胞基因治疗——该疗法仅用于传统方法难以治愈的病症。此外，这里还有医疗和卫生资源公正分配与利益协调的问题。

关于生殖细胞基因治疗，除上述不同意见外，在伦理上还存在特有的反对理由。反对理由主要涉及未来世代：我们有权改变后代的遗传基因和不确定的命运吗？我们现在的决策符合未来人的价值观和理性选择吗？即使双亲出于仁慈之心，但是当子子孙孙具有知情同意能力后，他们会赞成父母当年的决定吗？我们现在剥夺子女继承自然的而非人为的遗传基因的权利，这是道德的吗？而且，人类基因库为全人类共有、共享，而生殖细胞基因治疗改变了人类基因库，有可能殃及其多样性，这样做合适吗？再者，生殖细胞基因治疗这种技术是所谓的滑坡技术，很容易导致道德滑坡，从而走向基因增强，导致优生学的泛滥，造成严重的社会不平等和种族歧视。况且，该疗法与体细胞基因治疗相比，在技术上困难更多、风险更大，因为基因插入生殖细胞后不可逆转，可能引起基因突变、异位、异常等难以预料的情况。基于以上质疑和背景，目前大多数人不支持生殖细胞基因治疗是合乎情理的。

不过，还是有人对生殖细胞基因治疗持赞成态度，因为只有如此才有可能从根子上治愈已经确认的八百多种遗传病和形形色色的疑难杂症，舍此别无他途。这种趋势是势不可当的，不以人的主观意志为转移。而且，父母要求干预胎儿或孩子的基因，一般是与子女的利益一致的，这也是尊重父母的自主权和子女的健康权。我认为，这些理由是有道理的，应该予以认真考虑。眼下，最好不要完全禁止生殖细胞基因治疗的探索，因为其前景令人神往；而应该积极积累经验，完善技术，在条件十分成熟时可以临床试验，渐次实施，但是必须慎之又慎，前提是绝对不能给患者和社会造成危害。2018 年 11 月 26 日披露的南方科技大学首例人类基因编辑婴儿（出于治疗艾滋病的目的）的诞生之所以遭到科学界的一致反对和声讨，是因为其存在巨大的技术风险和伦理争议。目前，诸多动物实验表明，CRISPR-Cas9 技术存在一定的脱靶率，会给人的基因造成不可修复的损伤。在保证百分之百不出错之前，是不可以用于人的。由于艾滋病病毒的高变性，即使把 CCR5 基因敲除，也无法完全阻断艾滋病病毒感染。另外，HIV 感染的父亲和健康的母亲一定可以生出健康的孩子，根本无须进行 CCR5 编辑。而且，CCR5 对人体免疫功能具有重要作用，其作为细胞趋化因子指导免疫细胞转移到感染部位。目前尚无科学实验证据表明，敲除 CCR5 后会对人体免疫功能造成何种影响。更重要的是，该项目是由有关科研人员和非正规的私立医院私下实施的，没有经过严格的伦理申报和审查，违背了学术规范和科研道德。[①] 对此，中国科学院学部科学道德建设委员会立即发表如下声明："我们高度关注此事，坚决反对任何个人、任何单位在理论不确定、技术不完善、风险不可控、伦理法规明确禁止的情况下开展人类胚胎基因编辑的临床应用。"[②]

基因增强（gene enhancement），指意在修改人类非病理特性的基因转移，意图在于增加或强化非病理人的某些性状或素质。基因增强与人的增强（human enhancement）是两个既有联系，又有区别的概念。二者都是对"人的优化处理"，都"以特殊的优化介入为基础"[③]，从而增强人的生理和心理能力，提高人的体力或智力，或添加人原本没有的功能，扩充遗传密码，使其超越常人，甚至使其高人一等，或者成为超人。不同之点

①　甘晓，李晨阳. 世界首例人类基因编辑婴儿诞生，科学家表示坚决反对、强烈谴责. 中国科学报，2018-11-27（1）.

②　中国科学院学部科学道德建设委员会关于免疫艾滋病基因编辑婴儿的声明. 中国科学报，2018-11-28（1）.

③　Edward N. Zalta. The Stanford Encyclopedia of Philosophy. Stanford：Metaphysics Research Lab.，2016：human enhancement.

是：前者的内涵和外延均小于后者，它只是达到后者的一种途径；比如，后者除采取基因增强达到目的外，也可以采用体育锻炼、智力培养、服用药物以及其他医术增强体能、智商、情商以及延长寿命。基因增强与基因治疗大相径庭：基因增强是针对正常人的，目的在于增强人的各种功能；基因治疗是针对患者的，目的在于恢复人的正常功能。

　　基因增强在伦理上面临许多挑战。其一，它所具有的风险和不确定性比基因治疗的更大，有可能给当事人或后人造成伤害。人类基因组是一个巨复杂的系统，各个基因之间的作用错综复杂，一个基因肩负多种功能，很难分出好坏优劣。强化某些基因，也许会削弱或干扰其他基因功能的正常发挥，扰乱作为一个整体的机体的新陈代谢，破坏身心平衡，而且在环境变化时，有可能起负面作用，甚至导致具有相同基因的人灭绝。其二，父母或当代人无权决定子女或未来人的遗传特征，这种决定是对后人的人权和自主权的侵犯。即使出于善意，也是强加于人，乃至造成所谓的德性恐怖。其三，它企图扮演上帝，改变人的性状和人性。人是道德主体，不是客体。随心所欲地增强基因、优化性状，是对人类尊严的严重亵渎。其四，它虽然可以增强人的某些性状和能力，但不见得能使人生活得更好、更幸福。因为幸福生活是在社会交往中通过自己的努力获得的。靠基因增强手术获取幸福，显得太异想天开了——这是典型的基因决定论。其五，它破坏人类遗传的多样性，会打乱自然长期选择的人类进化进程，突破自然和社会的限制，使人失去拥有自然原本赋予的基因组的权利，以至变成非自然的新人种——这难免会给社会带来难以预料的消极后果。其六，它会造成社会不公平，甚至导致种族歧视。个人经济状况不同，医疗资源也有限，把有限的资源投给富人，既是社会不公，也对穷人不公。这样做将导致强者更强、弱者更弱的马太效应，不仅无法逐渐达到社会平等，反而扩大了人与人之间的差距，加深了社会各个阶层之间的鸿沟，乃至酿成个人能力云泥之别、社会贫富分化加剧、种族歧视愈演愈烈的悲剧，从而堕入奥尔德斯·伦纳德·赫胥黎（Aldous Leonard Huxley）《美丽新世界》中所描述的敌托邦（dystopia）社会。

　　不过，也有人支持基因增强。他们认为：随着科学技术的不断进步，基因增强的风险和不确定性会逐渐减轻或消除。人有权利借助它改良或强化自己的生物学特性，现今的国际法也没有禁止如此做。平等并非生物学事实上的平等，而是基于法律上的平等，社会可以商定，先将新技术用于最需要者和弱者；退一步讲，即使承认它导致社会不公平，也只是社会不公平的一个因素，且是后来的、次要的因素；况且，每项新技术的出现，其受益公平都有一个长短不一的过程，不可能一蹴而就，像现今小轿车进入家庭，电脑、手机人手一部，都经历了这样的渐进过程。在人类的进化过程中，也不时发生基因突变，这并没有改变人性，也没有产生异类，基因增强不过是用人工代替自然加速基因变化而已。未来的世界和社会充满挑战，也可能突然出现灭顶之灾，只有更强有力的体魄和心理才能应对，这正是基因增强所要达到的目标。

从眼下的伦理观念来看，基因增强很难得到伦理辩护。对于基因增强引起的伦理问题和社会问题，需要审慎思考和耐心商讨，制定合理的、切实可行的应对策略。笔者认为，在当下，最好不要禁止这个方面的科学研究，在有把握的情况下，局部地、渐次地进行一些动物和人体试验。在技术未成熟、伦理审查未过关时，绝对不能把它用于临床和推向市场，以免给个人和社会带来不可饶恕的恶果。

§13.6　转基因

顾名思义，转基因（transgene, genetic modification）就是基因转移或基因修改（基因修饰）。它是基于分子生物学或基因技性科学理论，利用基因技术把一种或多种所需要的特定基因片段加以分离、提取或修饰，并把这种优质基因转移到某种生物体基因组中。经过重组基因组的生物其性状得以改良，或者增添了所期望的新性状，从而培育出优质的生物品种即转基因生物——也被称为遗传修饰的生物（genetically modified organism）。以转基因生物作为原料加工、制作的食品叫转基因食品。我们在以下主要涉及利用转基因技术培育的农作物及以其为原料加工、制作的食品，这也是现在规模化种植的农作物和商业化售卖的食品。

有人表明，转基因技术运用的工具更复杂，作用对象更微观，作用方式更特别、更复杂和更深刻，作用强度和控制能力更大，因此它与传统技术有本质性的差别。传统生物育种技术是手工工艺技术，在不违背生物本性和自然进程的条件下，仿效自然过程培育生物，是偶然的试错产物；而转基因技术是由分子遗传学理论引导的现代技术，它像一个建筑工程，根据人的需要，按照设计图纸，对基因进行切割、加工、拼接、组装、转移，以预置、摆置、促逼的方式，制造在自然环境下不可能产生的新物种，以服务于人类的特定目的。转基因技术突破了基因演化、遗传表征以及生物进化的历史时空限制和环境限制，产生了在自然演化状态下不能产生的生物。它的这种独特本质是让基因和生物适应转基因技术，而不是让转基因技术适应基因和生物，基因和生物被技术化了。① 当然，也有科学家不同意这些看法，他们揭橥，1970 年代末 1980 年代初启动的转基因生育育种技术只不过是一种更强大、更迅速、更有效的育种方式而已，与传统育种方法并无本质性的差异。其实，转基因在生物进化中并不罕见，自然界向来就有天然的转基因现象，例如玉米的花斑籽粒，甘薯基因组中的土壤农杆菌基因片段。②

自 1983 年美国培育出具有抗体的转基因烟草以来，各种转基因蔬菜、水果、棉花、粮食作物纷至沓来。美国 1994 年首次商业化种植延迟成熟的转基因西红柿，两年后用这种西红柿做成的西红柿饼出现在超市。此后，不少国家闻风而动，开始大规模推广转基因作物，其潮流势不可当。我国也不甘落后，农业部 2009 年为转基因抗虫水稻"华恢 1 号"和"Bt 汕优 63"颁发了安全证书，《国家中长期科学和技术发展规划纲要（2002—2020）》把"转基因生物新品种培育"列为 16 个重大专项之一。尽管如此，关于转基因作物和食品的伦理争论仍未停止，其争论规模之庞大、论辩之激烈、人数之众多、阵营之稳固都是空前的。在社会和媒体上，分成泾渭分明的"反转派"和"挺转派"两军对垒态势，形成剑拔弩张的局面。鉴于转基因作物和食品的伦理问题往往是粘连在一起的，我们在此一并叙述。

相较而言，反转派团结一致，对转基因作物和食品深恶痛绝，反对的伦理理由相对集中。

第一，危害人的健康和生命。由于基因转移和由此引起的生物效应难以精确预测，这种非天然的作物和食品可能引起毒素毒害、过敏反应、对抗生素的抗性、营养结构的破坏，从而危害人的健康和生命，其潜在的、间接的、长期的、累积的影响更是不得而知。据说，其中转基因作物的抗虫毒素会对脏器造成损害，转基因玉米花粉会致斑蝶幼虫死亡，转基因马铃薯会使实验幼鼠发育不良，如此等等。

---

① 肖显静. 转基因技术本质特征的哲学分析. 自然辩证法通讯，2012, 34（5）: 1—6.
② https://finance.sina.com.cn/chanjing/cyxw/2018-10-19/doc-ifxeuwws5824772.sht. https://www.360kuai.com/pc/9b00aeece04969393? cota＝3&kuai_so＝1&sign＝360_57c3bb-d1&refer_scene＝so_1.

　　第二，威胁环境和生态。转基因作物以可能导致基因扩散和基因污染，威胁食物链和生物系统的稳定与平衡，威胁生物多样性，破坏自然的基因库，从而威胁亿万年生物进化形成的自然生态系统，造成不可逆转的生态灾难。例如，若转基因作物的花粉与亲近它的野草杂交，会产生生命力极强、四处蔓延、除之不尽的超级野草，从而阻碍农作物和其他植物生长，使生态环境急剧恶化。类似的超级细菌、超级病毒等超级生命也可能突如其来，这是一幅十分可怕的末日图景。

　　第三，束缚和侵害农民。转基因种子公司为了获取最大利润而垄断市场，以保护知识产权为由，对种子进行节育，并与配套的除草剂、农药、肥料一起捆绑销售，侵害农民的收益，而农民在种植转基因植物后，也不得不日益依赖这些公司。据说孟山都公司（Monsanto Company）就是通过技术垄断和市场挤压，绑架农民，蚕食传统植物的播种面积，掠取高额利润的。

　　第四，损害消费者的权益。由于对转基因食品生产和销售监管不力，致使其公开地或非公开地进入市场，而对其可能产生的风险守口如瓶，甚至不粘贴标识或列举详情，这剥夺了消费者的知情权。

　　第五，利益分配不公。发达国家和大型跨国公司攫取大部分利润，而发展中国家和中小公司收益微薄。研发者、生产者、销售者从中也分得一杯羹，但农民和消费者所获甚微。而且，围绕转基因作物和食品的贸易争端愈演愈烈，技术壁垒和关税壁垒居高不下。

　　第六，可以沦为恐怖分子和邪恶国家手中可怕的生物武器。把不育转基因种子秘密输送到有关国家，或者把有致病基因的食品偷运进某些地区，都会造成大范围的饥荒或瘟疫，使无辜之人遭受灭顶之灾。

　　第七，威胁国家经济安全。没有核心技术或转基因专利的发展中国家，若贸然大力推进转基因作物和食品的产业化与商业化，很容易滋长依赖性，最终被资本和垄断公司牢牢控制，失去经济自主权，沦为经济殖民地。

　　第八，罪恶阴谋论。转基因是科学家和企业为了中饱私囊，联手编造的神话；是资本和权力勾结，精心打造的骗局；是强国霸权主义对弱国的经济侵略，是其实施人口灭绝罪恶阴谋的一个组成部分；支持转基因的科学家是被收买的国际推手和间谍。

　　面对这些驳难，有人认为转基因农业根本没有存在的必要，因为按照有关统计资料，目前世界的农产品基本上可以满足人类的需求。某些国家或地区的农产品短缺多由国内政治不稳定、产业结构不合理、制度不健全、经营管理不当、浪费严重以及国际竞争或角逐等原因引起，并非生产能力跟不上。转基因农业，是由资本的增殖强力、技术的自主发展、人对自然的意愿贯彻助推的，并不是现实的迫切需要。①

挺转派对反转派的观点进行了针锋相对的驳斥，他们列举的支持理由如下：

第一，转基因作物和食品对人的健康和生命不仅无害，而且有益。它们与非转基因作物和食品一模一样，并无更大的风险。截至目前，还没有发现其有害的确凿证据，因此是安全的。绝对安全的技术在现实中并不存在，总会有正负效应，关键在于做好评估和监管工作。事实上，经过反复试验和严格审查的转基因产品，其安全度比农药残留、违规添加剂、三聚氰胺和其他化学污染要好得多。而且，含有强化维生素和微量元素的转基因食品还具有预防营养不良与疾病的功能，对人的健康和生命以及公共卫生大有裨益。

第二，对环境和生态友好。转基因技术培育作物新品种的过程与天然发生的基因变异并非截然不同，加之技术比较可靠，再按照试验常规和伦理规范谨慎行事，一般不会破坏自然环境和生态稳定。而且，在转基因作物的种植和管理中可以减少化学品的使用，因此反而有利于环境和生态的改善。

第三，减轻农民负担。种植转基因农作物，可以减少对能源、农药、化肥等的用量，还可以简化耕作和管理，从而降低投入成本，加之产量明显增加，所以农民能够从中受益而不是受损。

第四，提高作物和食品的质量、品质。转基因作物具有人们所欲求的性状和特色，可以改善食物的营养和口味等，可以满足不同人的需求，从而提高人们的物质生活水准。

第五，能够实现基本的社会公平和合理的利益分享。达到这一目的，关键不在于转基因技术及其产品本身，而在于民主的政治、经济、法律体制和高尚的道德水准——这样才有可能借助制度约束和管控，做到互谅互让、公平分享。

第六，能够缓解人口增加对粮食供应造成的紧张和压力。因为转基因作物具有抗害虫、抗病害、抗杂草、抗倒伏、抗盐碱、抗干旱、抗洪涝等特点，可以适应恶劣的生长环境，因而大大提高了粮食的播种面积和单

①　齐文涛. 转基因农业为何闯至人前?. 科学文化评论，2015，12（6）：44-55.

产，使世人摆脱饥饿的威胁。

第七，对于国家发展而言不可或缺。推广种植转基因作物对保证国家粮食安全和经济发展不可或缺，培育转基因生物品种能够带来诸多好处和利益，我们必须看清世界大势，顺应时代潮流，紧跟科学和技术进步的步伐，把握先机，占领新的技术和产业制高点，否则将会在农业转型中落败，造成无法弥补的重大损失——这才是最大的风险和威胁。

第八，阴谋论是杯弓蛇影，风声鹤唳。转基因只是一种育种技术，孟山都只是一个研究和营利的公司；我们在使用新技术时要谨慎，在与有关国家或公司打交道时要清醒，但是没有必要事先将其妖魔化，或者抱着恐惧和恐慌心理而疑神疑鬼、进退失据、攻防失序。一句话，阴谋论可以休矣。

既然转基因技术能够带来诸多好处，为什么反转派还要不遗余力地反对和抵制呢？其原因主要有以下六点。一是对新技术的恐惧。由于新技术往往与传统差异甚大，人们又不完全了解它的现况，无法预知它的未来，加之其本身具有某种风险和不确定性，因而不免担心，乃至触发恐惧之情——这是正常的心理现象。但是，恐惧过度，以至失去理性，不分青红皂白地为反对而反对，就走过头了。有名人说过，最大的恐惧就是恐惧本身，可谓一语中的。二是先前一系列不安全事件引起的连锁反应。化工厂引起环境污染，砍伐森林导致泥石流，核威胁阴影笼罩，计算机病毒肆虐就不必说了，光是毒酒、毒奶粉、假药、假疫苗就足够触目惊心了。面对拿不准的转基因作物和食品，人们怎能不本能地拒斥呢？三是公众（以大量网民为主体）与科学、与科学家隔离，缺乏正常的交流和沟通。科学家抱怨公众对高精尖的科学和技术一无所知，公众怀疑科学家充当利益集团的喉舌。加上媒体的不科学宣传、不实报道和恣意渲染，双方的隔阂进一步加深了。四是政府失去应有的公信力或权威性。面对一些公共卫生和食品污染事件，各级政府反应不及时，信息不透明，有时甚至力图淡化、掩盖或隐瞒，从而使政府失去公信力，即使讲真话也无人相信其权威性。五是观念或文化冲突发酵。由于宗教信仰、民族习俗、文化传统不同，形成了一定的饮食禁忌，因此一些特定群体（比如穆斯林、素食者等）会拒绝某些含有特定基因片段的转基因食品。六是科学界自身的问题。科学有局限性，并不是全知全能的。转基因作物和食品既具有安全风险，也具有滞后性、长期性和不确定性。科学实验是在实验室简化的条件下进行的，面对转基因技术对健康、环境和生态的影响问题，其实验验证极其复杂、极其漫长，不是马上就能明察秋毫的。特别是，科学命题都是全称的，要否证转基因作物或食品是安全的结论只需一个反例即可，而要证实它是安全的则需要无数例证，这种证实和证伪的不对称性是导致反转派与挺转派争论不休的重要原因，也是科学界本身意见并不完全一致的缘由。当然，对转基因作物和食品非自然的责难，对转基因技术过分干预和侵犯自然的焦虑，也是反转派的反击武器之一，我们将在第十五章论述这类具有普遍性的伦理争端。

反转派的反对虽然或多或少地妨碍了转基因技术成果的推广和普及，但也不是一无是处。它有助于科学家更细心、更耐心地探索和研究，有助于各个利害攸关方进行交流和商谈，也有助于政府加速制度安排和监管机构建设。为了使转基因技术沿着造福人类的方向发展，有必要采取下述措施。

第一，以责任伦理管控风险，严防利益集团勾结。积极鼓励转基因研发，但是对于田间试验、推广种植、市场销售环节，必须严格控制，审慎实施。要以制度约束实施者，以责任伦理规范实施者，使其事先明白自己应该承担的责任，并为其导致的后果负责，以此预防风险和杜绝恶果。特别要警惕不法官员、业主、商人、专家、媒体结成利益共同体，沆瀣一气，狼狈为奸，坑害大众，危害社会。当然，不断完善检测技术和监控手段，把风险消灭在萌芽之时，也必不可少。

第二，健全与完善评估和管理体系。由于基因技性科学的特殊性，传统的成本效益、利害二分等评估模型已经退居次要地位，风险意识、安全系数、社会理性、伦理优先、公众参与等处于考虑的前列。要知道，在实验室精准的基因科学，一旦技术化后大范围推广，形成产业链和食品链，便很难精准预测其后果。因此，必须事先建立信息收集、筛选、评价、决策、审批的程序和法规，形成检测、监视、跟踪、反馈、调控、制衡、暂禁、叫停、终止机制，逐渐健全、完善专门机构与社会力量、专家与群众相结合的评估和管理体系。

第三，严格审批、放行准则。美国的转基因技术发达，相应的标准和制度也成体系。例如，针对风险程度的不同，确立层次多样、宽严相济、适时而变的审批和放行制度，兼顾安全和效率。同时，采用企业、机构、大众、专家的多元化沟通机制，以及灵活的登记、请愿、通知函、自愿咨询安排。[①] 不过，美国原来提出的实质等同性（substantial equivalence）

---

① 刘旭霞，刘钰. 美国转基因管理协调框架下的安全审批制度初论——以制度演进为视角. 自然辩证法通讯，2012，34（5）：31-36.

评价标准由于存在简单化约缺陷（实验不足、忽视过程、线性逻辑、缺乏历时、价值隐患），引发安全层面的不确定性而被放弃，而应该用科学风险举证性、评价操作合理性及利害取舍正当性取而代之。① 我国可以借鉴美国的做法，制定适合本国国情的审批、放行准则和法规。不管怎样，这些准则和法规需要在科学与伦理、科学理性与社会理性之间保持必要的张力。

第四，坚持专家与公众相结合的原则。科学理论的评价是由科学共同体担当的，但是科学的技术应用的评价必须有公众参与。这是因为，在技性科学中，科学家已经成为利益的相关方，他们的德性有时会失灵，无法不折不扣地坚持科学的祛利性和价值中立性的精神气质，无法担当真理代言人的角色；另外，公众与科学的技术应用利害攸关，而且完全拥有监督的权利。加之在处理问题时，专家与公众往往在价值上侧重和排序不同，思维框架有别，需要在沟通中找到交集，达成某种共识，以利于研究顺利进行和成果正常推广。因此，需要建立专家与公众的对话平台和商谈程序，这样不仅能够加速实际问题的解决，而且能够提升公众的科学理性、专家的伦理关怀，消除双方不应有的傲慢与偏见。

第五，加强科学传播的力度，大众传媒要正确发声。据社会调查，反转派一般科学素养不足，对争议关涉的科学内容和语境不大了解，使得在争辩时激情胜过理性，情绪言论多于论证说理；而专家有时社会责任感欠缺，放弃科学传播的职责，临场缺席。媒体有时为了追求眼球效应和点击率，往往肆意夸大、渲染，把严肃的科学与伦理问题戏剧化、娱乐化，甚至充满不实之词。必须纠正这种不良现象，力争把科学知识普及到社会各个角落，消除公众不必要的恐惧心理。

第六，积极寻找替代转基因作物的途径。在成本、效益大体相同或相差无几的情况下，尽量采用传统育种方法达到所需要的目标，就像袁隆平培育高产杂交水稻那样。同时，也要吸取我国古老的精耕细作和生态农业智慧，使之在规模化、机械化、数字化的现代农业中发挥作用，渐渐形成经济优势。这样做比较保险，也能够祛除反转派的疑虑和恐惧。当然，在传统方法确实无能为力时，可以适当利用转基因技术，比如培育彩色棉花。

针对我国的现实状况和未来发展，中央早在 2013 年就明确提出了大

---

① 徐治立，刘柳. 实质等同原则缺陷与转基因作物评价原则体系建构. 自然辩证法研究，2017，33（8）：56-60.

政方针：确保安全、自主创新、大胆研究、慎重推广。只要遵循这个总方向，制定具体的实施细则，并认真地贯彻落实，同时辅之以国际交流和合作，我们的转基因技术和转基因农业就可以上一个新台阶，给国人带来福祉，而不是酿成祸害。

§13.7　克隆和克隆人

1997 年 2 月，英国爱丁堡罗林研究所郑重宣布，克隆羊多利出世，立即在全世界引起轰动。这一破天荒的事件在伦理上激起轩然大波，因为多利毕竟是高级哺乳动物，与克隆人也许只有一步之遥。一时间，舆论哗然，众说纷纭，争执迭起，喜忧参半。

何谓克隆（clone 或 cloning）？"'克隆'这个术语在一般意义上用来指用无性生殖产生个体有机体或细胞的遗传拷贝，涉及一系列技术，包括胚胎分裂，将体细胞核转移到去核卵，以及用细胞培养建立来源于一个体细胞的细胞系。"① "克隆涉及创造细胞或胚胎的严格的基因复制。该过程自然地偶然发生在同卵双生的例子中。但是，随着基因技术的发展，可从另外的方式产生在基因上完全相同的细胞。科学家能够获取供体的卵细胞，去掉核，嵌入来自一个个体的体细胞之一。通过电流，此时这个卵继续发展为所捐赠的细胞核的基因复制品。"② "克隆是指以无性生殖的方式产生后代，其特征主要有二：一是亲子代遗传物质理论上完全相同，即具有相同的基因型；二是经克隆可产生大量具有相同基因型的个体，即可形成个体群或细胞群。"③

克隆的科学意义和社会价值是毋庸置疑的。它能够促进生物学特别是分子遗传学和分子生物学的发展，为生物科学和生命科学的研究提供强大而有效的技术手段；它能够对医学研究、疾病诊疗、生物医药研发起巨大的促进作用，能够为器官移植者和不孕夫妇带来福音；它能够克服动植物杂交的障碍，为培育优良和独特的生物品种带来重大突破；它能够为挽救

---

① 　HGUO 伦理委员会关于克隆的声明. 邱仁宗，译. 自然辩证法通讯，1999，21（4）：78.

② 　J. A. Parke，V. S. Wike. Bioethics in a Changing World. New Jersey：Pearson Education Inc. ，2010：442.

③ 　徐兰. 克隆的意义与价值标准. 自然辩证法通讯，1998，20（1）：65.

濒危物种助一臂之力，也有利于保护种质资源；它能够培育某些特殊的微生物和植物，用来分解和转化有害物质，对治理环境污染和生态修复大有裨益；而且，它能够为解决人类面临的其他现实问题提供诸多可能的思路和方法。当然，如果处置不当，它也可能引发负面后果，比如威胁生物基因和种群的多样性，破坏生态平衡和人的生存环境，损害现有的道德体系，等等——这正是人们争论的原因，也是我们要讨论的问题。

关于克隆技术的利用，目前不外乎三种观点：一概反对、全部支持、区别对待。前两者都比较极端，不足为训：一概反对者除了过虑和恐惧外，也是对克隆的科学意义和社会价值道听途说、一知半解；全部支持者则是盲目乐观，对具体问题缺乏细致分析和慎重考虑。区别对待者支持生物克隆和人的治疗性克隆，但坚决反对克隆人；不过，在进行动物克隆时，主张必须遵守关于试验动物的福利原则，并且要严防病源跨物种感染和基因多样性的流失。

人是道德的主体，而且在某种意义上是先天的主体，因此关于人的克隆就成为一个必须正视的伦理问题。关于人的克隆，存在两种情况："在治疗克隆（therapeutic cloning）中，目标是能够生成细胞、组织或器官。如果这个人需要骨髓捐献、皮肤移植，那么我们总是能够发育完美的适配备用的器官，它们不会引起排斥的危险。在生殖克隆（reproductive cloning）中，目的是导致后代出生，该后代在遗传学上等同于体细胞供体。"① 在国际人类基因组组织伦理委员会 1999 年 3 月关于克隆的声明中，按照克隆的目的把人的克隆（human cloning）细分为生殖性克隆、基础性研究和治疗性克隆。声明明确表示："在人和动物身上用体细胞核移植进行基础研究，以探讨种种科学问题，包括研究基因表达、研究衰老以及细胞'凋亡'，应该得到支持。这种研究应该符合在'关于遗传研究正当行为的声明'中概括的伦理要求。……研究利用克隆技术产生出特定细胞和组织（如皮肤、神经或肌肉）用于治疗性移植应该得到支持。"② 但是，对于生殖性克隆即克隆人，考虑到"对在一个现存的人的核内从遗传信息长出一个人的可能性表示深刻的不安，'生活在'一个已经存在的人的'阴影中'对克隆出的孩子的潜在影响，对亲子和兄弟姐妹关系的可

① J. A. Parke, V. S. Wike. Bioethics in a Changing World. New Jersey：Pearson Education Inc.，2010：442.

② HGUO 伦理委员会关于克隆的声明. 邱仁宗，译. 自然辩证法通讯，1999，21（4）：79.

能影响"①，声明则不予支持。2002 年，联合国禁止生殖性克隆人的国际公约特委会会议通过决议，旗帜鲜明地禁止克隆人。中国代表团严肃宣布："在任何情况、任何场合、任何条件下，都不赞成、不允许、不支持、不接受生殖性克隆人的实验。"②

人们之所以支持治疗性克隆，是有一定的伦理依据的。有人认为，尽管人类对早期人的胚胎无疑具有尊重与保护的义务，以经济或其他医疗之外的科研为目的的胚胎研究是不道德的；但是，这种保护在某种特定情况下也允许有例外，那就是它必须服从于一个更高的道德目的，即解除人类遭受病魔摧残的痛苦，挽救无数病人宝贵的生命。在这里，起决定作用的是人类的感受性——这包括感知者主体（14 天内的胚胎）的感受性与被感知者（病人）的感受性，前者往往取决于后者。我们对前者的道德感受性在这种特定情况下比起对后者要弱得多，这可以说是我们对治疗性克隆进行论证的最强的而且是先验的哲学理据。③ 这就是说，早期胚胎并不拥有道德主体的地位。既然人工流产在许多国家获准，脑死亡人的器官可以摘取，那么利用早期胚胎做克隆治疗就理应没有什么伦理障碍。更何况，若是克隆胚胎，它与男女双方产生的有性生殖胚胎并不相同，无论用于克隆治疗还是用于克隆研究，都应该更无问题。也许正是出于这些理据，英国下议院 2000 年底颁布法案，允许从早期胚胎提取干细胞培育与供体相同的细胞或器官，以解决人体器官来源稀缺和异体排斥的难题。

尽管治疗性克隆得到国际人类基因组组织的肯定，也基本上是世界共识，但还是有少数人反对。其反对理由一是公正，二是风险；尤其是人类胚胎具有道德地位，把它当作工具利用是伤害人的尊严，是侵害生命。关于公正问题，我们已经讨论过了。至于其他，都是一些关涉根本性概念的现实问题，我们将在后面详论。不管怎样，在这里必须严密注意由治疗性克隆滑向生殖性克隆的危险，需要通过政策限制、法律禁止、监管到位、责任落实、道德自律，严防这一危险降临。

至于生殖性克隆或克隆人，几乎可以说是人人喊打，许多人把禁止它

　　① HGUO 伦理委员会关于克隆的声明. 邱仁宗，译. 自然辩证法通讯，1999，21（4）：78.

　　② http：//www. ebiotrade. com/newsf/2002-3/L200235121325. htm.

　　③ Gan Shaoping. Brain Death/Brain Life：An Argument for Therapeutic Cloning// Wen-chao Li，Hans Poser. The Ethics of Today's Science and Technology：A German-Chinese Ap-proach. Berlin：Lit Verlag Dr. W. Hopf，2008：208-211；李醒民. 中德科学技术伦理研讨会在德国首都柏林举行. 自然辩证法通讯，2003，25（6）：102-105.

视为道德命令，许多国家和国际组织也明文将其列为禁区。但还是有极少数人力挺克隆人，他们的理由是：使人长生不老，生命永存；为不孕夫妻提供生儿育女的方法；死而复生，满足思念故去或罹难亲人的愿望；解决特殊人群的需求，比如同性恋者；创造执行特殊任务的人，例如星际航行员；复制伟大天才；提供移植器官的供体；有助于科学研究和技术创新；如此等等，不一而足。

反对者除了认为克隆人违背生命伦理学和技性科学研究与应用的一般伦理原则，还提出了其他反对理由，其中包括对上述力挺理由的直接反驳。这些反对理由是：克隆人成功率极低，出生怪胎、畸形、严重残疾的概率极大，这样做很不人道；仅仅为满足极少数人的需要，而花费大量社会资源研究和试验，这既不公平，也不合理；作为器官供体或作为科学研究对象，这不合伦理，更侵犯人权；同性恋者并非唯一与基因有关，这是需要解决的小众社会问题，没有必要多此一举去克隆同性恋者；定向克隆特殊职业人或星际航行者有可能违背其意志或选择权，是强加于人；破坏既定的人伦关系，引起伦理混乱；导致性爱分离，颠覆两性结合的生育模式和传统的性伦理，促使家庭解体；在克隆操作中，妇女始终被作为造人机器，这无视其尊严；天才与后天努力分不开，在较大程度上是社会和机遇的产物，相同基因型的克隆人不见得能够成为天才和优秀人物，况且这很容易重蹈优生学的可怕覆辙；克隆事先可知性别，会造成人口男女比例失调；不论克隆者还是被克隆者，处境都会与常人不同，从而产生一定的心理障碍；可能引发一系列社会灾难，例如制造优等种族、低智商奴隶、犯罪分子、人兽杂交怪物等，瓦解民主、自由、平等的社会结构；长生不老销蚀生命的价值，淡化人生的意义，是祸而不是福；退回无性生殖，违背进化规律，使基因退化，丧失遗传多样性；如此等等，不一而足。

类似的理由还可以再举出一些。不过，这些理由都不是根本性的，有些甚至是可以适当化解的。康德曾经提出这样的道德律令："在全部造物中，人们所想要的和能够支配的一切也都只能作为手段来运用，只有人及连同人在内的有理性的造物才是自在的目的本身。因为他凭借自由的自律而是那本身神圣的道德律的主体。"[①] "人（与他一起的每一个有理性的存在者）就是自在的目的本身，亦即他永远不能被某个人（甚至不能被上

———————————

① 康德. 实践理性批判. 邓晓芒，译. 北京：人民出版社，2003：119.

帝）单纯用做手段而不是在此同时自身又是目的。"① 在生殖性克隆中，并未把克隆人当作道德主体看待，他或她不是目的，仅仅是工具而已。这种工具主义的做法是对人性的严重亵渎，是对人的尊严的大不敬，也是对克隆人的无情伤害——这样的复制品先天就失去了自己的唯一性、独特性、自主性、偶然性和未来的无限可能性。

　　事情并没有到此止步。生殖性克隆人能不能禁止、该不该禁止的争论恐怕会一直延续下去。对此，不负责任、放任自流固不足取，但把话说绝、食古不化亦非明智之举。我觉得，边走边瞧、审时度势、未雨绸缪、与时俱进恐怕是可取的中道。退一步讲，即使在水到渠成时出现了克隆人，也是微乎其微的，不至于给社会带来祸患，给环境和生态带来灾难。要知道，仅仅依靠基因突变和自然选择，在当今几乎无法使人类身心进化；只有借助克隆、基因编辑、生物合成等技术，才可能做到这一点。谁晓得人类将会面临多么严酷的挑战和威胁呢？人类现有的身心状态能够应对这样的突然袭击吗？人类不改良、不进化能够完好地生存下去吗？如此发问，并不是杞人忧天，也许就是未来某个时候人类不得不直面的问题。因此，我们必须有所准备，方能化险为夷、长袖善舞。在这个方面，科学家和技性科学可以有所作为。不过，科学家必须戒除争名夺利的思想，消弭浮躁激进的作风，调整好大喜功的心态，脚踏实地，勇于创新，一步一步地稳步前行，在科学知识储备充分时再考虑其技术应用——不用说，一切都应该以技术的善用（而非误用、滥用和恶用）、增进人类福祉、有益于人类的未来目标和归宿。在这里，记住法国科学家、科学史家和科学哲学家迪昂（P. Duhem）的睿智之言也许是很受用的："逻辑是永恒的，因为它能够忍耐。"②

§13.8　合成生物学

　　合成生物学（synthetic biology）是 21 世纪即后基因组时代基因技性科学开创的一个新兴的交叉学科或会聚学科。所谓合成生物学，即基于分子生物学、基因组学、工程学等学科，通过生物技术和基因技术，对现有

---

① 康德. 实践理性批判. 邓晓芒，译. 北京：人民出版社，2003：180.
② P. Duhem. The Origins of Statics：The Sources of Physical Theory. Dordrecht，Boston，London：Kluwer Academic Publisher，1991：XVⅱ.

生物进行重大改造，或创造出自然界不曾有的生命或生物新品种，故而也被称为人工合成生命或人工合成生物。它实际是对现有生命或生物的重新塑造，或者利用天然的与人工的生物元件和模块、基因组片段、单细胞和多细胞系统建构或制造全新的生命或生物。我们此前涉及的干细胞、转基因、克隆以及将要提及的嵌合体，大体上都可以被包括在广义合成生物学的研究和应用范围之内。

　　与传统的生物学相比，合成生物学的最大特点是，利用技术或工程中的设计理念，在设法降低生物系统复杂性的前提下，利用预先制造好的各种标准化生命元件和生物模块，对准预定目标，像设计逻辑电路那样设计基因回路，然后加以拼接、拆卸、组合、装配，制造具有预想特性和功能的新生命体，达到控制生命的目的，建构新的生物系统。它不只是对现有的生命体进行干预，更是工业化或工程化的设计与建造——这是全新的科学方法论的变革和技术范式的转换。诚如拜尔茨所言："不管自我进化的思想有没有实现的机会，但它毕竟反映了生物学从分析科学向合成科学的根本转变。而优生的对象、方法和主体也随之发生了根本性的变化：（a）作为其基础的人的形象，不再是一个宏观的有机体，而是一台按照分子结构建造的生物化学机器；这台机器的'参数'，通过巧妙的干预几乎可以任意进行修改；（b）技术方法不再依据动植物培育的实践，而是遵照合成化学的模式；（c）技术的概念发生了变化，与此相应，技术人员也变为另外一种形象。例如，他不再是一个以增强有机体已有特征为目标的育种员，而成为一个化学工程师，他的工作是用一系列原材料合成一种具有所期望特性的新物质。于是，设计和建造代替了进化。"① 有人这样评论："合成生物学的崛起，突破了生物学以发现描述与定性分析为主的所谓'格物致知'的传统研究范式，为生命科学提供了'建物致知'的崭新研究思想，开启了可定量、可计算、可预测及工程化的'会聚'研究新时代。它不仅将人类对生命的认识和改造能力提升到一个全新的层次，也为解决与人类社会相关的全球性重大问题提供了重要途径。……合成生物学区别于其他传统生命科学的核心，是其'工程学本质'，主要体现在两个方面。（1）其'自下而上'的正向工程学'策略'。因此，元件标准化→模块构建→底盘适配，包括对生命过程遵循的途径、网络的组成及其调控的认识及'正交化生命'的设计与构建，是其最核心的研究内容；而人工

① 拜尔茨. 基因伦理学. 马怀琪, 译. 北京: 华夏出版社, 2001: 76-77.

线路（包括新一代的'代谢工程'）的构建，就是其最重要的工程化平台。（2）目标导向的构（重构）建（建造）'人造生命'。因此，'自上而下'地构建'最小基因组'或'自下而上'地合成'人工基因组'，是合成生物学另一个最核心的研究内容；大片段基因组操作和改造，以及大规模、高精度、低成本 DNA 合成，是其最重要的两大使能技术；而基因组（包括原型细胞的合成等'细胞工程'）的构建，是其最重要的工程化平台。"①

自 2010 年美国科学家文特尔（John Craig Wenter）等人创造出人工合成细胞山羊生殖道支原体辛西娅后，合成生物学的发展如虎添翼、突飞猛进。最近三四年（2015—2018 年），中国科学家相继做出了卓越贡献：修改自身胚胎基因结构以便彻底治愈 β 地中海贫血症，改造病原基因组序列生产高效减毒活疫苗和药物，真核生物酵母长染色体精准定制合成或酵母染色体融合，分子模块设计育种。科学家之所以全神贯注于这个新兴领域，是因为它具有深远的科学意义和广阔的应用前景。

合成生物学研究的科学意义在于，它推翻了人们对生命的固有认识，使我们能够从简到繁、由点及面地理解生命的本质和生物进化的奥秘，品味生命产生思维、思维创造生命的奇迹；它与计算生物学、基因编辑学等学科和技术相结合，为生物学和医学的理论研究与应用研究提供了崭新的思路和工具。在技术应用方面，它可谓前程锦绣：在育种方面，它投资少、见效快，可以按照设计图定向改造或创造高产优质、物美价廉的动植物品种，中国科学院的"分子模块设计育种创新体系"已经初见成效②；在生物医药和材料方面，已经生产出各种酶、疫苗、抗体、激素、胰岛素、脑啡肽、血清蛋白、凝固因子、生长因子等；在能源方面，生物质能源、植物新品种、高效光合作用水藻、微生物合成燃料等已经涌现或正在研制；在治理污染方面，可利用具有专门功能的合成细菌或微生物清理油

---

① 赵国屏. 合成生物学：开启生命科学"会聚"研究新时代. 中国科学院院刊，2018，33（11）：1136.

② "2013 年 11 月，中国科学院布局了战略性先导科技专项（A 类）'分子模块设计育种创新体系'。……专项以水稻育种为主，小麦、鲤鱼等育种为辅，利用野生品种、农家品种、主栽（养）品种以及优良种质资源，解析高产、稳产、优质、高效等重要农艺（经济）性状的分子模块，揭示分子模块系统解析和耦合规律，优化多模块组装品种设计的最佳策略，建立从'分子模块'到'品种设计'的现代生物技术育种创新体系，培育新型的超级农业生物新品种，从整体上推动我国生物育种技术的健康、快速发展，以满足我国乃至世界农业发展的重大需求。专项实施 5 年来，已初步建立从'分子模块'到'品种设计'的现代生物技术育种创新体系，是颠覆传统育种技术的大胆实践和成功探索。"［薛勇彪，种康，韩斌，等. 创新分子育种科技，支撑我国种业发展. 中国科学院院刊，2018，33（9）：896］

污、分解垃圾、净化水体和空气。

但合成生物学也存在一系列风险和伦理问题。其主要的风险是：人工合成的病原体或病毒万一从实验室逃逸，则会对人的生命构成威胁，甚至影响到子孙后代，或被敌国或恐怖分子用作致命的生物武器；所制造的生命可能具有难以预料的负面作用，从而危害人或生物原有的生存环境；污染自然基因库；合成生物生命力强，具有进化优势，排斥其他生物，破坏生态平衡；基于 CRISPR-Cas9 等基因编辑工具的基因驱动技术，能够使某些基因具有遗传优势，若被改造的是绝育或致命基因，则可能会使某一物种灭绝，其后果是未知的和可怕的。合成生物学在伦理上受到的主要指责是：自不量力，狂妄自大，企图扮演上帝的角色；把新生命强加于自然，挑战自然法则和自然进化；少数人没有操纵生命或设计人的权力，没有主宰人的未来和后代的命运的权力；人成为被摆弄和掇弄的对象，从而侵害人类的尊严。鉴于这些指责涉及技性科学——尤其是基因和人工智能技性科学——的普遍性、根本性的伦理问题，我们将设专章辩驳。

在合成生物学研究中，最引人注目、最具伦理争议的领域，非嵌合体（chimera）莫属，尤其是人-非人动物嵌合体或人兽嵌合体（human-non-human chimera）。所谓嵌合体，其词源虽然来自希腊神话的狮头、羊身、蛇尾的吐火女怪喀迈拉，但是今日研究和创造的嵌合体并不是可怕的怪物，也不会吐火毁物或张口吃人。有文献对嵌合体概念做了界定和厘清："嵌合体是指一个机体身上携带的细胞来自两种或两种以上同种或异种物种的受精卵的生物体。新生物体由两个不同来源的细胞'拼凑'组成。嵌合体的每个细胞含有仅来自其中之一的生物的基因。与转基因相反，不同来源的 DNA 不在单个细胞内混合。在嵌合体组织中发现的细胞的'混合物'不会传给子孙后代。嵌合体可以自然发生，包括在人类中。例如，发育中的胎儿的细胞可以留在母亲体内，母体细胞也可以存在于发育的胎儿中。这些不同的细胞群来自同种物种即被称为种内嵌合体，来自不同物种的被称为种间嵌合体，存在较大争议的是种间混合体研究。种间混合体除了嵌合体形式，还有杂合体（hybrids）。杂合体是指形成的动物每个单个细胞携带者有来自两种不同物种大致相等的遗传物质，是通过由异种间交配或遗传物质融合得到的，比如杂合体骡子就是马驴杂交产生的后代。按照目前的情况来看，人与非人动物之间的这类杂交存在着种系之间的'生殖隔离'，即因为生殖方面的原因使得不同种生物之间不能交配，即使交配也不能产生有生殖力的后代的现象。因此我们所担心的人兽杂交形成新物种的实际发生可能性非常低。无论是嵌合体还是杂合体都属于种间混合体，涉及相似的伦理学问题……一般放在同一伦理框架内进行讨论，其中争议较大的是 HNH 嵌合体研究。"① 在 21 世纪，科学家已经培育出由人类脑神经元和鼠脑神经胶质组成的活体鼠，人兔混合胚胎，含有 15% 人体细胞的绵羊，人猪嵌合体胚胎，等等。

对于基础医学和临床医学的飞速进步而言，人-非人嵌合体研究意义重大。嵌合体动物身体含有人的组织和遗传要素，可以利用其作为实验动物供体和药品试验受体，并由以建构医学模型，因而能够促进对疑难病症发病机理的认识和治疗方法的创新。利用细胞和基因剪刀把人的干细胞导入动物胚胎，把由异种供体生成的器官移植给病人，可以免除排异反应，大大提高手术的成功率和延长患者的寿命，另外还可以解决干细胞或其他研究中人的卵子不足的难题。要知道，人-非人嵌合体与人的相似度越大，其作为科学研究和技术应用的价值就越高——这是生命科学的新曙光，这是现代医学的新天地。

人-非人嵌合体引起的风险和伦理质疑与合成生物学的基本类同，不过反对声势之浩大、情感反应之激烈，则是前所未有的。诚如汉斯·乔纳斯（Hans Jonas）所言："只要一想到动物和人之间遗传物质的交换，以及人-动物的混种，便会感到恐惧——每想到此，那些古老的、早已遗忘的'亵渎''可憎'之类的字眼便跳了出来。"② 在这里，我们不重复已述的伦理反对理由，仅仅列出几篇专题文献③供读者参阅。需要强调的特殊

---

① 孙彤阳，翟晓梅. 人-非人动物嵌合体的术语特征及伦理问题研究. 中国医学伦理学，2018，31（8）：982-983.

② 拜尔茨. 基因伦理学. 马怀琪，译. 北京：华夏出版社，2001：78.

③ 除了上面孙彤阳、翟晓梅的论文外，还有两篇是：滕菲，李建军. 人兽嵌合体创造和应用研究中的伦理问题. 自然辩证法研究，2011，27（3）：77-81；张挪. 涉及人类神经系统的人兽嵌合体的伦理思考. 自然辩证法通讯，2018，40（8）：15-20。前文提出了这样的伦理问题：人兽嵌合体的创造和应用研究是否跨越了伦理底线，会导致人类自我的认同危机，有损人类的尊严？人类应该允许还是禁止人兽嵌合体的创造和应用研究？人类应该在何种程度上，通过何种机制来规避由此产生的各种社会风险？主要的伦理反对依据是：基于直觉的反对，即厌恶智慧；来自文化心理的防御，即扮演上帝的角色；理性的伦理关注，即违反人类尊严。文章作者认为，这类研究应该按照有关国际认可的原则进行，如公众受益原则、负责任管理原则、学术自由和责任原则、民主协商原则、公正和公平原则、预警原则等。后文指出，人兽嵌合体之伦理争议的焦点是：与自然的自发性背道而驰，破坏物种的完整性，违背直觉上的道德禁忌——这些都是可以消解的。目前关注的核心问题是：涉及人类神经系统的人兽嵌合体是否将侵犯人类尊严？文章作者认为，若将人类神经系统嵌入动物体内，人兽嵌合体大脑中产生的前额叶皮层会使其产生至少最低程度的自我意识，因而侵犯人类尊严，应该予以禁止。

之点是：对于包含人的神经系统和涉及人类近亲灵长目动物的嵌合体研究，现在一般是禁止的，是否可以开绿灯，还要认真讨论、周密决策。即使发放通行证，也要在技术成熟时谨慎行事，因为这些动物具有一定的意识和道德地位。

第十四章　人工智能与伦理

重阳节书于侵山抱月堂
正是秋意甚浓时，登高赏叶最得宜。
却喜侵山醉书堂，挟仙抱月逸思驰。

——李醒民

　　人工智能也属于技性科学的范畴，或者说是技性科学的一个分支或门类。自 20 世纪 50 年代图灵（Alan Mathison Turing）萌发机器思维的设想，明斯基（Marvin Lee Minsky）、西蒙（H. A. Simon）、麦卡锡（J. McCarthy）和盘托出"人工智能"概念后，人工智能就获得了长足发展，例如阿佩尔（K. Appel）在 1976 年运用两台不同的电子计算机，经过 1 200 小时和 100 亿次逻辑判断，终于证明了数学家 100 年都无法解决的四色定理。在 20、21 世纪之交，它更是突飞猛进，捷报频传。特别是最近数年，关于它的轰动事件不时见诸新闻媒体和报端。继 1997 年国际象棋世界冠军卡斯帕罗夫（Гарри Кимович Каспаров）落败 IBM 公司的"深蓝"后，阿尔法围棋（AlphaGo）在 2016 年完胜国际围棋大师李世石；2017 年，微软机器人"小冰"推出原创诗集《阳光失了玻璃窗》，并在报纸开设诗歌专栏；同年，清华的机器人"九歌"创作的近体诗写得有模有样，顺利通过图灵测试；2018 年，在全球首场神经影像人机大赛中，中国国家神经疾病人工智能研究中心研制的"BioMind 天医智"击败全球 25 名神经系统疾病诊断专业人士组成的团队；……难怪"人工智能"能够闯入 2017 年度中国媒体的十大流行语。情况正如虚拟世界矩阵中的墨菲斯（Murphys）所言："在 21 世纪早期的某个时刻，全人类将在庆典中联合起来。我们惊异于我们的伟大，因为我们创造了人工智能。"[①]

---

① https://cs. stanford. edu/people/eroberts/courses/soco/projects/2004−05/ai/index. html.

　　不过，伟大的人类创作的这一伟大的科学和技术成果，在赋予人类诸多好处和无限美景的同时，也带来不少伦理难题和烦恼，甚至引起了某种程度的危机和惶恐。这一切，正是我们本章直面的主题。

§14.1　何谓人工智能？

　　按照字面而言，artificial intelligence（人工智能）中的 artificial 是人工的、人造的、人为的意思，其中含有仿照自然界的事物制作的或生产的之义——这个词的含义明确，不会引起歧义。至于 intelligence，意思是智力（中文的"智力"指人认识、理解客观事物并运用知识、经验等解决问题的能力，包括记忆、观察、想象、思考、判断等）、理解力、聪颖、灵性、智能，现在选取"智能"译之。有本英语词典对 intelligence 是这样释义的：学习或理解或处理新的或艰难的境况的能力，相当于理性、理性的熟练运用；把知识用来熟练应付人的环境的能力，或者抽象地认为知识是用客观标准衡量（检验）的能力；有才智的实体，有才智的心智；理解的行为。① 英语词汇 intelligence 与 wisdom（智慧、才智、明智、知识、学问）的意思相差无几，中文的智能（智慧和能力）一词更是把智慧（辨析和判断、发明创造的能力）涵盖在内。我们之所以先不厌其烦地辨析词义，是为了以下的讨论有一个明晰的前提和坚实的立足点，因为有文献以为智慧远高于智能或智力：人工智能至多能接近人的智能，而无法达到人的智慧。

　　在对人工和智能两个词汇的含义有所理解之后，我们尝试给人工智能下一个定义。人工智能是一门新颖的技性科学，它基于计算机理论和方法，研究如何模拟、扩展、深化、开拓人的智能——如观察、记忆、判断、推理、证明、识别、感知、理解、学习、交流、思维、想象、设计、规划、行动等，并将其付诸技术应用。它是自然科学、社会科学、技术科学三者的交叉科学，也是涉及计算机科学、数学、控制论、信息论、系统论、心理学、语言学、哲学、伦理学、神经生理学、脑科学、认知科学、仿生学、经济学等学科的综合科学。人工智能技性科学既要创造和提出关

---

　　① Merriam-Webster's Collegiate Dictionary. tenth edition. Springfield, Massachusetts, U. S. A.：Merriam-Webster, Inc.，1999：608.

于人工智能的新理论，也要发明和制作在某种程度上类似人的智能，其目的是人的智能的外化，即让虚拟的或实在的人造智能做人的智能能够做的许多事情，其物化形式是具有各种外形和用途的智能系统、智能设备、智能组件、智能机器、机器人等。人工智能是人类依次从农业社会、工业社会走向智业社会的入门证，也是继机械化、电气化、自动化之后通向智能化的必由之路。

关于人工智能的分类，可谓见仁见智、五花八门。即便就人工智能的智能高低程度划分，也是各持己见、大异其趣。例如，有人把它分为专用人工智能或者窄人工智能（在特定的任务里面能够超越人类）、通用人工智能（常用的任务都能超越人类）、超人工智能或强人工智能（机器已经远高于人类的智慧）。[①] 有人借用图灵测试的观点，认为人工智能有三类：强的人工智能（拥有人类所拥有的全部认知能力，包括自我意识）、弱的人工智能（模仿人类智能）、特殊智力任务的人工智能体（artificial agent）（这种趋势已经能够预见）。[②] 依我之见，还是把它分为以下三类为好。（1）弱人工智能：按照既定的设计程序完成预先指定的任务，只能模拟或超过人的部分智能，如现今的各种工业智能机械、翻译机器、人脸识别、部分专家系统等。（2）强人工智能（亦称通用人工智能）：它具有相当的感知、思考、判断、决策能力和一定的独立性、自主性，可以针对外界环境做出恰当的反应，主动完成一些未预先设定的工作，具有深度学习和自我改进的能力；它在诸多方面模拟或超过人的智能，但是还远离奇点或临界点，依然处于人的直接或间接地操纵和掌控之中，像阿尔法围棋、无人驾驶、儿童看护和助老机器人就属于这种类型——尽管目前它们在整体上距离人的智能还遥不可及，但是借助新的算法和模型，并与网络的大数据和云计算相结合，其发展一日千里。（3）超人工智能：它或者沿着人的思维和意识模式进一步加以开发，或者另辟蹊径，采取不同于人的思维和意识的进路，从而全方位地赶上和超越人的现有智能，以至有可能脱离人的掌控——不用说，迄今为止这仅仅存在于当代人的想象中，或者显现在某些科幻电影和科幻作品中，至多是哲学思辨面对的对象和问题。

---

① 武延军. 人工智能发展分三个阶段，可助力教育发展. http://tech. 163. com/18/0117/22/D8CR4GKO00097U80. html.

② Shannon Vallor，George A. Bekdy. Artificial Intelligence and the Ethics of Self-learning Robots//Patrick Lin，Ryan Jenkins，Keith Abney. Robot Ehtics 2. 0：From Autonomous Cars to Artificial Intelligence. Oxford：Oxford University Press，2017：339-340.

　　有人从方法上把人工智能分为三类：符号主义、联结主义和行为主义。符号主义（逻辑主义）本质上认为知识是由客体的符号和这些符号之间的关系组成的，智能是这些符号和它们之间关系的适当操作。大量传统的人工智能研究就是在这种思想的推动下进行的。联结主义是一种基于神经网络及网络间的联结机制与学习算法的智能模拟方法，它从神经心理学和认知科学的研究成果出发，把人的智能归结为人脑的高层网络活动的结果，强调智能活动是由大量简单的单元通过复杂的相互联结后并行运动的结果。人工神经网络是一种具有大量联结的并行分布式处理器，具有通过学习获取知识并解决问题的能力。行为主义（进化主义）是一种基于感知-行动的行为智能模拟方法。这一方法认为智能取决于感知和行为，取决于对外界复杂环境的适应，而不是表征和推理；不同的行为表现出不同的功能和不同的控制结构，期望认知主体在感知刺激后，通过自适应、自学习、自组织方式产生适当的行为响应。① 还有人根据运作方向对人工智能进行分类。一派提倡自上而下的方法，即认知主义。这派学者提倡研究人类的策划、推理以及解决问题的能力，先赋予机器复杂的智力，再让它们去完成简单的行为。另一派则提倡自下而上的方法，被称为涌现主义，即不包括任何抽象概念或推理过程，只需让机器人对所感知到的刺激做出反应即可。这两派均取得了很大成就，尤其是近些年深度学习算法的提出与发展，成效显著。②

　　人工智能已经给人类带来巨大的利益，而且还将继续赐福于人类。例如，"无人驾驶的汽车承诺降低人类在路上的意外死亡率，它使交通变得有效率，而且节约能源。机器人医师利用庞大的虚拟医学数据，比受过训练的人类同行更高效地诊断病人。以群体控制的被分配任务的机器人，可以在执法人员看出迹象之前，很好地预测危险的暴徒行为。类似这样的以及未来可能会出现的一些应用，在保护人类生命、健康以及幸福方面潜在地服务于至关重要的道德利益"③。2018 年 7 月 9 日，中国发展研究基金会和微软公司在北京发布的报告中表明：人工智能不仅是前沿的科技和高

　　① 高华，余嘉元. 人工智能中知识获取面临的哲学困境及其未来走向. 哲学动态，2006（4）：45-50.

　　② 刘伟，赵路. 人工智能的若干伦理问题思考. 科学与社会，2018，8（1）：40-48.

　　③ Shannon Vallor, George A. Bekdy. Artificial Intelligence and the Ethics of Self-learning Robots//Patrick Lin, Ryan Jenkins, Keith Abney. Robot Ehtics 2.0: From Autonomous Cars to Artificial Intelligence. Oxford: Oxford University Press, 2017: 338.

端的产业，未来也可以广泛用于解决人类社会的一些长期性的挑战，包括克服疑难的疾病，提供低成本的医疗服务，为穷人和弱势群体提供高质量的教育服务，减少能源资源的消耗，从而使社会发展更加公平而可持续。① 尤其是，人工智能可以给人们带来闲暇，而闲暇是人的全面发展的举足轻重的前提。与此同时，如果观念落后，处置不当，行动不力，它也能产生副作用，甚至对人类构成严重的威胁。斯蒂芬•霍金言近旨远："强大的人工智能崛起，要么是人类历史上最好的事，要么是最糟的。我们应该竭尽所能，确保其未来发展对我们和环境有利。"② 为了使人工智能成为天使而非魔鬼，我们首先必须了解其中的伦理问题和风险因素，并采取必要的措施应对。下面，我们将依次探讨和论述与之相关的问题。

§14.2　人工智能伦理和安全

人们对人工智能的伦理感兴趣，确实事出有因。一是我们自由创造的事物，我们对我们自主选择的行为和人工智能的影响理应负有道德责任；撒手不管，听之任之，显然是不负责任的。二是人工智能已经深入我们生活和生产的各个方面，它与我们利害攸关，甚至涉及我们的生死（如智能医疗和无人驾驶），关乎我们未来的生存和发展，对此我们不可能无动于衷。于是，关于人工智能的伦理问题被紧迫地提上我们的议事日程。而且，"随着技术的力量越来越大、越来越复杂，它的收益和风险将并存。由于这个原因，人工智能的伦理将很快成为移动靶"③。这就要求我们紧跟人工智能的飞速进步，持续关注其中萌发的伦理问题。超人工智能仅仅是虚幻物，当然无现实的伦理问题——潜在的伦理问题另当别论。弱人工智能是人们的使用工具或生产工具，除了会导致一些工作岗位消失或工人失业，一般不存在多少伦理争议。因此，我们在本章讨论的人工智能伦理主要针对强人工智能而言，不用说，其结论也完全适用于机器人伦理，因

---

① 未来基石——人工智能的社会角色与伦理报告发布. http://baijiahao.baidu.com/s? id=16054980619527222178.wfr=spider&for=pc.

② http://people.techweb.com.cn/2017-12-13/2618095.shtml.

③ Shannon Vallor, George A. Bekdy. Artificial Intelligence and the Ethics of Self-learning Robots//Patrick Lin, Ryan Jenkins, Keith Abney. Robot Ehtics 2.0: From Autonomous Cars to Artificial Intelligence. Oxford: Oxford University Press, 2017: 350.

为人工智能涵盖机器人，人工智能伦理与机器人伦理基本上是等同的。在这里，我们准备讨论与人工智能伦理有关的四个论题。

（一）人工智能引发的一些伦理问题及其辨析和应对

第一，大量失业问题。人工智能或机器人严格服从命令，不折不扣地按操作程序做工，性价比高，吃苦耐劳且无怨无悔，因此目前已经蜂拥而入劳动密集型企业和生产流水线，替换做重复性工作的蓝领工人，甚至取代部分白领工作者，这不可避免地导致结构性的失业大军出现。但是，若应对得当，也不至于引起大规模的社会动荡。因为在旧工作岗位被消灭的同时，也创造了新的就业机会，比如人工智能或机器人的设计、制造、管理、维修等，以及由此衍生的其他职业，同时拉动了相关行业的发展。而且，下岗的劳动力也可以转移到各种服务业，或者经过技术培训、自我学习再就业。据说，高技术行业每增加一个工作岗位，就能带动其他行业增加四个岗位。特别应该指出的是，由于人工智能大大促进了生产力，积累了社会财富，国家完全可以在周密调查研究的基础上颁布合宜的法令，通过缩减工作时间和上班天数以增加就业机会，通过完善社会保障制度实施失业救济。其实，在历史上，纺织机、印刷机、火车、汽车、农业机械、电子计算机等新机器和新工具的出现，都曾经引起失业的忧虑、恐慌，乃至引发一些极端事件，但是最后都归于风平浪静。现实情况也表明，工业机器人近年在德国等国家的广泛应用，只不过引起人力资源的重新配置而已，并未出现失业浪潮。相反，历史已经证明，经济繁荣大都是采用新技术所致。解决该问题的关键在于，如何设法使绝大多数人从人工智能创造的红利中获益，而不是让极少数人攫取财富。

第二，算法偏见问题。人工智能基于的算法（数据采集和算法模型）貌似价值无涉，但实际是不透明的黑箱，并非完全客观和中立，往往包含价值取向，其中有可能隐含有意嵌入或无意疏失或无法预测的算法偏见，这些偏见容易导致种族、阶层、性别等方面的歧视。而且，这些算法经过深度学习后，往往会使歧视代码化，并形成歧视正反馈循环，从而固化与加大歧视的广度和强度，其危害是系统性的。实际上，这些偏见和歧视已经在咨询、教育、金融、安检、警务、司法等部门应用的机器人中出现过，如聊天机器人中有"不良少女"，图像识别人工智能将黑人错误标记为黑猩猩或猿猴。为了解决这个问题，算法必须保持透明，掌握算法权力的人必须袒露自身利益及其与他人和社会利益的冲突，向用户解释清楚，尊重用户的知情权。对于算法作恶者和滥用者，要坚决打击，绝不手软；

对于无意疏失者，要强化责任心，必要时追究其过失；对于无法预测的，一旦发现就要及时修补和改进，必要时对受害人进行经济补偿或法律救助。在这个问题上必须双管齐下：一方面，重视对人工智能设计人员的职业规范和职业道德教育，增进其自律意识；另一方面，加强监管制度和法律建设，固守算法决策和算法植入的公正性，对算法进行严格的伦理审查，把偏见消灭在萌芽状态，而对明知故犯者必须让其付出沉重代价。

第三，隐私泄露问题。在智能社会，个人的好多过往信息和实时状况都被记录在案，各种数据采集设备和专家系统很容易获取这些数据。加之人工智能需要海量数据供深度学习和决策，其中许多数据与个人隐私有关，因而易于造成隐私泄露，从而对相关人员造成伤害。在现实中，已经发现一些人的数据被他人非法窃取和利用，而且一些非法之徒借助数据挖掘技术，能够从杂乱无章的碎片信息中读出或算出个人隐私，甚至能够随时窥视个人信息。大量数据通过网络、云端、搜索引擎和其他交易手段频繁流动，使个人失去掌控能力。因此，在智能设计时要慎重考虑隐私泄露的可能性，运用各种加密技术进行预防。同时，有关机构或部门要加强监管，严惩非法盗窃者和使用者，乃至将其绳之以法。

第四，心理依赖问题。种类繁多的服务机器人和智能游戏进入人的生活，"人类与机器人的情感联系越来越紧密，这会刺激人类情感的反馈"，"人工智能的行为也会对人类造成有害的迷惑"，"很容易受其情感的操控"①。这使得一些与其相处的人沉迷其中，产生依赖、眷恋、厌世心理，甚至与其滋生感情、萌发爱情。于是，他们逐渐与他人和社会疏离，甚至与亲人关系淡漠，严重的还会受其操纵，从而影响个人的健康、生活、行为和决策。尤其是，缺乏自制力的儿童，沉溺色情和暴力的智能游戏难以自拔，遗祸无穷。这是社会必须严肃面对的问题，应该调动各方面的力量，采用各种行之有效的方法进行综合治理。

第五，使人懒惰问题。人工智能不仅能够代替人的体力劳动，而且能够代替人的脑力劳动，从而使人变懒惰，认知能力下降，自我麻醉，得过且过。不可否认，肯定会出现这种情况——这是人类的悲剧。不过，这种堕落恐怕只是少数人的选择。多数人还是会充分利用闲暇时间提高自己、

① Shannon Vallor, George A. Bekdy. Artificial Intelligence and the Ethics of Self-learning Robots//Patrick Lin, Ryan Jenkins, Keith Abney. Robot Ehtics 2.0: From Autonomous Cars to Artificial Intelligence. Oxford: Oxford University Press, 2017: 349.

发展自己，做更有意义的创造性工作；也可以读书、健身、旅游、交友、聚会、做志愿者，过健康向上的生活。自甘沉沦，不思上进，的确是个人的悲哀，需要自我反省，也需要他人帮助。社会不能袖手旁观，应该加强世界观、人生观、价值观的教育，鼓励媒体和舆论正面引导，创造积极进取的社会氛围。

第六，人格贬损问题。现在，人工智能已经在诸多方面超越人的能力，而且其发展势头大有取而代之之势。在自己的创造物面前，人有时难免感到血指汗颜、无地自容——人在体力上早已因大机器的出现而落败，人脑在人工智能面前也或多或少受到贬损。针对人工智能的工具合理性与人的存在价值的冲突，有学者提出这样的问题：人的存在的价值是不是应该完全用其能否适应智能机器来衡量？资本会不会通过人工智能取代人的头脑？人工智能对普通劳动乃至专业技术劳动的冲击，会不会在范围、规模、深度和力度上引发前所未有的全局性危机？人工智能的发展会不会与人的存在价值发生深层次的、难以调和的本质性冲突？对此，德国哲学家安德斯（G. Anders）指出，人们虽然一再强调"创造是人的天性"，但在面对其创造物时却越来越有一种自惭形秽的羞愧，这种羞愧堪称"普罗米修斯的羞愧"——在机器面前，这种"创造与被创造关系的倒置"使人成了过时的人！① 这些说法尽管有点绝对和过虑，但确实是值得我们深入思考、严肃应对的问题。对此，我们拟在下一章专门探讨。

第七，两极分化问题。在经济分配方面，随着智能经济、智能金融的发展，对人工智能的技术垄断和数据资源垄断日益加剧，造成所谓的数字鸿沟，从而形成数字穷人和富人、数字穷国和富国。加之人工智能与网络密切结合，出现所谓的网红经济，导致了多劳少得、少劳多得的不公平现象。这种巨大的反差与原有的贫富分化叠加在一起，使得贫者愈贫、富者愈富的马太效应愈演愈烈。在权力和权利方面，发达国家与发展中国家、跨国公司与中小型公司、企业与个人、强智强能者与弱智弱能者之间存在不对称，致使人工智能成为前者恣意横行的极乐土，成为后者苦苦挣扎的伤心地。在思想观念方面，人工智能借助网络助长，物以类聚、人以群分，把观点相近、利益相同的人聚拢起来，形成声势浩大的水军，给社会

① 段伟文. 人工智能时代的价值审度与伦理调适. 中国人民大学学报，2017，31（6）：98-108.

添乱；甚至把具有极端思想的人纠合在一起，造谣惑众，乃至制造恐怖事件。更为可怕的图景是，那些被隔绝在技术壁垒之外的人，在智能化时代成为毫无用处的多余人，甚至连被剥削的价值都失去了。被社会无情抛弃的人，有可能成为颠覆社会稳定的危险因素。两极分化问题是一个严重的、棘手的问题，各个国家以及国际社会都要格外关注，未雨绸缪，在疫情大规模爆发前就做好应对之策，否则后果不堪设想。

（二）关于人工智能的风险和安全问题的伦理分析与应对之策

风险和安全问题也是人工智能引发的伦理问题之一，同时上文讨论的七个问题也可以或多或少地看作人工智能导致的外部风险。在这里，我们对准的是人工智能本身内含的隐患造成的风险和安全问题。鉴于它是直接关乎人的健康和生命的重大问题，我们特地将其单独列出，详加讨论。

内在于人工智能的风险和安全问题，往往是由下述四种情况引起的。一是算法错误和理解错误。算法错误不管是有意的还是无意的，都会导致执行结果错误，造成生命或财产的损失，像自动驾驶汽车伤人，金融智能使股市动荡、崩盘，等等。人工智能也可能对新与境或新语境理解错误，从而导致某种恶果。令人担心的还不是可修正的错误，而是仅仅出现一次的错误——试想一下，要是这样的人工智能操控电力系统或交通系统，后果是多么可怕呀！二是安全漏洞。如今许多人工智能以云端和互联网为依托与平台，它们若含有漏洞，极易遭受黑客或敌对势力攻击，小则泄露个人或集团的隐私和秘密，大则使社会系统部分地陷于瘫痪，甚至威胁整个国家的安全。三是难以预测的安全风险。深度学习的人工智能自主性较强，程序一旦启动，它就处于设计者的管控之外。它是否会学习负面的东西，很难预测；它闯祸了，也很难找出原因、分清责任。四是人为滥用和作恶。比如，人为地把恶意算法植入商贸或金融智能，破坏整个系统，造成巨额经济损失；或者把攻击指令嵌入具有面部识别功能的无人武器，从事暗杀或恐怖活动——这种安全隐患防不胜防。

如何减少以至杜绝安全风险？只能是两手抓，两手都要硬：一是紧抓政府监管不松懈，二是紧抓业界、业者自律不缺席。关于政府监管，最典型的是美国政府在 2016 年发布的白宫报告《为未来人工智能做好准备》，制定了人工智能的发展路线和策略。其中包括鼓励协同创新并保护公众利益，为人工智能技术制定监管措施，确保技术应用是公正的、安全的、可控的。欧盟则在 2018 年 4 月由 25 个成员国共同签署了《人工智能合作宣言》，鼓励成员国在共同促进创新、增进技能和法律援助三个方面进行合作，达成人工智能研发与应用、安全与责任区分等 14 条一致性共识。我国对人工智能的发展也极为重视，近几年相继发布了《"互联网＋"人工智能三年行动实施方案》《新一代人工智能发展规划》《促进新一代人工智能产业发展三年行动计划》等一系列政策性文件，从战略层面引领人工智能安全、健康发展，其中包括诸多监管措施。① 此外，政府也有责任督导科学和教育部门、新闻媒体普及人工智能知识，加强风险防范教育。

关于业界自律，这方面的宣言、声明、规章、承诺等可谓积案盈箱。现在列举网络上公开发表的一些资料，如下：2017 年 1 月，在美国加州举行的人工智能会议上，业界签署了《阿西洛马人工智能原则》，以保障人类的利益和安全。在应该共同遵守的 23 项原则中，确定了研究目的是创造有益于人类而不是不受人类控制的智能，特别列出了安全性、司法透明性、责任、个人隐私、能力警惕、风险等条目。同年，腾讯提出自由、正义、福祉、伦理、安全、责任六原则，以确保人工智能走向普惠和有益。2018 年 6 月，谷歌发布由人担责、保证隐私、提前测试等原则，承诺不开发智能武器。微软设立道德委员会，把六大道德原则即公平、可靠与安全、隐私与保密、包容、透明、负责作为指导原则，并进行自我监督。2018 年 7 月 9 日，中国发展研究基金会和微软公司在北京联合举行《未来基石——人工智能的社会角色与伦理》报告发布会。该报告汇聚了两家机构在人工智能社会角色和伦理方面的思考与洞察，旨在推动人工智能的健康发展，使之更好地服务于人的发展。报告认为，要正视人工智能开发和应用中存在的挑战。这些挑战有些是技术性的，包括错误目的的开发、技术上的不透明和不可控、过度追求利润目标而不考虑技术上的平衡以及终端的误用和滥用。更严峻的挑战可能是社会层面的，包括对人自身认知的困境、社会互动协作方式的改变、数据和隐私的侵犯、不对称信息权力的滥用、数据和技术导致的垄断、偏见强化和族群对立、弱势人群的边缘化和贫困化，以及人工智能武器和恐怖活动，等等。报告呼吁，各国政府、产业界、研究人员、民间组织和其他有关利益攸关方，就人工智能开展广泛对话和持续合作，加快制定针对人工智能开发与应用的伦理规范和公共政策准则。在鼓励、引导社会研究和产品开发的同时，需要重视政

---

① 石建兵. 如何确保人工智能的安全. 光明日报，2018-09-19（14）.

特别酷似人的、惹人喜爱的机器人佼佼者。我们虽然不认为它们具有道德主体地位或电子人格，但是我们与它们的关系跟一般的人机关系有本质的不同：因软件作为双方交往、互动的耦合媒介而具有较高的智能和一定的情感，我们与它们的关系确实达到一种高等级的关系，甚或是亲密无间的关系。因此，我们要爱护和善待它们，把它们视为自己的好朋友、好伙伴、好伴侣，与它们和谐相处、共生共荣——也许它们的地位要高于宠物犬或宠物猫。

对于难以预测的未来，我们持开放态度。一旦人工智能和机器人有可能越过奇点，达到超人工智能的水准，我们在此之前就要严肃考虑其道德主体地位，也许就要像平等对待想象中的智慧的外星人一样善待它们。此时，商谈伦理学就要把具有电子人格的机器人包括在内，非人类中心主义伦理学或后人类伦理学的建构也会被正式提上议事日程。当然，人工智能能不能越过奇点，人类允许还是不允许它们达到超人工智能的水准，还是一个悬而未决的、有待讨论的问题。不过，在技术发展到很高的程度时，提前做好应对预案，也许并非画蛇添足、多此一举。

下面，我们论及人工智能的几个热门的研究分支和应用领域——机器人、无人驾驶、赛博格——中的伦理问题。

§14.3　机器人

我们在前面已经多次提到机器人，本小节拟对机器人"验明正身"，并论及几种已经比较广泛地涉足我们生活的机器人及其伦理。

机器人（robot）是捷克斯洛伐克小说家、剧作家恰佩克（Karel Capek）在其代表作《罗素姆万能机器人》（1920 年）中创造的一个词语，其捷克文词根原意是劳役、奴役、奴仆或奴隶。机器人虽然是人工智能的一个庞大族类，但是却有其独特之处，故与一般人工智能有所区别。目前，它们处于强人工智能之列，除了能够按照编程工作，还能够自我学习和自我更新，从而具有较高的感知、思考、行动能力，以及一定的自主决策能力和情感表露能力，可以与人和环境互动，并做出恰当的反应，一些在外形上还与人相像或酷似——像这样的机器人已经有点"人情味"和"人性"了，容易使人产生某种依赖感和依恋感。

机器人伦理除了遵循阿西莫夫的机器人定律以及我们前文论及的人工

智能伦理规范外，不同类型或不同用途的机器人还要遵循特殊的伦理要求。现在，我们列举五种试论之。

第一，儿童看护和教育机器人。这种机器人具有监护、教育、玩耍等功能，深受家长和儿童的喜爱，因为它们能够减轻家长的负担，给家长腾出自由支配的时间；它们能够寓教于乐，在相互作用中发挥儿童的个性，帮助儿童提升知识水平和动手能力；它们胜过一般玩具，是可以与儿童互动的开心玩伴。但是，机器人的看护毕竟不能完全代替亲人的看护，机器人的教育也无法替代家庭教育和学校教育，否则对儿童的身心健康、社会交往、安全感、真实感都会产生负面作用。因此，机器人的这种替换应该到什么程度为止，如何减少它们的不良影响，保证儿童的合法权利，就成为需要直面的伦理问题。业界和伦理学家应该尽早制定儿童看护和教育机器人的伦理规范与使用守则，设计者与制造商应该承担社会责任和道德责任，提升产品的技术水平和人文关怀含量，使家长和看护机构正确认识、恰当使用这类机器人。

第二，助老和助残机器人。在当今的老龄化和福利社会里，老年人的比例急剧增加，残疾人的保障水平也不断提高，需要社会投入大量的劳力和财力。为了减轻社会的沉重负担，助老和助残机器人适逢其会、应运而生。这种机器人不仅能够帮助老人和残疾人做包括吃、喝、拉、撒、睡在内的诸多事情，而且能够检测他们的健康状况，实现远程监控和诊疗，尤其是能够与他们聊天和交流，做他们的贴心知己，给他们以精神慰藉。但是，若处置不当，也会减少他们与家人的联系、与社会的交往，引发一些心理障碍和伦理问题。因此，必须认真对待，找出化解之道。有学者在两个层面做了详尽研究：一个是与护理对象的人格和尊严息息相关的伦理问题，另一个是关乎智能护理的不同社会群体的社会正义伦理问题。前者主要包括对护理对象的隐私权、心理健康权、知情权、自主权等多方面权益的保障问题，后者则主要包括社会资源分配、不同群体差异性考量等相应的正义、公平问题。这需要从政策制定、资源配备以及从业规范等多个角度，在综合考虑各种应对方案的基础上，构建理性的、人道的智能护理体系，以最终造福护理对象和整个人类社会。[①]

第三，咨询和诊疗机器人。如今，各种机器人专家系统被应用于身体检查、健康咨询、疾病诊断，取得了超越个体专家或一般医生的水

---

① 罗定生，吴玺宏. 浅谈智能护理机器人的伦理问题. 科学与社会，2018（1）：25-39.

平；各种手术机器人也进入临床操作，减轻或替换外科医生的劳作，而且效果更为精准。最近有报道称，用 DNA 制成的纳米机器人能够靶向识别肿瘤血管，精准输送、可控释放药物到肿瘤细胞，发挥较好疗效，临床应用前景可期。这种机器人的应用存在安全和责任方面的伦理问题：如何确保机器人运行和操作万无一失？万一发生意外或事故，在机器人独立工作或人机协同工作的境况下，责任如何认定或分担？特别是，医生与病人不接触或不直接接触，这便颠覆了传统的医患关系，是否造成心理隔阂，使患者缺乏精神宽慰？这些伦理问题都需要做出进一步的探究。

第四，情侣或性爱机器人。这类机器人要达到三个要求：与人的形态一模一样；像人一样灵活运动；有能力对生活环境的信息做出反应和解释，包括比较复杂的情感反应。[①] 与人在外形和"内心"相像这一点很重要，因为它们要与人进行亲密的情感交流和亲近的肢体接触。这类机器人既新奇又多样，甚至可以量身打造、按需定制，能够满足单身男女、宅男宅女等打发孤独、情感寄托和性交等欲求。尤其是，它们或婀娜多姿或体魄强健，性感十足且富有性技巧，能够使人获得全新的性体验，又无传染性病之虑，因而大受青睐，甚至导致性上瘾。据说，它们也能减少现实生活中的性犯罪。但是，这类机器人也向传统的婚姻体制、家庭伦理和性道德提出了诸多难题，发起了尖锐挑战，主要有以下数端。其一，情侣或性爱机器人与人是什么关系：是泄欲或性消费的工具，还是爱恋的性伴侣或和睦相处的夫妻？若是结婚或组成家庭，在伦理和法律上怎样定位与处理？由此还会衍生一系列问题，比如生育或领养孩子、财产享有和遗产继承、离婚等等。其二，由于与这类机器人生活在一起能够免去许多麻烦，自由自在地享受人生，从而导致结婚的人数减少，生育率大大降低，引发一系列社会问题。其三，一些人可能疯狂爱上情侣机器人，完全取代与人的性爱，这些瘾君子不仅自身健康受到影响，而且离群索居，失去正常的社会性——要知道人是社会性的动物——而难以融入社会。其四，性爱机器人进入家庭，容易导致夫妻猜忌或冲突、家庭观念淡化或婚姻破裂，威胁传统的夫妻关系和家庭伦理。其五，拥有者一旦不顺心，就可能把情侣机器人当作发泄怨气或怒气的对象，甚至虐待它们。一些性癖好怪异者也

---

① John Danaher，Neil McArthur. Robot Sex：Social and Ethical Implications. Cambridge，MA：The MIT Press，2017：5.

可能恣意玩弄它们，一些强奸臆想者也可能把它们当作纯粹的泄欲工具。另外，机器人若判断或行动失误，也可能对人造成伤害。其六，一般而言，性爱机器人多数是女儿身，这恐怕有歧视妇女之嫌，肯定会遭到女权主义者的强烈反对。对此，必须事先有周密的应对策略，设计者、制造者、使用者都应该承担自己应有的社会责任和伦理义务，谨言慎行，不要在条件不成熟时贸然行事。

第五，军用机器人或军事机器人。这类机器人包括后勤支援机器人和冲锋上阵机器人。虽然阿西莫夫定律规定机器人不能杀人，业界也纷纷承诺不从事军用机器人的研究和开发，但是在一个具有国家间性的世界里，由于没有权威性的所谓世界政府，现有的联合国又没有足够的执行能力，因而难以全面、彻底禁止军用机器人的研制，也在短时间内难以达成像禁止化学武器和细菌武器这样的国际公约来禁止军用机器人的研发。由于这类机器人毕竟具有有利的一面，即能在防暴和反恐中大显身手，能在极端恶劣的环境下作战，无须多少训练就可以上战场，无条件服从命令听指挥，在交战中可以大大减少兵员伤亡，而且在斩首行动、定点清除等特种战争中优势无比。而今，炸弹拆卸机器人已经用于反恐，扫雷机器人和察打一体无人机已经用于实战。军用机器人的出现使固有的战争形态大为改观，破坏力大为增加，从而引起一系列军事伦理连锁反应。其一，军用机器人的应用使误判风险大增，肯定降低了战争门槛，使战争更容易发生，我们应该容忍还是禁止关于它们的研发，无缘无故发动战争的罪责应该由谁承担？其二，军用机器人杀伤力大，是没有恻隐之心和人道精神的冷面杀手，加之人机协同作战使得责任主体模糊、责任转嫁容易，导致战争伦理失效和军人道德下滑。其三，在错综复杂、瞬息万变的战争环境中，加之敌方巧妙伪装和释放诱饵，即使军人有时也难以分清敌我、明辨军事目标和民用设施，更何况今日的机器人。这样一来，滥杀无辜将成为常态，这严重违背战争伦理和人道原则。其四，军事无人机随时从天而降，带有人脸识别装置的微型智能武器攻无不克，它们的使用使草菅人命变得易如反掌，从而让战场屠杀、官场谋杀、商场仇杀、情场暗杀防不胜防，而且难以追究真凶。想到此处，简直令人毛骨悚然、不寒而栗。鉴于以上所述的军用机器人的风险和伦理问题成堆，应该对其设计、制造和使用加以必要的限制，尽可能多地赋予其伦理判断和执行能力。更为重要的是，国际社会尤其是大国之间应该就军用机器人的潜在风险、技术扩散和现实伦理问题展开对话和协商，在相互妥协、求同存异的基础上取得某种共识，并逐渐形成关于军用机器人的国际法。

§14.4　无人驾驶

无人驾驶亦称自动驾驶或智能驾驶，指由人工智能作为驾驶员执行安全驾驶任务，它是一个由计算机、视觉识别、雷达探测、照相监控、卫星定位、车联网等部件构成的完整系统，人无须介入即可完成驾驶操作。无人驾驶已经或即将被应用于海、陆、空多种交通工具。目前，最成熟、最热门、影响最大、发展前景最看好、伦理问题最突出的无疑是无人驾驶汽车。这项技术的优越性是：安全性、精准性、灵敏性高，可以大大减少交通事故；能够节省人力，把人从驾驶的疲惫和紧张中解脱出来；可以缓解交通拥堵，降低排放污染；能够满足老年人、残疾人、智障人等的出行需要。正因为如此，它发展迅猛，现在已经开始试用，即将开始大规模商业化。但是，它也有一定的弊端：除了因故障和自动手动切换具有潜在风险（这两点可以运用新技术解决），还存在难以化解的伦理问题。本小节集中围绕无人驾驶汽车引发的伦理问题展开论述，其结论对于其他无人驾驶交通工具也大体适用。

无人驾驶汽车面对的首要伦理问题是：万一发生交通事故，给无辜者造成伤害，谁来担责？是无人驾驶人工智能本身、可切换驾驶人、无人驾驶汽车公司、设计者还是制造商？如果事故出于人工智能驾驶设计疏漏或制造瑕疵，那么当然应该由设计者或制造商担责。但算法程序是一个黑箱，加之即使编程正确，其后隐含的不确定性也可能引发设计者无法预测或控制的后果，而制造商又是严格按照设计图纸制造的，此时把责任完全归咎于他们就不大合适了。无人驾驶汽车公司只要公开招标，按照透明的操作程序采购，按照严格的管理模式管理，按理说是不应该担责的，至多是一点连带责任。可切换驾驶人在自动驾驶状态下不该担责；在能够避免事故而不主动、不及时切换到手动的情况下，是有一定的民事责任的，但这一点很难认定，因而只能是道义责任，至多应该受到良心谴责。不过，话说回来，既然是无人驾驶，总不能始终要求切换驾驶人随时集中精力观察路况，在危机时立即切换到手动——提出这种要求便失去了自动驾驶的初衷和意义。而且，对于老年人、残疾人、反应迟钝的人来说，在紧急情况下也很难做到瞬间切换，何况这些弱势群体是最需要自动驾驶的人。最后，只剩下人工智能独自承担责任了——它不是自然人或法人，甚至不是道德主体，怎么担责？须知，人工智能的自主性、决策能力、伦理表征是决定论意义上的，是由嵌入的算法、程序和数据决定的，所以它无法作为独立的责任承担者，至多作为整个人机链条的一个环节，作为人、技术、社会系统的一个因子，担负一点非实质性的连带责任罢了。

无人驾驶汽车面对的伦理问题并不仅仅在于这些，更有设计者不得不面对的伦理困境。这就是电车难题，其中一个版本如下：在飞速行驶的电车的预定轨道上站着五个人，但是前方有一个岔道，上面只有一个人，现在摆在司机面前的抉择是，要么沿着该走的轨道行进撞死五个人，要么转换轨道撞死一个人。若司机选择前者，他不承担责任，但可能于心不忍，因为毕竟要撞死多个人；若选择后者，他减少了伤亡，但却撞死了无辜之人，还要担责。类似电车难题的伦理悖论还有一些。比如，一个孕妇突然横穿马路，司机若紧急刹车，必然伤及乘客，否则会碾压孕妇，司机该怎么办？又如，正常行驶的汽车突遇山体滑坡，司机若紧急避开，必然撞死站在安全区的路人，否则整个车子会掉下山沟，司机该如何处置？

人工智能是通过记忆大量交通案例数据，把行车遇到的场景与其比较，从而寻找相同或相似场景的处置方式决策。遇到完全陌生的场景，它也只能按照相近的处置方式做决定，或者依据深度学习、按照嵌入的伦理算法指令处置。面对电车难题，无人驾驶汽车的用户当然首先要保障车内乘客的生命安全，而局外人最先想到的当然是尽量减小伤亡。对于人工智能的设计者而言，如何处置这种伦理困境？

好在无人驾驶汽车技术发达的德国已经积累了丰富的经验，并于2017年8月颁布了全球首份自动驾驶伦理准则。在开列的20条准则中，我们感兴趣的内容如下：自动驾驶的首要目标是提升所有交通参与者的安全，在同等程度上降低所有交通参与者的风险；从伦理层面上，允许自动驾驶系统发生事故；自动驾驶系统要同等对待所有交通参与者，不能有任何歧视，也不能直接做出撞一救五的决定；自动驾驶系统不能解决电车困境等难题，而是要防止这样的难题发生；人的生命安全优先于其他利益，在发生事故时，可以牺牲财产及动物的生命，以保护人的生命安全；在紧急情况下，车辆必须自主（即没有人工帮助下）进入安全状态；必须清晰界定机器和人的责任，机器不能取代或优先于人的自主决定权，面对不可避免的事故，最终的行为决定权还要由人掌握。比起人类柔软的内心、冷冰冰的程序机器，这一自动驾驶伦理的顶层设计才是对待残酷问题的最好办法。尽管这份准则依然遗留了不少开放性问题需要继续讨论和完善，但是它已经为自动驾驶的伦理判断开辟了方向，为全球自动驾驶伦理设计树立了样板。[①]

有学者针对德国的自动驾驶伦理准则在细致研究的基础上做出了中肯评价：此准则领世界之先，意义重大；其中第 9 条的规定是合理的，不过第 8 条有重大缺陷。[②] 前者并非像有人误解的那样违背增进最多数人的最大幸福的功利主义原则，因为功利主义所说的最大幸福不只考虑幸福的人数，而且考虑幸福的质量。因此，在无辜者和有辜者的生命之间进行取舍的时候，应该挽救无辜者（他们代表多数人的利益）而牺牲有辜者；在无辜者的生命之间进行取舍的时候，挽救多数人而牺牲少数人。这并不意味着少数人或有辜者的生命不重要，而仅仅是"两害相权取其轻"，这就是最大幸福原则。但是，后者中关于伦理两难困境的条款是有严重缺陷的：禁止自动驾驶系统有所作为，而把处置权交给人类驾驶员，其理由是不应让自动系统"替代或优先于一位拥有伦理意识、负责任的驾驶员所做出的决定"；其潜台词是不能让自动系统代替人的自由意志。该条款没有给出任何有实质意义的建议，因而是一种康德式的、纯形式的道义论空谈，实际成为一种向人类推卸责任的借口或遁词。这样做大大降低了自动驾驶汽车的使用价值，因为使用它既不轻松，也不安全。究其原因，问题出在对道德哲学中自由意志、功利论和道义论的基本原则的误解。在功利主义那里，自由意志据以自律的普遍规律不是康德式的绝对命令，而是最大幸福原则。由于人们的幸福是相对于经验环境而言的，所以最大幸福的内容是

---

① 德国出台关于自动驾驶的 20 大伦理准则. https://baijiahao. baidu. com/s? id ＝ 1577145176345282909 ＆ wfr ＝spider ＆ for ＝ pc.

② 第 9 条规定：在发生不可避免的事故时，严格禁止将人群属性作为评判标准（如年龄、性别、身体及精神状况等）。禁止对受害者进行区别对待，其代表性案例之一，就是笼统地在程序中规定以数量作为人身损害降低的标准。交通风险产生过程中的参与者，不能牺牲局外人的利益。第 8 条规定：在两难境地中做出何种决定（如在不同生命间的权衡），取决于具体情况（包括不可预知的行为）。因此，这些决定无法被明确地标准化，也不可能被写成在伦理上无异议的程序。系统的设计必须建立在对事故的预防之上，但在面对复杂或直观的事故后果评判时，系统不能通过标准化的形式，替代或优先于一位拥有伦理意识、负责任的驾驶员所做出的决定。尽管人类驾驶员可能在紧急情况下做出非法的行为（如选择撞死一个人，从而拯救另外一个或几个人的生命），但他不一定是有罪的。这种回顾性的、基于特殊实例的法律评判，并不容易被笼统抽象为"事前评估"，也就不能被转化为相应的程序。因此，应该期待通过独立公开的机构（如联邦自动化交通系统事故调查所，或联邦自动及网联化交通安全局等），对此进行系统化的处理。（同①）

因时因地因人而变化的。人们可以根据自己对幸福的理解在自动驾驶和人工驾驶之间进行选择，而一旦选择了自动驾驶，那么在行驶过程中就让自己完全服从自动驾驶系统的操作，而不必也不应与自动驾驶争夺主导权，否则就是事与愿违，南辕北辙。当然，人们放弃驾驶自主权的先决条件是自动驾驶技术已经相当完善和可靠，足以让人们信赖。①

此外，隐私问题是所有智能设备都会面临的重大伦理问题，无人驾驶当然不例外。未来的智能设备会采集人与人交流所产生的大量数据，从而成为一个巨大的平台。那么如何在无人驾驶智能中保有这些数据，将是一个重大伦理难题。目前强调的概念是 V2X（vehicle-to-everything），就是将汽车当作一个平台，与其他任何可能影响汽车的实体进行交互。汽车平台汇集大量的个人数据，如何保护这些数据并更好地为人们服务，而不是侵犯人们的利益，无疑是人们最关心的问题。②

§14.5　赛博格

cyborg（赛博格）是由 cybernetic（控制论的）和 organism（有机体）各取前三个字母组成的，顾名思义是控制论的有机体；一般音译为赛博格，意译为义体人，或生化电子人，或电子机械人，或智能增强人，或被改造的人；英文词典的注释是 bionic human③（仿生学的人、生理功能由电子装置增强或取代了的人、有特异功能的人）。赛博格是人和人造物特别是和人工智能组合而成的统一功能体——不仅与肉体，而且与大脑密切地乃至有机地组合在一起。在这个功能体中，既有人原本的自然生物部分，也有添加的无机部分甚至有机部分，后者成为人不可或缺的组成部分——不仅是弥补人的缺失功能，更是为了增强人的已有功能，或者补充欠缺和强化增效兼而有之。这实际就是自身在某种程度上被高技术化的人，此时的技术已经内化于人，人和技术之间不再像原先那样是外在的。也许在较长一段时间内，赛博格还是以自然生物部分为主的、与自然人有

---

① 陈晓平，翟文静. 关于自动驾驶汽车的立法及伦理问题——兼评"德国自动驾驶伦理指南". 山东科技大学学报（社会科学版），2018，20（3）：1-7.

② 高奇琦. 自动驾驶需"多轮"驱动. 光明日报，2018-11-21（14）.

③ Merriam-Webster's Collegiate Dictionary. tenth edition. Springfield, Massachusetts, U. S. A.：Merriam-Webster Inc.，1999：287.

一些不同的"特异人"，还达不到超人的或后人类的水准。这种人以前是出现在科幻作品中的特异人，现在已经进入我们的现实生活，比如卢克手臂、人工视觉、意念控制假肢、似真假肢手、电子眼等都被植入人体，与人的肢体和神经系统巧妙对接、浑然一体。随着人工智能技术的不断发展，当电子和机械越来越多地进入人体时，它们将成为人不可或缺的构成部分，人也成为它们不可或缺的构成部分，二者有机融汇、互为表里，此时人与他物的界限逐渐模糊，极有可能变成体力和智力超强的超人。

　　面对此情此景，诚如拜尔茨所言："不管是谁，只要不把'改良人类'的想法当成谵言妄语扔到一边，而是予以认真对待并让它影响自己的想象，那么都难免会有某种程度的忧虑。很显然，很少有什么技术方案会比'异质化'的人更强烈地搅起我们情绪的不安——一方面，他由经过工程师挑剔检验的生物学器官组成，另一方面，他又有聚四氟乙烯涂层的关节、硬塑料的骨头、合金钢的牙齿，当然，首先是同大功率计算机联机，它可以部分地取代、部分地补充大脑的功能。尤其是还有那些恐怖文学的渲染——它们本来就是靠从这类想象中产生的惊惧和刺激吃饭。"[①] 在这一天很有可能降临之际，我们做何感想，我们有何举动？事先总得有个精神准备和应对办法呀！

　　对于赛博格未来前景的看法，基本分为两大派别——乐见其成派和悲天悯人派。[②] 女性主义哲学家哈拉维（Donna J. Haraway）是乐见其成派的代表人物。她在成名作《赛博格宣言》中，试图将赛博格改造为一个批判工具。在她看来，近几十年来各种科幻作品中赛博格的形象已经破坏了维持现代性的三个关键性边界：人与动物、有机体与机器、物理的与非物

---

　　① 　拜尔茨. 基因伦理学. 马怀琪，译. 北京：华夏出版社，2001：78.

　　② 　也有学者归纳了前人的观点，做出了比较详细的划分："cyborg 这个融合幻想与现实，目前大部分出现在电影中的字眼，其实承载了人类对科技的不同观点，大致可以分为以下四种：第一，cyborg 被视为科技的一种正面进展。在这样的论述下，这是一种好的 cyborg，从视自我为完整的而自然地转变到视自我为有限制的。第二种观点认为 cyborg 产生的问题比解决的问题更多，被视为一种与自然过程的断裂。这是一种不好的 cyborg，是退化的表现，科技的干预与监控不仅被视为是不自然的，更被当成是危险的，让人类面临着前所未有的挑战与反思。第三种观点认为 cyborg 是一种比喻，这种比喻并不是要争论其好坏的问题，它只是一种文化上的象征。将 cyborg 拓展至文化关系的理论上，反映了科技自身所处的地位，对于科技提供了一个了解自身的力量。第四种看法认为 cyborg 是一种后现代指涉。科技上的修补已经开始将我们从身体的限制中'解放'出来，而且可能性将是无穷的。也许在我们下一代中，将人类的神经系统直接连上计算机，把人类的意识下载到随取内存之上，以某种人工的状态保存下来，这些都会成为可能的。在可预见的未来，自然与科技间的那条界限将被抹杀。"[张晓荣. 人文主义视野下的 cyborg. 自然辩证法通讯，2007，29（4）：11]

理的界限。在这些界限之上，半人半兽、半生物半机器、半物理半信息的赛博格，代表了越界、危险和革命，对传统的各种二元论构成了严峻的挑战。诸如自我与他者、文明与原始、文化与自然、男性与女性之类的二元论，往往为统治女性、有色人种、自然、工人、动物的逻辑和实践开辟了道路，而赛博格却代表了一种走出二元论的希望，它让一切二元论中的界限不再稳固不变。哈拉维作为一个激进派，无疑欢迎消除这样的界限。她在最后发出了这样的宣言："宁做赛博格，也不做女神！"[1] 马斯克（Elon Musk）也属于这一派，他致力于实现脑机融合，把人类大脑与机器连接在一起。他说："既然我之前对人工智能的警告收效甚微，那么好的，我们自己来塑造（人工智能）的发展，让它走向好的一面。"[2] 他认为，人和机器一体化的赛博格是人工智能"走向好的一面"的唯一可能。

多数人似乎都对赛博格持悲天悯人的态度，重要意见大体可以归纳为两点。一是模糊或消融了人与物的界限，混淆或抹去了人与物的差异，使主体异化，解构了人文主义关于人的正统形象，是对人格和人性的亵渎。二是与基因技术结合起来的赛博格能够产生身强力壮、智力超群、寿比南山的强人或超人，得益的不外乎是大权在握者和富可敌国者。这样一来，不可避免地会形成特权阶级和特殊阶层，加剧社会的撕裂和人与人之间的不平等。先前，人与人之间只是政治和经济的不平等，现在在生物学上也不平等了，甚至出现"人种"的云泥之别。这势必会引发激烈的社会冲突，对人类文明构成致命的威胁。

对此，不用说也有针锋相对的反驳：人的概念和主体性从来就不是一成不变的。在某个历史时期，奴隶和妇女何曾被当作人来看待，他们或她们只不过是会说话的工具或会生孩子的机器而已。人格和人性也不是万古不变的，而是随时代的不同、随技术的发展不断被塑造，智能社会的现代人肯定与传统社会的古代人有差异，甚至上一代人与下一代人也有些许不同——"代沟"不正说明了这一点吗？赛博格对传统的人文主义有所冲击，但它突破的是狭隘的人类中心主义，并没有在整体上抛弃人的主体性。它以人工进化取代缓慢的自然进化，反而能够拓宽人性，增强理性和主观能动性，促进人的自由而全面的发展，使人类日益完善。因此，对于

---

① 夏永红. 后人类的未来：你愿意做赛博格，还是愿意做女神?. http://news. 163. com/17/0419/13/ CICVDH9N000187VE. html.

② 吴冠军. 人工智能与未来社会：三个反思. 探索与争鸣，2017（10）：12.

赛博格的到来，我们可以慎重权衡、谨慎应对，没有必要大惊小怪，更不必惊慌失措。至于对不平等的隐忧，前面几处涉及这个问题，其应答理由差不了多少。也就是说，只要我们坚持和发展民主制度，通过政府主导和民间协同相结合，就完全可以逐步解决社会不平等的难题。而且，我们也完全可以借助赛博格，缩小、消弭与生俱来的体力和智力上的不平等，优先使弱势群体从新技术中受益。

§14.6　人工智能能否超越人？

人工智能局部上已经超越人，这是一个有目共睹、不容置疑的事实。但是，它在整体上能否超越人，则是一个颇有争议（包括伦理争议）、值得探讨的问题。在本小节，我们致力于此。

我们先界定一下，此处所谓的"超越"人，指的仅仅是在智能上超越人，而不是在其他方面超越人，比如有碳基的有机生命能够新陈代谢、繁殖等。一些人认为，人工智能不仅在逻辑上能够超越人，而且在现实上能够超越人。但是，与之相反的观点比比皆是：人工智能是对人脑的模拟，是人类智能的外化或物化；它现在只拥有庞大的记忆力和逻辑思维能力，外加深度学习，而这只不过是人的智能的一部分，也许还谈不上是最重要的部分；它没有人的心灵、精神、思想和情感，也没有人的主体性、自主性、意向性、实践性和社会性，更没有人的世界观、人生观、价值观。因此，人工智能不可能越过奇点，不可能在整体上超越人。

在这里，我们首先把人工智能和人的智能加以比较，从中可以看出，人工智能难以超越人，或者说无法超越人。

一就思维和意识（以及认识或认知）① 而言。人的智能的记忆既有存储的，也有随时不断添加的，是反思性的陈述性记忆，是可以传递、交流、加工、重构、遗忘的。它既能从不充分的材料中归纳出规律，也能熟

---

① 根据商务印书馆《现代汉语词典》的解释，思维是在表象、概念的基础上进行分析、综合、判断、推理等认识活动的过程；思维是人类特有的一种精神活动，是从社会实践中产生的。意识是人的头脑对于客观物质世界的反映，是感觉、思维等各种心理过程的总和，其中思维是人类特有的反映现实世界的高级形式。由此可见，思维和意识的意义是相通的、重叠的，意识包括思维，涵盖面更大，而思维则是意识最重要的要素。顺便提一下：认识指人的头脑对客观世界的反映，认知指通过思维活动认识客观世界。

练地运用演绎法（尤其是提出初始假设或基本原理）获取知识。它可以借助内省来思考或认识，并感知自我即具有自我意识。它除了形式化思维外，更擅长非形式化思维。它根植于外部环境、文化传统、社会背景，因此能够针对语境理解微妙的日常语言，面对复杂的与境把握与外部世界的联系。它能够能动地进行认识或认知，其意识结构具有主体性、目的性、自主性、自觉性、自知性、关联性、容错性和改错性。它身心一体，身心互动，具身认知，拥有感觉和思维的整体性、整合性，以及总揽全局与抓住关键的才能，同时可以拥有种种意识体验。这一切都是人工智能几乎没有或根本不具备的。比如，人工智能的记忆只是人输入给它的或通过深度学习在原有数据的基础上习得的，是反射性的记忆；它的思维是计算主义的形式化思维，不能还原为形式的、逻辑的东西都无法认识和处理；它不会使用演绎法，仅会依据大数据做点归纳推理，至多是一只"罗素火鸡"；它无肉身和心灵，毫无主体性、实践性和社会性，缺失认知的整体性、整合性；如此等等，不一而足。

二就意会知识和抽象概念而言。人的智能不仅能够利用和创造言传知识（明述知识），而且能够利用和创造个体性的、实践性的意会知识（默会知识或不可言传知识），并且能够理解、处置、发明抽象性概念——比如意识、幸福、作用力、（量子力学的）互补性等概念，能够构造抽象的、与实在近似的理想体系或理想模型——这是新知识的重要源泉。这些知识、概念和模型或者根本无法用语言表述，或者难以确切定义和领会，从而无法翻译为人工智能的形式化语言，人工智能怎么理解和学习，更不用说独自构造了。

三就直觉、想象力和创造力而言。直觉是科学发明的锐利工具；想象力是科学创造的重要因素，它常常以形象思维或视觉思维的形式出现，这实际也是审美能力的显现。[①] 在爱因斯坦的科学思维和科学发明的过程中，他的直觉特别敏锐，他的想象力特别丰富，他把形象思维和审美判断特别是把体现二者的思想实验运用得炉火纯青、游刃有余，狭义相对论和广义相对论就是依靠这些非逻辑思维突破难关的。[②] 人工智能不具有这些

[①]　李醒民. 创造性科学思维中的意象. 哲学动态, 1988 (2)：38-42；Arthur I. Miller. Imagery in Scientific Thought, Creating 20th-Century Physics. Boston：Birkhauser Boston lnc., 1986：272.

[②]　李醒民. 人类精神的又一峰巅——爱因斯坦思想探微. 沈阳：辽宁大学出版社, 1996：169-186.

非理性的、非逻辑的思维能力，所以也不会有什么创造性或发明本领，至多是对前人的模仿，对已有知识的排列和组合——机器人的棋艺和诗作不过如此而已。试问：人工智能能够发明相对论吗？人工智能能够创作《红楼梦》吗？

四就情感和感受而言。情感和感受是人的智能不可或缺的要素。在达马西奥（A. Damasio）看来，情感大致可分为基本情感和社会情感。就基本情感而言，常见的有恐惧、愤怒、厌恶、悲伤、快乐和惊奇。社会情感表现为同情、羞愧、内疚、感恩、骄傲、羡慕等。前者是进化过程中形成的，与自我保护有关（消极情感占多数说明，先民生活在危机四伏的环境中，风险、灾难随时都可能突如其来，而情感则是一种有用的生存之道）；后者是由群居生活演化出来的，以此协调个体与群体的关系，并进而升华为道德。这些情感是先天本能，深植于动物的大脑中，一旦有适合的情景，就会被激发，并伴随躯体的表情或举动。感受主要是对特定身体状态和心理状态的知觉：就前者而言，大脑拥有对躯体的表象；就后者而言，大脑拥有对思维方式的表象。我们身体的各个部分随时都在向大脑发出信号，大脑经整合后产生各种感受。感受的对象不仅指向身体的特定状态，而且指向情感。情感伴随躯体表达，感受则隐藏在内。情感有助于个体面对瞬息万变的环境，及时采取对策；感受则是一种更高层次的整合能力，它通过对躯体施加影响，影响其免疫系统的能力或内分泌的表达等，从而影响整个生命状态。[1] 人工智能没有经历人的进化过程，不具备人的社会性，也缺少人的身心整体性和心智的整合能力，它无情感和感受就是题中应有之义了。要知道，情感是道德之源，道德是社会性之需，没有情感和社会性的人工智能没有道德可言就是顺理成章的了。

五就自主性和意向性而言。自主性和意向性是对人的智能或意识的本质刻画——这是人的自由意志的具体体现，体现了人的意图的指向性和目的性、人的积极的能动性和主动性以及人对意识活动的管控，是人的智能的一个根本性属性、一个关键性环节，是心理现象有别于物理现象的独特标志。要想通过模拟和还原方法，用清晰的编码编写自主性和意向性，可

---

① 陈蓉霞. 情感、感受和心灵. 科学文化评论，2010，7（4）：120 - 125. 陈蓉霞（1961.11.17—2014.6.7）教授才华出众，妙笔生花，富有思想和灵感，撰写出诸多秾丽秀逸、脍炙人口的文字。她是笔者多年的同行好友，不幸英年早逝。在此，谨以旧作《后庭花》奉献给在天国的她，以资纪念："生前几识芙蓉面？幽梦曾现。天时地利双亏欠，空负美简。　　阴阳两界隔一线，祚薄命浅。幸有葳蕤蓄宏愿，赖以慰勉。"

谓困难重重，甚至是不可能的。因此，人工智能不可能具有自主性和意向性，也就无法自由发展，无法组成强大的社会力量；由于没有自由意志，也就不具备道德理解能力和伦理决策能力，即无法选择善与恶，无法辨别对与错。总之，人工智能是机械的、被动的，无法超越人。

六就人脑相对于人工智能（或其主要组件电脑或计算机）的优势而言。人脑能处理化学信息，电脑只能处理电信号；人脑能同时在上千万甚至更多的信息通道上对信息做并行处理，电脑只能做串行处理；人脑有自我调整和组织的能力，即使许多神经元受了损伤，功能也不会明显恶化，而电脑一旦部件出故障，就不能正常运行；人类识别立体图像的信息处理能力也远远超过计算机。[①] 再者，人脑是自然进化的产物、自我设计或自组织的结果，电脑是人造的，是由人编码的指令控制的。人的语言是一维的，而人脑对世界的表征是四维的；由于电脑的形式语言也是一维的，它在描述世界时便丢失了世界的诸多面相。人脑能够理解肢体语言，电脑对此无能为力。人脑与电脑还有一些生理上的巨大差异，也是电脑自愧弗如的。[②] 更何况，人对自己的大脑所知尚且寥寥无几，模拟人脑的人工智能超越人，岂不是天方夜谭？

以上只是以人工智能与人的智能可以比较作为出发点论证的，此外还有一些另类理由表明，人工智能是不可能超越人的。例如，人是一种碳基的有生命存在，人工智能是一种硅基的无机物存在；前者不仅具有不同于后者的独特自然属性和物种属性，而且具有后者根本不具备的社会属性和精神属性，二者的不同是本质上的不同：前者不仅具有先天本能，而且具有后天的主动习得，而后者则一无所有。因此，后者即便具有思维和意识，也是茕茕孑立、形影相吊，进一步的实践和认识根本无从谈起，怎么会在智能上超越人？再者，要是人能够设计并制造超越人的人工智能，那

---

① 周昌忠. 普罗米修斯还是浮士德. 武汉：湖北教育出版社，1999：111-113.

② 人脑优于电脑的方面还有："（1）电脑逻辑门只有为数不多的输入端与输出端，而在一个脑神经元上依附着巨大数量的突触节。例如，小脑中的 Purkinje 细胞上竟有 80 000 个突触节！（2）目前最大电脑只有 10^9 个半导体元件，而人脑神经元总数竟有 10^{11} 个！其中 2/3 在大脑内，1/3 则是小脑中的小细粒细胞。电脑中元件的联结方式是固定的，而脑内神经元的联结方式是千变万化的。脑神经元的联结方式的改变，可以在数秒内完成。因此，人脑是一个随时变易的计算机，脑的这一特性称为脑塑性。（3）目前的通用电脑是串行的，而人脑的信息处理看来是同时在脑的各个不同部位并行的。脑意识的唯一性似乎表明：人脑有着一个单一的随机串行的主程序，这个统管全局的主程序属个体意识的形上操作。现在人们尚不清楚它是如何关联于平行运行的诸子程序的。"［洪定国. 意识本性初探. 自然辩证法研究，1995，11（4）：7］

就说明在这个过程中人本身的智能也大有提高，最终还是高于人工智能，前者还是能够控制后者。这是一个迭次循环、迭代上升的过程，人在其中总是开风气之先，做主宰于后，否则，低智能的人怎么会设计和制造出全方位高于自己智能的东西？甚至有人认为，"人工智能能否超越人类智能"是一个假问题，并基于集体人格同一性的论证表明：该问题原则上无法仅在经验科学的框架中获得有效解决，是一个没有认知意义的问题；如果该问题没有认知意义，那么人工智能研究的一个重要目标，即生产出一种新的能以人类智能相似的方式做出反应的智能机器，恐怕也无法实现。①

　　虽然我们有比较充足的理由肯定，人工智能不可能超越人，但还是有一些专家和预言家猜想或断言，奇点在 21 世纪中叶即将来临，那时机器人会具有人类的智能水准，或者超过人类。我们不是预言家，对于他们的预言难置可否，不过我们还是秉持开放的态度，不要把话说绝。再者，也许人造的人工智能或机器人难以企及人的智能，但是赛博格，或者具有某种自主性、社会性、反应性、主动性、进化性的智能体（agent）② 的超级联合组织，或者量子计算机，或者纳米机器人，或者设法找到非模拟人脑的弯道超车捷径，或者取长补短的人机融合和人机协同，恐怕具有超越人的智能的某种可能性（尤其是赛博格和人机协同超越人的可能性很大，不过这两种形态已经不是纯粹的人工智能，而是人脑加电脑了）。在此之前，我们务必要考虑好：我们该不该让人工智能超越人？如果允许超越，我们如何与之和谐相处？我们是把它们作为物看待，还是作为人或类人看待？若作为人或类人看待，我们怎么赋予它们主体性和道德地位？若它们

---

　　① 王晓阳. 人工智能能否超越人类智能?. 自然辩证法研究，2015，31（7）：104~110.

　　② 智能体，顾名思义，就是具有智能的实体。常见的定义主要有以下五种。（1）智能体是驻留于环境中的实体，它可以解释从环境中获得的反映环境中所发生事件的数据，并执行对环境产生影响的行动。（2）著名智能体理论的研究者伍尔德里奇（Wooldridge）博士提出弱定义和强定义：弱定义智能体是指具有自主性、社会性、反应性和能动性等基本特性的智能体；强定义智能体是指不仅具有弱定义中的基本特性，而且具有移动性、通信能力、理性或其他特性的智能体。（3）富兰克林和格拉泽（Graesser）则把智能体描述为：智能体是一个处于环境之中并且作为这个环境一部分的系统，它随时可以感测环境并且执行相应的动作，同时逐渐建立自己的活动规划以应付未来可能感测到的环境变化。（4）著名人工智能学者、美国斯坦福大学的海斯-罗思（Hayes-Roth）认为，智能体能够持续执行三项功能：感知环境中的动态条件，执行动作影响环境条件，进行推理以解释感知信息、求解问题、产生推断和决定动作。（5）研究智能体的先行者之一、美国的麦克斯（Macs）则认为，自治或自主智能体是指那些宿主于复杂动态环境中，自治地感知环境信息，自主采取行动，并实现一系列预先设定的目标或任务的计算系统。（https://baike.baidu.com/item/%E6%99%BA%E8%83%BD%E4%BD%93/9446647? fr＝Aladdin_）

对人表现出不友好甚至敌意，我们如何防范或抵御它们，人是否有关断电门或制服它们的绝招？……这一系列关乎"to be or not to be"的问题摆在人的面前，考验人的智慧或应变能力。不过，笔者还是坚持一种比较审慎的乐观主义：人工智能无论怎么发展，都不会对人类构成致命威胁；对人类构成致命威胁的，是人类自己的贪得无厌和欲壑难填，是道德的日渐式微和人性的自甘堕落。[①]

§14.7　智能社会的综合对策

当下，人工智能的进展遇到了瓶颈，主要是缺乏宏观的、纵览全局的指导思想和理论系统，在处理内容的形式化和组织化上也显得零敲碎打。比如，在深度学习时对人的语言和行为的理解不足，推理能力不够，缺乏举一反三的机敏；无法用传统的编码方法将具身认识和社会背景纳入人工智能；如此等等。另辟蹊径是当务之急，计算机专家为此做出了诸多尝试。例如，采用非公理推理模式，把具身卷入观引入设计思路，以脑启发技术替代脑模拟技术，重视人工神经网络的开发，运用知识图谱技术，开发量子和 DNA 计算机，研究可以自行更新和自主进化的机器人。我们期待人工智能摆脱"山重水复疑无路"的困境，迎来"柳暗花明又一村"的胜景。

对于人工智能，我们总的看法和态度是：热烈欢迎和拥抱，加强预警和防范，坚持以人为本不动摇。我们既不能像反科学和反技术的浪漫主义者那样，不分青红皂白，将其拒之门外；也不应盲目乐观，任其野蛮生长。因噎废食固不足取，放任自流亦非明智之举。我们应有综合的对策，不妨略述如下。

一是以人为本。也就是说，我们始终要以人类的福祉、社会的进步和

---

①　陈独秀的下述言论也许也可以佐证我的看法："从历史上看来，人类究竟是有理性的高等动物，到了绝望时，每每自己会找到自救的道路，'山重水复疑无路，柳暗花明又一村'，此时各色黑暗的现象，只是人类进化大流中一个短时间的逆流，光明就在我们的前面，丝毫用不着悲观。""我们不要害怕各色黑暗势力笼罩着全世界，在黑暗营垒中，迟早都会放出一线曙光，终于照耀大地，只要我们几个人有自信力，不肯附和、屈服、投降于黑暗，不把光明当做黑暗，不把黑暗对付黑暗，全世界各色黑暗营垒中，都会有曙光放出来，我根据这些观点，所以敢说'我们断然有救'！"[陈独秀. 我们断然有救（1938 年 6 月 5 日）//陈独秀文集：第 4 卷. 北京：人民出版社，2013：590]

人的自由全面发展为第一要务。正像其他任何技术一样，人工智能是人为的，也应该是为人的。在任何情况下，都要将人置于第一位，牢牢掌握人工智能发展的控制权，将其纳入人的价值观的轨道，绝不能听任其危害人类的利益，要确保人的人格独立和人性尊严。同时，要时时维护社会公正，处处照顾弱势群体，促进社会公平和可持续发展，绝不能让技术的逻辑和资本的逻辑凌驾于社会正义之上，加剧社会撕裂和阶层对立。我们要在与人工智能或机器人的和谐相处中，相互借鉴，彼此激励，促使人的智慧和道德不断攀登新的台阶，造就新时代的新人。

二是预防风险。在人工智能的研究、设计、生产等各个环节，都应当建立预警机制，权衡技术利弊，进行价值和伦理评估，合理决策。要竭尽全力消除风险，尽可能减小负面效应。特别要把好设计关，因为这是可疑风险的源头。为此，应该建构算法和编程的审核与约束机制，把算法歧视、恶意编程、无意错误消灭在萌芽状态。由于无法预测性和反压力的存在，由于不透明的黑箱难以分析清楚，以及公众与专家之间现存的知识和理解鸿沟，要做到完善监督确实具有很大困难①，但是正因为如此，就更应该下大力气。只有这样，才能保障安全，真正做到为人类谋利益。

三是伦理建设。首先，要面对实践，加强人工智能伦理问题的研究，比如与人工智能相关的设计和决策伦理、自然人和法人的伦理责任、机器人的道德地位、如何善用机器人等，并在充分调查研究的基础上制定有关伦理规章制度。其次，应该逐步把相关伦理规章嵌入人工智能程序，使其按照人的道德准则工作。最后，人工智能的各个社会实体建立有代表性的、由各方人士组成的伦理小组或道德委员会，以便引导与监督有关人员和相关运行进程。

四是明确责任。要尽可能厘清人工智能领域的科学家、技术专家、企业家、商家、行业协会、民间组织、政府机构、用户等的直接责任、社会责任和道义责任，增强其责任意识，使其各司其职、各负其责。同时，逐渐建立责任可追究机制，能够顺藤摸瓜，一直追究到具体的单位或个人。一旦出现不良后果，相关人士应该按照预案及时采取应对措施，并做出公开说明，严格问责，直至行政处罚或法律惩处。

---

① Shannon Vallor，George A. Bekdy. Artificial Intelligence and the Ethics of Self-learning Robots//Patrick Lin，Ryan Jenkins，Keith Abney. Robot Ehtics 2.0：From Autonomous Cars to Artificial Intelligence. Oxford：Oxford University Press，2017：345-347.

　　五是知识普及。要随时把人工智能的知识、发展现状以及伦理问题向公众普及，提升其科学素养和伦理意识。这样一来，在解决有关争议时就可以少点情绪化，多点理性化。这样既能为人工智能的发展创造良好的条件，也能激励公众踊跃参与和积极监督的热情。

　　六是监管到位。在这个方面，政府要起宏观指导、政策引导、利益协调、资金扶持、全面监管等作用，建立机器人注册或备案制度。民间组织和第三方评估、审查、监督也很有必要。同时，要积极推进以政府为主导、以行业为主体的国际交流与合作，这样才能促成全球共享的、安全高效的发展和治理路线图。

　　近年，在人工智能领域，国人表现不俗，可谓成就卓著、前景喜人。《中国人工智能发展报告 2018》从科技产出和人才投入、产业发展和市场应用、发展战略和政策环境以及社会认知和综合影响四个方面描绘了中国人工智能的发展面貌。中国在论文总量、被引论文数量、专利布局、投资融资方面都居全球第一，人才拥有量、企业数量排在全球第二，其中中国科学院的论文数量全球第一，北京是全球人工智能企业最集中的城市。①

　　2018 年 10 月 31 日，中央做出战略决策和部署，强调人工智能是引领这一轮科技革命和产业变革的战略性技术，具有溢出带动性很强的"头雁"效应。在移动互联网、大数据、超级计算、传感网、脑科学等新理论新技术的驱动下，人工智能加速发展，呈现出深度学习、跨界融合、人机协同、群智开放、自主操控等新特征，正在对经济发展、社会进步、国际政治经济格局等方面产生重大而深远的影响。加快发展新一代人工智能是我们赢得全球科技竞争主动权的重要战略抓手，是推动我国科技跨越发展、产业优化升级、生产力整体跃升的重要战略资源。因此，必须加强领导，做好规划，明确任务，夯实基础，促进其同经济社会发展深度融合，推动我国新一代人工智能健康发展。同时要深入把握新一代人工智能发展的特点，加强人工智能和产业发展融合，为高质量发展提供新动能。要把握数字化、网络化、智能化融合发展契机，在质量变革、效率变革、动力变革中发挥人工智能的作用，提高全要素生产率。要培育具有重大引领带动作用的人工智能企业和产业，构建数据驱动、人机协同、跨界融合、共创分享的智能经济形态。要发挥人工智能在产业升级、产品开发、服务创新等方面的技术优势，促进人工智能同一、二、三产业深度融合，以人工

---

① http://www.sohu.com/a/244137600_99950984.

智能技术推动各产业变革，在中高端消费、创新引领、绿色低碳、共享经济、现代供应链、人力资本服务等领域培育新增长点、形成新动能。要推动智能化信息基础设施建设，提升传统基础设施智能化水平，形成适应智能经济、智能社会需要的基础设施体系。同时要加强人工智能同保障和改善民生的结合，从保障和改善民生、为人民创造美好生活的需要出发，推动人工智能在人们日常工作、学习、生活中的深度运用，创造更加智能的工作方式和生活方式。要抓住民生领域的突出矛盾和难点，加强人工智能在教育、医疗卫生、体育、住房、交通、助残养老、家政服务等领域的深度应用，创新智能服务体系。要加强人工智能同社会治理的结合，开发适用于政府服务和决策的人工智能系统，加强政务信息资源整合和公共需求精准预测，推进智慧城市建设，促进人工智能在公共安全领域的深度应用，加强生态领域人工智能运用，运用人工智能提高公共服务和社会治理水平。要加强人工智能发展的潜在风险研判和防范，维护人民利益和国家安全，确保人工智能安全、可靠、可控。要整合多学科力量，加强人工智能相关法律、伦理、社会问题研究，建立健全保障人工智能健康发展的法律法规、制度体系、伦理道德。①

---

① 推动我国新一代人工智能健康发展. 中国科学报，2018-11-01（1）.

第十五章 技性科学的伦理争执透视

加州半月湾

背倚青山面向洋，半月果然好风光。

沙滩细软数十里，断岸野花一路香。

——李醒民

　　前面我们已经详尽论述了技性科学特别是基因技性科学和人工智能技性科学中的伦理问题，其中许多问题是颇有争议的。在本章，我们以这两门技性科学为论域，就一些带有根本性的争执从各个角度予以透视，以便进一步推进和加深对争端的理解。技性科学的其他学科中也存在类似的争执，我们的看法当然也可能大体适合这些学科。

§15.1 扮演上帝或违背自然

　　基因及人工智能技性科学和技术的反对者常常搬出的最强硬也是最一般的理由是，科学家和技术专家不应该想入非非，企图扮演上帝的角色，对人类进行设计、操作和改造，因为人类是上帝按照自己的形象创造出来的，当然像上帝一样是神圣不可侵犯的（其实，人的神圣性不需要神学也可以得到辩护，因为人是地球乃至宇宙中罕有其或唯一有智慧、有道德的生命，因为任何时候人都是目的而非工具——这可被视为第一公理）。人类不具备上帝的全知全能，却异想天开地去充当上帝，这种僭越绝对是胆大妄为、狂妄至极，是对上帝的严重冒犯。保罗·拉姆齐（Paul Ramsey）甚至说过一段言近旨远的话语："人们在学会做人之前，不应该去充当上帝；而当他们学会做人之后，则不会去充当上帝。"①

　　这是基于宗教或神学立场的反对理由，是很容易驳斥的。要知道，世

---

　　① 拜尔茨. 基因伦理学. 马怀琪，译. 北京：华夏出版社，2001：179.

绝，等等。据说，在地球上生存过的生物，超过 99％已经绝种。要知道，自然进化是随机的、无目的的，并非完全是进步的、朝向一个目标前进的。自然本身并非总是田园诗般的桃花源，也不会总是吟唱仁慈的道德颂歌。自然无所谓善，也无所谓恶，它不是道德的楷模或伦理的标尺，诚如老子所说，"天地不仁，以万物为刍狗"（《道德经·五章》）。因此，以合乎自然或违背自然为道德准绳或伦理标尺来衡量科学和技术，本身就不得要领、徒劳无功。

必须申明的是，我们在这里只是反对以违背自然为判断是非的标准和道德划界的理由，并不是刻意追求非自然或反自然，更不是反其道而行之，认为非自然或反自然就是好的或善的，而是主张在自然与非自然之间保持必要的张力。笔者的观点体现在自己先前的一段文字中："人应该认识到自己与自然是一体化的：一荣俱荣，一损俱损。因此，既不应该抱支配、控制、征服、统治自然的野心，也不应该面对自然低首下心、唯唯诺诺，而要与自然和谐共处，互惠互利。人无法征服自然和统治自然，至多只能利用自然和局部地改造自然。人对待自然要有礼貌，在利用自然时要合情合理，在改造自然时要谨小慎微，在向自然索取时要有所节制。人要时刻铭感大自然的恩惠，始终肩负起回馈和养育自然的责任。当然，我们不赞成以反对自然祛魅为由而反对认识自然，也不赞成抱着崇拜自然和神化自然的心态反对利用自然和改造自然。认识自然和改造自然虽然有联系，但是毕竟是不同的两码事，因此在思想和行动上应该区别对待，即'大胆认识，小心改造'——在认识自然时不妨大胆一些，在改造自然时则要三思而后行，要谨慎、谨慎、再谨慎。这也是我早先提出'科学无禁区，技术应节制'的命题的引申。"①

基于这种指导思想，在保持生态平衡的前提下，我们具有局部地、适度地改造自然的权利和必要，当然包括在身心两方面改造我们自己。因为在当今的文明时代和民主社会，人本来就有的自然进化的缓慢脚步受到阻滞，只能寄希望于借助科学和技术手段的人工进化——人的宏观和微观必要的设计与改造，比如某些可行的赛博格、基因编辑和重组、以 DNA 碱基序列作为信息编码的计算机等。人工进化加快了人类的进化速度，使人类能够在不确定性世界及时应对未来难以预料的、充满风险的挑战。

尽管如此，对自然保持敬畏之心还是很有必要、很有益处的。如果说

---

① 李醒民. 论作为科学研究对象的自然. 学术界，2007（2）：202-203.

不断创新是人的自由本性的体现，是科学进步的原动力的话，那么对自然的敬畏就是合适的刹车装置。敬畏往往与谦卑联系在一起，是一种带有宗教色彩的、具有伦理性质的又敬重又畏惧的情感。爱因斯坦就对科学能够揭示其奥秘的自然怀有真挚的敬畏和谦卑之情，他说："在每一个真正的自然探索者身上，都有一种宗教敬畏感。"① 敬畏既有震慑和警示力量，也有启迪和律己作用，它能够使人们摒弃妄自尊大的心理和为所欲为的态度，爱护自然，善待生命，在改造自然之时谨言慎行，从而彰显人类的生存智慧，提升人类的善良美德。尚需说明的是，今人的敬畏与先民和古人的敬畏已经大相径庭：后者往往出于对自然神灵的恐惧和战栗，而前者已经祛除或淡化了自然神论的色彩，更多是出于对大自然的无垠、悠远、壮丽、雄浑、浩瀚及神奇伟力的由衷敬佩和赞叹。

§15.2　人类中心主义与基因决定论

在技性科学伦理中，尤其在生态和环境伦理学中，一些人为了反对对自然的干预和改造，把人类中心主义作为批评的对象大加鞭笞，并提出以非人类中心主义或自然中心主义取而代之。为了明辨是非，我们首先得澄清概念，明白人类中心主义是什么。

人类中心主义是一个古老的概念，它也许最早出自古希腊哲学家普罗塔哥拉的名言"人是万物的尺度"。其后，虽然经历了两千多年的历史演变，但其核心思想是相对稳定的：人是万物之灵，位于世界的中心，作为衡量万事万物的标尺，是观察一切事物的出发点和归宿；在任何情况下，人都是目的而非工具，其他事物难以企及这样的崇高地位；人的福祉高于一切，一切事物都应该为人服务，为人的利益而用；具有自由意志的人才有资格成为道德和价值判断的主体，是评价标准和道德规范的制定者，处于价值金字塔之顶。在对待人与自然的关系上，人类中心主义当然把人的生存和发展作为至高无上的目标，立足于人的需要和满足；自然的地位是从属于人的，自然的价值是由人赋予的，是相对于人而言的价值。以上是人类中心主义的基本思想内容。由此出发走向弱化和强化的，则是温和的

---

① A. Moszkowski. Einstein, the Searcher: His Work Explained from Dialogues with Einstein. H. L. Brose, trans. London: Methuen & Co. Ltd., 1921: 46.

人类中心主义和激进的人类中心主义。在人与自然的关系方面，前者主张，人应该基于理性和良知，在道德上自律、克己，在欲求上节制、俭省，承认自然的固有价值，爱护自然，珍惜生命，尽可能减少对自然资源的消耗，反对将人的利益和需要绝对化；而后者主张，人的任何需要和欲望都应该获得满足，为此可以无情地征服自然，肆无忌惮地向自然索取，甚至不惜毁坏一切自然物，其中包括使其他生物遭受灭顶之灾。

人类中心主义的反对者则以非人类中心主义或反人类中心主义与之抗衡并抵制之。在他们看来，人类中心主义在现时代起了严重的误导作用，它在利用和改造自然的名义下，把自然视为取之不尽的仓库和倾倒废物的垃圾场，不仅破坏了生态和环境，而且直接导致了人自身的异化和危机。他们提出，自然界的一切事物都是平权的，具有自身的目的和价值，并无高低贵贱之分。他们甚至将它们作为道德主体看待，每每以它们的权利和权益的捍卫者与代言人自居。其中一些极端分子不满足于口诛笔伐，甚至直接出马，捣毁实验室，威胁科研人员的人身安全。国外有人将各种非人类中心主义分为痛苦中心主义、生命中心主义（biozentrismus）和自然中心主义。所谓痛苦中心主义（有知觉的动物中心主义），主张将对人类的道德尊重扩展到能感知痛苦的动物。也就是说，动物能否得到尊重，在何种程度上被尊重，不是根据其是否属于人类这个物种，而是根据该动物感知痛苦和快乐的程度。如果某个动物感受痛苦和快乐的能力等于某个人类成员，那么它就应该受到和这个人类成员同等的尊重和保护。生命中心主义更进一步，主张将对人类的道德尊重不仅扩展到有感知能力的动物，而且要超出这一范围，扩展到所有生物。所有生物都有道德价值，不论其感受性如何。它们之所以应该得到保护，不是因为它们对人类有用，而是因为它们本身就有价值。自然中心主义（也叫宇宙中心主义）再进一步，主张将对人类的道德尊重不仅扩展到所有生命，而且扩展到整个大自然（包括无机物）。所有的自然存在物都有内在的价值，值得人类保护，并且这种保护与人的利益无关。也就是说，人类保护自然不是为了人类自己，而是为了自然本身。[①]

非人类中心主义或反人类中心主义的主张以及反对人类中心主义的理由，并非都有道理，并非都能站得住脚。人类中心主义是可以得到辩护的——这实际也是对反对者的反驳。

----

①　程新宇. 生命伦理学前沿问题研究. 武汉：华中科技大学出版社，2012：196-200.

首先，人类中心主义在历史上是绵延不绝的传统，具有深厚的宗教和文化底蕴。在《圣经》中，上帝创造天地万物就是让人管理的，创造蔬菜水果就是供人食用的。"谁能不赞美人？"因为他是"上帝的天使"，"生来享有优越的地位"①。儒家伦理也一再强调这样的思想：世间"人……最为天下贵"（《荀子·王制篇》），"天生万物，唯人为贵"（《说苑·杂言》）。这些珍贵的思想和传统，是人类生存的立足点和现实的生活态度，至今不仅没有失去意义，而且具有发扬光大的必要。

其次，人是世间具有自我意识和自由意志的唯一生命形式，能够理性思考并承担道德责任。只有人有能力认识自己和天地间的一切其他事物，并以人为中心对其做出价值评价，其他存在物均无此能力和资格。人从人的视角观察一切，认为自身的价值和利益高于其他事物，这是不言而喻、自然而然的事情。波兰尼（Michael Polanyi）言之凿凿："作为人，我们不可避免地从居于我们自身内部的中心往外看待宇宙，用在人类交往的迫切需要中定型的人类语言来谈论宇宙。任何企图严格地把我们的人类视角从我们关于世界的图画中抹除的尝试必然导致荒谬。"② 总体而言，有理性、有道德的人类绝不会为所欲为、胡作非为，他们通过实践能够不断总结经验、吸取教训、纠正失误，最终能够认识自然的真正价值和意义，摆正人和自然的关系，与自然和谐相处。而且，由于人具有文化积累和创造潜力，能够想方设法应对任何危机和挑战，在合理利用自然的同时，不断为自己开拓美好的前景。

最后，非人类中心主义或反人类中心主义尽管具有某种警示和启发意义，也产生了某种积极作用，但是它不仅在理论上难以立足，而且在实践中根本行不通，除非人类告别文明生活，甚或自取灭亡——这难道不是反人类吗？另外，以痛苦等为中心，势必贬低胎儿、智障人、昏迷人等的人格和尊严，这显然是非常荒谬的。进而，即使从人类中心主义出发，人们也可以妥善解决技性科学和高技术引发的伦理问题，逐渐消除环境污染和生态危机，这正是现今各个国家已经做的和正在做的事情。

由此可见，如果我们出于真诚而不是虚伪，本着理性而不是信仰，那么我们就只能是人类中心主义者而不是相反，这是一个合乎逻辑的结论，根本无法回避或否定。墨迪（Mody）关于人类对人与自然关系方面的认

① 皮科·米兰多拉. 论人的尊严. https://www.douban.com/note/193337681/.
② 波兰尼. 个人知识——迈向后批判哲学. 许泽民，译. 贵阳：贵州人民出版社，2000：4.

识的两次飞跃的看法可谓洞若观火：（1）认识到人与自然界并不是同一的，这是人类进化过程中具有决定性的第一步。因为这一步可能使人在头脑中产生自治思想，使人的行动超越自然界的局限。（2）认识到人类行为选择的自由被自然界整体动态结构的生态极限所束缚，并且必须保持在自然系统价值的限度内，这是人类进化过程中又一个具有决定性的一步。"人类直到真正认识到自己依赖于自然界，并把自己作为自然界的组成部分，才把自己真正放到了首位，这是人类生态学最伟大的悖论。"① 换言之，古代人们把自然与人看成"亲子关系"，近代人们则颠倒之，把人与自然变成"主奴关系"，现在开始明白人与自然是生死相依的"一体关系"。这是人对自己存在状态和范围的一种新认识：不是要保持人与自然的割裂和彼此外在，而是进一步提升、放大人自己。用马克思的话说，人把自然界当成自己的"无机身体"。② 在这里，必须把人类中心主义与人类主体主义、自我中心主义、人类乌托邦主义严格区分开来，不要混为一谈③，这样人们才能在商谈和辩论的过程中逐渐取得共识，采取一致行动。

现在，我们转向基因决定论争执。由于遗传学日渐进步，特别是人类基因组图谱的成功绘制，加之科学家循此发现人的某些性状、性情、癖好、取向、疾病等与某种基因有某种对应关系，于是一些人夸大基因对人的身心所起的作用，基因决定论随之甚嚣尘上。所谓基因决定论，就是断定人的身体和心智特征是由基因决定的，或者将人的行为表现和心理内容与其基因一一对应，甚至认为人的基因先天地决定人的一切，没有为后天的改变留有任何余地。基因决定论者力图证明，"智力、酒精中毒、犯罪、抑郁症、同性恋、女性的直觉和其他广大范围的才干或无能，都是人的基因、激素、神经解剖或进化史的不可变更的结局"④。

有学者明确指出，基因决定论是十分有害的。首先，它散布基因恐惧症，使人们似有理由对于自己及后代由于基因引发的命运惶恐不安。其次，它为基因歧视、人与人之间的歧视、人种歧视和民族歧视，乃至殖民

①　https://baike. baidu. com/item/%E4%BA%BA%E7%B1%BB%E4%B8%AD%E5%BF%83%E4%B8%BB%E4%B9%89/1000831? fr＝Aladdin.

②　李德顺. 沉思科技伦理的挑战. 哲学动态，2000（10）：2-3.

③　任鸣. "人类中心主义"辨正. 哲学动态，2001（1）：30-33.

④　R. N. Proctor. Value-Free Science Is?: Purity and Power in Modern Knowledge. Cambridge，MA：Harvard University Press，1991：247.

主义和帝国主义行为提供了理论借口。再次，它将剥夺人之为人的本性——理性、创造性、自主性和能动性，把人变成被动的、由基因操纵的机器，这样失去自由意志和主观能动性的人就无伦理道德可言了。最后，这种理论将为世界财富分配的不公正、人与人之间的剥削提供错误的理论依据，因为在它看来人与人天生就有优劣之分，富贵荣华是由天定的，而且是不可改变的。①

　　事实上，基因决定论是完全错误的，是对遗传学和基因科学的严重歪曲，而且使这两门学科背上了优生学的坏名声。因此，必须对这种错误论调予以批判和澄清。

　　首先，基因对人的直接影响并不像基因决定论者想象的那么大。最近，科学家发现，与寿命长短相关的基因实际所起的作用低于 7%，人长寿还是短命，与其生活方式和精神状态密切相关。而且，我们已经提到过，认定基因是好是坏，并无绝对的标准，比如引起镰状细胞贫血的基因似乎是坏基因，但是它对疟疾却具有强大的抵抗力，所以在疟疾流行的非洲，它就成为好基因。况且，基因在遗传过程中会发生变异，因此，一般父母也可能生出秉性和禀赋高于自己的子女。

　　其次，基因的外在表现性状是基因与环境相互作用的结果，而不是由基因唯一决定的。即使两个个体基因型完全相同，但是由于发育条件和后天氛围有异，其表现型也不可能一模一样。人的行为有遗传学的基础，但人的所有特性和行为更是遗传与环境相互作用的结果，基因只有通过与环境的复杂的相互作用才会表达出来。比如，心脏病猝发的危险在很大程度上取决于致病基因的存在，但又是高脂肪饮食的恶果。成为近视的人，必须具备近视的遗传基因型，同时又有近距离阅读或工作的后天环境经历。"实际上，除了少数疾病和性状外，更多的人的性状、疾病，尤其是智力、行为、性格是多基因与环境相互作用的产物。像智力那样，社会文化环境更不容忽视。众所周知，即使具备有关的基因，如果不处于有人际关系和社会环境中，儿童的智能无法发展。即使发现了致癌基因，也不能忽视例如吸烟、辐射和致癌化学物质在癌症发生中的作用。"② "女性主义者通过比较证明，男性和女性的特性是社会地建构的，即性角色原则上独立于性别的差异，因此力图把社会行为（包括性偏爱）的差异追溯到性别的差

---

　①　肖巍，李芳. 人类基因研究的伦理挑战. 道德与文明，2002（2）：44-46.
　②　邱仁宗. 人类基因组研究和伦理学. 自然辩证法通讯，1999，21（1）：72.

加。1986 年，联合国大会设定了"人权领域的国际标准"，其中之一就是要求所有人权手段"源于人的人格固有尊严和价值"①。联合国教科文组织 1997 年 11 月 11 日通过的《世界人类基因组与人权宣言》中写有："人类基因组是人类家庭所有成员根本统一的基础，也是承认他们生来具有的尊严与多样性的基础。"② 尊严一词出现在 157 个国家的宪法中，这些国家占到主权国家总数的 81%。其中，我国《宪法》第 38 条明确规定："中华人民共和国公民的人格尊严不受侵犯。"③

让我们进一步探讨尊严的丰富内涵和深邃意义。有学者考察了尊严一词的历史演变过程，认为它积淀了五层含义："第一，古希腊人使用的 axioma 一词，在古罗马则被译为 dignitas，是一种等级制的、贵族的观念，意指某人值得尊重而被当作统领者。第二，斯多葛派作家、政治家西塞罗较先将人的尊严的观念当作因理性能力而为人性所特有的一种状态。第三，犹太教和其后的基督教神学发展出一种价值概念，即人所具有的人格是与'上帝按照自己的形象'（imago Dei）创造出来的这一条件相关的。第四，近代早期，皮科·德拉·米兰多拉（Pico della Mirandola）推广了这样一种观念，即人天生具有可以自由决定自己本性的独特权能，尊严便是其中固有的特定价值。第五，在启蒙运动时期，康德提出，一种不可侵犯的人的尊严根植于人的道德自由和自我立法的能力中，且与之不可分离。这样一种理解最终将人的尊严看作人所固有的、不可剥夺的、人人平等地拥有的，它是现代全球法律以及有关人的尊严的话语的核心内容。"④ 尊严在西方的发展过程中却表现出某些固定的典型特征。斯科特·卡特勒·舍肖（Scott Cutler Shershow）写道："尊严，跨越了国界'统一起（或者……渴望统一）三种既有联系又有区别的方面：其一，内在品质、素质或价值；其二，高的级别或身份；其三，威严或卓越的行事方式、地位、举止和态度'。虽然其中某个方面有时被强调得更多，级别、身份以及地位这三个要素成了有关尊严的话语的不变项。有关尊严之哲理的另一个常见主题是，人与其他物种相比的独特性……因而……对待人类

① Y. M. Barilan. Human Dignity, Human Rights, and Responsibility. Cambridge, MA: The MIT Press, 2012: 2.
② http://blog.sina.com.cn/s/blog_662e668601014rv2.html.
③ http://www.npc.gov.cn/npc/xinwen/node_505.htm.
④ 威廉·A. 巴比里. 人的尊严与文化间的对话：问题与前景. 韦海波，译. 哲学分析，2018，9 (2): 80.

必须有某些特定的方式。"① 人的尊严具有私人性、主观性、精神性等特性，它的前提条件是人具有自我意识、自由意志、道德主体性和个人独特性。人的许多权利都是人的尊严的体现，对这些权利的侵犯构成对人的尊严的侵犯。

在技性科学的应用中，以人的尊严为理据具有双重性：既可以用作辩护的理由，也可以用作反对的理由。例如，干细胞的研究和应用以及治疗性克隆利用胚胎之所以是合情合理的、切实可行的，是因为胚胎是潜在人而非现实人，他感受不到人的尊严，也无法保持自尊。克隆人之所以被禁止，是因为克隆人不具有人的独特性，其后天的自由意志和尊严在先天就遭到了侵犯。同样，基因编辑组合人之所以被禁止，是因为其基因组已经被他人知晓，其隐私权和信息公开权被剥夺，从而失去了人的尊严。人-非人嵌合体之所以引起反感和遭到反对，因为人-非人嵌合体把人的机体组织部分地当作材料和工具使用，危害天然生命的内在本性，同时模糊了人与非人的界限，这不仅亵渎个体的尊严，而且作为一个类的人类整体的尊严也因之而丧失殆尽。

§15.4　技性科学的风险与伦理

当代社会是充满风险的社会，或曰风险社会。风险社会的风险不是或主要不是天灾带来的，而是人祸导致的，也就是说，是由人的不适当的技术活动和污染严重的工农业生产引起的。我们在本小节只涉及技性科学的应用和高技术实践中隐含或触发的风险，这种风险与传统的技术风险和生产风险（如交通事故、化工厂有害气体泄露、炼油厂爆炸等）大相径庭，具有很大的不确定性、复合性、复杂性和难以预测性，往往是我们不曾经历过的，大多是在看不见、摸不着的情况下或突如其来（事先无从感知）或日销月蚀（显现时间滞后），而且危害往往是整体性的、大范围的乃至全球性的，扩散到政治、经济、文化、思想和日常生活的各个方面，以至人人无法幸免，个个难以逃脱。这种风险是人为地制造出来的，是多重风险主体的一连串不负责任的行为酿成的恶果。它不仅仅是物质利益方面的

① 威廉·A. 巴比里. 人的尊严与文化间的对话：问题与前景. 韦海波，译. 哲学分析，2018，9（2）：80-81.

风险，也是心理风险、伦理风险、文化风险等精神性的风险。

从伦理学的角度看，技性科学或高技术风险来势凶猛，缺乏未来眼光和全球视野的传统功利论、道义论、德性论（美德论）的伦理学已无力招架，从而需要全新的伦理观念来应对。因此，应建构和完善全球伦理、远距离伦理、责任伦理以及伦理规范，提高技术伦理的利益考量点，扩充技术伦理的调整范围，增强技术决策主体的伦理责任，强化对技术发展的规范约束，以有效防范和控制现代技术风险。也就是说，要将人类整体利益作为伦理考量的利益出发点，要将自然界和未来人类作为伦理原则的调整对象，要将增强技术决策主体责任作为伦理建设的中心环节，要将伦理规范作为践行伦理原则的保障——通过不同技术主体之间的协商，有针对性地进行制度设计，建立伦理预测、伦理论证、伦理评估、伦理审查、伦理准入以及伦理监督等制度，以及大家认可的行为规范，共同遵照执行，约束彼此行为，单纯依靠传统的信念伦理是不能解决问题的。①

另外，从主事者的角度看，技性科学应用或技术实践中往往存在可以预知的或无法预测的大大小小的风险或不确定性——不确定性引起有害的后果即是风险。对待风险的态度和应对措施也与伦理道德有关。明知风险在即，为了名利，主事者不向当事人（受试者、患者或其他利益攸关者）履行告知义务，甚至故意隐瞒实情，诱导当事人同意。这种利令智昏、不顾后果、一味蛮干的做法是纯粹的失职行为，是很不道德的。肇事者不仅要为事故承担民事或刑事责任，而且会受到道德谴责。即使风险无法预测，如果事先不做好预案，不采取必要的防范措施，以降低或消除风险，也是要承担一定的社会责任和道德责任的，因为面对可能出现的风险而不作为显然是不道德的。

既然在风险社会中风险不可避免，而我们又离不开技性科学和高技术，那么我们在决定实施一种技术之前就务必做好风险评估。吉尔（T. Jill）针对技术评估的事实-价值的两难困境（不同技术的风险需要客观地、科学地评估，但该评估过程总是在预先假设的特定伦理、政治、社会偏好的前提下进行的，它不可避免地是主观的，是因对象而异的）、标准化两难困境（在前后一致和避免专断的名义下，评估活动的具体程序及风险评价设备必须予以统一或标准化，导致许多相关因素必须被忽略掉，无法充分顾及诸多特殊需求和具体情境）、集合的两难困境（诸多细小风

---

① 毛明芳. 应对现代技术风险的伦理重构. 自然辩证法研究，2009，25（12）：55-60.

险若单独出现都不足为患，但一旦聚集在一起，则会带来巨大的、无法承受的灾难）、最低限额两难困境（评价活动的执行者必须制定相应警戒线，隐患如未超过该警戒线，则被认为是可以接受的）、一致同意两难困境（若某一技术的实施会带来特定风险，那么它就只有在取得被波及人群的许可之后才是合法的，但是谁最有可能就技术隐患出具带有法律效应的一致同意呢？），提出的解决办法是，接受不同团体提出的各种合理观点，确保其中每个观点均得以充分表述并予以考虑。面对不同组织递交的带有风险的解决方案，进行分析评估时必须确保所有相应的要素都有得以展现的舞台，每个给定方案的一切角度都是可视的。为此，必须考虑实行民主的程序主义，因为只有这样，才能充分应对技术评估体系所具体面对的一系列困境，才能将持有不同观点、声音、动机的专家、生产者、消费者、公众以及潜在的受害者整合到一起，才能避免通常意义上的功利主义或贝叶斯主义的单方面盛行，才能提出大多数非专业人士所要求的、风险评估领域最合理的方案。① 针对道德风险，萨斯（H-M. Sass）提出了评估的八项原则：风险回报原则、同情仁慈原则、个人责任原则、一篮子原则、极小极大原则、一致原则、规章制度原则和公民道德规范原则。② 不管怎样，我们都要始终坚持一个理念不动摇：在预测有可能出现风险或风险不确定的情况下，宁可信其有，不可信其无，采取有罪推定是理所当然的。只有自证清白，通过风险评估，才可以付诸行动。

经过风险评估（包括伦理风险评估）后，如果认为没有风险，或风险很小，或风险可控并可接受，那么个人或团体就可以在风险考量的基础上做出伦理决策。在西方的伦理决策理论中，一个决策必须满足如下三个条件才能称为伦理决策：首先，决策的对象涉及伦理问题，即具有伦理内涵、受人类基本伦理规范的调节和制约；其次，决策者是具有自由意志的伦理主体，能意识到伦理问题的存在，能做出判断和实施行动；最后，人们可以对决策结果做出合伦理（指合法的、在道义上为社会上大多人所接受的）和不合伦理的判定。现代伦理决策的模型大体有两种，一是伦理决策的过程模型，二是问题模型。过程模型主要包括四个步骤：确定管理问题，备选决策方案，根据经济、技术、社会与伦理标准评估每一个备选方

---

① T. 吉尔. 对技术政策的评价//王国豫，刘则渊. 科学技术伦理的跨文化对话. 北京：科学出版社，2009：187-190.

② 张峰. 高科技时代的伦理反思——"高科技时代的伦理困境与对策"国际学术研讨会综述. 哲学动态，2006（1）：70-71.

案，进行两阶段决策过程；或者首先确定计划要采取的行为、决策或行动，然后明确说明计划要执行的行为过程的各个方面，接下来要求决策者将需要决策的问题经过道德过滤器的考量，根据这些标准去对比计划的行为过程。伦理决策的过程模型程序完整、逻辑性强，强调过程控制和伦理道德因素的关键作用。问题模型通过系统地提出和回答一系列简单的问题，可以达到伦理决策的效果。比如，有人提出这些伦理检查问题：它合法吗？它是平衡的吗？它是否公平？它使我对自己、家人的感觉怎么样？等等。也有人列举了 12 个问题：你准确地确定了问题吗？如果站在对方的立场，你将如何确定问题？这种情况首次发生时会是怎样？作为个体和作为组织的一员，你对谁和对什么事表现忠诚？在制定决策时，你的意图是什么？这一意图和可能的结果相比如何？你的决策和行动可能伤害谁？在你做决策前，你能和受影响的当事人讨论问题吗？你能使你的观点在长时间内和现在一样有效吗？你的决策或行动能问心无愧地透露给你的上司、首席执行官、董事会、家庭或整个社会吗？如果你的行为被人理解，那么它的象征潜力是什么？如果被误解了，又该如何？在什么情况下你将允许发生意外？在做出伦理决策的过程中，需要有基本的价值依据和影响因子的考虑，从操作的角度来看，基于以下四项基本因素：（1）谁是决策后被影响的对象，这些对象包括股东、顾客、供应商、员工或政府机构等；（2）决策后产生什么样的效益，这里的效益包括成本、利润以及多数人的福祉等；（3）决策时个人权益的保护，个人权益包括个人隐私、避免被骚扰、被解雇及被聘用的条件保护等；（4）决策时根据何种准则行事，这个准则是组织内部决策者行事的准绳，诸如人事聘用法及奖惩升迁规定等。①

与一般风险相比，技性科学应用或高技术风险的责任承担或分担问题是错综复杂的，因为后者的责任不是孤立的、单一的，而是一个责任链条，即责任相互连接而又难以确定，每一个环节的责任也不是任何一人或一方能够独自承担、全部包揽的，因此需要建立责任分析、辨别、追究、问责、惩处等一系列规章或制度，以增强主事人和参与者的社会责任感与道义感，以提高公众的关注兴趣和监督热情。这样做在平时能够达到有效防范、管控、化解风险的目标；一旦风险造成危害，也可以及时追查，大体厘清利益攸关方的责任，起码能够起到惩戒作用。

---

①　张彦. 基于风险考量的伦理决策研究. 自然辩证法研究，2008，24（8）：63—67.

　　现代性意味着风险，现代技性科学和高技术意味着更大的风险。如果我们知道山有虎就不向虎山行，这乍看起来固然万无一失，但实际不仅会使我们失去许多宝贵的物质产品和精神产品，尤其会摧毁人的生存方式和自由品格，甚至扭曲人性——这才是最大的风险。要知道，风险社会风险的出现说明，技性科学和高技术发展相当迅速——这是值得庆幸的，因为风险就是其发展过程中的副产品——这也许是人类为了摆脱自然的束缚、改善自己的处境而不得不付出的代价。为此付出一定代价是值得的，我们绝不可低估科学和技术对社会进步与人类发展所做出的无与伦比的贡献。撇开这一点不谈，风险具有两重性，不见得全是坏事：风险之所在往往是机遇之所在，是启示和变革之所在，是创新和进步之所在，是自我拯救和走向完美之所在。我们只要秉持批判和反思的态度，恰当应对，明智处理，就能把风险转化为机会、把压力转变成动力，使我们超越传统的科学技术观、伦理道德观和社会发展观，树立新的世界观、人生观和价值观，从而实现经济的可持续发展，科学、技术和社会的协调发展以及人的全面发展。此外，单就科学研究本身而言，从传统的触电死亡和化学药品爆炸，到如今各种不确定性的涌现，可谓处处充满风险，时时需要冒险。科学家正是在冲破重重危险中到达胜利彼岸的。科学研究与地理探险一模一样，是一种冒险活动——探索未知的冒险。除了上述风险，科学探索还要冒失败的风险，因为其失败的概率远远高于成功的概率。不从事地理探险，就发现不了新大陆；不进行科学冒险，就发现不了新知识。为了发现新知识，冒这样的风险是值得的，因为这是人作为有思想的芦苇的具体体现，也是人的自由的集中展现。

§15.5　学术自由与伦理到位

　　何谓自由？斯宾诺莎给自由下了这样一个定义："凡是仅仅由自身本性的必然性而存在，其行为仅仅由它自身决定的东西叫自由。"[1] 尼采认为，自由是"人所具有的自我负责的意志"[2]。爱因斯坦强调，"只有不断地、自觉地争取外在的自由和内心的自由，精神上的发展和完善才有可

① 斯宾诺莎. 伦理学. 贺麟，译. 北京：商务印书馆，1959：4.
② 尼采. 上帝死了——尼采文选. 戚仁，译. 上海：上海三联书店，1989：356.

能。由此人类的物质生活和精神生活才有可能得到改进"①。今人列举了与人的尊严相关的自由的五种含义：（1）摆脱干涉的自由；（2）对能力的基本需求和自我实现；（3）独立；（4）摆脱监视的自由；（5）存在的自由。② 在这里，我们关注的是学术自由或探索自由，不用说科学研究自由也被包括在内。但是，需要注意的是，"当科学和技术被密切地结合在一起时，科学探究的自由甚至被理解为意含技术的自由。人们必须警惕这一点。技术发明不管是对公众有利还是对私人有利，都被设计为是为公众消费的，这意味着它们将具有社会影响，为此不能给技术无功利的自由的权利"③。

学术自由本身具有充足的辩护理由。有学者坦言，学术自由有两把强大的保护伞。第一把保护伞是，进行自由探究以及为表达思想创造条件本身就具有内在价值。要不然，教师和研究人员怎样能够探索新思想与新观念，质疑普遍认可的见解和根深蒂固的思想信仰，纠正错误，寻求真理？学术自由的第二把保护伞来自实用主义和"结果论"的观点：学术自由受到威胁，会威胁到大学做出伟大发现的能力，就可能牺牲传递知识和创造新知识的成果，而我们的社会在很大程度上依靠知识。"大学没有多少必须绝对坚持的原则。学术自由却是其中之一。如果我们不能维护这项核心价值，那么我们就会危害美国的大学在科学、艺术以及实际上所有探究领域的全球优势地位。每当学术自由遭到攻击，我们就必须挺身而出充满勇气并且毫不妥协地捍卫之。因为探究的自由，正是大学存在的理由。"④

说到底，科学本身就具有自由的品格。尤其是，学术自由是科学的保护伞和生命线。⑤ 失去学术自由，科学就会停滞不前，导致"万马齐暗究可哀"的死气沉沉局面。因此，科学中的伦理到位只体现在作为研究活动和社会建制的科学上。也就是说，科学家在研究中必须遵守学术规

---

① 爱因斯坦文集：第 3 卷. 许良英，赵中立，张宣三，编译. 北京：商务印书馆，1979：179-180. 爱因斯坦关于自由的思想和实践的详细叙述，参见：李醒民. 爱因斯坦. 台北：三民书局，1998：331-340；李醒民. 爱因斯坦. 北京：商务印书馆，2005：287-294。

② Y. M. Barilan. Human Dignity, Human Rights, and Responsibility. Cambridge, MA：The MIT Press, 2012：131-140.

③ L. F. Cavalieri. The Double-Edged Helix：Science in the Real World. New York：Columbia University Press，1981：128.

④ J. R. 科尔. 学术自由和自由探究. 冯国平，郝文磊，译. 科学文化评论，2012，9（5）：60.

⑤ 李醒民. 科学的自由品格. 自然辩证法通讯，2004，26（3）：5-7.

范，杜绝学术不端行为；科学作为一种社会职业，必须为人类谋福利。至于科学家创造的科学知识，则是中性的，因此伦理到位要以不妨害科学自由为前提，即不应该为科学研究设置禁区，应该鼓励科学家自由探索。

对于走出实验室的科学（包括技性科学在内）的应用或技术推广，情况就大不一样了，道德约束必须到位，伦理监管不可松懈，因为技术不是中性的，而是负载价值的。技术不像科学那样是认识世界，而是改造世界，必须使之造福于人类、有益于社会，而不能背道而驰。因此，为了保证技术行善而非作恶，对技术发展必须审时度势，加以必要的限制；对技术使用必须严格监管，设置适当的禁区。不用说，这样做并不是为了阻碍技术进步，而是为了使技术在正确的轨道上健康发展，减少失误，避免风险和防止危害。

在谈到科学和技术与伦理的关系时，人们往往强调后者对前者的约束和监督，而忽视前者对后者的反作用。实际情况是，科学和技术的迅猛发展也向伦理学提出了新问题、新挑战。在这种情况下，伦理学家和世人就应该认真思考一下：是要为科学的应用和技术的进展划定禁区，还是要修正或更新伦理观念和道德规范？若是属于后一种情况，则应该解除相关禁令（比如人的胚胎的 14 天规定在特殊情况下已有所松动，将来很可能延长天数），并设法制定新的伦理规范或道德标准，以适应科学和技术的新发展。"智者顺时而谋，愚者逆理而动。"（朱浮：《为幽州牧与彭宠书》）我们应该更进一步，睿智博通一些，高瞻远瞩一些，尽可能设法把被动的、滞后的、消极的伦理学转换为主动的、应时的、积极的伦理学——不仅紧跟科学和技术的发展随时变更旧观念、出台新规范，而且尽可能超前塑造为人的科学和为善的技术，从而从根本上防止科学异化和技术致恶。在这个过程中，关键在于把握好"度"，也就是要在科学和技术的创新性、进步性与伦理道德的保守性、稳定性之间，在科学研究自由和技术进步与伦理约束和监督之间，在推动科学和技术稳步向前而不形成阻力与维护人的尊严和为人造福之间保持必要的张力。威廉·K. 弗兰克纳（William K. Frankena）言必有中："道德是为了人而存在，而不是人为了道德。"①

多年前，我就明确提出"科学无禁区，技术应节制；科学研究须自

---

① 拜尔茨. 基因伦理学. 马怀琪，译. 北京：华夏出版社，2001：234.

全可以生活，但却无法与极端的恶共存。学会敬畏或谦卑是责任伦理的第一义务——我们之所以要敬畏，不是因为我们太渺小，而是因为我们太伟大。① 由此可见，尤纳斯的责任伦理强化了科学家尤其是技术专家的社会责任，把高技术的风险消灭在萌芽之中。

在技性科学和高技术引发的社会风险中，科学家和技术专家或工程师对他们的科学发现的技术应用内情最了解，而这些应用则是不确定性和风险的源头，加之他们在政府决策和公共政策的制定中具有较大的话语权，因此他们负有更大的社会责任就是题中应有之义了。特别应该指出的是，他们作为权属攸关方，在各种各样的利益冲突和利害抉择中很难保持价值中立，而必须面对艰难的伦理选择，这自然而然地对他们的道德素质提出了更高的要求。有学者表明，可以把科学家和工程师的责任分为三个方面：角色责任、义务责任、过失责任。确定无疑的责任可以称为角色责任，肯定的责任则是义务责任，而可能性的责任可以等同于过失责任。角色责任就是科学家所固有的、承担某个职位或管理角色时的责任。义务责任就是一种普遍的责任和有益于客户与公众的责任，它要求他们把"利用知识和技能促进人类福利"作为职业活动的目标，自觉地将"公众的安全、健康和福利置于至高无上的地位"。这已超出工程师的职业标准和义务，成为一种基本的道德准则。过失责任则反映了一种消极的职权方式，也就是说，科学家和工程师要防止过失，尽量避免伤害的发生，要对行为后果负责任。在这种责任的追究中，科学家和工程师的责任表现为一种结构性的责任模式，它分为组织或团体责任、个人责任和多人责任以及其中所包含的组织政策、个人行为态度或思想状态和多人态度等多方面的综合因素。②

不过，科学家和技术专家在履行社会责任时也面临着责任困境。米切姆（Carl Mitcham）将其分为三类：（1）科学、技术本身所负载的价值成为造成科学家和技术专家责任困境的一个重要原因。（2）科学家和技术专家在广阔的社会经济背景下扮演着不同的职业角色与公众角色，诸如政策制定者、私人企业或政府的顾问或雇员、管理者、公众咨询者，以及一些传统的角色诸如教师、研究者、独立的从业人员。角色的变化使得科学家

---

① 李文潮. 技术伦理与形而上学——试论尤纳斯《责任原理》. 自然辩证法研究，2003，19（2）：41-46.

② 张锋. 高科技风险与社会责任. 自然辩证法研究，2006，22（12）：56-59+103.

和技术专家不仅要承担职业责任，还要额外地承担对公众的责任。角色的激增以及角色间可能出现的矛盾使科学家和技术专家陷入责任困境。（3）单个科学家的研究逐渐细化，使得角色责任甚至是集体的角色责任成为科学家逃避公众责任的借口，由此也造成科学家和技术专家的责任困境。困境的产生，主要是因为没有协调好公众利益与科学、技术之间的关系。最可行的解决方法就是，积极地承担角色责任，而不是消极被动地逃避责任。①

最后，我们再次重申，科学家和技术专家还有一个重要的社会责任，就是与公众充分合作，欢迎、支持与鼓励公众对有关科学应用和技术利用项目踊跃发表看法，积极参与敞开的、透明的商谈、评估和决策程序。为此，他们有义务向公众普及科学和技术知识，原原本本地向公众说明事情的真相和来龙去脉，及时发布危险警示，切实尊重公众的知情同意权。之所以如此，是因为这一切都与公众的生活福利和生命健康休戚相关；另外，公众并非都是无知的，科学家和技术专家并非时时处处都是真理的代言者、严守中立者和道德高尚者。但是，也要防止民粹主义的情绪发泄和瞎起哄，说理和辩论的非理性化、庸俗化、娱乐化，致使科学丧失应有的权威性。

§15.7　和谐发展与诗意生存②

当今社会，经济主义和消费主义的巨轮双向驱动、推挽借力，正在碾压全球，塑造眼下的世界。一方面，资本这只猛兽正在张开血盆大口，在

---

① 朱勤，莫莉，王前. 米切姆关于科技人员责任伦理的观点述评. 自然辩证法研究，2007，23（7）：74-78.

② 我把人生分境界为下述六种。（1）生存境界：在温饱线下挣扎；没有精神生活，或精神生活十分苍白。（2）生息境界：超越生存境界，但是仍然需要花许多时间和大量精力谋生；有一定的精神生活，不过比较贫乏。（3）生活境界：在物质生活方面达到小康水平，不再为吃穿犯愁、费大力；注意且逐渐看重精神生活。（4）生趣境界：过上体面的物质生活，进入所谓"中产阶层"；有自己的兴趣、爱好，有意识地追求精神生活的充实。（5）生意境界：有体面乃至丰盈的物质生活；把精神生活看得高于物质生活并刻意追求之，有志气，有抱负，富有生命力，期望获得成就并身体力行，社会贡献较大。（6）生创境界：完全摆脱物质的羁绊和牵累，全身心地投入钟爱的事业和心仪的理想，书写春秋或建构文化——一句话，以朝气蓬勃的生命力去革新、发现、发明、创造；历史上和现实中德高望重的大思想家、大科学家、大发明家、大文学家、大艺术家、大教育家、大政治家、大实业家、大军事家，以及英雄豪杰、志士仁人等的人生都处于这个境界。不用说，以上六种人生境界是针对正常人即善良人而言的，至于那些窃贼、罪犯、强盗、侵略者之类，本来就不入流，应被打入另册，不在我们议论之列。

追求利润最大化的过程中无孔不入，吞噬一切；另一方面，人的欲望的无限膨胀和贪得无厌正在背离消费的本来意义（不是为了满足人的身心健康的物质需要而消费，而是为了时尚、阔气、炫耀而消费），为挥霍和浪费推波助澜，把人变成自私自利、欲壑难填的异化人。因此，在这个社会，技性科学和高技术引发的诸多社会风险、环境污染、伦理困境，与其说是科学和技术本身的问题，不如说是资本逐利和人欲贪婪的问题。面对此情此景，行之有效的救治之道除了技术应节制、伦理要到位外，在更大的程度上需要从改革社会经济结构和改造人性、提高人的道德水准着手，一步一个脚印，最终走向和谐社会，实现诗意人生。

要走向和谐社会，关键是不能让资本专横跋扈、为所欲为，要放弃以往资本主导一切的、粗放性的、不可持续的发展模式，采取和谐发展的模式。在《现代汉语词典》中，和谐是配合适当的意思。和谐社会是体现民主法制、公平正义、诚信友爱，充满创造力，人与人、人与自然和睦相处的稳定有序社会。[①] 要达到人人和谐、天人和谐的和谐社会，唯有走和谐发展的道路。"所谓和谐发展，就是以心和、人和、天和为特征和向度的发展模式。和谐发展的伦理学基础应是和谐伦理。和谐伦理，就是调节自我、人我、物我之间的道德规范。'三和'——心和、人和、天和，是和谐伦理的终极指向。心和指自我身心的和谐，是和谐发展的微观伦理基础；人和包括人与人的和谐以及人与社会的和谐，是和谐发展的中观伦理基础；天和指人与自然界万有存在之间的和谐，是和谐发展的宏观伦理基础。实现了'三和'，方能求得人类需要和非人类需要的和谐，达致'保合太和'的境界"[②]。只有在和谐发展与和谐社会中，我们才能真正实现人类理想中的共生、共存、共荣、共享的大同社会。与此同时，就个人而言，则应该改变以往被异化的消费观，弘扬惜物、节俭等美德。

谈到美德或德性，它并不是人生而具有的，而是后天习得的。也就是

① 在这里，我想郑重表明，两性和谐是社会和谐最重要的基础之一。两性之间的关系从低级到高级共有五个境界：本能泄欲境界、维持生活境界、互补互惠境界、协调相谐境界、欣赏审美境界。其大体特征分别对应是：纯粹肉体的、大部物质的、肉重灵轻的、身心相携的、诗意升华的。在这五个高下不一的境界中，只有最后两个才是我们应该追求的和力争实现的。尤其是欣赏审美境界，男女之间相互欣赏，彼此审美，其痴爱之情达到时时和谐、处处默契的程度，于是身心无二、灵肉合一、水乳交融。正所谓心和身挟飞仙以遨游，灵与肉抱明月而长终。此时两性性爱迸发出诗情的旋律，充盈着画意的图景，可以说超然尘世，升华至尽善尽美之灵境。

② 刘志扬，日月河. 和谐理论：和谐发展的伦理学基础. 自然辩证法研究，2007，23（3）：13.

说，人们是通过社会教化、环境影响、个人实践、自我修养，通过他律向自律的转化，逐渐使道德内化于自身，从而进入高尚的道德境界，形成完美的道德品质，实现知与行、理与情的和谐统一，最终学以成人，成为真正的道德主体——达到贤人君子、志士仁人的道德水准和人格境界。这样的有德性的人，是对自我秉持伦理关怀的人，会自然而然地把责任和义务视为自己的内在需要，无疑拥有独立的人格、澄明的心境、自由的思想、仁爱的情怀、审美的眼光。他们肯定会摆脱贪欲、邪念、显派、虚荣等人格之丑和人性之恶，会自觉自愿地规范自己、做出善举，绝不会沦为越轨、作恶之人。具有德性的科学家和技术专家能够出于良心与善意，习惯性地承担应有的社会责任和道义责任，一丝不苟地遵循伦理规范，使科学和技术真正造福于人类。在这个方面，德性伦理学可以为人的美德养成助一臂之力。特别是在人的道德被各种价值观和利益链切割成碎片、人失去其整体性的善和全面发展机会的现代社会，对做人之本的德性的强调怎么也不过分。

　　具有德性的人把道德看作自己的精神生命，视为肉体生命的支柱和人的终极价值。这样的人无疑具有正确的世界观、人生观、价值观——智者和贤人的"三观"；尤其是人生观，是一个人的安身立命之本。反观今日之中国社会，所缺少的恰恰是这些根本性的、与生命攸关的东西。我曾经这样写道："当今之世，实利主义泛滥，物欲主义猖獗，拜金主义肆虐，大有横扫一切如卷席之势；所谓的成功人士及其坐享其成者以'势位富厚'自鸣得意、挥金如土，芸芸众生则艳羡'位尊而多金'，面对权势和金钱，每每做'蛇行匍伏，四拜自跪'（《战国策·苏秦始将连横》）状。在这种与境下，许多人陷入这样的怪圈和陷阱：生活着却体验不到生活的意义，生命着却领悟不到生命的价值。说起来倒也十分简单，一个人把什么作为人生的理想，追求什么样的现世生活，纯粹是人生支点和价值坐标的选择问题。拥有稳固的人生支点和健全的价值坐标，才能'泰山崩于前而色不变，麋鹿兴于左而目不瞬'（苏洵：《心术》），根本无须寄托于虚幻的宗教、缥缈的神仙、僵化的主义、盲目的信仰、崇拜的偶像、追捧的明星、奢华的物欲、痴迷的作乐，即可淡泊地生活，宁静地做事，诗意地栖居在自己的精神家园，享受和品味只可意会、不可言传的美妙人生。"①

---

① 李醒民. 译者后记//爱因斯坦论. 爱因斯坦论和平. O. 内森，H. 诺登，编. 李醒民，译. 北京：商务印书馆，2017：959-960.

我是一个无神论者，从来不信仰、不崇拜某种外在的东西，即使这些东西很伟大、很崇高、很美丽、很可爱。我自己的生活经验和人生经历告诉我自己，没有宗教信仰，也可以活得很自由、很潇洒、很惬怀、很诗意，只要我们树立正确的世界观（外部世界是绝对或相对独立于人的物质和能量的世界，内部世界是人自身的思想、意志、心理、情感的世界），确立积极的人生观和高尚的价值观。

"像爱因斯坦一样，我的人生支点也是真、善、美。它构成一个绝对稳定的、底边略大于腰的等腰三角形：其底边是真，其二腰则为善和美。它是我的安身立命之所。在这个寓所，真居于首位或处于基础。因为行善和爱美，一般不会遇到什么阻碍或反对；但是，求真却往往要遭受种种磨难和损失，乃至要冒风险，甚或是生命的危险。……我的价值坐标是：精神生活远远高于物质生活，后者只要能够维持健康的体魄和旺盛的精力即心满意足矣；在精神生活方面，X 坐标是社会正义，Y 坐标是人格尊严，Z 坐标是文化创新。面对千奇百怪的事变、形形色色的诱惑、各种各样的抉择，只要置于这个坐标系，其价值即可立竿见影、水落石出。因此，决策乃当机立断，承诺则一言九鼎，处事必心如止水，绝不会优柔寡断，绝不会出尔反尔，绝不会心旌摇曳，更不会误入迷途，怎么可能患得患失、惶惑纠结、焦躁熬煎呢？"①

与人生观相对的是人死观——其实，这二者是相反相成、珠联璧合的，从本质上讲是一码事。这是因为，生与死始终是紧密相连、互相参照、彼此赋义的，是人类的一个永恒主题。说句大实话，人从出生的那一刻起，就在向死亡的终点一步一步迈进——在这一点上，大自然对所有人一视同仁，毫无讨价还价的余地。我年逾古稀，至多也不过再活二十多年，说不定因天灾人祸，明天或后天就呜呼哀哉了。这没有什么好遗憾的，因为我安享天年已超过孔圣人了，要做的事情也做得差不多了。要说稍有不甘心的话，就是有些学术研究计划还没有完成，或者根本未及实施。现今一些人，该好好活着的时候，活得不怎么光风霁月，甚至活得有些窝窝囊囊；该走向死亡的时候，又贪生怕死，谈死色变。尽管活得完全没有质量，乃至活受罪，还是觉得好死不如赖活着。这样的人，一点也不知生，不知死——不知生命的意义和价值，不知死亡的尊严和意蕴。他们

———————————
①　李醒民. 译者后记//爱因斯坦. 爱因斯坦论和平. O. 内森，H. 诺登，编. 李醒民，译. 北京：商务印书馆，2017：960.

生时争权于朝，争利于市，得寸进尺，得陇望蜀，只是本能地追求物质享受和感官刺激；他们死时大操大办，圈地建陵园，竖立纪念碑，侵占后人有限的土地，妄图以此永垂不朽。既然人生在世，就要多少做点有意义的事情，最好能够给后人留一点精神遗产①，才不枉在世上走这么一遭。濒临死亡时，要视死如归，痛痛快快、高高兴兴地向这个世界告别，为生者和后人腾退活动的空间与宝贵的资源。如果说人是大自然或上帝的杰作，那么人必有死就是大自然或上帝的高超设计。试想一想，要是人长生不死，世界将人满为患，社会将因循守旧，人口将老态龙钟，新陈代谢将不复存在——这是一幅多么恐怖的场景呀！

　　死生亦大矣，当然总是引起人们的关注。孔子曰："未知生，焉知死？"（《论语·先进》）同样，我们可以反过来问："未知死，焉知生？"如果你生前没有思考过死亡，对死亡没有一点清醒的理性认识，没有像奥勒留那样以一个有死者去看待事物，那你怎么能够树立正确的人生观，过有意义的生活呢？② 对于人类而言，人死观与人生观同等重要，甚至比后者更重要。列子曰："生不知死，死不知生。"（《列子·天瑞》）但是，不管怎样，我们还是力图以生悟死，以死悟生，而这在某种程度上也是可能的。正确的人生观不是可以导致正确的人死观吗，正确的人死观不是有助于颖悟正确的人生观吗？庄周安时处顺无哀乐，登天游雾超外物。③ 陶潜"纵浪大化中，不喜亦不惧。应尽便须尽，无复独多虑"（陶渊明：《形影神三首·神释》）。庄周的明智、陶潜的豁达，才是对待人世间最崇高的东西——生与死——的智慧进路，很值得人们深思和仿效。④

　　要是世人都有正确的人生观和人死观，资本怎么能兴风作浪，社会怎么会人欲横流，恶疾和陋习怎么会绵绵不绝？人只要具有正确的人生观和人死观，就肯定具有独立之精神（"人生在世当自强，独立意识扛大梁。

---

　　① 李醒民. 思想和道德是具有永恒价值的东西. 中华读书报，1999-03-03（15）.

　　② 许多过去的和现今的例子表明，濒临死亡而被抢救过来的人，从九死一生的险境中逃生的人，被宣判为不治之症而战胜死亡活下来的人，由于思考过死亡，从而对生命有新的认识，他们的人生观和精神面貌为之一变，一下子变成新人，重新开始新的生活。

　　③ 《庄子·大宗师》载："安时而处顺，哀乐不能入也。""孰能登天游雾，挠挑无极；相忘以生，无所终穷？"

　　④ 我将以古今中外一切贤达之士为榜样，愿在生前留言：本人死后不发讣告，不设灵堂，不摆花圈，不奏哀乐，不致悼词，不开悼会，不陈遗体，不葬骨灰；尸体立即火化，骨灰秘密撒于本人栽植的花木之地，以作肥料。除家属和部分学生（不施加一点无形的力量，自觉自愿的，出自内心需要的）外，谢绝客人来家吊唁。百年之后，我的文本就是我的身体，我的思想就是我的灵魂。

不藉秋风声仍远，无求美人花本香"①），也无疑拥有自由之思想（"弃案绝丝一身空，心灵自由素情钟。究际通变吾最爱，泛舟学海任西东"②）。这样"优哉游哉，亦是戾矣"（《诗经·小雅·采菽》）的生活，岂不是诗意的生活？这样"逍遥乎山川之阿，放旷乎人间之世"（潘岳：《秋兴赋》）的生命，岂不是诗意的人生？

---

① 李醒民：自强.
② 李醒民：辞职退课之后.

第十六章 中国学界的学术不端
行为及其整饬之道

尊 严

浮生在世有尊严，昂然独立稳如山。

万事无求坦荡荡，避势远利心自安。

——李醒民

现在，我们暂且离开技性科学两个最前沿、最热门领域中的伦理问题，转向科学研究——或广而言之学术研究——中的伦理问题。在本章，我们关注的是中国学界的学术不端行为及其整饬之道，虽然有时作为参照也涉及西方科学界或学术界。

§16.1 何谓学术不端行为？

在中西文献中，学术不端行为（misconduct inacademy、academic misconduct）亦称科学不端行为（misconduct in science、scientific misconduct，也可译为科研不端行为），或称研究不端行为（misconduct in research、researchable misconduct，也被译为科研不端行为），有时也以学术失范（academic anomie）或学术失信（dishonest academy）的名目出现。与学术不端相对的是学术伦理（academic ethic）和学术诚信（academic integrity）。在这里，我们一般使用"学术不端行为"这个术语，因为它涵盖面广，把自然科学、社会科学和人文学科的研究都囊括在内。当然，不同门类的学术在学术不端行为的表现和治理上也有所不同，但是其精神实质是一致的；而且，即使有差异，也不过是大同小异而已。在以下的有关引文或论述中，我们径直使用原有的名称，不强求人为的统一。

所谓学术不端行为，有学者点明了几个重要的方面：在答谢先前的工作时有意忽略，蓄意捏造所选择的数据（资料），蓄意删除与假设不一致的已知数据，把另一位研究者的数据转化为自己的数据，在没有全体研究者同意的情况下发表结果，没有做到感谢完成工作的所有研究者，产生利益争端的冲突，重复发表太相似的结果，违反保密原则，歪曲其他人先前的工作。①

美国是全球较早、较为系统开展科学不端行为定义研究和制定相关政策法规的国家。经过多年的反复努力，美国科学技术政策办公室终于在2000 年 12 月 6 日正式发布《关于研究不端行为的联邦政策》，该政策将研究不端行为定义统一为："研究不端行为是指在建议、进行或评议研究，或在报告研究结果时发生的捏造、篡改或剽窃行为。捏造是指捏造数据或结果并记录或报告它们。篡改是指伪造研究材料、设备或程序，或改变、删除数据或结果，致使在研究记录中，没有正确地描述研究。剽窃是指把他人的观点、程序、结果或话语据为己有，而没有给予他人适当的荣誉。……研究不端行为调查结论要求：严重背离相关研究界的公认规则；不端行为应该是故意、有意或不计后果举报应该通过证据优势证明。"②但是，研究不端行为不包括诚实的错误或者观点的分歧。这个政策的重要意义在于，首次对研究不端行为特别是捏造、篡改、剽窃下了精确的定义，并明确把研究不端与诚实的错误区别开来。

丹麦奥胡斯大学是较早重视治理学术不端行为的欧洲大学。2000 年发布、2015 年修订的《确保在奥胡斯大学的科学诚信和负责任研究行为的实践守则》，把科研不端定义为："伪造、篡改、剽窃或其他严重违反良好科学实践的行为，对研究成果的规划、完成或报告结果时存在随意或严重疏忽。其中包括：（1）秘密进行数据伪造和篡改，或用虚构数据替代；（2）秘密选择性或隐瞒性地丢弃自己不想要的结果；（3）秘密使用与众不

---

① J. D'vAngelo. Ethics in Science：Ethical Misconduct in Scientific Research. Boca Raton，FL：CRC Press，2012：1-28. 这位学者还说："完全预防科研不端行为永远也不会发生。我们能够有理由期望的最好结果也许是，比较迅速地发现它。在包括捏造或删除数据在内的几乎所有案例中，都很可能这样做，尽管如此做总是广泛的通例。不过，很可能，总是会有一些坏苹果试图逃脱体制的惩罚。如果一直不禁止甚至是最轻微的不端行为（这不可能是实际的），那么科研不端行为将可能以这种或那种形式继续下去。"（同前，76）

② 王阳，王希艳. 论美国"科学不端行为"定义的历史演进. 自然辩证法研究，2009，25（5）：100.

同的、容易使人误解的统计方法；（4）未公开表明自己的结果和结论存在偏见或扭曲的解释；（5）剽窃他人的结果或出版物；（6）向作者或发起人提供虚假信息，对头衔或工作场所的虚假陈述；（7）提交关于科研资格的错误信息。此外，《守则》还列举了违反负责任的研究行为，但不属于科研不端行为的行为，或称为科研不当行为：（1）故意不如实解释研究结果或故意提供关于自己或另一个人在研究中作用的误导性信息，尽管非法的程度和后果本身是不严重的；（2）不符合《丹麦研究诚信行为准则》的行为（例如：适用的实验规范、信息技术、存档、著作权、私人资助等）；（3）在参与的科学或学术工作中，个人或经济利益在工作和结果中导致质疑人因合理的怀疑受到不公正的对待。"① 《守则》明确规定，科研不端和科研不当行为在奥胡斯大学都是被禁止的，一旦出现就要受到大学内部负责任的研究行为委员会或丹麦科研不端监管委员会的审查。《守则》详细列举了学术不端行为的种种表现，便于监管者识别、监督、审查或惩处。

韩国教育部在 2015 年重新修订了《科研伦理保障准则》，把科研不端行为的范围扩大到研究开发项目的设计、执行、结果报告及发表等各个环节。其中包括："（1）伪造：指制造或记录不存在的原始资料、研究资料和研究结果等行为；（2）变造：指人为捏造或编造研究资料、设备、研究过程等，或任意修改、删除原始资料或研究资料，歪曲研究内容或结果的行为；（3）剽窃：指抄袭他人独创的观点而不是一般知识，或未恰当标识他人的观点的来源，并使第三方认为是自己创造的内容或结果等的行为；（4）论文作者的不当标示：无正当理由不标示对研究内容或结果做出贡献的研究作者，或对没有做出贡献的人给予论文作者标示的行为；（5）不正当的重复刊登：研究人员未注明来源就刊登自己以前的同一研究结果或实际内容相似的研究成果，领取研究经费并得到研究业绩认证等获取不当利益的行为；（6）妨碍对科研不端行为的调查：指故意妨碍对本人或他人不端行为的调查或故意加害举报者的行为；（7）严重超越了各学科领域的通常容忍范围之外的行为。"② 这个准则明确把一稿多投或一稿多发，隐含地把伪注、伪署名包括在学术不端的范围之内，很有现实意义。

进入 21 世纪，我国大学、学术研究机构和政府相关部门也把反对与

---

① 王飞. 奥胡斯大学科研诚信建设政策与实践. 科学与社会，2018，8（2）：28.
② 李友轩，赵勇. "黄禹锡事件"后韩国科研诚信的治理特征与启示. 科学与社会，2018，8（2）：13.

制止学术不端行为提上议事日程，相继出台了多个规范性的文件，对学术不端行为做出了界定。由于吸取了国外的成熟经验，又考虑到中国的实际情况，这些文件针对性强，列举不端行为详尽、具体，便于付诸实施。例如，2007 年 2 月发布的《中国科学院关于加强科研行为规范建设的意见》认定，科学不端行为是指研究和学术领域内的各种编造、作假、剽窃和其他违背科学共同体公认道德的行为，滥用和骗取科研资源等科研活动过程中违背社会道德的行为。其认定标准为：（1）在研究和学术领域内有意做出虚假的陈述，包括编造数据，篡改数据，改动原始文字记录和图片，在项目申请、成果申报以及职位申请中做虚假的陈述。（2）损害他人著作权，包括侵犯他人的署名权，如将做出创造性贡献的人排除在作者名单之外，未经本人同意将其列入作者名单，将不应享有署名权的人列入作者名单，无理要求著者或合著者身份或排名，或未经原作者允许用其他手段取得他人作品的著者或合著者身份。剽窃他人的学术成果，如将他人材料上的文字或概念作为自己的发表，故意省略引用他人成果的事实，使人产生为其新发现、新发明的印象，或引用时故意篡改内容、断章取义。（3）违反职业道德利用他人重要的学术认识、假设、学说或者研究计划，包括未经许可利用同行评议或其他方式获得的上述信息，未经授权就将上述信息发表或者透露给第三者，窃取他人的研究计划和学术思想据为己有。（4）研究成果发表或出版中的科学不端行为，包括将同一研究成果提交多个出版机构出版或提交多个出版物发表，将本质上相同的研究成果改头换面发表，将基于同样的数据集或数据子集的研究成果以多篇作品出版或发表，除非各作品间有密切的承继关系。（5）故意干扰或妨碍他人的研究活动，包括故意损坏、强占或扣压他人研究活动中必需的仪器设备、文献资料、数据、软件或其他与科研有关的物品。（6）在科研活动过程中违背社会道德，包括：骗取经费、装备和其他支持条件等科研资源；滥用科研资源，用科研资源谋取不当利益，严重浪费科研资源；在个人履历表、资助申请表、职位申请表以及公开声明中故意包含不准确或会引起误解的信息，故意隐瞒重要信息。（7）对于在研究计划和实施过程中非有意的错误或不足，对评价方法或结果的解释、判断错误，因研究水平和能力原因造成的错误和失误，与科研活动无关的错误等行为，不能认定为科学不端行为。①

---

① 中国科学院 2007 年 2 月发布《中国科学院关于加强科研行为规范建设的意见》. http://www. eq-igl. ac. cn/kexuefazhan/xf3. html.

中国科协在 2007 年 1 月 16 日通过的《科技工作者科学道德规范（试行）》中指明，学术不端行为是指在科学研究和学术活动中的各种造假、抄袭、剽窃和其他违背科学共同体惯例的行为，包括：（1）故意做出错误的陈述，捏造数据或结果，破坏原始数据的完整性，篡改实验记录和图片，在项目申请、成果申报、求职和提职申请中做虚假的陈述，提供虚假获奖证书、论文发表证明、文献引用证明等。（2）侵犯或损害他人著作权，故意省略参考他人出版物，抄袭他人作品，篡改他人作品的内容；未经授权，利用被自己审阅的手稿或资助申请中的信息，将他人未公开的作品或研究计划发表或透露给他人或为己所用；把成就归功于对研究没有贡献的人，将对研究工作做出实质性贡献的人排除在作者名单之外，僭越或无理要求著者或合著者身份。（3）成果发表时一稿多投。（4）采用不正当手段干扰和妨碍他人的研究活动，包括故意毁坏或扣压他人研究活动中必需的仪器设备、文献资料，以及其他与科研有关的财物；故意拖延对他人项目或成果的审查、评价时间，或提出无法证明的论断；对竞争项目或结果的审查设置障碍。（5）参与或与他人合谋隐匿学术劣迹，包括参与他人的学术造假，与他人合谋隐藏其不端行为，监察失职，以及对投诉人打击报复。（6）参加与自己专业无关的评审及审稿工作；在各类项目评审、机构评估、出版物或研究报告审阅、奖项评定时，出于直接、间接或潜在的利益冲突而做出违背客观、准确、公正的评价；绕过评审组织机构与评议对象直接接触，收取评审对象的馈赠。（7）以学术团体、专家的名义参与商业广告宣传。①

中国科学技术部自 2007 年 1 月 1 日施行的《国家科技计划实施中科研不端行为处理办法（试行）》把科研不端行为定义为违反科学共同体公认的科研行为准则的行为。其中包括："（1）在有关人员职称、简历以及研究基础等方面提供虚假信息；（2）抄袭、剽窃他人科研成果；（3）捏造或篡改科研数据；（4）在涉及人体的研究中，违反知情同意、保护隐私等规定；（5）违反实验动物保护规范；（6）其他科研不端行为。"②

由此可见，学术不端行为表现在学术研究的各个环节或阶段，从申请课题到实施研究、项目评审和验收、发表成果、学术交流、评奖和奖励

---

① 中国科协于 2007 年 1 月 16 日七届三次常委会议上审议通过了《科技工作者科学道德规范（试行）》. http://zt. cast. org. cn/n435777/n435799/n13518146/n13518609/13528270. html.

② 国家科技计划实施中科研不端行为处理办法（试行）. 畜牧兽医科技信息，2007（3）：18.

等，以及其他与社会利益有关的行为。在这里，要注意把学术不端行为与不当行为或有问题的行为（questionable research practices）区分开来。后者指的是，虽然违反科学目的、科学精神和科学研究事业的基本道德原则，但没有直接触犯明确规定的道德底线的行为。科研不当行为的主要特征如下：（1）以明确不违反科学共同体规约为前提，更不是一种违法行为；遵守合法性原则，但存在合理性方面的问题。（2）科研不当行为虽然不是科学共同体规约所明确禁止的，但具有不合理、不公正、不合乎科学规范的特征。从数量上看，科研不当行为远较直接的科研不端行为要常见。科研不当行为是介于科研不端行为和负责任的研究行为之间的科研失范行为，包括诚实的错误。科研不当行为的表现形式更复杂、种类更多，处于灰色地带，有时比较难以发现，值得引起学术研究者的警惕和戒备，否则久而久之极易滑入不端行为。

　　其实，学术不端行为远不止以上所述，例如炮制伪科学或为伪科学张目①、伪署名②、伪注③（这常见于社会科学和人文学科论著中）。而且，在我们看来，科学研究或学术研究有道德性规范和技术性规范（也称为学术规范）。违背前者，一般即构成学术不端。违背后者，可能有两种情况：若属于疏忽大意则为失误或重大错误，疏忽者必须承认、纠正、担责、自责，也应该虚心接受同行的批评，造成较为严重后果者可予以警告；若属于有意识违背或存心欺诈，则属于学术不端行为，必须毫不手软，坚决查处。学术不端行为一般属于道德范畴的事件，不在刑事法律的管辖范围之内；但是，贪污、挪用、挥霍研究经费，侵犯他人知识产权的严重剽窃、抄袭，可能要涉及刑事或民事诉讼，应该按照法院的判决予以制裁或做出经济赔偿。

§16.2　学术不端乱象概览

　　学术不端行为在全世界是一个普遍现象，最近数十年，学术丑闻在国

　　①　李醒民. 科学、伪科学的划界. 科学时报，2004-12-24（B3）；李醒民. 伪科学或假科学面面观. 学术界，2008（6）：25-43.
　　②　李醒民. 本刊关于防止、杜绝"伪署名"的通告. 自然辩证法通讯，2009，31（3）：封四；李醒民. 揭橥学术论文"伪署名"的底细. 中国社会科学报，2011-08-25（5）.
　　③　李醒民. 学术论著"伪注"现象剖析. 科学时报，2010-06-18（A3）.

外此起彼伏、层出不穷。被誉为韩国克隆之父的首尔大学教授黄禹锡在干细胞研究中造假，撰写假论文，违背伦理道德，非法获取卵子，挪用巨额研究经费。日本理化学研究所发育与再生医学综合研究中心学术带头人小保方晴子宣称，体细胞接触弱酸就可变为具有多能性的干细胞，即所谓的万能细胞。但是，她在《自然》杂志接连发表的两篇论文中有篡改、捏造等不端行为。瑞典卡罗林斯卡医学院访问教授、意大利外科医生保罗·马基亚里尼（Paolo Macchiarini）曾经参与世界首例部分由患者干细胞制作的人造气管移植手术，他在工作中涉嫌学术造假并伪造履历。美国杜克大学癌症研究人员阿尔尼·波蒂（Anil Potti）在多篇论文中宣称，特定的基因表达标记能预测病人对化学疗法的反应，但他有多篇论文伪造数据、更改数据。担任哈佛医学院及布莱根妇女医院医学教授和再生医学研究中心主任的安韦尔萨（Piero Anversa）发现，心脏中含有再生心肌的干细胞，可以用来治疗心脏病。最近，他的 31 篇论文被撤销，并罚款 1 000 万美元，因为论文存在捏造、偷改数据等学术不端行为。据说，在发达国家，2%～14% 的研究者有学术不端行为。在发展中国家，情况也好不到哪里去，甚至更加糟糕。

在中国学术界，剽窃抄袭者如过江之鲫，前仆后继；坑蒙拐骗者络绎不绝，花样翻新；学术掮客上蹿下跳，"跑部钱进"；学术包工头谄上傲下，坐地分赃；学术市场人买刊鬻文，从中渔利；学界活动家东奔西跑，收受红包；学术混混滥竽充数，炮制学术泡沫和学术垃圾；学术渣滓巴结、贿赂权贵，中饱私囊；学术红人争头衔、抢冠冕，赢者通吃，好处尽占；学术官僚权钱交易，不劳而获；如此等等，不一而足。最近一二十年，形形色色的学术不端行为屡屡曝光，五花八门的学术丑闻轮番上演。从课题申报和请奖申请造假，到评职称、争头衔游说和行贿成风；从学术小偷瞒天过海，到江洋大盗①巧取豪夺；从汉芯造假事件露馅，到 107 篇论文违规被撤销；……真是"凡所应有，无所不有"（林嗣环：《口技》）；只有你想不到的，没有人家做不到的。这些学术乱象，搅得学术界乌烟瘴气、鸡犬不宁，扰得学人心神不安，惶惶不可终日。笔者曾于 2012 年 7 月 10 日作诗《学界乱象》描绘之：

> 学界沉沦名利场，搅得鸡飞狗跳墙。
>
> 争权夺利狼奔突，窃文钓誉鲫过江。

---

① 李醒民. 学术"江洋大盗"危害更烈. 社会科学报，2010-04-08（5）.

鱼目胜珠已见惯，瓦釜毁钟亦寻常。

何日清源更正本，澄我学人学问乡。

作为学界中人，我对中国学术界学风日下、学术不端行为频发具有切身经历和深刻感触。记得在 1980 年代，此类不正之风还较为罕见，个别的失范也比较容易纠正。但是，进入 1990 年代，经济大潮风起云涌，学人纷纷下海经商；中国国家自然科学基金、国家社会科学基金相继设立，而且基金数量逐年增加，其他中央级、省部级研究基金也纷纷设立；各个高校和研究机构急功近利，出台各种各样不合理的规章制度，通过物质刺激奖励申请课题、发表论文，通过数量考核惩罚数量不达标者；大大小小的奖项诱人垂涎，五颜六色的头衔、盛名、冠冕漫天飞舞，令焦心的追逐者乐此不疲；凡此种种，直接导致学界世风日下，人心不古，学术不端行为顺势滋生蔓延，愈演愈烈，一发不可收拾。

在 1990 年代初，我就敏锐地意识到问题的苗头和后患，针对我所在的学科和研究领域，提醒学人警惕市场对于自然辩证法研究的误导①，呼吁自然辩证法研究者要有好学风。② 1997 年，我主持的《自然辩证法通讯》面对当时的学人堕落和学术失范，不得不在第 2 期和第 3 期通告："本刊先前曾发生过有关作者剽窃抄袭他人成果的事件，近期又接连发现有关作者一稿多投（此类时弊在其他刊物也屡见不鲜，且有日益蔓延之势）。这不仅极大地干扰了本刊正常的编辑、出版程序，损害了本刊的声誉，而且也严重地污染了学术空气。为了匡正学术流弊，遏止学术失检，净化学术氛围，整饬学术道德，恪守学术规范，促进学术繁荣，本刊今后对于剽窃抄袭者和一稿多投者一经发现，将做如下处理：（1）不刊用，不发稿费或追回已发稿费。（2）责令违规者向读者和被侵权者做出检讨，直至诉诸法律。（3）将有关情况通报违规者所在单位，并公开曝光。（4）三年内不受理违规者的稿件，协同有关兄弟刊物联合实施。"同时敬告作者："（1）引用他人研究成果或译著务必注明参考文献和引用出处。（2）本刊不接受一稿多投稿件。"③

为促进 21 世纪中国学术的繁荣，营造一个健康的学术氛围，使学人

①　李醒民. 警惕市场对于自然辩证法研究的误导. 自然辩证法研究，1993，9（增刊）：23-25.

②　李醒民. 自然辩证法研究者要有好学风. 自然辩证法研究，1993，9（10）：57-60.

③　李醒民. 匡正学术流弊，恪守学术道德——中国科学院自然辩证法通讯杂志社编辑部通告. 自然辩证法通讯，1997，19（2，3）：封四.

养成良好的学风，1999 年 12 月 8 日，在笔者亲自组织和协调下，中国科
学院《自然辩证法通讯》杂志社和山西大学在北京以"共建学术规范，整
饬学术道德"为主题，联合召开了一次小型学术讨论会。与会者围绕主
题，针对学术失范的表现、根源及矫正措施，以及中国学术界的历史、现
状和未来直抒己见。《自然辩证法通讯》以此为契机，开设"学术规范与
学风建设笔谈"专栏并征文①，从 2000 年第 2 期开始到 2001 年第 4 期结
束，该栏目共发稿 9 辑，共计 65 篇。这些短文或揭露现实，针砭时弊；
或条分缕析，追根溯源；或陈言建白，责无旁贷。其心诚，其情真，其意
切，其理正，其辞严，读后令人铭感不已。综观这些雄文诤言，大体集中
在学术异化和学术腐败的现状、根源和纠正措施三个方面。这些文章经过
部分作者修改、补充，连同发表在其他报刊的同类文章共 72 篇，最后结
集为《见微知著——中国学界学风透视》——文集分为失范概览、原因剖
析、规范建设、道德整饬、学人自律五编——出版。② 为了给学界和学人
做出表率，我们在 2004 年《自然辩证法通讯》稿约中向社会郑重承诺：
"不论职位高低，不问名气大小，不管关系亲疏，不计人情厚薄，不图感
谢回报，不齿献金送礼，唯质是视，量质录用。"③ 2006 年，我们庄严申
明我们始终不渝的立场："决不让《自然辩证法通讯》沦为学术腐败的温
床"④。2009 年，《自然辩证法通讯》就"伪署名"发布通告："当前在学
术界，除了剽窃、抄袭、伪注这样的违背学术规范的劣行屡禁不止外，伪
署名也愈演愈烈。所谓'伪署名'，就是对相关论题没有进行实质性研究，
对所完成论著没有做出实质性贡献，而在作品上作为作者而署名。伪署名
可谓名目繁多，花样翻新：为评职称、混学位、敷衍考核和课题交差，亲

---

　　① 　该专栏的编者按这样描述当时的学界乱象："自改革开放以来，中国各项学术研究事业
取得了较大进展。但由于历史的和现实的诸多原因，学术规范失常、学术道德滑坡之事时有发
生。纵观当今中国学术界，在学术社团的组建、学术站点的设置、学术职务的评聘、学术资源的
分配、学术成果的评价、学术奖励的颁发、学术刊物的运作、学术论著的出版、学术规章的制定
等方面或缺乏规范，或有规不依，或规范本身不尽合理，从而贻害于中国的学术事业。尤其令人
触目惊心的是，自 1990 年代以来，在政治腐败和经济腐败等社会丑恶现象的熏染下，学术界的
各色丑闻也接连不断，剽窃抄袭及一稿多投之风蔓延。与此同时，醉心于和献身于学术研究的真
正学人日减，相当一批身处学界之人甘居平庸，乃至追求平庸，制造学术泡沫和学术垃圾。"［自
然辩证法通讯，2000（2）：1］
　　② 　李醒民. 见微知著——中国学界学风透视. 开封：河南大学出版社，2006.
　　③ 　李醒民.《自然辩证法通讯》2004 年稿约. 自然辩证法通讯，2004，23（1）：封四.
　　④ 　李醒民. 决不让《自然辩证法通讯》沦为学术腐败的温床. 自然辩证法通讯，2006，28
（4）：104.

朋好友、同学同事或给予方便，或相互'搭车'；为捞取虚名或实惠，沆瀣一气，'投桃报李'；为讨好上司、领导、师长等，而邀请其署名；为便于发表，利用权威、名人效应而署其大名；为感谢对自己有好处或有帮助的人，作为'礼物'而署其名；导师或'老板'利用某些'潜规则'，在学生或同事论著上署名；更有甚者，利用权力或权势，巧取豪夺而署名；如此等等，不一而足。"①《自然辩证法通讯》还告知读者，将开设学术不端行为曝光台："自1990年代中期以来，形形色色的学术不端行为——剽窃、抄袭、伪注、一稿多投、伪署名等等——如病毒肆虐，绵延不绝。这既与社会大环境有千丝万缕的联系，也直接与学术界学术良心缺失、学术道德滑坡、学人自律松弛、各项制度不健全、诸多规章不合理、管理监督不力、处罚惩戒不到位等密切相关。十多年来，尽管学术界也花费了相当气力打击各种学术劣行，但是至今收效甚微。违规者和犯禁者仍如过江之鲫，劣迹斑斑。为增强监督和打击力度，为遏制学术不端行为助一臂之力，本刊决定开设'学术不端行为曝光'小专栏，及时把各种丑行暴露在光天化日之下，以儆效尤。"② 在此期间，笔者还就学风和学术不端诸多议题在有关报刊发表了一系列文章。③ 回过头来看，我们的良苦用心与举措似乎没有发挥应有的作用和预期的影响，其原因主要在于：中国学界的学术不端行为如不扼止，确实会病入膏肓、积重难返；一些肉食者大权在握、好处占尽，死死抱住权力和黑金不放，一点也不愿意改变不合理的规章制度和混沌秩序。此外，我们人微言轻、势单力薄，没有振臂一呼、应者云集的神力，根本无法撼动既得利益者，也难以震慑学术不端者。

---

① 李醒民. 本刊关于防止、杜绝"伪署名"的通告. 自然辩证法通讯，2009，31（3）：封四. 该通告接着写道："为了防止和杜绝伪署名现象，本刊对来稿者提出以下要求：（1）请来稿者在'作者简介'中写清楚自己的专业定位和研究领域。（2）两人或两人以上的作者来稿，请每位作者写出自己对来稿的实质性贡献，并签名确认。（3）对弄虚作假而伪署名者，本刊将毫不留情，坚决揭露，立即曝光。"（同前）

② 李醒民. 开设"学术不端行为曝光"小专栏通告. 自然辩证法通讯，2009，31（3）：封四.

③ 除了以上和以下脚注列出的文献外，还有下述文章：李醒民. "大王之雄风"与"庶人之雌风". 民主与科学，1998（4）：26-27；李醒民. 知识分子的精神根柢. 方法，1999（1）：22-24；李醒民. "学术规范与学风建设笔谭"编后语. 自然辩证法通讯，2001，23（4）：12-15；李醒民. 文献引用作假使"研究人"异化为"市场人". 社会科学报，2007-07-05（5）；李醒民. 谨防学术会议被异化. 社会科学报，2011-03-17（5）；李醒民. 中国院士制度改革的几点思路. 民主与科学，2014（3）：5-6。

　　作为学人和作者，我深受剽窃、抄袭的侵害，一些"三只手"的学界中人，陆续剽窃、抄袭我的多篇论文或著作。我的关于世纪之交物理学"两朵乌云"史料的发掘和论述，成为一些所谓学人抄袭的重点对象。在 1980 年准备毕业论文时，我找到了原始文献（1901 年 7 月出版的英文《哲学杂志》和《科学杂志》合刊），纠正了开耳芬勋爵（Lord Kelvin）的演说是元旦献辞的错误（实为 1900 年 4 月 27 日在皇家学会所作）；第二朵乌云是黑体辐射（实为双原子和多原子气体的比热与能量均分学说的矛盾）的谬说（连日本著名的科学史家广重彻都弄错了），并大段地引用了开耳芬勋爵的言论。我的研究成果在 1980 年代中期以后逐渐为学界接受（这令我欣慰），但随后即在有关论文和著作中被为数不少的作者（有些还是名牌大学的教授或博导）剽窃、抄袭（这令我愤怒），有的还煞有介事地列出 1901 年的原始文献。我不否认个别作者（多数作者怕是找不到的）有找到原始文献的可能性（是"可能性"！有人有找到的"可能性"，也懒得去找，这哪有照抄方便?），但令人生疑的是，他们引用的开耳芬勋爵的大段言论怎么译得与我的译文一字不差? 难道麦克斯韦妖在这儿起了神奇的作用? 我的关于马赫对经典力学批判的论述，关于皮尔逊的"批判是科学的生命"的论述，也是被剽窃、抄袭的重点对象，我偶尔翻阅材料时，就无意中发现过数例。有的作者"机关算尽太聪明"，极力把自己装扮成钻研原始文献的研究者，装模作样、堂而皇之地列出英文文献。但是，这种拙劣的伎俩只不过是欲盖弥彰：不仅译文与我的一模一样，而且引用的次序、承接转合的语词完全雷同，甚至连我译文中的一点小疏漏也照抄不误。

　　一开始，我没有在意，后来这种偷窃知识产权的行为一再上演，甚至达到寡廉鲜耻、明目张胆、无法无天的地步，我才不得不分出一点宝贵的时间予以揭橥。1993 年，我不点名地揭露深圳市罗湖区委宣传部陈建涛（当时称其"陈先生"）在《论科学与非科学的互补关系》一文中抄袭我的论文《善于在对立的两极保持必要的张力》（《中国社会科学》1986 年第 4 期）。① 1997 年伊始，在翻阅寄赠的《自然辩证法研究》（1997 年第 1 期）刊登的《科学精神与人文精神关系探析》（作者为中国矿业大学社会科学系主任、教授陈勇）一文时，发

---

　　①　李醒民. 要逐渐养成严肃治学的好学风. 科学技术与辩证法，1993，10（6）：11.

现该文多处剽窃拙文《科学精神的文化意蕴》(《光明日报》1995 年 1 月 26 日第 5 版)达 500 字左右,我同样未点名("作者原来也是一位陈先生")揭发。① 2007 年,我偶去书店,看到重庆出版集团、重庆出版社出版马赫的《知识与谬误——探究心理学论纲》(翟飚、郭东编译,2006 年 11 月第 1 版)——译者疑为假名,我随便浏览了一下,发现该书序言基本上全是抄袭我的译著《认识与谬误——探究心理学论纲》(马赫著,华夏出版社 2000 年 1 月第 1 版)的中译者序,而且几处还把正确的抄成错误的了。我随即向重庆新闻出版局去信揭发。在确凿的证据面前,该出版集团不得不承认错误。为了息事宁人,以找不到译者为由,只是象征性地做出点经济赔偿,我的批判文章《重庆出版集团和重庆出版社的"鬼影"编译者》《无耻的剽窃,无端的傲慢——关于重庆出版集团和重庆出版社出版物的剽窃抄袭事件》,至今也找不到发表的地方。2010 年 9 月 16 日,《科学时报》A3 整版刊登了浙江师范大学教授、浙江师范大学教育评论研究所所长刘尧的《学者、学术与学术生命》一文,抄袭我两篇文章②的思想和话语,庞晓光撰写文章③予以揭破。2012 年《学术界》(合肥)第 7 期刊载华南师范大学经济与管理学院教授周怀峰的《科研项目课题制、学术风气和学术精神》一文,剽窃我三篇文章④的内容,我撰写文章⑤予以曝光。2012 年《自然辩证法研究》第 8 期第 74～78 页刊登吉林大学马克思主义学院教授李桂花、博士研究生张建光(长春工业大学教师)的论文《试论科学家异化》,多处剽窃我的论文、抄袭我的译文(属于伪注)。涉事刊物和作者所在单位沆瀣一气,极力护短、包庇,在我坚持向上

①　李醒民. 学人的堕落,学界的悲哀——也谈剽窃抄袭和一稿多投. 方法,1997 (10):25-26.

②　李醒民. 学术的生命——《中国现代科学思潮》自序//中国现代科学思潮. 北京:科学出版社,2004:v-ix;李醒民. 学术创新是学术的生命. 光明日报,2005-11-01 (5).

③　庞晓光. 学术批评中的掩耳盗铃现象. 学术界,2012 (9):122-124. 北京《科学时报》2011 年 3 月 31 日 A2 版摘要发表;该报编者大事化小,更改了文章题目并删节了一大半内容。

④　李醒民. 荒谬的逻辑,荒诞的考核——就本人的经验小议课题申请、学术评价及其他. 自然辩证法通讯,2007,29 (3):96-97. 该文经《科学时报》编者删节,发表在北京《科学时报》2007 年 6 月 29 日 A4 版. 李醒民. 呼唤"事后收购制"和"诚信资助制"出台——小议学术研究资助体制改革. 科学时报,2010-01-22 (A3). 李醒民. 思想是个人的!. 科学时报,2010-10-29 (A3).

⑤　李醒民. 何日清源更正本,澄我学人学问乡——给《学术界》编辑部的一封信. 学术界,2012 (9):118-121.

级申诉，在强大的舆论压力下，才不得不撤销二位学术不端者的论文。但是，《自然辩证法研究》自始至终拒绝发表我的揭露文章①，我只好改投《科学文化评论》。在这篇揭露文章中，我还捎带详述了陈勇的抄袭情况，以及大连医科大学教授、《医学与哲学》主编杜治政《关于医学是什么的再思考》（《自然辩证法研究》2008年第6期）中的一处伪注。另外，与李桂花、张建光和《自然辩证法研究》的丑闻相关的二文《我亲历的一起学术不端事件》《犹抱琵琶半遮面，整饬学风路修远——〈自然辩证法研究〉在对待一起学术不端事件中蓄意的偏见与无理的傲慢》，至今还没有获得面世的机会。

上述涉及学术不端行为的侵害，是我公开或半公开展示出来的。还有几例，我未和盘托出，或是因为心慈手软，或是因为抽不出时间应对——就是写了揭露文章，连当事报刊也拒绝发表，其他报刊更是抱着多一事不如少一事的态度不愿发表。在这里，我想将它们记录在案，以警告那些学术偷窃者。第一个案例：科学技术部下属某事业单位的一位所谓科学史专家，在一部关于科学家的著作中大段抄袭、剽窃我的《马赫："周末猎手"的智力"漫游"》（E. 马赫：《认识与谬误——探究心理学论纲》，李醒民译，北京：华夏出版社，2000，第i～x页）一文的语句、论述和思想以及有关译文。第二个案例：江苏某名牌大学哲学系某教授，在一部名家主编的关于西方近代社会思潮的历史著作中，在论及世纪之交的物理学革命时，至少有四处严重抄袭或袭取我的三篇论文或一部著作中的基本材料和思想，并且一些语句和论述与我的论文雷同或相似。② 第三个案例：上海某大学某教授在关于德国现代物理学家的论文中抄袭我的相关论文和著作，并有伪注出现。③ 第四个案例：湖北某知名大学一位即将毕业的科学

① 李醒民. 窃文钓誉鲫过江——就李桂花、张建光涉嫌学术不端致《自然辩证法研究》编辑部. 科学文化评论，2013，10（5）：95-103.

② 李醒民. 世纪之交物理学革命中的两个学派. 自然辩证法通讯，1981，3（6）：30-38；李醒民. 物理学革命行将到来的先声——马赫在《力学及其发展的批判历史概论》中对经典力学的批判. 自然辩证法通讯，1982，4（6）：15-23；李醒民. 评彭加勒关于物理学危机的基本观点. 自然辩证法通讯，1983，5（3）：31-38；李醒民. 激动人心的年代——世纪之交物理学革命的历史考察和哲学探讨. 成都：四川人民出版社，1983年第1版，1984年第2版，第三、五、九章（这三章与上述三篇论文的内容基本相同）。

③ 李醒民. 善于在对立的两极保持必要的张力——一种卓有成效的科学认识论和方法论准则. 中国社会科学，1986（4）：143-156；李醒民. 爱因斯坦. 北京：商务印书馆，2005；李醒民. 爱因斯坦科学哲学思想概览. 哲学动态，2000（3）：15-18；李醒民. 哲人科学家的认识论和方法论的特色——以批判学派和爱因斯坦为例. 自然辩证法通讯，2014，36（1）：13-19.

哲学博士研究生，其毕业论文多处剽窃、抄袭我论述彭加勒的著作和论文中的话语与思想，我撰文《关于彭加勒的哲学思想——从"×××××××××"一文谈起》予以批驳和揭破，后出于心软、怜悯，至今未公开发表。①

　　以上揭露的剽窃、抄袭、伪注行为，都是我无意中发现的，并非专门调查、刻意为之。至于我没有发现的，只会比这更多而不是更少。这一切也充分印证了我对中国学界学术失范、道德滑坡的断言并非虚言妄语，那首打油诗《学界乱象》亦非夸大其词。在此，我们不能不发问：学术不端乱象的原因何在？

§16.3　乱象原因何在？

　　乱象之因不外乎三个方面：一是社会大环境失调，二是学界小生境失序，三是学人道德自律失却。其中，后两个是比较重要的、直接的原因。

　　从社会大环境来看，经济大潮汹涌澎湃，拜金放纵，物欲横流，精神空虚，思想苍白。在社会上形形色色的诱惑面前，那些混迹于学界的人、那些意志薄弱者、那些未以学术为终生志业和生命的学人，贪得无厌地追求物质利益最大化，不时被卷入其中，成为大浪淘沙的出局者。从上到下，贪污分子无法无天，腐败之风无孔不入，权钱交易狼狈为奸，潜规则屡屡得手。一些学人在此乌烟瘴气的氛围中难免受到熏染，久而久之便自甘堕落，沦为丑陋的学术人。官本位神通广大，一切向钱看成为时尚，引诱学人争权夺利，朝思暮想从中分得一杯羹，毫无心思和心境做学问。民主和法治不健全，政府和权力机关对学界不适当干预，出馊主意，定坏规章，使学界失去自主，学术失去自由，难以按科学规律办事。社会风气浮躁，急功近利，妄图一日发财、一夜成名，弄得学人心猿意马、心态扭曲、

───────────────

　　① 我 2008 年 6 月撰写此文后投给发表该博士研究生的文章的学报。学报主编将其转给该博士研究生及其导师。结果，该生来信、来电，痛哭流涕地向我承认错误；并说自己已在南昌一大学谋取教师职位，若事情曝光，他会即刻失去学位和好工作，请求我原谅他。他还急于要到北京"看望"我。我怜惜他的前程，被他的悔改之意打动，说文章不发表了，你也不必浪费钱财和时间北上了。十年来，他再没有与我联系过，想必已经金盆洗手，位子坐稳——这几行文字恐怕不会影响他的来日了。

心气浮躁，难得安下心来坐冷板凳。在这种学术官僚化、政治化、功利化、浮躁化、平庸化的环境中，一些学人为了一朝成名、一夕获利，于是剑走偏锋、铤而走险，妄图通过学术不端的终南捷径，达到名利双收的目的。加之中青年教师、研究人员以及研究生收入过低，导致他们急于揽课题、争职位、抢冠冕、夺权力，以便改变现状，为此不惜投机取巧，从而使学术生态雪上加霜，无法回归正位大道。

从学界小生境来看，其原因不胜枚举，我们在此仅列其要者而论之。

第一，科学属性的变化与科学家的分化。当今的技性科学，比如基因和人工智能技性科学，与近代经典科学相比，应用前景或技术转化较为明朗，起码其基础研究与技术应用之间的距离不是很大，甚至是为突破技术创新的障碍而进行基础研究——须知当年富兰克林和伽伐尼（L. Galvani）做电的实验时，赫兹发现电磁波时，绝对想不到它们会使我们的生产和生活发生翻天覆地的变化。因此，一项科学发现的技术化、产业化、商品化、市场化往往近在咫尺，专利收入丰厚，利润回报可观。一些科学家走出象牙塔，或创办公司，或作为顾问、董事、合伙人、持股者参与营利机构，或在社会募集资金，摇身一变成为科学家式的企业家或企业家式的科学家。这种双重或两栖身份使技性科学或高技术迅速转化为生产力，给社会带来了好处，但与此同时也产生了副作用：他们在追逐新发现和新发明中争先恐后，唯恐慢人一步；在争夺专利权和经济利益时当仁不让，使出浑身解数，乃至不择手段。在这个利益交织、激烈竞争的与境中，科学家倘若利欲熏心，或道德有瑕疵，或意志不坚定，或自律不严谨，便很容易步入歧途，行不端之举，乃至身败名裂，身陷囹圄。在近代经典科学时期，科学的规范结构或精神气质、科学家的科学良心或超我维护科学的自主性，约束科学家的研究行为，从而保证了科学的客观性、公正性、普遍性和公有性。但是，在现代技性科学时代，在各种现实利益的驱使下，科学的精神气质很难发挥应有的导向或约束作用，对真理的追求往往排在对利益的追求之后。在这种情况下，单靠科学家的伦理修养和道德自律已经无法维系科学共同体在光明大道上行进，各种学术不端行为的出现也就不足为奇了。现在，在社会科学和人文学科界，基础研究经费数额逐年增加，应用研究更是充斥着权力和金钱的诱导，其学术乱象与科学界或毫无二致，甚或有增无减。

第二，官本位的恶劣影响，官僚化的低能管理。像大社会一样，官本位在高校、研究所和其他学术机构根深蒂固，不可一世。各级学官牢牢把持行政权力，通过行政命令和权力寻租，危害学术自由，妨碍学术主体的自主性，腐蚀学人的独立人格。他们一言九鼎，而研究人员则被剥夺了决策权和话语权。他们独断专行，暗箱操作，不按学术规律和公正程序办事，使得无能的溜须拍马者一路高升，而老实的真才实学者却处处受到排挤、打击。他们垄断各种资源，动辄用或大或小的课题、五光十色的奖项、花样翻新的实惠诱惑学人，或姜太公钓鱼愿者上钩，或略施小计入吾彀中。他们不管有无本领，便宜占尽、好处通吃，把教授、博导等头衔最先收入囊中，难怪一个处长或主任的位子数十人争抢。他们由于神通广大，善于拉拢关系，擅长打通关节，所以资源丰富，资金充裕，往往成为学术包工头，雇用一批打工仔为其出力卖命，自己则逍遥学外，成果却是署名第一作者，动辄一年发表几十篇论文。官本位的斑斑劣迹为青年学人和莘莘学子树立了极坏的先例，不少青年人正是近墨者黑，由此走上学术不端不归路的。喝令官本位远离学术很有必要，势在必行。① 再者，低能的官僚化管理简单、粗暴，效率极低而成本居高不下，挫伤学人的积极性，极易滋生腐败。比如，单一的课题资助制和量化考核就是如此。要想申请到课题，首先，把表格填得天花乱坠，把预期前景写得头头是道（还没有开始研究，怎么知道前景呢？），以便打动管理者和评委；其次，倾巢出动人马，四处打探、八方笼络，打点好管理者和评委，以便顺利闯关；最后，事成之时按照事先约定，分一大块蛋糕给利益链条上的分赃者。多年前，我就提出，在基础研究领域，以事后收购制和诚信资助制取代课题制，或者径直提高高校教师和研究人员的工资水平，非重大课题自掏腰包进行研究。② 这样，不仅大大节约管理成本，而且能够杜绝腐败。可是，我的建议石沉大海，杳无音信——既得利益者怎么会主动放弃那么多的既得利益呢？量化考核把专业性很强的严肃学术评价蜕变为数字游戏，按论文篇数和发表刊物的所谓级别、按捞取课题的资助来源和资金多少打分赋值，依此决定学人是否考察合格或能否晋升职称——这不仅严重压抑学术创新的积极性，而且直接毒化学术空气，催生不计其数的精神废品和文化垃圾，为学术不端行为推波助澜。这

---

① 李醒民. 让权力和金钱远离学术. 科学时报，2010-08-13（A4）.
② 李醒民. 呼唤"事后收购制"和"诚信资助制"出台——小议学术研究资助体制改革. 科学时报，2010-01-22（A3）.

种连人民公社生产队记工员和小学生都能胜任的事情，何必管理者亲操井臼、劳师动众？用牛刀杀鸡，岂不是屈他们的才？有人归纳了量化取向的九大弊端（激励短期行为，放大马太效应，助长本位主义，强化长官意志，滋生学术掮客，扼杀学者个性，鼓动全民学术，诱发资源外流，误失人才），可谓深中肯綮。①

　　第三，不合理的规章制度危害甚烈，乃至逼良为娼。在学术单位，不合理的规章制度比比皆是，起到非常恶劣的导向作用，说其害人不浅，实不为过。② 比如，无国家级、省部级课题的一票否决制。也就是说，不管你的学术能力有多强，学术水平有多高，学术成果有多大，学术质量有多好，只要没有那样的课题，对不起，你既没有晋升的资格，也因无课题费而不许招收研究生。而捞到课题，则一好百好，又是表彰，又是奖励，至于课题做得是好是差，反倒成为次要的事情。这条禁令逼迫学人不得不中断研究，把精力和时间投入填表、跑腿、找关系、争课题的游戏之中，无法安放一张平静的书桌，严重扰乱学术秩序。更有甚者，弄虚作假，徇私舞弊，为捞课题不择手段，毒化学术风气。再比如，不分青红皂白，一律要求研究生答辩前必须发表一两篇论文，否则不予答辩；不管研究型大学还是一般院校或专科学校，一律要求教师每年必须在一定级别的刊物上发表数篇论文，否则考核不合格，便得受罚或走人。那些制定规章者和科研管理者也没有做做算术题：全国有多少刊物，每年能够容纳多少文章？全国有多少必须发表论文的学人和学子，每年不得不发表的论文数量有多少？简单估算一下，供需之间的缺口大得惊人！于是，一纸规章引来今古奇观：粗制滥造的所谓论文纷纷出笼，急于发表者携带巨款四处求人，乱七八糟的假刊物应运而生，论文买卖市场生意兴隆，以至形成论文写作、买卖、发表的产业链，其产值相当可观。更严重的是，那些毫无创见、人云亦云的学术泡沫铺天盖地，那些毫无用处、浪费钱财的学术垃圾遍地堆积，把真正的好论文埋藏得严严实实，害得学人和读者无所适从。为此，笔者早就昌言："不把不合理的'规章'当回事，或者把不合理的'规章'不当回事；按自己的思维逻辑和突发灵感在学术园地徜徉，做自己认为有价值和有意义的学术研究。"③ 笔者早就呼吁："不合理的学术评价规章造

---

①　刘明. 现行学术评价定量化取向的九大弊端. 自然辩证法通讯，2003，25（1）：90—93.

②　李醒民. 根治痼疾，创造自由的学术环境和研究生态. 中国科学报，2015-12-11（2）.

③　李醒民. 不把不合理的"规章"当回事. 自然辩证法通讯，2000，22（3）：7.

成的恶果触目惊心，它使学术界由学术和文化圣地异化为名利争斗场，使学人和学子由'研究人'异化为'市场人'①，因此必须悬崖勒马，急需改弦更张。"②

第四，缺乏强有力、高效率的学术批评、监督、审查、惩处机制。在我国学术界，目前还没有普遍建立这样的机构，更没有一条龙式的程序，主动监管不到位，被动投诉也找不着北。受害者撰写的揭发材料往往被有关部门相互推诿，无人受理。即便接收材料，也是磨磨蹭蹭，久拖不办，办而不决。或者抱着家丑不可外扬的态度，极力遮掩，尽量包庇，大事化小，小事化了，从而助长不正之风。能够主动出击，经常自纠自查，及时发现学术不端行为，迅速查办，毫不留情惩处的学术部门或单位，实属凤毛麟角，难得一见。

第五，人才评价和遴选有偏差，科研道德教育薄弱。长期以来，我国研究型高校和学术单位在人才评价与选拔中存在严重偏差，评价标准单一，遴选制度粗疏，同行评议流于形式，甚至缺乏基本的擢用程序，往往唯学历（尤其看中名牌大学）、唯留洋、唯头衔、唯资历（官员或学官）、唯奖项（乱七八糟的名目多多益善）、唯论文（重数量而轻质量），而且看重人情关系，每每任人唯亲，而不是重在真才实学、德才兼备。结果往往相中的是才疏学浅之辈和阿谀逢迎之士。这样的人根本毫无发明创造、标新立异的能力，只能拾人牙慧、庸庸碌碌——而学术恰恰是拒绝平庸的。③ 其中一些人在虚名或盛名以及竞争的压力下，甚至冒天下之大不韪，编造拼凑，剽窃抄袭，干见不得人的勾当。其实，"要让学界人才脱颖而出，关键在于提供学术自然生长的宽松环境，营造人才辈出的自由氛围，制定切实可行的人事政策和人才遴选法规。这就要抛弃伯乐相马式的、以个人主观意志为主导的思维模式，打造'骏马奥运'式的制度设计和客观公正的比赛平台。也就是说，制定合理的竞赛规则，确立严格的评判标准，挑选优秀的铁面裁判，举办名副其实的人才奥林匹克运动会。面对这样的奥运会，驽马无疑不敢上场比赛，骏马自然一鸣惊人、一日千里。此时，选才者焉能浩叹天下无骏马？有才者何愁天涯不识君？"④ 就

---

① 李醒民. 学术界需要"研究人"而非"市场人". 民主与科学, 2010 (2)：47-49.
② 李醒民. 学术评价的某些规章应立即改革. 科学时报, 2010-03-19 (A3).
③ 李醒民. 学术断然拒绝平庸. 自然辩证法通讯, 2010, 32 (4)：105-106.
④ 李醒民. 从"伯乐相马"到"骏马奥运"——关于发现和选拔人才的思考. 科学时报, 2011-01-21 (A3).

目前的学界而言，还有必要精兵简政：把学术渣滓、学术混混坚决清除出学术队伍；严格界定研究人员，让非研究人员各司其职，各乐其业，按各自的标准考核和晋升职级，不硬性规定他们必须发表论文；适当压缩学术研究机构的从业人员和研究型大学的专职研究人员的编制；相应地，也有必要缩减学术刊物的数量，让那些没有一点新材料、新观点、新方法的文字无立锥之地。[①] 另外，在以往很长一段时间内，高校和研究机构对教师、研究人员以及学生缺失或缺乏职业伦理、科研道德、学术诚信和学科规范等内容的教育，致使其难以形成良好的学风，失德和失范的不端行为屡屡发生。

　　学人放松或缺乏道德自律，是学界乱象丛生、学术不端泛滥的一个重要原因。一些学人道德水准不高，自律意识淡薄，通过正当渠道无法达到争名夺利、升职挂衔、摘取奖项、应付考核的目的，便想方设法出阴招、走歪道、干坏事。一些学人本来还有一定的道德素养，但是在不合理规章制度的逼迫下，在国内外竞争压力的夹击下，身不由己，自律松懈，一开始也许偷偷摸摸，尝到甜头后便肆无忌惮起来。一些学人有一定的学术能力，可是在现实利益面前，什么好处都想沾，什么利益都不放，圈占一大堆课题，身兼一大串职务，招收一大批学生，结果时间不够、精力不足，无法按要求交差，只好冒险伪造成果，或做刀代笔，或搭便车发表，甚至掩耳盗铃剽窃、抄袭——这不仅使自己丢人现眼，而且殃及和贻害一代代的学子。至于那些学术混混或学术平庸者，本来就没有学术兴趣和学术能力，在重压之下越过道德底线，行不端之举，就是顺理成章、不言而喻的事了。

§16.4　学风整饬之道

　　找准了学术不端行为的病因，只要对症下药，标本兼治，就可能药到病除，起码可以缓解病情。关于社会大环境的治理，学界可以发挥一定的作用，但是无力改变现状，这需要举国动员和全民参与，通过基层促动、顶层设计逐步加以解决。至于学界或学人的问题，则需要自己动手，自觉自愿地、积极主动地设法消除。下面，我们简要地论述医治学术不端行为

---

　　① 李醒民. 学术界要"精兵简政"和"节制生育". 科学时报，2010-06-04（A3）.

的药方，或曰学风整饬之道。

关于学界小生境的整治，针对乱象产生的原因，可以从六个方面辨证论治。

第一，认清技性科学的特点，设法维持利益平衡。现时代的技性科学与经典科学不完全相同，它与高技术紧密相连，与经济利益密切相关。科学家不再信守知识至上的观点，不再纯粹为科学而科学，他们常常把获取名利放在第一位。面对这种新变化，一方面要重视知识产权的保护，让科学家和技术专家获取应得的合法权益与物质利益；另一方面要厘清责任，制定合宜的政策和法规，加强伦理监督和法制规约，把科学家和技术专家的行为纳入正道。对于社会科学和人文学科研究人员，也要借助纪律约束和法律制裁规范其行为，使之在名利场不致迷失自我、自取其辱。

第二，破除官本位，让学术回归学术，让学人回归书桌。学术管理者本来应该老老实实地为学人创造研究条件，是学人的服务员和公仆，可是却异化为挥舞指挥棒耀武扬威的"霸主"。必须彻底改变这种不正常的现状，把颠倒的秩序颠倒过来。为此，要狠下决心，破釜沉舟，弃旧图新，把官本位思想清除干净，把官本位体制统统丢进垃圾箱，让学术恢复自由，让学人在学界占据主体和主导地位，建立以学术为中心和导向而不是以权力为中心和导向的新体制。为此，建议大幅度压缩高校和研究所的行政编制，成立教授委员会之类的学人组织，以学术权威取代官员权威，排除内外权力干扰，大力推进学术自治。①

第三，制定合理的规章制度并付诸实施。在学界，没有规章制度是不行的，因为无规矩无以成方圆；关键是要有符合研究规律的、受到学人欢迎的规章制度，这样的规章制度才是合宜的、有效的、切实可行的。这样的规章制度应该是配套的、系统的，而不能是零散的、彼此抵牾的，使之贯串从最初的课题申请到最后的评审结项，从着手研究到论文发表的全过程。尤其是要大胆改革、精心设计学界最重要的制度之一同行评议制度，尽可能避免其产生的负面作用，使之透明、公正，让学人心服口服，能够真正促进学术进步，激励人才辈出。

第四，采取各种监管惩处措施，杜绝不端行为。建议各个大学、研究所、学会设立学术道德委员会，或学术不端行为监管和查处办公室，或学术诚信小组之类的组织，负责监督、约束、审查、惩处学术不端行为，并

① 李醒民. 学界要以学术为中心和导向. 社会科学报，2011-04-21 (5).

明确规定揭发、投诉、查处的程序，让揭发者有门可找，让受理者迅速按照程序开展审查和认定，让学术不端者无所遁形、疏而不漏。必须横下一条心，对学术不端零容忍、严惩罚，严重者予以法律制裁，坚决杜绝犯事人所在单位的袒护、遮丑行为，必要时给予包庇者相应的惩处。尤其要在学术批评上下功夫，这是学界的一个相当薄弱的环节。我们知道，文学界的文学批评是文学的一个重要环节和专业分支，对文学的发展功不可没。可是，我们的学术批评却做得不到位。只有高举学术批评的武器，才能减少学术不当，把学术不端劣迹消灭在萌发之时，也才能及时揭露学术不端行为。为此，建议创建专门的学术批评杂志，现有的学术杂志也应开设学术批评专栏，使学术批评文章有杂志可投稿、可发表，解决谁也不愿意发表这类得罪人的文章的老大难问题。尤其要变被动举报为主动监管，这样才能掌握反对学术不端的主动权，防患于未然。

　　第五，健全学术评价和人才选聘的标准与程序。必须大刀阔斧地改革先前违背学术研究规律、干扰学术健康发展、压抑学术人才主观能动性的旧体制和旧机制，制定新的用人标准、评估程序、奖惩条例，并严格遵守，不折不扣地实行。比如，针对不同的评价对象采取多元化的评价标准、程序和方法，引进第三方评估机构，选择有代表性的评议员，尽可能使评价和遴选国际化，建立学人个人的诚信档案，如此等等。中国科学院物理所就提出了较好的科研评价方案："职称评审和任期考核不数文章数量、不看影响因子、不看经费数量，破除唯论文数量、只看刊物级别的倾向，而是强调成果质量和价值，看是否做到国际前沿，是否解决了重要学术难题，是否具有重大原创性突破，是否符合国家发展战略需求。"[1]

　　第六，最重要的一点是，学人加强道德自律。所谓道德自律，就是道德上的意志自由、意志自律，也就是使自己的意志服从普遍规律或最高律令，并在社会实践和伦理修养的过程中防微杜渐，逐渐形成道德心或科学良心或学术良心[2]，从而达到"从心所欲不逾矩"（《论语·为政》）的完美境界。有内在德性的学人自然具有君子人格，肯定在任何情况下——即使在没有外在规范或制度不健全的情况下——都能按照道德律令和自己的良心行事，能够做到"板凳要坐十年冷，文章不写一句空"；他们绝对不

---

① 中国科学报，2018-08-06（7）.
② 李醒民. 科学家的科学良心. 光明日报，2004-03-31（B4）.

会为外物左右而行为不端，肯定能够以学术为生命，把终生奉献给学术事业。① 因此，纯粹依赖规范约束和法律震慑是难以从根子上铲除学术不端毒瘤的，因为规范和法律不可能面面俱到、囊括无遗、包医百病。更何况，"道之以政，齐之以刑，民免而无耻；道之以德，齐之以礼，有耻且格"（《论语·为政》）。不过，功在治本和安身立命的自律虽是基础，但他律却是保障。自律离不开他律约束，起码在初始时如此。他律不仅对学术共同体必不可少，而且对个人从他律转化为自律并进而拥有德性和学术良心不可或缺。因此，要使他律与自律并举，外在监督与内在修身结合，法律与道德并济，使之珠联璧合、相得益彰，形成学界的好学风，步入学界的新境界。

为此，在学界，要重视通过科学精神熏陶、职业道德培育、学术诚信教育，使学人养成道德自律的习惯，心怀学术良心。在这里，仅就学术诚信道德教育略述一二。学术诚信是学人需要具备的一种重要道德品质，是学术创新的前提和学术进步的保证，是杜绝学术失范、学术不端的一道强大屏障。重视和加强学术诚信道德教育，是培养学人的伦理意识、学术品格和学术良心的有效途径之一。这可以通过开设学术诚信课程和讲座，建立学术诚信制度，开展学术诚信交流和研讨，展示学术诚信正反案例，制作学术诚信宣传材料，创办学术诚信杂志和网站，建设学术诚信档案和数据库，设立学术诚信顾问等达到预期目的。

2018 年 5 月中共中央办公厅、国务院办公厅印发《关于进一步加强科研诚信建设的若干意见》，其指导思想是："以优化科技创新环境为目标，以推进科研诚信建设制度化为重点，以健全完善科研诚信工作机制为保障，坚持预防与惩治并举，坚持自律与监督并重，坚持无禁区、全覆盖、零容忍，严肃查处违背科研诚信要求的行为，着力打造共建共享共治的科研诚信建设新格局，营造诚实守信、追求真理、崇尚创新、鼓励探索、勇攀高峰的良好氛围，为建设世界科技强国奠定坚实的社会文化基础。"② 其基本原则是："明确责任，协调有序。加强顶层设计、统筹协调，明确科研诚信建设各主体职责，加强部门沟通、协同、联动，形成全

---

① 李醒民. 学术的生命——《中国现代科学思潮》自序//中国现代科学思潮. 北京：科学出版社，2004：v-ix.

② 中共中央办公厅、国务院办公厅印发《关于进一步加强科研诚信建设的若干意见》//四川大学《学术道德与学术规范》编写组. 学术道德与学术规范. 成都：四川大学出版社，2018：161-162.

社会推进科研诚信建设合力。系统推进，重点突破。构建符合科研规律、适应建设世界科技强国要求的科研诚信体系。坚持问题导向，重点在实践养成、调查处理等方面实现突破，在提高诚信意识、优化科研环境等方面取得实效。激励创新，宽容失败。充分尊重科学研究灵感瞬间性、方式多样性、路径不确定性的特点，重视科研试错探索的价值，建立鼓励创新、宽容失败的容错纠错机制，形成敢为人先、勇于探索的科研氛围。坚守底线，终身追责。综合采取教育引导、合同约定、社会监督等多种方式，营造坚守底线、严格自律的制度环境和社会氛围，让守信者一路绿灯，失信者处处受限。坚持零容忍，强化责任追究，对严重违背科研诚信要求的行为依法依规终身追责。"① 2018 年 11 月 5 日，国家发展和改革委员会等多个政府部门、研究机构和社会团体联合发布《关于对科研领域相关失信责任主体实施联合惩戒的合作备忘录》。《备忘录》显示，科研领域失信行为责任主体将面临 43 项联合惩戒，其中包括：科技领域内的项目申报、评选、评奖等主要活动将受到限制或惩处，经济领域内的限制登记事业单位法人代表在金融、税收、外贸活动、工程招投标等方面被重点监管，还包括在更广泛社会领域内的失信信息公开共享以及长期存档所带来的巨大影响。② 这是两个十分重要的文件，它们不仅仅是针对自然科学研究而言的，对于社会科学和人文学科研究同样适用，学界对此应该密切关注、坚决执行。

§16.5　破除"七唯主义"刻不容缓

以上就医治学术不端行为的办法或学风整饬之道已经建言献策，但依然意犹未尽、言之不切。尤其在学术小生境和学人道德自律这两个方面还有进一步拓展议题与深化议论的必要。2018 年 10 月 15 日，科技部、教育部、人力资源社会保障部、中科院、工程院发布《关于开展清理"唯论文、唯职称、唯学历、唯奖项"专项行动的通知》。其实，早在此前好久，笔者就提出了类似的意见和建议，并于 2016 年 2 月 16 日撰写了破除这些

---

① 中共中央办公厅、国务院办公厅印发《关于进一步加强科研诚信建设的若干意见》//四川大学《学术道德与学术规范》编写组. 学术道德与学术规范. 成都：四川大学出版社，2018：162-163.

② http://www.gov.cn/xinwen/2018-11/09/content_5338654.htm.

"主义"的文章。① 在此，笔者愿把它修改、删节、增补一下，作为本小节的内容。

当今，在包括科学研究在内的学术界，"七唯主义"四处泛滥、恣意肆虐，严重制约学术进步，阻碍文化发展。所谓"七唯主义"，指的是唯论文主义、唯刊物主义、唯数量主义、唯课题主义、唯学历主义、唯奖项主义、唯冠冕主义。

唯论文主义唯论文马首是瞻：不管什么人，不管什么对象，只要在沾点文化味道的部门供职，均以有无论文或论文的多寡作为评估或晋升的唯一准绳。作为研究所的研究人员，作为少数研究型大学的教师，要求发表一定质量和数量的论文，无疑是合理的和正当的。但是，不分青红皂白，要求所有的大学教师和研究生（在答辩前）发表论文，就没有这个必要；要求中小学教员发表论文，则大可不必；要求幼儿园的教师发表论文，更显得荒唐可笑。这里的意思是不应当一律强求，不应该刻意诱导。人家有兴趣研究，有能力撰写，就顺其自然，而无须压制。作为教师，只要把课程讲授好，把学生教育好，就是合格的、称职的或优秀的，该给什么职级就给什么职级，无须把论文的有无或多寡作为硬性指标。至于从事实验或实践研究的人员，应该主要以其研究结果的社会效益和经济效益作为评价标准与晋级依据，论文至多排在第二位。唯论文主义硬逼一些没有能力、没有兴趣的人写论文，无异于赶鸭子上架。这种坏毛病现今在学术界横冲直撞，畅行无阻——全民（这里指多少喝了点墨水的群体）写论文。这样写出的"论文"铺天盖地，败坏学风；长此以往，学将不学，乃至国将不国。本来，学术研究是能之所及的圣事，飞文染翰是兴之所至的雅趣，是思想极度自由的产物。强逼人家写论文，岂能写出像样的文章?!

唯刊物主义把论文发表的刊物视为评价论文的唯一标准或决定性标准。为此，有关部门、研究机构、高等院校费尽心思，把学术刊物分为三六九等的"级别"——官本位的体现之一，什么 SCI 期刊、CSSCI 期刊、核心期刊、重要期刊、一般期刊，名目繁多，不胜枚举。它们还制定了形形色色的具体章程，并列出详尽的明细表：论文发表在哪些刊物，计多少"工分"，奖多少人民币。论文发表刊物的级别越高，给的工分和发的金钱

---

① 李醒民. 破除"四唯主义"刻不容缓. 自然辩证法通讯，2017，39（1）：155-158. 在该文中，我的"四唯主义"指的是唯论文主义、唯刊物主义、唯数量主义、唯课题主义。其实，关于唯职称、唯学历、唯奖项，在该文以及此前发表的其他文章中都有所涉及。

越多。其实，谁都明白这样一个常识：论文质量的高低，在于论文本身，而不在于发表刊物的级别；知名刊物发表的不见得都是好文章，无名刊物也不见得没有好文章。唯刊物主义的管理者实际上既无知，又懒政。他们根本没有能力对论文本身做出评价，于是采取按刊物计分。更严重的后果是，重赏之下必有"勇夫"。一些并非醉心学术的知识人不是以学术本身为追求目标，而是一心瞄准能挣高工分的刊物，揣摩其口味作文章，投其所好；有的甚至雇用个人或专业公司撰写或修补，量身打造论文；有的干脆偷偷摸摸地向高分刊物编辑行贿，或明目张胆假公济私，提供真金白银"资助"相关刊物，请相关编辑讲学付给高报酬，用钞票买卖发表权；如此等等，不一而足。

唯数量主义专注数量，无视或极度轻视质量，以数量计分，好坏不管，多多益善。唯数量主义对授予什么学位、评聘什么职称，都有规定的数量要求，不达数量，免开尊口。诚然，作为一个真正学人或潜心研究者，在一个较长的时期发表适当数量高质量的论文是应该的，也是能够做到的。但是，明眼人一看便知，唯数量主义以数量代替质量则是十分怪诞的。泡沫论文或垃圾论文即便车载斗量，也抵不上一篇有意义的论文。在唯数量主义的驱使下，为追求数量，千奇百怪的现象层出不穷，绵绵不绝：利用网络，复制、粘贴、排列、组合，制造论文者有之；把别人的论文改头换面，作为自己的成果发表者有之；利用有限的资料和相同的观点，炮制多篇论文四处投稿者有之；把一篇论文大卸八块，化整为零发表者有之；老板或管理者利用职权或物质资源，窃据打工者或下属的研究成果，恬不知耻地署上自己的大名（往往是第一作者）者有之；导师仅仅做了点指导，并未实质性参与研究，却无端在研究生论文上署名者有之；诸如此类，不胜枚举。唯数量主义对学术的危害和对学人的毒害，万万不可小觑。就连发表论文的刊物行情也步步看涨，成为紧俏的卖方市场——这也正是那些假冒伪劣刊物如鱼得水，个个赚得盆丰钵满、肥得流油的秘密。

唯课题主义更加荒谬绝伦，贻害无穷。它不管研究结果如何，只将有无课题、课题来钱是多是少作为评价标准：课题多，经费多，则计分多，奖励、晋升尽入囊中；无课题、无经费，则一票否决，什么也得不到，没准还得离职走人，丢掉饭碗。唯课题主义者根本不懂得起码的投入产出效率：不花纳税人的钱财做出成果，投入产出比为无穷大，不仅无功反倒有过；浪费纳税人的血汗钱做不出像样的成果，投入产出比为零，却大小好处通吃。学术界为这些混混窃据，让这些混混肆虐，是学术界的悲哀和耻辱！笔者早就大声疾呼：取缔现行的课题事先申请制，改为"事后收购制"和"诚信资助制"。所谓"事后收购制"，意指研究者交出研究成果，由相关机构公正评判，认可后即给予一定的资金奖励，由其自由支配和自由研究。所谓"诚信资助制"，意指给予那些具有超凡研究能力、醉心于学术研究、视学术为生命的个人或小组，给予定期、定量的资金支持，由他们（或它们）自由决定研究的方向和问题，并根据研究进展的情况自由修正和变更。对于诚信受助者，不要求他们（或它们）事先申请课题，不要求他们（或它们）在研究进行时定期汇报和接受检查，只需拿出最终结果即可，然后根据结果决定是否继续资助。对于个别令人不满意者，则终止支持——这种情况肯定微乎其微。这样做，为研究人创造了自由、宽松的与境，不仅能够极大地激发他们的积极性、主动性、创造性，有利于新思想和新成果的涌现，而且能够大大减少研究人的额外时间耗费，节约基金会的管理成本，把更多的精力和资源投入实实在在的研究之中，而不是消耗在无效的例行程序和官僚机器的摩擦之中。更重要的是，这样做能够杜绝或减少课题申报、评审、立项、检查、验收中五花八门的不正之风，有利于反腐倡廉，有助于净化学术空气。对于那些大规模的科学实验、工程技术研究、社会调查项目，则可以单独报告和立项。至于小型的实验课题或实践课题，国家应该保证相关研究所或院系比较充足的研究经费，由这些研究机构计划和实施，其效果肯定更好一些，没有必要把资金统统集中在一家基金会。笔者还提出一个更为简单、更为廉洁、更为高效的办法，即大幅度地提高研究人员和高等院校教师的工资，使他们全部进入中产阶级的行列，过上体面的生活。对于其中热爱或迷恋学术研究的人，则由他们自掏腰包从事理论研究或小型的实际研究——这花不了多少钱，他们不会不乐意的。对于那些无研究能力或兴趣的人，只要他们胜任本职工作，做出成绩或教好书，则按照工作系列或教学系列，该晋升的晋升，该提拔的提拔，没有必要逼迫他们必须上交论文。这样，那些无研究能力、无研究兴趣的人，也就不会被迫炮制泡沫和垃圾论文了，从而可以使学术界得以纯化，也能够从根子上杜绝浪费和腐败，何乐而不为？对于提高工资一事，也许有人认为不大可行或难以做到。大家也许知道民国时期教授和教员的薪酬吧？那是够高的了，而当时的物价又很便宜。我觉得，现在中国早已成为世界第二大经济体，更有条件做到。至于有人说，现在的教授多如牛毛，需要多少钱才够？那也好办，精兵简政。为什么非要充数，评聘那么多教授、博导！一群滥竽合奏，还不如一支好竽独奏。一个单位若南郭先生麇集，冬烘先生充斥，绝对有百害而无一利。要改变现状，关键在于有没有坚如磐石的决心改革，有没有改天换地的勇气开刀，有没有周密务实的计划施行。

唯学历主义的人才观的要害是，只看人的学历和毕业院校的名气，无视或忽视其能力。那些掌管人事权的官员或学官，对于学历高的，尤其是出自名牌大学的，无比垂青，一路开绿灯；对于学历低的，非名牌大学毕业的，则爱理不理，拒之门外。这些当权者既不懂得历史，也不晓得现实：古今中外，那些没有学历而做出重大贡献或惊人之举的人才还少吗？诚然，一般而言，学历高、有名牌大学背景的人成才概率会大一些。但是，在我们周围，学历较低、不是来自名牌大学的成才者也并非罕见。这里的关键在于，自己是否继续努力，是否能够面对新的问题和环境终生学习，是否能够抓住机会大干一番。唯学历主义把具有发展潜力的或后发能力的人弃之若敝屣，实在是误国误民，罪莫大焉。

唯奖项主义也害人不浅。现在，学人把获奖看得很重很重，学界把是否获奖作为重要砝码，直接与评职称、升级别、发奖金等挂钩。于是，发奖组织奖牌一亮，争奖人士趋之若鹜。学人千方百计摸准颁奖者的喜好，投怀送抱，没完没了地研究一些假问题，炮制味道适口的、无意义的成果，甚至为奖项不顾廉耻，干见不得人的勾当。这种急于获奖的情结——大至诺贝尔奖，小至乱七八糟的、不知名堂的奖——不时在学界骚动，在个人心中躁动，焦灼的情绪和浮躁的心态弥漫学界，成为学术研究的一大公害。一门心思追求奖项，实在是舍本逐末，因为学术研究的目的在于创造新知识、提出新思想，而不是为了虚名和实惠，更不是为了奖项。况且，国内的一些奖项，申请烦琐，缺乏公正，无权威性，为此卖力奔走，浪费时间和精力，太不划算。依笔者之见，无论什么大奖、什么奖杯，都比不上实至名归的"心奖"（学人心服口服、交口称誉）和"心碑"（在学界树立的精神纪念碑）。

唯冠冕主义在学界更是炙手可热，无以复加。那些千人人才工程、百人引进计划、杰青或长江讲座教授之类的头衔不胜枚举，那些以大川名山和地名命名的冠冕令人眼花缭乱：什么黄河学者、珠江学者、闽江学者、赣江学者、钱江学者、皖江学者等多如牛毛，什么泰山学者、黄山学者、华山学者、衡山学者、恒山学者、嵩山学者等不胜枚举，什么燕赵学者、楚天学者、天府学者、三晋学者、八桂学者、齐鲁学者等不计其数。有了这样的冠冕或头衔，身价立即大增，行情立马看涨：这家用高薪聘请，那家以住房相赠，申请课题唾手可得，升官晋级易如反掌，总之什么好处都能捞到。而且，学校或单位也因此脸上增光，排行榜的名次扶摇直上，种种利益随之接踵而至。难怪争夺头衔者熙熙，争抢冠冕者攘攘。殊不知，冠冕或头衔崇拜害莫大焉：它使冠冕抢夺者忙于争名夺利，把学术抛在脑后；它严重挫伤老老实实做学问但实至而名不归者的积极性；它助长人人贪图虚名，个个懒于实干；它背离选才用人的正当标准，强化论资排辈的陈规，压抑或埋没有真才实学的学人。庆父不死，鲁难未已；唯冠冕主义一日不除，学界一日不宁。

幸运的是，在近四十年的学术生涯中，笔者一以贯之地坚守"六不主义"（不当官浪虚名，不下海赚大钱，不开会耗时间，不结派费精力，不应景写文章，不出国混饭吃）[①]、"三不政策"（一是在无"资格"招收博士生的情况下不招收研究生，二是不申请课题，三是不申请评奖）[②]、"四项基本原则"（绝不趋时应景发表论文，绝不轻易应约发表论文，绝不用金钱开路买发表权，绝不在他人论文上署名）[③]，把不合理的规章制度不当回事，或者说不把不合理的规章制度当回事，始终我行我素，在与"七唯主义"相反的小径上踽踽独行，从而抵御了学术雾霾和毒气的侵袭。正是由于不合时尚、不入流俗，我才能一心一意专注于自己感兴趣的学术问题，心无旁骛，在诸多研究领域有所创新和突破。相反，那些被"七唯主义"束缚手脚的人，没有自己的学术根据地，紧紧跟随课题（相当一批是假问题）和孔方兄起舞，从来没有深究过一个真正具有学术意义的问题。他们尽管虚名一大串、钞票一大把、实利一大堆，但是在做学问上却一事无成，荒废了宝贵的青春和年华。有朝一日，他们倘若醒悟，说不定会后悔不迭，其时已悔之晚矣。

我的学术经验和学界的现实状况告诉我，"七唯主义"积重难返，彻底破除它任重道远。因此，必须刻不容缓，立即行动起来——时不我待啊！在此，我愿顺便呼吁来日方长的学子：毅然决然地与"七唯主义"诀别！对于你们来说，不管以往与其联系多么千丝万缕，现在改弦更张都来得及——"见兔而顾犬，未为晚也；亡羊而补牢，未为迟也"（《战国策·

---

①　李醒民. 我的"六不主义"//自由交谈. 成都：四川人民出版社，四川文艺出版社，1999：107-112.

②　李醒民. 不把不合理的"规章"当回事. 自然辩证法通讯，2000，22（3）：7-8.

③　李醒民. 我为什么从来不……?. 自然辩证法通讯，2011，33（2）：115-119.

庄辛谓楚襄王》）。

§16.6　学会拒绝和舍弃①

　　而今的社会光怪陆离，千奇百怪的实利俯拾即是。稍微有点能耐的，都能瞅准时机，抓住机会，获取或多或少的好处。身处学界的学人，本事自然不会太小，有可能得到的利益可谓车载斗量。于是，一些学人坐不住冷板凳，面对五花八门的实惠和利诱，大都来者不拒。更有望眼欲穿者，跂望多多益善，得寸进尺，迫不及待地破门而出，跻身于各种场合露脸，钻营于各个部门通关。

　　对于这些学人来说，梦寐以求的实惠和垂涎欲滴的诱饵，无非权力、金钱和名衔而已。其实，说穿了，这些都不该是学人安身立命的根基和最终追求的目标。作为学人，应该多少有一些"为科学而科学""为学术而学术""为真理而真理"的精神和志向。哲人科学家彭加勒和皮尔逊精辟地论述了这个问题。彭加勒昌言："我希望捍卫为科学而科学"，它与"为生活而生活""为幸福而幸福一样有效"②。"如果我们的选择仅仅取决于任性或直接的应用，那么就不会有'为科学而科学'，其结果甚至无科学可言。"③　皮尔逊坦言："科学人尤其必须做的事情是，在为思索真理而思索真理中广泛地蓄养其乐，科学过程……实际上能够给予一般人以赏心悦目的乐趣。"④　在这个方面，彭加勒和皮尔逊也以实际行动为学人树立了值得效仿的榜样。⑤

　　话说回来，我们并不否定人们对权、钱、名的正当追求；如果追求不妨害他人且有益于或回报于社会，还是应该受到肯定或赞扬的。不过，我们还是要建议这些人最好改换门庭，步入政界和工商界谋求发展，因为此

---

　　①　本小节基于下述文献的内容：李醒民. 学会拒绝和舍弃. 社会科学报，2010-09-09（5）（发表时被编者不恰当地易名为《让作品说话》，并有所删改）；李醒民. 学人超脱和自律是学科建设的根基. 自然辩证法研究，2002，18（12）：65。

　　②　彭加勒. 科学的价值. 李醒民，译. 纪念版. 北京：商务印书馆，2017：176. 同时参见：李醒民. 彭加勒. 北京：商务印书馆，2013：266-270。

　　③　彭加勒. 科学与方法. 李醒民，译. 纪念版. 北京：商务印书馆，2017：6-7.

　　④　K. Pearson. The Chances of Death and Other Studies in Evolution：Vol. I. London，New York：Edward Arnold，1897：140.

　　⑤　李醒民. 彭加勒. 台北：三民书局东大图书公司，1994；李醒民. 皮尔逊. 台北：三民书局东大图书公司，1998.

处远比学界的天地大、机遇多——学界毕竟不是权力的金字塔和金钱的集散地，也不是绝大多数人能够捞到显赫名声的场所。对于学人而言，还是应该把心思和精力放在学术上，为学术而学术，为思想而思想。一心盯着权、钱、名的学人，肯定不是真学人、真研究人，而是假学人、假研究人或真市场人（研究人和市场人是皮尔逊百年前创造的名词①）。如果想做真学问，想做真学人，那么就要学会拒绝和舍弃。因为肆力追求权、钱、名是得不偿失的，也是对学术的亵渎，对自己宝贵生命的无谓耗费。下面，我围绕身处学界的学人贪恋权、钱、名的现象，直抒己见，或以儆效尤，或劝勉同人。

先谈我对在学界争权的看法。说实在的，学界没有太多的实权，往往还会受到一些有独立思想和批评精神的学人的审视与监督。随着时间的推移，最终政学是要分家的，政治改革或民主化进程是要推进的。到那时，即便有颐指气使毛病的学官，也不得不作为勤务员为学人服务。由此观之，你当下就是在学界谋得一官半职，要干一番轰轰烈烈的事业，也有诸多难处；你想借以捞取名目繁多的名衔倒是有方便之处，但要捞到大把的真金实银，可乘之机却不是太多。学问并不是绝大多数人有能力做的。你没有修炼到一定的程度和境界，只能望洋兴叹。因此，真正具有学力和学养的学人，大可不必为追逐权力而白白荒废自己的真功夫。更何况曹丕早就言明："盖文章经国之大业，不朽之盛事。年寿有时而尽，荣乐止乎其身。二者必至之常期。未若文章之无穷。是以古之作者，寄身于翰墨，见意于篇籍，不假良史之辞，不托飞驰之势，而声名自传于后。"（《典论·论文》）

次谈我对在学界捞钱的看法。学界既没有金库，也没有银矿，要想在这个地方淘金掘银，恐怕是选错了去处。即使能捞点油水，想必油水也不会很多，而且败露的概率相对较大。现在，不管怎么说，学人的收入和待遇还差不多：不仅衣食无忧，而且能过上比较体面的生活（青年学人另当别论），大可不必把时间和精力用到攫取钱财上。没有钱自然不行，但是钱超过一定的限度，也就变成一种符号，除非你炫富摆阔。因为你的肠胃至多能盛两公斤食物，你的身体至多能穿两丈布匹——吃撑了反倒伤身体，穿多了反倒不舒服。如此看来，学人把金钱看得太重，实在没有必要。对于贪财的人来说，钱多了还想再多，永远没个尽头。对于学人来

---

① 皮尔逊. 自由思想的伦理. 李醒民，译. 北京：商务印书馆，2016：124-145.

说，有适量的经济基础就过得去了。终日为金钱奔波，在账户数字后边没完没了地添零，是没有多大意义的。学人有多少金钱就足够了？我的回答是：如果你拥有的钱财能够保障你干自己感兴趣的事情，不干自己不感兴趣的事情，此时你的钱财就宽绰了。多出这个数字的，就是多余的，就是可有可无的身外之物。台湾的两则智慧小品值得人们深思："钱能买到的东西，最后都不值钱。""与其说你赚钱，不如说你被钱赚，因为钱赚走了你的青春、时间、体力和生命。"

　　后谈我对在学界沽名的看法。人人都希望出名，学人也不例外，所谓"人过留名，雁过留声"是也。希望出名，这本身并不是什么坏事，也许还不失为人们进步的一种动力。但是，出名要靠自己的真才实学和学术成就，这乃是水到渠成之事，而不能不择手段地恣意攫取。出名应该出的是众望所归的好名声，而不是浮名虚誉，更不是沽名钓誉、窃名盗誉。而且，学人不能为出名而出名，而应该把心思用在做学问上。作为学人，要有"虚名实利若敝屣，丈夫立世腰自刚"的旨趣，要有"钟鼓馔玉可有无，浮名虚誉任去留"的襟抱。不过，学界和学术共同体应该通过学术评价与学术奖励等体制建设，尽可能使学人实至名归：让高水平者赢得应有的学衔和荣誉，让学术南郭和学术混混的图谋永远无法得逞。如果学术失范，学风浇漓，学界不正之风蔓延肆虐，结果就会造成研究人默默无闻，市场人弹冠相庆，以至造成实至而名不归、实不至而名就的不正常局面。这对学界和学术的侵蚀与危害是致命性的，必须正本清源，使学界上安下顺、息烦静虑、弊绝风清！话说回来，面对这种乱象，真正的学人大可不必耿耿于怀，埋头干好自己手头的事情就是了。在这里，我针对逢场作戏和自吹自擂的市场人说一句话："闭住你的嘴，让你的作品说话！"（据说这是萧伯纳的名言）

　　学术研究的一个主要特点是凭本事吃饭，对外界依赖不是太多，人事关系较为单纯。当今之世，最大的力量莫过于权力和金钱，但是权力和金钱在学术共同体并非畅行无阻。你的权力再大，也不见得能发明爱因斯坦的相对论；你的金钱再多，也不见得能写出康德的三大批判。即使拿钱买来显爵，用权弄到盛名，也很难得到学界的承认，更得不到学人内心的叹服。在这里，我再次建议，看重权力和金钱的学人，最好改弦易辙，另谋发展，勿要把学术当作敲门砖和摇钱树。我再次规劝，还想待在学界的学人，请坚定自己的学术目标，明确自己的人生追求。在心中设定自己的价值坐标，在诸多可供选择的事项面前，形成自己的主见，做出正确的抉择，从而把有限的时间和生命放在最有精神价值与永恒意义的追求上。此时，面对再炙手可热的权力，再车载斗量的金钱，再风举云摇的名衔，你也会安若磐石，毫不犹豫地予以拒绝和舍弃。

最后，我想再次强调，学人的超脱和自律是学科建设的根基。学人要保持超脱和严守自律，就要永葆心灵的自由和宁静。在这里，铭记古今中外两位哲人的箴言足够受用终生。老子写道："名与身孰亲？身与货孰多？得与亡孰病？是故甚爱必大费，多藏必厚亡。故知足不辱，知止不殆，可以长久。"（《道德经·第四十四章》）爱因斯坦说过，外在的自由是学术繁荣的必要条件，但内心的自由尤为可贵——这是大自然赠送给人的最宝贵的礼物。[①] 人的生命很短暂，能在一生做好一两件事就很不错了，我们又何必为学术之外的权力、金钱、地位、虚名分心而受拖累呢？我在《科学的精神与价值》[②] 一书的"题记"中写下了这样的话语："哲学不是敲门砖和摇钱树，因此我鄙弃政治化的官样文章和商业化的文字包装。远离喧嚣的尘世，躲开浮躁的人海，拒绝时尚的诱惑，保持心灵的高度宁静和绝对自由，为哲学而哲学，为学术而学术，为思想而思想，按自己的思维逻辑和突发灵感在观念世界里徜徉——这才是自由思想者的诗意的生活和孤独的美。"这种信念和情愫成为我的安身立命之所，使我四十多年在"无用的"纯学术研究中"独钓寒江雪"，且自始至终"不改其乐"。

---

① 爱因斯坦文集：第 3 卷. 许良英，赵中立，张宣三，编译. 北京：商务印书馆，1979：179-180.

② 李醒民. 科学的精神与价值. 石家庄：河北教育出版社，2001：题记.

后 记

看美文有感

思若鲲鹏临天池，妙语连珠笔亦奇。

一气呵成余韵在，宛如桃李默会时。

——李醒民

从 20 世纪末起，我围绕科学文化和科学论问题进行了多年研究，终于在 2006 年煞笔，写成《科学的文化意蕴》（约 71 万字），用时 13 个月；在 2008 年《科学论：科学的三维世界》（约 119 万字）杀青，历时 28 个月。本来，后一部书的书名原定为《科学论：科学的四维世界》，我想在完成科学的三个"内维"（内部维度）——作为知识体系的科学、作为研究活动的科学和作为社会建制的科学——的写作之后，继续撰写科学的"外维"（外部维度），即科学的社会维度。当时，拟写的主要内容有科学与伦理、科学与人文、科学与宗教、科学改革与后现代科学等。写完三编十二章后，无奈因篇幅过大，只好临时作罢。就这样，本想在"四维世界"漫游的作者，只好停留在现实的"三维世界"。

但是，还有大量的翻译资料和其他材料都在手头，总得使之有点用武之地呀。于是，我用了一年多的时间，把笔记本和书本中的文字一一输入电脑。考虑到眼下出版学术著作比较困难，而我又是个从不申请课题，更不愿贬损人格委曲求全的人——我从来没有用金钱开路买过出版权①，因

---

① 哲学家维特根斯坦曾说："首先我没有钱付给自己作品的出版。……其次，即使我能设法弄来钱，我也不想付给它，因为我认为，从社会的观点看，迫使一本书以这种方式问世，不是正派的行为，我的工作是写书，而世界必须以正当的方式接受它。"[维特根斯坦. 名理论（逻辑哲学论）. 张申府，译. 北京：北京大学出版社，1988：146]我觉得这位哲人的言论很有见地和勇气，我自己早在看到他的话之前就如此身体力行了。[李醒民. 论狭义相对论的创立. 成都：四川教育出版社，1994：247-254；李醒民. 再谈"掏腰包"出书. 自然辩证法通讯，2008，30（4）：99-101]

此，遂决定就有关论题写成论文，在学术杂志上发表。本书前 12 章的基本内容，就分别发表在《社会科学论坛》（石家庄）、《山东科技大学学报（社会科学版）》（青岛）、《上海大学学报（社会科学版）》（上海）、《辽东学院学报（社会科学版）》（丹东）、《河池学院学报》（宜州）、《学术研究》（广州）、《淮阴师范学院学报（哲学社会科学版）》（淮安）、《中国政法大学学报》（北京）、《科学文化评论》（北京）、《学术界》（合肥）、《伦理学研究》（长沙）①，在成书时仅仅做了少许补充或修改——这部《科学与伦理》与已经出版的《科学与人文》② 的成书模式和过程一模一样。在这里，我愿向以上刊物的主编或责任编辑赵虹、黄仕军、江雯、李孝弟、高德福、韩锋、罗苹、王荣江、袁玉立、刘钝、郝刘祥、唐凯麟等人表示诚挚的谢意。

论文发表后一两年后，我把它们汇集起来，经过适当修改、处理，居然能够成为一部像样的学术著作。我把电子文本发给中国人民大学出版社学术出版中心主任杨宗元编审，得到她的鼎力相助。对此，我愿在这里表达我的铭感之心。同时，我也衷心感谢为本书出版尽力尽责的责任编辑。

看到上面的叙述，有读者可能会发问：你写了那么多论文，为什么舍近求远，交给外地刊物，不在《中国社会科学》和《哲学研究》发表呢？其实，我从 1980 年代起到 21 世纪初，先后在两家刊物各发表了六篇文章。后来，随着学术界课题化或项目化生存愈演愈烈，高等院校计分考评制度变本加厉，有的单位甚至明文规定，只要在这两家刊物发表论文，就可以平步青云，破格晋升教授，动辄发放数万元不等的奖金。重赏之下，

---

① 各章基于文献如下：第一章：李醒民. "善"究竟是什么?. 社会科学论坛，2011（8）；15-30；第二章：李醒民. 科学是善抑或是恶?. 山东科技大学学报（社会科学版），2011，13（3）；19-31；第三章：李醒民. 再论科学与伦理的关系. 上海大学学报（社会科学版），2012，29（4）；72-88；第四章：李醒民. 有关科学伦理学的几个问题. 辽东学院学报（社会科学版），2011，13（5）；15-26；第五章：李醒民. 科学家对社会的道德责任. 河池学院学报，2011（3）；1-14；第六章：李醒民. 科学家的道德责任：限度与困境. 学术研究，2012（1）；1-11；第七章：李醒民. 科学家应该为科学的误用、滥用和恶用担责吗?. 淮阴师范学院学报（哲学社会科学版），2011，3（5）；586-595；第八章：李醒民. 关于科学与军事或战争的几个问题. 中国政法大学学报，2012（1）；108-124；第九章：李醒民. 科学家可否从事军事科学研究?. 科学文化评论，2011，8（4）；80-98；第十章：李醒民. 科学与政治刍议. 学术界，2013（12）；108-130；第十一章：李醒民. 论科学家的科学良心：爱因斯坦的启示. 科学文化评论，2005，2（2）；92-99；第十二章：李醒民. 论爱因斯坦的伦理思想和道德实践. 伦理学研究，2005（5）；57-62.

② 李醒民. 科学与人文. 北京：中国科学技术出版社，2015.

必有勇夫。于是，无数学人趋之若鹜，把这两家刊物作为敲门砖和摇钱树。这两家刊物也立马摇身一变，成为学术评价的准绳、学人发紫的秀台，无比"高贵"起来——这也许并非刊物的本意，但现实状况就是如此。个别编辑也随之"显赫"学界，学问也跟着水涨船高，频频应邀到各高校院所做学术报告，外快自然不会太少。我向来坚守自定的"六不主义""三不政策""四项基本原则"，自然没有必要为多计"工分"、多捞"好处"，非在那里发表论文不可。加之我这个人生性不爱凑热闹、随大溜①，喜欢躲在"灯火阑珊处"，做自己感兴趣的事情，便顺理成章地对两家刊物敬而远之，不再向其投稿了。

写到这里，我蓦然想起，十多年前发表过一篇《知识分子的精神根底》②的文章，它的主题和要旨与本书的内容似乎十分契合、相映成趣，至今好像还有现实意义。我不妨把它复制在此，作为本书的结束语——但愿不是画蛇添足。如果它能够引起读者进一步的思考，那就是笔者求之不得的事了。

　　余英时教授在《士与中国文化》一书中谈到"知识分子"的内涵和外延时说，今天西方人常常称知识分子为"社会的良心"，认为他们是人类的基本价值（如理性、自由、公平等）的维护者，知识分子一方面根据这些基本价值来批判社会上一切不合理的现象，另一方面则努力推动这些价值的充分实现。这里所用的"知识分子"一词在西方是具有特殊的含义的，并不是泛指一切有"知识"的人。这种特殊含义的"知识分子"首先也必须是以某种知识技能为专业的人；他们可以是教师、新闻工作者、律师、艺术家、文学家、工程师、科学家或任何其他行业的脑力劳动者。但是，如果他的全部兴趣始终限于职业范围之内，那么他们仍然没有具备"知识分子"的充分条件。根据西方学术界的一般理解，所谓"知识分子"，除了献身于专业工作之外，同时还必须深切地关怀国家、社会，以至于世界上一切有公共利害之事，而且这种关怀必须是超越于个人（包括个人所属的小团体）的私利之上的，所以有人指出，"知识分子"事实上具有一种宗教承当的精神。

---

① 这有 1968 年 11 月 17 日写的《自画像》为证："生性殊倔强，羞学如磬腰。门寒志愈坚，身微气益豪。岂慕阳关道，惟钟独木桥。纵然坠激流，犹喜浪滔滔。"

② 李醒民. 知识分子的精神根底. 方法，1999（1）：22-24.

在余英时教授看来，在西方并没有一脉相承的知识分子传统。古希腊的哲人是"静观的人生"而不是"行动的人生"，是静观地"解释世界"，而不是重"行动"和"实践"去"改造世界"。中世纪的基督教教士虽然有近代"知识分子"性格的一面，做了改造世界的工作（教化入侵的蛮族，驯服君主的专暴权力，发展学术和教育），但却具有严重的反知识、反理性倾向。西方近代知识分子的起源大概不早于18世纪，而且与启蒙运动关系最为密切，康德对启蒙运动精神实质的揭示——"有勇气在一切公共事务上运用理性"——恰好可以代表近代知识分子的精神。至于中国，"士"（相当于今天所谓的"知识分子"）的传统至少延续了两千五百多年，从孔子的"士志于道"到东林党人的"事事关心"，而且流风余韵至今未绝。

我完全赞同余教授对"知识分子"所下的定义，但不完全同意他关于中、西知识分子历史沿革的观点。依我之见，与其把西方知识分子传统视为历史的中断，还不如看作是其不同的发展阶段。近代西方知识分子理性的头脑和态度，宗教般的关爱和追求，其精神资源不正是源于古代和中世纪吗？至于中国的"士"的传统，虽有其诸多可贵之处，但却缺席（至少在某些历史时期）或缺少西方知识分子的自由心灵和独立人格。他们读书为的是做官，而不是自由地思考；他们做官为的是忠君和光宗耀祖，至多不过是进一下谏，从来也不敢冒犯龙颜；他们仁民爱民，只不过基于民本主义而非民主主义，更谈不上所谓的人权；……这也难怪，因为中国传统文化本来就缺少西方知识分子创造的民主、科学、自由的因子。

说起来，中国的知识分子也许曾有过一小段"辉煌"的时期，那是在80年前的五四运动前后的几十年间。当时，中国知识分子秉承了古代士人的"士不可以不弘毅，任重而道远"（曾参），"富贵不能淫，贫贱不能移，威武不能屈"（孟子）的优良传统，汲取了西方近代知识分子民主、科学、自由的新思想气息，掀起了中国的思想启蒙运动，使中国人由此迈开了思想现代化的步伐。在这次思想启蒙中，中国知识分子，尤其是自由主义的知识分子，履行了知识分子的使命和天职，也展现了他们自由的心灵和独立的人格。然而好景不长，救亡运动迫在眉睫，冲淡或延滞了启蒙的主题和进程。特别是进入1950年代之后，不受制衡的个人权力、庞大的国家机器和无孔不入的意识形态，经过一个接一个的政治运动的"人工选择"和消灭异端，尤其是"史无前例"的"文化大革命"的"洗礼"，使中国知识分子成为精神上的太监、思想上的侏儒、人格上的贾桂——不仅古代"士"传统的"流风余韵"丧失殆尽，而且刚刚从西方学到的一些新颖的思想因子也被斩草除根。中国知识分子从此失去了自由的心灵和独立的人格！（当然，这是就总体和大势而言，卓尔不群者虽属凤毛麟角，但毕竟还有——他们是中国知识分子的"脊梁"和"新生"的"火种"。）

在越过"文革"的梦魇之后，中国的知识人（我未用"知识分子"一词）还未来得及（或根本就无此意，或缺乏反思的勇气和洞察力）根治心灵的创伤和矫正残缺的人格，市场经济的固有的负面效应及其初期的无序所造成的人心浇漓和道德沦落，又以迅雷不及掩耳之势劈头袭来；加之准政治运动藕断丝连，庙堂权势话语并未从根本上松动，从而使中国知识分子的客观处境雪上加霜，其精神迷惘和行为乖戾就是题中应有之义了。君不见，近十多年，在知识界推波助澜，上蹿下跳，挥舞"文革"式的"革命大批判"的大旗，乱打政治棍子者有之；谄上傲下，鹦鹉学舌，满嘴的假话、空话、屁话，以"奏折学者"和"喉舌"自居，妄图平步青云者有之；见风使舵，随波逐流，哪儿热闹哪儿凑，哪儿有利哪儿钻者有之；荒废学业，不干正事，东颠西跑，一天赶三四个会，发不痛不痒的议论，收数个红包者有之；躲在暗处，机关算尽，"能耐"使够，拉帮结派，无中生有，恶意攻讦者有之。更多的则是内不修身敬业，外不关心国家前途和人类命运，终日只是为官位、职称、房子、金钱、虚名（名不副实之"名"，而不是实至名归之"名"）劳心费神的乡愿和庸人。

这些违背理性良知和社会良心的作为，追根溯源，全在于知识分子的精神根底——自由的心灵和独立的人格——的缺失。

什么是自由？斯宾诺莎给自由下了这样一个定义："凡是仅仅由自身本性的必然性而存在，其行为仅仅由它自身决定的东西叫自由。"尼采则称自由是"人所具有的自我负责的意志"。由此可见，自由的真谛在于自然存在、自主决定、自我负责。我们在这里所说的自由的心灵，与爱因斯坦所论的"内心的自由"（与之相关的是"外在的自由"，即保证自由的外部社会条件）是相通的："这种精神上的自由在于思想上不受权威和社会偏见的束缚。这种内心的自由是大自然难得赋予的一种礼物，也是值得个人追求的一个目标。但社会也能做很多事来促进它的实现，至少不应干涉它的发展。……只有不断地、自觉地争取外在的自由和内心的自由，精神上的发展和完善才有可能，由此人类的物质生活和精神生活才有可能得到改进。"

与自由的心灵相伴，知识分子的另一个精神根底是独立的人格。爱因斯坦的人格的鲜明特征，就是与心灵自由相得益彰的绝对独立性。他戏称自己是一个"流浪汉和离经叛道的人"，一个"执拗顽固而且不合规范的人"，其实这正是他独立人格的真实写照。爱因斯坦深知独立人格的精神价值和社会意义，把这种人格视为人生真正可贵的东西。因此，面对不合理的社会现实，他的立场和态度十分坚定：宁为鸡头，毋为牛后；宁为玉碎，不为瓦全。为了维护人格的独立和心灵的自由，他多次表示宁愿做人格独立的管子工、鞋匠、小贩、赌场的雇员，也不做失去独立性的科学家。他在麦卡锡主义甚嚣尘上的年代答记者问时说："如果我重新是个青年人，并且要决定怎样去谋生，那么，我决不想做什么科学家、学者或教师。为了希望求得在目前环境下还可得到的那一点独立性，我宁愿做一个管子工，或者做一个沿街叫卖的小贩。"对于社会的黑暗和政治迫害，他敢于公开发表自己的见解，否则他就觉得犯有"同谋罪"。

对于具有独立人格的人，爱因斯坦总是从心底发出由衷的钦佩。他赞赏马赫"是一个具有罕见的独立判断力的人"，"马赫的真正伟大，就在于他的坚不可摧的怀疑态度和独立性"。他向萧伯纳致敬，因为萧伯纳能"以充分的独立性观看他们同时代的人的弱点和愚蠢"，具有"把事情摆正的热忱"。他呼吁人们"用自己的眼睛去观察，在不屈从时代风尚的推动力量的情况下去感觉和判断"。他对把人培养成"一种有用的机器""一只受过很好训练的狗"，而不是"一个和谐发展的人"的教育体制大为不满，而主张培养独立思考的教育。他认为"使青年人发展批判的独立思考，对于有价值的教育也是生命攸关的"。

自由的心灵和独立的人格是知识分子的精神根底，知识分子只有具有这样的坚实根底，才能充分履行知识分子的天职和使命。在这方面，爱因斯坦为知识分子树立了值得仿效的榜样。相形之下，这种根底在现时的中国知识人中又相当缺乏，重建它显然是当务之急。我觉得，似乎得从以下几个方面扎扎实实地从头做起。

首先，要敬业。现在知识人不敬业者比比皆是（学人坐不住冷板凳，记者盯的是红包，教师老在学生身上打发财的主意，律师吃了原告吃被告……），有时简直达到触目惊心的地步（医生为提成乱开处方，甚至视人的生命为儿戏）。知识分子本是创造与传播知识和文化的，自己连自己该做的事也做不好或根本不想做好，又怎能发展与提高人类的文化水准和精神素质，推动社会的进步呢？孜孜不倦地搞好本职工作，是知识人成为知识分子的基点。

其次，要修身。知识人作为社会成员的一部分，在市场经济初期的无序化引起的道德滑坡（这并不是意指市场经济之前的所谓"道德"都是道德的，其中的虚伪成分也许更多）中也被裹挟其中，从而在三十年政治性的"人工选择"中获得的旧"劣根性"上又添新病灶。古人云："身也者，万事之所由立，百行之所由举"，"身修则无不治矣"。知识人不仅要做好事、做好学问，也要做好人、做好现代公民。这是知识人成为知识分子的又一基点。试想：一个私欲无限膨胀、唯利是图、龌龊邪佞之人，怎能有自由的心灵和独立的人格，又怎能担当起社会良心和胸怀天下的重任？

再次，要勇做社会良心的代言人。成就治学立身二大端者，无疑是一个好知识人，但也只是成为知识分子的必要条件而非充分条件。要成为一个真正的知识分子，还必须勇于做社会良心的代言人；也就是说，他的社会批判必须超脱任何利益集团，超越任何意识形态，超出任何个人局限，并尽可能多地具有超前洞见，是笛卡儿所谓的无前提、无定见的哲学的批判。知识分子参与社会主要是立言。当然在保持自由和独立的前提下去行动、去实践也值得推崇。不过，对于知识分子来说，须知其"言"本身也是其"行"，立言也能"改造世界"。

最后，守住底线。知识分子这个社会群体虽然具有知识、思想和文化上的优势，但由于不拥有政治权力和经济实力，因而往往显得势单力薄、力不从心，有时甚至陷入相当困厄的境地（尤其是在变动不居的中国现实社会中）。知识分子当然可以借助权力的明智和民众的觉醒，但完全不必要走权威主义和民粹主义两个极端。知识分子必须守住自己的良知和良心的底线；即便一时不能兼济天下，也得独善其身；即使一时不能匡正世风，也得洁身自好。身处困境和绝境，敢于奋起抗争，固一世之雄，令人高山仰止。但是，由于种种原因暂时难以挺身而出，也至少得退守不合作的甘地主义底线。甘作鲁迅笔下麻木不仁的看杀人的"看客"，甚至充当落井下石者和为虎作伥者，那就沦为毛泽东老挂在嘴边的"不齿于人类的狗屎堆"了。

李醒民

2013 年 11 月 1 日作于北京"侵山抱月堂"

作者附识

　　本书原稿（前 12 章）完成后投给中国人民大学出版社，很快被出版社慷慨接纳。出版社主管觉得书稿写得不错，拟以其申报"国家社会科学基金后期资助项目"——我向来不申请课题，但也不能反对出版社的自主决定。没有想到，项目竟然获准，批准号为 14FZX002。于是，我按照"评审意见"的要求和建议，对科学与伦理这个论题进一步加以研究，本书增补的后四章即是后期研究的结晶。在撰写后四章的过程中，我采用了庞晓光博士翻译的英文文献的数段文字，在此顺致谢意。全部完稿后，我浏览了先前撰写的 12 章，做了少许修改及协调工作，特此说明。

　　在此，我想把席勒的《孔夫子的箴言》附录于下，与读者共勉：

　　　　你需要认清全面的世界。
　　　　必须广开你的眼界；
　　　　你要认清事物的本质，
　　　　必须审问穷追到底。
　　　　只有恒心可以使你达到目的，
　　　　只有博学可以使你明辨世事，
　　　　真理常常藏在事物的深底。①

2018 年 12 月 15 日作于北京西郊

　　又及：应出版社的要求，在列举剽窃、抄袭学术不端行为的四个此前未公开发表的案例时，我将本来直接点名的人和论著，均改写为匿名（如

---

　　① 钱春绮译。https://shici.chazidian.com/shige_8207/.

某、某某之类）。此外，尚需说明的是，本书脚注的样子经出版社按"规范"修改，不是我原来的固有写法。

又又及：在该书稿即将付梓之际，我愿录近作一首附于其后，一来作为欣喜和宽慰情意之表露，二来作为四十余年学术研究的经验和体悟之结晶，但愿读者不会以画蛇添足或狗尾续貂视之。

学界与学人

学苑贵创新，揽胜赖天真。

人格须卓立，思想应不群。

好高起平地，骛远秉本心。

章采遗后世，文德留余温。

2021 年 1 月 13 日作于北京"侵山抱月堂"

图书在版编目（CIP）数据

科学与伦理 / 李醒民著. --北京：中国人民大学
出版社，2021.5
ISBN 978-7-300-29412-4

Ⅰ．①科… Ⅱ．①李… Ⅲ．①科学哲学-伦理学-研
究 Ⅳ．①N02

中国版本图书馆 CIP 数据核字（2021）第 100144 号

国家社科基金后期资助项目
科学与伦理
李醒民　著
Kexue yu Lunli

出版发行	中国人民大学出版社				
社　　址	北京中关村大街 31 号		**邮政编码**	100080	
电　　话	010 - 62511242（总编室）		010 - 62511770（质管部）		
	010 - 82501766（邮购部）		010 - 62514148（门市部）		
	010 - 62515195（发行公司）		010 - 62515275（盗版举报）		
网　　址	http://www.crup.com.cn				
经　　销	新华书店				
印　　刷	北京玺诚印务有限公司				
规　　格	165 mm×238 mm　16 开本		**版　　次**	2021 年 5 月第 1 版	
印　　张	26 插页 2		**印　　次**	2021 年 5 月第 1 次印刷	
字　　数	434 000		**定　　价**	98.00 元	